新世纪计算机类本科规划教材

计算机网络

（第 三 版）

雷震甲　编著

西安电子科技大学出版社

内 容 简 介

本书讲述了计算机网络的基本原理，选取常用的主流技术，简化了数学分析过程，注重从实用角度讲解计算机网络的基本概念和基本方法。本书也介绍了下一代互联网、3G/4G 通信网、无线局域网等新技术，以及有关网络安全和网络管理方面的基础知识，使读者能够了解计算机网络技术的发展和研究方向。

本书选材合理，讲解细致，语言流畅，并配备了适量的思考题和课后练习题，适合作为计算机科学技术专业教材，也可供网络技术人员作为参考书阅读。

★ 本书配有电子教案，需要者可与出版社联系，免费索取。

图书在版编目（CIP）数据

计算机网络 / 雷震甲编著. —3 版. —西安：西安电子科技大学出版社，2011.4
新世纪计算机类本科规划教材
ISBN 978 - 7 - 5606 - 2527 - 0

Ⅰ. ① 计…　Ⅱ. ① 雷　Ⅲ. ① 计算机网络—高等学校—教材　Ⅳ. ① TP393

中国版本图书馆 CIP 数据核字(2011)第 249951 号

策　　划	陈宇光
责任编辑	李文娟　陈宇光
出版发行	西安电子科技大学出版社(西安市太白南路 2 号)
电　　话	(029)88242885　88201467　邮　编　710071
网　　址	www.xduph.com　　电子邮箱　xdupfxb001@163.com
经　　销	新华书店
印刷单位	陕西华沐印刷科技有限责任公司
版　　次	2011 年 4 月第 3 版　　2011 年 4 月第 15 次印刷
开　　本	787 毫米×1092 毫米　1/16　印　张　25.5
字　　数	602 千字
印　　数	88 001～92 000 册
定　　价	40.00 元

ISBN 978 - 7 - 5606 - 2527 - 0/TP • 1258

XDUP 2819003－15

＊＊＊ 如有印装问题可调换 ＊＊＊

本社图书封面为激光防伪覆膜，谨防盗版。

前　言

　　本书作为计算机科学技术专业的本科教材出版已经十多年了，这次修订有较大改进。首先，删除了明显过时的非主流技术，例如令牌总线和分布队列双总线等；其次，对一些已经不经常使用却对理解网络体系结构和网络新技术有帮助的基础知识进行了简化，例如 X.25 和 ATM 网络等；再次，也是最重要的，根据近年来网络应用技术的发展增加了许多新内容，例如移动通信技术 (GSM/CDMA、3G/4G)、弹性分组环和 P2P 应用模型等。此外还特别对无线局域网和下一代互联网用较大篇幅进行了重点分析，笔者认为这些内容代表了近期网络应用的主流技术。本书最后增加的一章"网络安全和网络管理"是重要的网络技术，但是也可以另外开设专门课程来讲述这些内容。

　　本书编写过程中遵循以下原则：对于网络通信理论，以够用为原则，注重基本概念的介绍，尽量简化数学分析过程；对于网络基础知识，主要选取主流技术，从应用角度介绍基本概念和基本方法，并注意与后续课程(如网络操作系统，组网技术和网络应用程序设计等)的衔接；最后，本书在介绍新技术方面进行了适当的拓展，使得读者能够了解网络技术的发展和研究方向。

　　本书每一章都配有适量的习题，完成这些练习对于深入理解课程的内容是必要的。如果结合教学进度，开设一些简单的网络实验（例如局域网互连、IP地址配置和子网划分、Windows 服务器的配置等），这对于建立感性认识和实践网络操作技能都会有所帮助。建议本书在 60 课时内讲完。

　　欢迎读者批评指正。

编　者
2010 年 10 月

第 二 版 前 言

本教材自从 1999 年出版以来已历经 5 个年头，5 年中本书重印 8 次，发行近 6 万册，被许多学校用作教材，受到了广大读者的欢迎，也收到了许多反馈意见。这次修订做了比较大的改动，根据技术发展的形势和读者的意见，删去了许多过时的内容，增加了网络建设和组网工程中得到广泛应用的一些成熟技术，例如快速分组交换技术、高速局域网技术、路由器技术、宽带网和无线局域网技术等。

经过修改后，本书主要内容可以分为三大模块：

● OSI/RM 理论：OSI 参考模型是学习和理解（甚至研究）网络体系结构的总体框架。本书详细介绍了 OSI 参考模型的理论，以 X.25 公用数据网作为实例，讲述了网络通信方面的基础知识，并把这些知识从传统的分组交换网推广到更先进的分组交换技术（例如帧中继和 ATM）。

● TCP/IP 协议簇和因特网：详细介绍了 TCP/IP 网络的主要协议、关键技术和重要算法，特别是通过组网工程中的路由器技术讲述了网络协议之间的关系，使学生可以获得构建和管理网络的实际技能。通过对宽带集成服务的介绍向学生展示了网络应用发展的方向。

● 局域网标准：通过详细介绍 IEEE 802 标准使学生掌握局域网的基本原理，学会组建和管理局域网。组网工程中的实用技术，例如网桥技术和交换机技术都有详细介绍，使学生可以深入理解网络中的通信机制，以及协议之间的相互关系。

本书包含的材料都是网络方面的基础知识，在一段时间内不会过时，有利于教学经验的积累和教学水平的提高。同时，本教材的内容又是进一步学习（研究生学习和应用开发）所必须掌握的知识，可以为后续的研究生学习或应用开发打好基础。

积十多年的网络教学经验，作者认为，计算机网络教材既不能写成解释网络技术标准的说明书，也不能写成推介网络新产品的科普论文。重要的是通过对网络协议操作原理的深入分析，使学生掌握进行网络理论和技术研究的基础知识，至于实际的操作技能，则要通过实践课程来获得。这种看法是否妥当，敬请使用本教材的读者不吝指教。

作　者
2003 年 5 月

第 一 版 前 言

近年来，计算机网络技术的发展非常迅速，新的网络技术和网络标准不断推出，使得人们熟悉的网络知识很快就过时了。笔者在教学中深感需要一种能够反映当前技术现状，符合最新国际标准的计算机网络教材，因此参考国内外已有的教材和最近颁布的国际标准编写了这本书。本书的内容适合作为计算机及相关专业研究生和本科生的教材，如作为专科生的教材可选用部分内容。下面对本书的内容作一简要介绍，供使用时参考。

本书在介绍数据通信和计算机网络基本概念的基础上，以 OSI 参考模型为主线，全面系统地阐述了计算机网络七层协议的主要内容，同时分三个模块讲述了 X.25 公用数据网、国际互联网和局域网方面的基本概念和基本原理。本书的参考教学时数为 50～70 学时。第 1 章介绍计算机网络的基本概念。第 2 章是数据通信方面的基础知识，若学生已学过数据通信课程，这一章可以不讲。第 3 章介绍计算机网络体系结构的基本概念，这些概念贯穿于全书，本书的内容就是按照参考模型的体系结构组织的。第 4、5、6、7 章分别讲述物理层、数据链路层、网络层和传输层的主要概念、协议及其原理。考虑到远程联网的需求越来越多，在物理层一章介绍了比较实用的有关 RS-232-C 和 Modem 的基础知识；数据链路层主要讲述 HDLC 协议的原理及简单的计算方法。我们在网络层一章(第 6 章)对 IP 协议的原理进行了重点讲述，同时完整地介绍了 X.25 公用数据网的基本原理及其协议；在传输层一章(第 7 章)讲述 OSI 传输协议的机制，同时对 TCP 协议也进行了详细的介绍；OSI 体系结构的高层协议在第 8 章介绍。这些内容反映了网络技术发展的最新成就，因此在本书中占的篇幅也略大一些。其中，在会话层，我们突出了会话结构化技术；在表示层着重讲述抽象语法表示 ASN.1 的基本概念，这是设计高层网络协议的基本技术。由于应用层的内容太多太杂，我们只能介绍 OSI 应用层的基础知识和基本概念，不能(也没有必要)详细介绍某种特殊的应用。本书第 9 章是关于局域网的，重点介绍了 IEEE 802.3、802.4、802.5、802.6以及 FDDI 等几个局域网标准，CSMA/CD 协议和令牌环网协议是本章的重点。最后一章是网络互联技术，讲述局域网之间、广域网之间以及局域网和广域网之间的互联技术，这一章也介绍了国际互联网(Internet)提供的服务及其应用。本书在每章后均附有丰富的习题，有些习题是关于课文基本内容的，有些是为了扩充和提高而加入的，在教学实施时可根据具体情况选用。

本书在选材上考虑到既要跟踪最新的国际标准，又不能把教科书写成标准的缩编，因此对协议背后的基本概念和基本原理都进行了细致的解释和举例。笔者认为，作为计算机网络原理课程的教材，应该教给学生解决问题的思路，而不只是给学生提供一本工作手册。限于篇幅和教学时数，本书未能收入一些新出现的网络技术，但本书的内容仍然反映了当前应用最广、最接近实际的网络技术。

　　笔者在编写过程中深感网络技术发展太快，网络知识涉及面很广，很难完全包容在一门课程或一本书中。本书的内容和取舍是否得当，学生是否容易接受，只好留待读者指正了。

　　在本书编写过程中作者得到西安电子科技大学 301 教研室很多同事的支持和帮助，在此深表谢意。王西民和杨建堂协助作者查找了很多资料，杜雪芳打印了大部分书稿。杨清永为本书绘图做了大量工作。西安电子科技大学出版社的陈宇光对本书的编辑做了细致而有成效的工作，给本书增色不少。限于作者的水平和学识，疏漏甚至错误之处在所难免，万望读者不吝指教。

作　者

1998 年 12 月

目　　录

第1章　计算机网络概论 1
　1.1　计算机网络的基本概念 1
　　1.1.1　什么是计算机网络 1
　　1.1.2　计算机网络的通信方式 1
　　1.1.3　计算机网络的分类 2
　1.2　计算机网络的发展简史 3
　　1.2.1　计算机通信网 3
　　1.2.2　早期的远程联机系统 4
　　1.2.3　ARPAnet 4
　　1.2.4　Internet 5
　　1.2.5　下一代互联网 6
　　1.2.6　我国互联网络的发展 7
　1.3　互联网对人类社会的影响 9
　　1.3.1　互联网的应用 9
　　1.3.2　互联网带来的机遇和挑战 10
　1.4　计算机网络体系结构 11
　　1.4.1　计算机网络的标准化 11
　　1.4.2　计算机网络的功能特性 11
　　1.4.3　开放系统互连参考模型 14
　1.5　几种商用网络的体系结构 19
　　1.5.1　SNA 19
　　1.5.2　X.25 20
　　1.5.3　Novell NetWare 21
　　1.5.4　TCP/IP 22
　习题 23

第2章　物理层 24
　2.1　数据通信的基本概念 24
　　2.1.1　信道带宽 25
　　2.1.2　信道延迟 26
　2.2　数据编码 26
　2.3　数字调制技术 30
　2.4　脉冲编码调制 33
　　2.4.1　PCM 原理 33
　　2.4.2　增量调制 34

　2.5　数据通信方式 36
　2.6　多路复用技术 36
　　2.6.1　频分多路复用 36
　　2.6.2　波分多路复用 37
　　2.6.3　时分多路复用 37
　　2.6.4　同步数字系列 39
　2.7　传输介质 40
　　2.7.1　双绞线 40
　　2.7.2　同轴电缆 42
　　2.7.3　光缆 42
　　2.7.4　无线信道 43
　2.8　结构化综合布线 45
　2.9　公共交换电话网 48
　2.10　串行通信接口 49
　　2.10.1　EIA RS-232-C 50
　　2.10.2　RS-422 和 RS-485 接口 53
　　2.10.3　USB 接口 54
　　2.10.4　IEEE-1394 接口 54
　2.11　ADSL 接入技术 55
　　2.11.1　对称 DSL 技术 55
　　2.11.2　非对称 DSL 技术 55
　2.12　公用数据网接口 57
　　2.12.1　X.21 接口 57
　　2.12.2　V.35 接口 58
　习题 59

第3章　数据链路层 61
　3.1　同步通信和异步通信 61
　3.2　纠错编码 62
　　3.2.1　检错码 62
　　3.2.2　海明码 63
　　3.2.3　循环冗余校验码 64
　3.3　链路配置和传输控制 66
　3.4　流量控制 68
　　3.4.1　停等协议 69

3.4.2　滑动窗口协议 ……………………… 70

3.5　差错控制 ……………………………… 73

　3.5.1　停等 ARQ 协议 ……………………… 73

　3.5.2　后退 N 帧 ARQ 协议 ……………… 74

　3.5.3　选择重发 ARQ 协议 ……………… 75

　3.5.4　协议性能分析 …………………… 76

3.6　HDLC 协议 …………………………… 78

　3.6.1　HDLC 的基本概念 ……………… 78

　3.6.2　HDLC 帧结构 …………………… 79

　3.6.3　HDLC 的帧类型 ………………… 80

　3.6.4　HDLC 的操作 …………………… 82

3.7　PPP 协议 …………………………… 83

　3.7.1　PPP 协议的应用 ………………… 83

　3.7.2　PPP 的帧格式 …………………… 84

　3.7.3　LCP 和 NCP 协议 ……………… 85

　3.7.4　PPP 认证协议 …………………… 86

习题 ………………………………………… 86

第 4 章　网络层 ………………………… 89

4.1　交换方式 …………………………… 89

　4.1.1　电路交换 ………………………… 89

　4.1.2　报文交换 ………………………… 90

　4.1.3　分组交换 ………………………… 90

　4.1.4　网络服务及其实现 ……………… 91

4.2　路由选择 …………………………… 93

　4.2.1　最短通路算法 …………………… 94

　4.2.2　路由选择策略 …………………… 97

　4.2.3　距离矢量路由算法 ……………… 99

　4.2.4　链路状态算法 …………………… 101

4.3　交通控制 …………………………… 102

　4.3.1　交通控制技术的分类 …………… 102

　4.3.2　交通控制技术的分级 …………… 106

4.4　IP 协议 ……………………………… 107

　4.4.1　IP 地址 …………………………… 107

　4.4.2　IP 协议的操作 …………………… 109

　4.4.3　IP 协议数据单元 ………………… 110

　4.4.4　ICMP 协议 ……………………… 111

4.5　公共数据网 ………………………… 112

　4.5.1　X.25 建议 ………………………… 112

　4.5.2　帧中继 …………………………… 115

4.6　综合业务数字网 …………………… 120

　4.6.1　窄带 ISDN ……………………… 120

　4.6.2　宽带 ISDN ……………………… 121

习题 ………………………………………… 123

第 5 章　传输层 ………………………… 126

5.1　传输服务 …………………………… 126

　5.1.1　服务质量 ………………………… 126

　5.1.2　加急投送服务 …………………… 127

　5.1.3　连接管理服务 …………………… 127

5.2　传输协议 …………………………… 128

　5.2.1　传输协议的分类 ………………… 128

　5.2.2　寻址 ……………………………… 129

　5.2.3　多路复用 ………………………… 130

　5.2.4　流量控制 ………………………… 130

　5.2.5　连接管理 ………………………… 132

　5.2.6　网络失效和系统崩溃的恢复 …… 136

5.3　TCP 协议 …………………………… 136

　5.3.1　TCP 服务 ………………………… 136

　5.3.2　TCP 段头格式 …………………… 138

　5.3.3　TCP 的连接管理 ………………… 140

　5.3.4　TCP 拥塞控制 …………………… 142

5.4　UDP 协议 …………………………… 144

习题 ………………………………………… 144

第 6 章　局域网与城域网 ……………… 146

6.1　LAN 局域网技术概论 ……………… 146

　6.1.1　拓扑结构和传输介质 …………… 146

　6.1.2　LAN/MAN 的 IEEE 802 标准 … 151

6.2　逻辑链路控制(LLC)子层 ………… 152

　6.2.1　LLC 地址 ………………………… 153

　6.2.2　LLC 服务 ………………………… 154

　6.2.3　LLC 协议 ………………………… 154

6.3　介质访问控制技术 ………………… 155

　6.3.1　循环式 …………………………… 156

　6.3.2　预约式 …………………………… 156

　6.3.3　竞争式 …………………………… 156

6.4　以太网 ……………………………… 156

　6.4.1　ALOHA 协议 …………………… 157

　6.4.2　CSMA/CD 协议 ………………… 159

　6.4.3　CSMA/CD 协议的性能分析 …… 163

6.4.4　MAC 和 PHY 规范 ……………… 164
6.4.5　交换式以太网 ………………… 168
6.4.6　高速以太网 …………………… 169
6.4.7　虚拟局域网 …………………… 171
6.5　令牌环网 …………………………… 173
6.5.1　令牌环网的工作特点 ………… 173
6.5.2　令牌环的 MAC 协议 ………… 174
6.5.3　光纤环网 FDDI ………………… 178
6.6　局域网互连 ………………………… 178
6.6.1　网桥协议的体系结构 ………… 178
6.6.2　生成树网桥 …………………… 181
6.6.3　源路由网桥 …………………… 185
6.7　城域网 ……………………………… 187
6.7.1　城域以太网 …………………… 187
6.7.2　弹性分组环 …………………… 190
习题 ………………………………………… 193

第 7 章　TCP/IP 协议与互联网 ………… 195
7.1　网络互连设备 ……………………… 195
7.1.1　中继器 ………………………… 195
7.1.2　网桥 …………………………… 196
7.1.3　路由器 ………………………… 197
7.1.4　网关 …………………………… 198
7.2　域名和地址 ………………………… 199
7.2.1　网际互连 ……………………… 199
7.2.2　域名系统 ……………………… 201
7.2.3　域名服务器 …………………… 204
7.2.4　地址分解协议 ………………… 206
7.2.5　动态主机配置协议 …………… 209
7.3　路由协议 …………………………… 212
7.3.1　自治系统 ……………………… 212
7.3.2　外部网关协议 ………………… 213
7.3.3　内部网关协议 ………………… 214
7.3.4　核心网关协议 ………………… 221
7.4　路由器技术 ………………………… 221
7.4.1　NAT 技术 ……………………… 222
7.4.2　CIDR 技术 …………………… 223
7.4.3　第三层交换技术 ……………… 225
7.5　IP 组播技术 ………………………… 226
7.5.1　组播模型概述 ………………… 226

7.5.2　组播地址 ……………………… 227
7.5.3　因特网组管理协议 …………… 228
7.5.4　组播路由协议 ………………… 232
7.6　IP QoS 技术 ………………………… 235
7.6.1　集成服务 ……………………… 236
7.6.2　资源预约 ……………………… 237
7.6.3　区分服务 ……………………… 240
7.6.4　流量工程 ……………………… 243
7.7　Internet 应用 ……………………… 244
7.7.1　远程登录协议 ………………… 245
7.7.2　文件传输协议 ………………… 245
7.7.3　超文本传输协议 ……………… 246
7.7.4　P2P 应用模型 ………………… 249
习题 ………………………………………… 252

第 8 章　无线通信网 …………………… 254
8.1　移动通信 …………………………… 254
8.1.1　蜂窝通信系统 ………………… 254
8.1.2　第二代移动通信系统 ………… 255
8.1.3　第三代移动通信系统 ………… 257
8.2　无线局域网 ………………………… 258
8.2.1　WLAN 的基本概念 …………… 258
8.2.2　WLAN 通信技术 ……………… 259
8.2.3　IEEE 802.11 体系结构 ……… 264
8.2.4　移动 Ad Hoc 网络 …………… 269
8.2.5　IEEE 802.11 的新进展 ……… 277
8.3　无线个人网 ………………………… 281
8.3.1　蓝牙技术 ……………………… 282
8.3.2　ZigBee 技术 …………………… 286
8.4　无线城域网 ………………………… 291
8.4.1　关键技术 ……………………… 293
8.4.2　MAC 子层 ……………………… 293
8.4.3　向 4G 迈进 …………………… 294
习题 ………………………………………… 295

第 9 章　下一代互联网 ………………… 297
9.1　IPv6 ………………………………… 297
9.1.1　IPv6 分组格式 ………………… 298
9.1.2　IPv6 地址 ……………………… 301
9.1.3　IPv6 路由协议 ………………… 305
9.1.4　IPv6 对 IPv4 的改进 ………… 307

9.2 移动 IP 307
　　9.2.1 移动 IP 的通信过程 308
　　9.2.2 移动 IPv6 310
9.3 从 IPv4 向 IPv6 的过渡 313
　　9.3.1 隧道技术 313
　　9.3.2 协议翻译技术 320
　　9.3.3 双协议栈技术 322
9.4 下一代互联网的发展 324
　　9.4.1 IP 地址的分配 325
　　9.4.2 IPv6 在亚洲 326
　　9.4.3 IPv6 在欧美 329
　　9.4.4 我国的下一代互联网研究 332
习题 333

第 10 章　网络安全与网络管理 335
10.1 网络安全的基本概念 335
　　10.1.1 网络安全威胁 335
　　10.1.2 网络攻击的类型 335
　　10.1.3 网络安全技术分类 336
10.2 数据加密 336
　　10.2.1 经典加密技术 337
　　10.2.2 信息加密原理 337
　　10.2.3 现代加密技术 338
10.3 认证技术 341
　　10.3.1 基于共享密钥的认证 341
　　10.3.2 基于公钥算法的认证 341
　　10.3.3 数字签名 342
　　10.3.4 报文摘要 343
10.4 数字证书与密钥管理 344

10.4.1 X.509 数字证书 344
10.4.2 数字证书的获取 345
10.4.3 数字证书的吊销 346
10.4.4 密钥管理 346
10.5 虚拟专用网 349
　　10.5.1 虚拟专用网工作原理 349
　　10.5.2 VPN 解决方案 350
　　10.5.3 第二层安全协议 351
　　10.5.4 网络层安全协议 353
　　10.5.5 安全套接层(SSL) 355
10.6 防火墙 356
　　10.6.1 防火墙的基本概念 357
　　10.6.2 防火墙的体系结构 358
10.7 网络管理系统 361
　　10.7.1 网络管理的基本概念 361
　　10.7.2 网络管理系统体系结构 361
　　10.7.3 网络监视 364
　　10.7.4 网络控制 369
10.8 网络管理标准 374
　　10.8.1 简单网络管理协议 375
　　10.8.2 管理信息库 377
10.9 网络管理工具 380
　　10.9.1 网络配置和诊断命令 380
　　10.9.2 网络监视工具 390
　　10.9.3 网络管理平台 392
习题 395
参考文献 396

第 **1** 章
计算机网络概论

　　计算机网络是计算机技术与通信技术相结合的产物。计算机网络是信息收集、分发、存储、处理和应用的重要载体。计算机网络作为一种生产和生活设施被人们广泛接纳和使用之后，对人类社会的政治、经济和文化生活产生了重大影响。本章讲述计算机网络的基本概念和发展简史，以及国际标准化组织定义的开放系统互连参考模型，后者是分析和认识计算机网络的理论框架。

1.1　计算机网络的基本概念

1.1.1　什么是计算机网络

　　计算机网络是由通信线路连接的许多自主工作的计算机构成的集合体。计算机联网的目的是实现资源共享，包括信息资源、软件资源和硬件资源的共享。信息资源共享就是联网的计算机用户之间可以互相通信，包括发送电子邮件和实时会话通信，然而最典型的信息资源共享方式是许多计算机作为远程终端可以访问远程数据库服务器中的数据。软件资源共享是指共享软件的功能。有些软件的功能可以遍及联网的所有计算机，这样的软件叫做网络软件，例如服务器操作系统和网络游戏软件就是网络软件。硬件资源共享的简单例子是局域网用户共享打印机，更一般的硬件资源共享可以扩展到共享 CPU 资源，即联网的计算机协同工作完成一个比较大的计算任务。

　　在计算机网络发展的过程中，曾经产生过许多技术不同、形态各异的网络，今天我们直接接触的计算机网络就是国际互联网(Internet)。Internet 融合了现代计算机技术、信息技术和通信技术的研究成果，使得人类历史跨入了信息化时代。

1.1.2　计算机网络的通信方式

　　计算机网络采用包交换方式通信，就是把计算机要发送的信息打成一个数据包，然后在各个交换结点之间不断传递，最后到达目标。如果把联网的计算机和组成网络的交换设备都抽象成网络结点，则得到如图 1-1 所示的拓扑结构图。

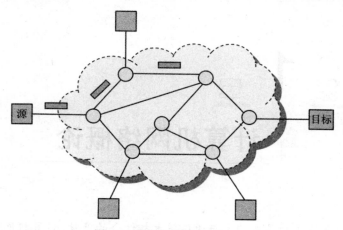

图 1-1 网络拓扑结构图

在图 1-1 中，虚线框外的方块结点表示联网的计算机，所有的计算机及其外围设备构成了资源子网；虚线框内的圆圈结点表示网络交换设备(路由器、交换机等)，所有的交换设备构成了通信子网。从源计算机发出的二进制信息被打包成多个数据包，包头中含有目标地址和源地址。网络中的交换结点根据目标地址选择路由，一站一站地转发，并把数据包送达目标。这个过程类似于邮政系统邮递邮包的过程。

1.1.3 计算机网络的分类

可以根据不同的标准对计算机网络进行分类，以便了解各种计算机网络的特点。从网络覆盖范围来分类，可以将其分为局域网(Local Area Network，LAN)、城域网(Metropolitan Area Network，MAN)和广域网(Wide Area Network，WAN)。局域网的覆盖范围小，一个实验室网络或校园网都属于局域网。局域网的特点是：

(1) 采用规则的拓扑结构(总线型、星型、环型)，参见图 1-2。

(2) 采用广播通信方式，一个站点发送的信息要广播到全网，但是只有目标站点接收。

(3) 由于通信距离短，所以通信速率高，传播速度快。

(4) 由一个组织所有，按照组织制定的管理策略进行管理，提供组织内部的网络应用。

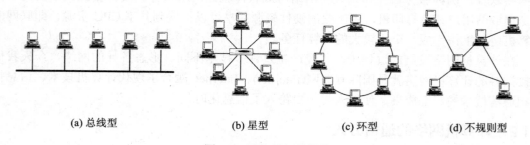

| (a) 总线型 | (b) 星型 | (c) 环型 | (d) 不规则型 |

图 1-2 网络的拓扑结构

城域网的覆盖范围可以达到整个市区和郊区，它采用的通信方式也是广播方式。广域网是指覆盖全国乃至全世界的网络，采用分组交换的通信方式。城域网和广域网都是由通信公司运营和管理的，向社会提供公共服务。

按照使用方式可以把计算机网络划分为校园网(Campus Network)和企业网(Enterprise

Network)，前者用于学校内部的教学和科研信息的交换和共享，后者用于企业管理和办公自动化。一个校园网或企业网可以由内联网(Intranet)和外联网(Extranet)组成。内联网是采用Internet 技术(TCP/IP 协议和 B/S 结构)建立的校园网或企业网，用防火墙限制了与外部的信息交换，以确保网络内部信息的安全。外联网是校园网或企业网向外延伸的部分，通过Internet 上的安全通道与内部网进行通信，例如一个企业的重要客户可以通过外联网与企业内部网进行通信。

按照网络服务的范围可以把计算机网络分为公用网和专用网。公用网是通信公司建立和经营的网络，向社会提供有偿的通信服务。专用网一般是建立在公用网基础上的虚拟网络，仅限于一定范围内的用户之间进行通信，或者对一定范围内的通信设备实施特殊的管理。通常在公用网上可以建立针对一个用户群的虚拟专用网，提供用户群内部的私有信息交换。

按照网络提供的服务可以将其分为通信网和信息网。通信网提供远程联网服务，各种校园网和企业网通过远程连接形成了互联网，提供联网服务的供应商叫做 ISP(Internet Service Provider)。信息网提供 Web 信息浏览、文件下载和电子邮件传送等多种增值服务，提供信息服务的供应商叫做 ICP(Internet Content Provider)。

1.2 计算机网络的发展简史

计算机网络是计算机技术与通信技术相结合的产物，广域通信网的发展为计算机联网提供了信息高速公路，关于计算机网络的发展历史要从广域通信网的发展谈起。

1.2.1 计算机通信网

1876 年，贝尔(Alexander Graham Bell)获得了电话专利，这一年被认为是电话系统的元年。第二年贝尔电话公司成立，建立了第一个电话控制平台，采用人工交换方式实现拨号、通话、挂断等操作，从而结束了点对点专线连接的时代。1895 年，贝尔公司将长途业务分割出来，成立了美国电话电报公司(AT&T)。这个公司曾经长期垄断美国的长途和本地电话市场，并把业务推广到了全世界。后来 AT&T 经历了多次分拆和重组，目前仍是美国最大的电话公司，其总部位于德克萨斯州圣安东尼奥市。

电话网络采用电路交换的通信方式，在一对通话的用户之间建立一条临时的电话通路，以电波传播的速度传送话音。面向社会提供电话服务的通信网被称为公共交换电话网(Public Switched Telephone Network，PSTN)。PSTN 经历了从人工交换到自动交换、从机电式交换到程控式交换、从空分交换到时分交换、从模拟交换到数字交换的发展过程。1888 年 Strowger 发明了第一台自动控制的电话交换系统，这种交换机包含马达、凸轮、旋转开关和继电器等部件，被称为机电式交换机。程控交换机是由电子计算机控制的，用预先编制好的程序来控制电话的接续工作。1965 年，美国贝尔系统的 1 号电子交换机问世，这是第一部开通使用的程控交换机，但还不是时分数字式的，而是"空分"的。所谓空分，就是用户通话时要占用一对线路，一直到打完电话为止。从 1965 年到 1975 年这 10 年间，大部分交换机都是空分的、模拟的程控交换机。1970 年，法国开通了第一部程控数字交换机，采用了时分复用技术和大规模集成电路设备。进入 20 世纪 80 年代，程控数字电话交换机才开始普遍使用。

程控数字交换与数字传输技术相结合，不仅可以实现电话交换，还能实现传真、数据、图形图像信息的交换。20 世纪 70 年代中后期是数据通信快速发展的时期，各个发达国家的政府部门、研究机构和电报电话公司都在发展传输数据的分组交换网。分组交换就是把信息打包成"分组"，通过数字电话网传送二进制数据信息。英国邮政局于 1973 年建立了EPSS 分组交换网，法国信息与自动化研究所(IRIA)于 1975 年建成了称为 CYCLADES 的分布式数据处理网络，加拿大在 1976 年建成 DATAPAC 分组交换网，日本电报电话公司于 1979年建立了 DDX-3 公用数据网。这一类网络都是以实现计算机之间的远程数据传输为主要目的，从而形成了区别于以话音通信为主要目的的公用数据网(Public Data Network，PDN)。

1.2.2 早期的远程联机系统

1946 年第一台电子数字计算机 ENIAC 在美国问世，不久就有了计算机技术与通信技术的结合。1951 年，美国麻省理工学院林肯实验室开始为美国空军设计称为 SAGE 的半自动化地面防空系统，该系统最终于 1963 年建成，被认为是计算机技术与通信技术结合的先驱。在将计算机通信技术应用于民用系统方面，最早的当数美国航空公司与 IBM 公司在 20 世纪50 年代初开始联合研发、20 世纪 60 年代初投入使用的飞机订票系统 SABRE-I。美国通用电气公司的信息服务系统是当时世界上最大的商用数据处理网络，其地理范围从美国本土延伸到欧洲、澳大利亚和日本，该系统于 1968 年投入运行，具有交互式处理和批处理能力，由于地理范围大，可以利用时差达到资源的充分利用。这一类系统都是以大型计算机为中心的远程联机系统，形成了早期的计算机网络应用模式，如图 1-3 所示。

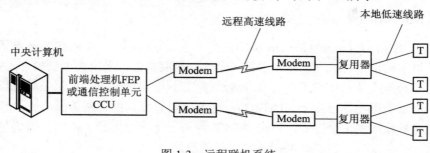

图 1-3 远程联机系统

1.2.3 ARPAnet

Internet 是美苏冷战的产物。1957 年，在前苏联第一颗人造地球卫星上天的刺激下，美国国防部立即成立了一个战略研究机构——高级研究计划局(Advanced Research Project Agency，ARPA)，负责资助"High Risk，High Gain"的军事研究计划。1962 年，ARPA 提出了建立分布式军事通信系统的设想，这种系统能够承受第一次核打击的考验，当部分站点被摧毁后，其他站点能够绕过已被摧毁的站点而继续保持联系。显然，这样的通信系统不能沿用传统电话系统的通信方式。电话网络，以及后来建立的数据通信网都是采用面向连接的通信模式，即在正式通信之前，先要通过呼叫过程建立一个从源站到目标站的连接(物理的或逻辑的)，然后才能开始通信，而建立连接的过程是漫长的(相对于发送很短的作战命令)、脆弱的(可能被干扰和破坏)。

1969 年，在 ARPA 的资助下，加州大学洛杉矶分校(UCLA)、加州大学圣芭芭拉分校(UCSB)、斯坦福研究院(SRI)，以及位于盐湖城的犹他大学(UTAH)把 4 台计算机通过专门的通信控制处理机和专用通信线路连接起来，进行了通信实验，并成功地发送了一组数据，这就是 ARPAnet 的发端。ARPAnet 采用了与传统通信网不同的无连接的网络协议，没有建立连接的过程，直接发送带有目标地址的数据分组，可以通过多种路径到达目标。两年后，ARPAnet 建成 15 个结点，进入工作阶段。此后，ARPAnet 的规模不断扩大，到了 20 世纪 70 年代后期，其网络节点超过 60 个，主机达 100 多台，地理范围跨越了美洲大陆，连通了美国东部和西部的许多大学和研究机构，而且通过通信卫星与夏威夷和欧洲地区的计算机网络互相连通。ARPAnet 的主要特点是：① 资源共享；② 分散控制；③ 分组交换；④ 采用专门的通信控制处理机；⑤ 分层的网络协议。这些特点被认为是现代计算机网络的一般特征。

1.2.4　Internet

1973 年 9 月，Bob Kahn 和 Vint Cerf 在互联网工作组的一次会议上发表了主机对主机的传输控制协议 TCP，随后又在 1977 年展示了不同网络间的互联协议 IP。由于 TCP/IP 解决了不同网络间的互联问题，因此很受欢迎，有人称 Bob Kahn 和 Vint Cerf 为互联网之父。TCP/IP 协议最早是由 UC Berkeley 的计算机专家将其结合到 Unix 系统中的，在大学里作为教学与研究之用。1982 年，美国国防部把 TCP/IP 技术公开，作为网络标准发布，促进了互联网技术的蓬勃发展。

出于安全的考虑，1983 年 ARPAnet 被分成两部分，专门用于军事的部分叫做 MILnet，其余的仍以 ARPAnet 相称，以 ARPAnet 为主体互联而成的广域网络称为互联网(Internet)。从 1969 年 ARPAnet 诞生到 1983 年，是互联网发展的第一阶段，也是研究试验的阶段，当时接在互联网上的计算机约 235 台。

1986 年，美国国家科学基金会(NSF)制定了一个使用超级计算机的计划，在全美建立了 5 个超级计算机中心，利用 ARPAnet 的 TCP/IP 协议把这些计算中心连接起来，形成了 NSFnet 的雏形。NSF 资助各大学和研究机构与这些巨型计算机联网，建立了一个广域网，成为互联网的主体部分。1987 年，经过公开招标，由 IBM、MCI 和多家大学组成的非盈利性机构 Merit 获得了 NSF 的合同，对 NSFnet 进行运营和管理。由于 NSF 的鼓励和资助，从 1986 年至 1991 年，NSFnet 的子网从 100 个增加到 3000 多个。随着计算机网络在全球的拓展和扩散，美洲以外的网络也逐渐接入 NSFnet 主干网。1989 年，MILnet 与 NSFnet 连接后就开始采用 Internet 这个名称。当其他部门的计算机网络相继并入 Internet 时，ARPAnet 即功成身退。1992 年，Internet 学会成立，该学会把 Internet 定义为"组织松散的、独立的国际合作互联网络"，"通过自主遵守计算协议和过程支持主机对主机的通信"。

1993 年，伊利诺大学的学生马克·安德瑞森(Marc Andreessen)深感网络上信息量浩如烟海，查找资料非常麻烦，于是开发了一个叫做马赛克(Mosaic)的软件，通过它可以作定向导航，这就是早期的网络浏览器。1994 年 4 月风险投资家克拉克与安德瑞森创办了网景公司，把马赛克改名为网景航海家(NetScape Navigator)，微软紧随其后推出了自己的 IE 浏览器。由于有了浏览器，网络的使用变得非常简单，从此网络变成了普通百姓手中的玩物，使得

Internet 的用户数量和覆盖范围迅速扩大。

1991 年，美国国会议员阿尔·戈尔提出了建设国家信息基础设施(National Information Infrastructure，NII)的法案，他把这个项目称为"信息高速公路"。时任美国总统布什在当年 11 月签署了这一法案。1992 年，克林顿入主白宫，戈尔担任副总统，随即成立了由戈尔主持的国家信息基础设施顾问委员会。1994 年 1 月 25 日，克林顿在《国情咨文》中对这个项目作了发展规划，其长期目标是：用 15 年到 20 年时间，耗资 2000～4000 亿美元，以建设美国国家信息基础设施作为发展政策的重点和产业发展的基础。将 NII 寓意于信息高速公路，令人联想到 20 世纪早期美国兴起的高速公路建设在振兴经济中的巨大作用。信息高速公路将改变人们生活、工作和相互沟通的方式，将产生比工业革命更为深刻的影响。1995 年，北美、欧洲和东亚地区迎来了互联网建设的高潮，这一年被称为国际网络年。

从 1983 年到 1995 年是 Internet 发展的第二阶段，这是 Internet 开始在教育和科研领域广泛使用的实用阶段。在 1995 年之后的五、六年间，Internet 进入了全速发展时期。NSF 不再向 Internet 提供资金，为了解决网络运营经费的问题，Internet 的经营开始商业化，同时向社会开放商业应用。于是 Internet 进入了第三个发展阶段，即商业应用阶段。商业用户的介入，为互联网的发展带来了更大的机遇。

1.2.5　下一代互联网

现在的互联网是建立在 IPv4 协议的基础上，经过多年发展以后，它逐渐显露出一些当初设计中的缺陷，其中最紧迫的就是地址空间短缺问题。上世纪 90 年代初，人们就开始讨论新的互联网络协议。IETF 的 IPng 工作组在 1994 年 9 月提出了一个正式草案"The Recommendation for the IP Next Generation Protocol"，1995 年底确定了 IPng 协议规范，称为 IPv6。尽管设计 IPv6 最初的动机主要是解决地址空间日益紧张的问题，但是人们希望它同时能够解决 IPv4 难以解决的其他问题，包括网络安全、服务质量(QoS)和移动计算等。

国际 IPv6 试验网 6bone 于 1996 年建立，曾经扩展到 50 多个国家和地区，对 IPv6 的关键技术进行了广泛的实验。到 1998 年初，IPv6 协议的基本框架已经逐步成熟，IETF 成立了专门的工作组——Next Generation Transition(简称 ngtrans)，研究从 IPv4 向 IPv6 过渡的策略和技术。

下一代网络(Next Generation Network，NGN)将基于 IPv6 来构建。2004 年，美国 NLR(National LambdaRail)联盟开通了传输速率达 10G 的光纤网络，在相距 6000 英里的圣迭哥大学与芝加哥大学之间建立了以太网连接，在此基础上研究人员开展了 Internet 2 的研究工作。NLR 联盟由美国领先的研究型大学和技术公司组成，发起组建覆盖全美国的联网基础设施，以此促成科学、工程和医学领域中基于下一代网络的应用。2004 年 9 月，欧盟宣布开通了 GéANT，建成了所有欧盟国家的学术网，用于研究下一代互联网技术。2004 年 3 月，CERnet 2 试验网开通，这是我国第一个 IPv6 主干网，与日本和韩国的 IPv6 网形成了亚太地区的 APAN (Asia Pacific Advanced Network)。2004 年 1 月 15 日，包括上述三大网络在内的全球最大的学术互联网在布鲁塞尔欧盟总部向全世界宣布，同时开通全球的下一代互联网服务。

在这些研发项目中，特别需要提到的是中国的下一代互联网示范工程 CNGI (China Next Generation Internet)。CNGI 是实施我国下一代互联网发展战略的起步工程。2003 年 8 月，国家发改委(发展和改革委员会)批复了 CNGI 核心网建设项目可行性研究报告,该项目正式启动。第二代中国教育和科研计算机网 CERnet 2 被确定为 CNGI 最大的核心网和全国性学术网,也是世界上规模最大的采用纯 IPv6 技术的下一代互联网主干网。CERnet 2 为基于 IPv6 的下一代互联网技术提供了广阔的试验环境,并且还将成为开发基于下一代互联网的重大应用、推动下一代互联网产业发展的关键性基础设施。

2008 年 12 月 3 日,中国下一代互联网示范工程阶段总结和成果汇报大会在北京宣布:中国下一代互联网示范工程核心网已经完成建设任务,该核心网由 6 个主干网、两个国际交换中心以及相应的传输链路组成。CERnet 2、中国电信、中国网通/中科院、中国移动、中国联通和中国铁通等 6 个主干网和两个国际交换中心已全部完成验收。CNGI 核心网实际已建成了包括 22 个城市的 59 个节点,以及北京和上海两个国际交换中心的网络。CNGI 取得了一系列具有自主知识产权的技术成果。

1.2.6　我国互联网络的发展

我国互联网的发展启蒙于 20 世纪 80 年代末。1987 年 9 月 20 日,钱天白教授通过意大利公用分组交换网 ITAPAC 设在北京的 PAD 发出我国的第一封电子邮件,与德国卡尔斯鲁厄大学进行了通信,揭开了中国人使用 Internet 的序幕。

1989 年 9 月,在国家计委的组织下建立了中关村地区教育与科研示范网络(NCFC)。这个项目的主要目标是在北京大学、清华大学和中科院 3 个单位之间建设高速互联网络,并建立一个超级计算中心,该项目于 1992 年建设完成。

1994 年 1 月 4 日,NCFC 通过美国 Sprint 公司接入 Internet 的 64K 国际专线开通,实现了与 Internet 的全功能连接。从此我国正式成为有 Internet 的国家。

从 1994 年开始,分别由国家计委(计划委员会)、原邮电部、国家教委和中科院(中国科学院)主持,建成了我国的四大互联网,即中国金桥信息网、中国公用计算机互联网、中国教育科研网和中国科技网。在短短几年间,这些主干网络就投入使用,形成了国家主干网的基础。

1996 年以后,我国互联网的发展进入应用平台建设和增值业务开发阶段,中国互联网进入了空前活跃的高速发展时期。此后的十年间,我国的互联网发展异常迅速,并于 2008 年上半年网民数量首次大幅度超过美国,跃居世界第一位。综合来看,目前,我国的互联网普及率和网民人数已经超过了全球平均水平,中国的互联网正在实现飞速发展。

目前我国建成的 Internet 主干网的情况如下。

1) 中国公用计算机互联网 ChinaNet

ChinaNet 是原邮电部建设和管理的公用计算机互联网。1994 年开始在北京和上海两个电信局进行 Internet 网络互联工程,1995 年初步建成。ChinaNet 骨干网的拓扑结构分为核心层和大区层。核心层由北京、上海、广州、沈阳、南京、武汉、成都、西安等 8 个城市的核心节点组成,提供与国际 Internet 互联,以及大区之间的信息交换通路。北京、上海、广州 3 个核心层节点各设两台国际出口路由器与国际互联网相联,连接的国家有美国、俄罗斯、法国、英国、德国、日本、韩国、新加坡等。其他核心节点各设一台核心路由器,核心节点之间为不完全网状结构。全国 31 个省会城市以上述 8 个核心节点为中心划分为 8 个大区网络,提供大区内的信息交换功能。

2003 年，中国电信被拆分为南北两个公司，中国网通和中国电信将原来的 ChinaNet 一分为二，南方归属中国电信，北方归属中国网通。中国网通集团将拆分出来的 ChinaNet 部分进行技术改造和扩容，推出了新的业务品牌"宽带中国 CHINA169"，提供组播、VPN、网络电视、视频会议等宽带业务。中国电信经营管理的中国宽带互联网 ChinaNet 也进行了技术升级，用户可以通过电话拨号、宽带、专线等接入方式连网，享受各种宽带服务。

2) 中国教育科研网 CERnet

中国教育和科研计算机网(CERnet)始建于 1994 年，由全国主干网、地区网和校园网构成三级层次结构的互联网络。CERnet 网络中心设在清华大学，另外有 10 个地区中心和 38 个省级节点。CERnet 还是我国开展下一代互联网研究的试验基地。2000 年，中国下一代高速互联网交换中心在 CERnet 网络中心建成，实现了我国与国际下一代国际互联网的连接。2004 年 3 月，CERnet 2 试验网开通，这是我国第一个 IPv6 主干网，也是世界上规模最大的纯 IPv6 网。2003 年，国家发改委等八部门联合提出了建设下一代互联网示范工程(CNGI)的建议。CERnet 2 是 CNGI 中最大的核心网，它以 2.5~10 Gb/s 速率连接全国 25 个主要城市的 CERnet 2 主干网核心节点，为全国几百所高校和科研单位提供 1~10 Gb/s 的高速 IPv6 接入服务，并通过中国下一代互联网交换中心 CNGI-6IX 高速连接国内外的下一代互联网。CERnet 2 已经成为我国研究下一代互联网技术、开发基于下一代互联网的重大应用、推动下一代互联网产业发展的重要基础设施。

3) 中国科学技术网 CSTnet

中国科学技术网是利用公用数据通信网建立的信息增值服务网，在地理上覆盖全国各省市，逻辑上联接各部、委和各省、市科技信息机构，是国家科技信息系统骨干网，同时也是国际 Internet 的接入网。

1989 年 8 月，中国科学院承担了国家计委立项的"中关村教育与科研示范网络"(NCFC)的建设。1994 年 NCFC 率先与美国 NSFnet 直接互联，标志着我国最早的国际互联网络的诞生。1996 年 2 月，中国科学院正式将中国科学院院网(CASnet)命名为"中国科技网"。历经十余年的发展，目前，CSTnet 由北京、广州、上海、昆明、新疆等 13 家地区分中心组成国内骨干网，拥有多条国际出口，并与香港、台湾等地区以及国内的主要互联网运营商通过光纤高速互联。CSTnet 以实现中国科学院科学研究活动信息化和科研活动管理信息化为建设目标，正在参与中国下一代互联网(CNGI)的建设。

4) 中国金桥信息网 ChinaGBN

1993 年，国务院提出了建设"三金"工程的计划。由原电子部吉通公司牵头建设的金桥网是国家公用经济信息通信的主干网。1996 年 ChinaGBN 开通因特网服务，与全国 24 个省市联网，并与 CSTnet、CERnet 和国家信息中心连通。金桥网为金关、金税、金卡等"金"字头工程服务。金关工程的目标是推动海关报关业务的电子化，为推广电子数据交换(EDI)业务和实现无纸贸易提供服务。金税工程连接全国的国税系统，通过计算机网络进行统计分析和抽样稽核，目的是发现和侦测利用增值税专用发票进行的各种犯罪活动。金卡工程建设的目标是建立现代化的电子货币系统，形成与国际接轨的金融卡业务管理体系。2003 年后，金桥网并入网通公司的公用互联网。

目前，我国的主要互联网运营商有下面 10 家：

(1) 中国公用计算机互联网(ChinaNet)；

(2) 中国科技网(CSTnet)；

(3) 中国教育和科研计算机网(CERnet)；

(4) 中国金桥信息网(ChinaGBN)(已并入网通)；

(5) 中国联通互联网(UNInet)；

(6) 中国网通公用互联网(CNCnet)；

(7) 中国移动互联网(CMnet)；

(8) 中国国际经济贸易互联网(CIETnet)；

(9) 中国长城互联网(CGWnet)；

(10) 中国卫星集团互联网(CSnet)。

1.3　互联网对人类社会的影响

1.3.1　互联网的应用

图 1-4 把互联网的发展过程粗略地划分为 10 年一个阶段。上世纪 60 年代后期是互联网的起步阶段，确定了无连接的主机对主机的通信架构；70 年代在 ARPAnet 的基础上开发了 TCP/IP 协议，奠定了互联网通信的基础；80 年代在 NSF 的资助下对互联网技术进行了广泛的学术研究，扩大了互联规模，建立了世界范围的主干网，同时也进入了实用阶段，主要的网络应用是电子邮件、文件下载和新闻阅读(Usenet)等；90 年代进入了 Internet 的商业应用阶段，为互联网的发展注入了新的活力。这一阶段的主要应用是 Web 浏览；进入 21 世纪后，互联网开始向 IPv6 过渡，以便提供更好的网络服务，使得话音服务、视频服务和数据传输服务融合为统一的互联网服务。

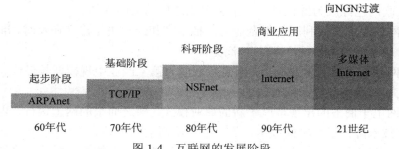

图 1-4　互联网的发展阶段

近年来网络应用进入了一个新的发展阶段，即 Web 2.0 阶段。10 年前的网页是一个静态的、中央控制的信息发布平台，后来虽然有了动态网页，也只是便于信息的更新，仍然是以服务器为中心的信息发布平台，终端用户只能通过浏览器被动地接受信息。2004 年，O' Reilly 公司和 MediaLive 国际公司在一次头脑风暴会议(Brain Storming)上提出了 Web 2.0 的概念。O' Reilly 公司总裁 Tim O'Reilly 把它的含义概括为让用户分享和自主创造内容的一系列网络创新。例如近年来互联网上出现的一些新现象：有影响的博客成为吸引眼球的网络亮点，P2P 成为网民分享视频和音乐的公共平台，维基百科是用户参与创作的自由百科全书，社群网络(Social Networking Services，SNS)使得个体的社交圈可以放大为大型网络群体。

所有这些都意味着互联网正在进行一场变革，由成千上万的网站演变为一个为终端用户服务的应用平台。

Web 2.0 并不是一个技术标准，而是一个包含了技术架构的应用软件。它的目的是鼓励信息的使用者通过分享使得信息资源变得更加丰盛，通过参与而产生个性化的内容。Tim O'Reilly 认为，Web 2.0 对互联网行业来说是一场商业革命，它起因于把 Internet 当成一个交易平台，企图在新的平台上创造通往成功的规则。IBM 的社群网络分析师 Dario de Judicibus 提出，Web 2.0 是一个架构在知识上的环境，由人与人之间的互动而产生内容，经过服务导向架构中的程序，这个环境被发布、管理和使用。

从科技发展与社会变革的大视野来看，Web 2.0 现象是信息技术引发的信息革命，是知识社会带来的面向未来以人为本的创新，是从专业人员编织网络到所有使用者参与织网的民主化进程的典型呈现。这种全民参与的革命性背后是多种因素相互作用的结果：网络带宽的飞速发展，电脑硬件价格日益低廉，数码技术和互联网技术的成熟，以及网民自我意识的觉醒等等。无论新兴的 Web 2.0 网站采用何种形式、何种内容——无论是 YouTube(上传、观看、分享影片)、MySpace(博客、群组、照片、音乐和视讯分享)、还是 Facebook(帮助您与周围的人联系和分享)——它们都指向了一个终极目的：让信息更加丰富、更加个性化、更加容易获取。

1.3.2 互联网带来的机遇和挑战

人类经历了农业社会、工业社会，正在迈入信息社会。信息作为继材料、能源之后的又一重要战略资源，它的有效开发和利用已经成为社会和经济发展的重要推动力，成为经济发展的生产要素之一。互联网正在改变着人们的生产方式、工作方式、生活方式和学习方式。互联网对人类社会发展带来的机遇表现在以下几个方面：

(1) 互联网缩短了时空的距离，加快了信息收集和传递的速度，扩大了各种信息资源共享的程度，互联网已经成为继报纸、广播和电视之后的第四媒体。

(2) 互联网信息的有效利用使得企业可以把生产和经营决策建立在及时、准确和科学的信息基础上，从而提高了传统产业的生产效率。

(3) 互联网创造了新的就业机会，信息行业成为第三产业中规模增长最快、财富积累最迅速的部门之一，成为年轻一代首选的热门行业。

(4) 互联网电子商务的出现造就了新的商业模式，随之而来的网上银行、电子钱包、电子数据交换等技术降低了交易的成本，促进了经济活动的繁荣。

(5) 互联网开辟了电子化管理的时代，电子政务带来了新的管理模式，使得政府管理部门可以及时了解社会的热点问题，随之做出政策调整。

(6) 互联网促进了科学技术的加速发展，科学研究人员已习惯于上网查找资料，一种新出现的科技成果通过互联网可以很快地得到推广和应用。

(7) 互联网对人们生活和交流的方式和内容将产生极大的影响，上网成为一些人须臾不离的生活习惯，使人们感受到这种交流方式带来的快捷与自由、开放与互动的乐趣。

(8) 互联网为各种层次的文化交流提供了良好的平台，促进了各种文化传统的融合，使得这个世界变得越来越小。

互联网为我们带来如此之多利益的同时也对人类社会提出了诸多挑战，如果我们对网络不能加以正确的利用，也会给社会发展带来各种负面影响。互联网带来的挑战是：

首先，互联网的安全问题比以往任何信息系统的安全问题都更为突出，也更难以解决，但不是不可解决的。人类社会越是依赖于网络，网络的安全威胁越会对人类社会的经济和政治生活造成更大的危害。

其次，互联网的虚拟性在给我们带来方便和乐趣的同时，也给网络犯罪提供了可乘之机，相比现实社会的犯罪行为，网络犯罪更加难以控制和查处。

第三，在各个国家都把互联网作为新经济时代的竞争手段和战略武器的时候，只有那些掌握了先进技术的发达国家处于更加有利的地位，信息时代竞争的起点是不平衡的，有可能导致贫富两个世界的进一步分化。

最后，互联网在促进世界融合的同时，也使这个世界更加扁平，并趋于同一。如何保护文化习俗的多样性，促进各个民族、各种传统有序和谐的发展是我们必须认真面对的新问题。

1.4　计算机网络体系结构

1.4.1　计算机网络的标准化

经过 20 世纪 60 和 70 年代前期的发展，人们对组网的技术、方法和理论的研究日趋成熟。为了促进网络产品的开发，各大计算机公司纷纷制定自己的网络技术标准。IBM 首先于 1974 年推出了该公司的系统网络体系结构 SNA(System Network Architecture)，为用户提供能够互连互通的成套通信产品；1975 年，DEC 公司宣布了自己的数字网络体系结构 DNA(Digital Network Architecture)；1976 年，UNIVAC 宣布了该公司的分布式通信体系结构 (Distributed Communication Architecture)。这些网络技术标准只是在一个公司范围内有效，遵从某种标准的、能够互联的网络通信产品只是同一公司生产的同构型设备。网络通信市场这种各自为政的状况使得用户在投资方向上无所适从，也不利于多厂商之间的公平竞争。1977 年，国际标准化组织 ISO 的 TC97 信息处理系统技术委员会 SC16 分技术委员会开始着手制定开放系统互连参考模型 OSI/RM。作为国际标准，OSI 规定了可以互连的计算机系统之间的通信协议，遵从 OSI 协议的网络通信产品都是所谓的"开放系统"。今天，几乎所有的网络产品厂商都声称自己的产品是开放系统，不遵从国际标准的产品逐渐失去了市场。这种统一的、标准化产品互相竞争的市场进一步促进了网络技术的发展。

1.4.2　计算机网络的功能特性

计算机网络发展到今天，已经演变成一种复杂而庞大的系统。在计算机专业人员中，对付这种复杂系统的常规方法就是把系统组织成分层的体系结构，即把很多相关的功能分解开来，逐个予以解释和实现。以后我们会看到，在分层的体系结构中，每一层都是一些明确定义的相互作用的集合，这叫做对等协议；层之间的界限是另外一些相互作用的集合，叫做接口协议。下面我们首先通过一个简单的例子说明计算机网络应该提供的各种功能。

研究计算机网络的基本方法是全面地、深入地了解计算机网络的功能特性，即计算机网络是怎样在两个端用户之间提供访问通路的。理解了计算机网络的功能特性才能够掌握各种网络的特点，才能了解网络运行的原理。

首先，计算机网络应该在源结点和目标结点之间提供传输线路，这种传输线路可能要经过一些中间结点。如果是远程连网，则要通过电信公司提供的公用通信线路，这些通信线路可能是地面链路，也可能是卫星链路。如果电信公司提供的通信线路是模拟的，还必须用 Modem 进行信号变换，因而网络应该提供与 Modem 的物理的和电气的接口。

计算机通信有一个特点，即间歇性或突发性。人们打电话时信息流是平稳而连续的，速率也不太高。然而计算机之间的通信不是这样。当用户坐在终端前思考时，线路中没有信息流过。当用户发出文件传输命令时，突然来到的数据需要迅速地发送，然后又沉默一段时间。因而计算机之间的通信链路要有较高的带宽，同时由许多结点共享高速线路，以获得合理经济的使用效率。计算机网络的设计者发明了一些新的交换技术来满足这种特殊的通信要求，例如报文交换和分组交换技术。计算机网络的功能之一是对传输的信息流进行分组，加入控制信息，并把分组正确地传送到目的地。

加入分组的控制信息主要有两种：一种是接收端用于验证是否正确接收的差错控制信息；另一种是指明数据包的发送端和接收端的地址信息。因而网络必须具有差错控制功能和寻址功能。另外当多个结点同时要求发送分组时，网络还必须通过某种冲突仲裁过程决定谁先发送，谁后发送。所有这些带有控制信息的数据包在网络中通过一个一个结点正确向前传送的功能叫做数据链路控制功能 DLC(Data Link Control)。

关于寻址功能，还有更复杂的一面。如果网络有多个转发结点，则当转发结点收到数据包时必须确定下一个转发的对象，因此每一个转发结点都要有根据网络配置和交通情况决定路由的能力。

复杂网络中的通信类似于道路系统中的交通情况，控制得不好会导致交通拥挤、阻塞，甚至完全瘫痪，所以计算机网络要有流量控制和拥塞控制功能。当网络中的通信量达到一定程度时必须限制进入网络中的分组数，以免造成死锁；万一交通完全阻塞，也要有解除阻塞的办法。

两个用户通过计算机网络会话时，不仅开始时要有会话建立的过程，结束时还要有会话终止的过程。同时他们之间的双向通信也需要进行管理，以确定什么时候该谁说，什么时候该谁听，一旦发生差错，该从哪儿说起。

最后，通信双方可能各有一些特殊性需要统一，才能彼此理解。例如，用户使用的终端不同，字符集和数据格式各异，甚至他们之间还可能使用某种安全保密措施，这些都需要规定统一的协议，以消除不同系统之间的差别。这样，才能保证用户使用计算机网络进行正常的通信。

由上面的介绍可知，网络中的通信是相当复杂的，涉及到一系列相互作用的功能过程。用户与远地应用程序通信的过程可以用图 1-5 表示，以上提到的主要功能过程按顺序列在图中。用户键入的字符流按标准协议进行转换，然后加入各种控制位和顺序号用以进行会话管理，再进行分组，加入地址字段和校验字段等。上述信息经过 Modem(调制解调)的变换，送入公共载波线路传送，在接收端进行相反的处理，就可得到发送的信息。值得注意的是，整个通信过程经过这样的功能分解后，得到的功能元素总是成对地出现，例如，一对 Modem，一对数据链路控制元素等。每一对功能元素互相通信，它们之间的协议不涉及相邻层次的功能。例如，一对 Modem 之间的对话不涉及传输线路的细节，也不必了解它们传输的比特流的意义；而数据链路控制功能则与 Modem 的调制与解调功能无关，也与数据帧中信息字段的内容无关，DLC 元素的作用只是把数据帧从发送结点正确地传送到接收结点。这样，把一对功能元素从整个功能过程中孤立出来，就形成了分层的体系结构。

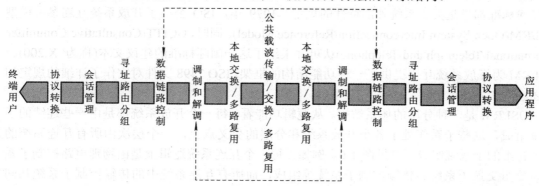

图 1-5　用户与应用程序通信的过程

我们可以把这些功能层按作用范围分类。Modem 和数据链路控制功能是相邻结点间的作用，与同一线路上的其他结点无关；协议转换、会话管理和打包/拆包功能涉及到一对端结点，与端结点之间的转发结点无关；寻址和路由功能则涉及多个结点，完成这样的功能要考虑到网络中所有结点，以便数据包可以沿着一条最佳线路，逐个结点地向前传送，最后到达目的地。

也可以从另一个角度看待这种分层结构，寻址—路由—数据分组之上的功能层次对端用户隐藏了通信网络的细节，因而这些功能层次叫做高层功能，它们下边的功能层次叫做低层功能。这样的功能分解与图 1-1 中把整个计算机网络划分为资源子网和通信子网是一致的。

以上功能分解描绘出一幅规整的图画。事实上，情况远不是如此简单。首先，有些功能会出现在一个以上的层次中，例如，多路复用功能(即几个信息流交叉地通过同一线路的功能)会出现在数据链路控制过程中，也会出现在公共载波传输系统中；其次，几个端用户可能会多路访问同一通路，当一个用户的数据包从端结点出发进入更下面的功能层次时，就存在选择在哪一层与其他用户的信息流合并的问题。

问题的复杂性还在于同一结点中的层次之间还有控制信息的通信。例如，在一个中间结点上，路由功能必须给 DLC 功能提供地址，以便 DLC 能把数据包转发到适当的中间结点上。还需指出的是，有些功能层可能很简单，甚至完全没有。例如，在局域网中，就不需要路由功能；对于租用线路，则没有物理层。

我们用"接口"来描述相邻层之间的相互作用。在两个相邻层之间，下层为上层提供服务，上层利用下层提供的服务实现规定给自己的功能，这种服务和被服务的关系就是我们所说的接口关系。例如，Modem 和 DLC 之间必须按规定的电气接口相互作用；用户程序和网络之间也应规定统一的接口关系，以便于程序的移植。

至此，我们已引入了功能层次的概念。对等层之间按规定的协议通信，相邻层之间按接口关系提供服务和接受服务。把实现复杂的网络通信过程的各种功能划分成这样的层次结构，就是网络的分层体系结构。

1.4.3 开放系统互连参考模型

所谓开放系统是指遵从国际标准的、能够通过互连而相互作用的系统。显然系统之间的相互作用只涉及系统的外部行为，而与系统内部的结构和功能无关。因而关于互连系统的任何标准都只是关于系统外部特性的规定。1979 年，ISO 公布了开放系统互连参考模型 OSI/RM(Open System Interconnection/Reference Model)。同时，CCITT(Consultative Committee International Telegraph and Telephone)认可并采纳了这一国际标准的建议文本(称为 X.200)。OSI/RM 为开放系统互连提供了一种功能结构的框架，ISO 7498 文件对它作了详细的规定和描述。

OSI/RM 是一种分层的体系结构。从逻辑功能看，每一个开放系统都是由一些连续的子系统组成，这些子系统处于各个开放系统和分层的交叉点上，一个层次由所有互连系统的同一行上的子系统组成，参见图 1-6。例如，每一个互连系统逻辑上是由物理电路控制子系统、分组交换子系统、传输控制子系统等组成，而所有互连系统中的传输控制子系统共同形成了传输层。

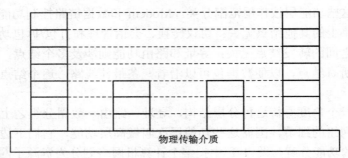

物理传输介质

图 1-6 开放系统的分层体系结构

开放系统的每一个层次由一些实体组成。实体是软件元素(如进程等)或硬件元素(如智能 I/O 芯片等)的抽象。处于同一层中的实体叫对等实体，一个层次由多个实体组成，这一点正说明了层次的分布处理特征。另一方面，处于同一开放系统中各个层次的实体则代表了系统的协议处理能力，亦即由其他开放系统所看到的外部功能特性。

为了叙述上的方便，任何层都可以称为(N)层，它的上下邻层分别称为$(N+1)$层和$(N-1)$层。同样的提法可以应用于所有和层次有关的概念，例如，(N)层的实体称(N)实体，如此等等。

分层的基本想法是每一层都在它的下层提供的服务基础上提供更高级的增值服务，而最高层提供能运行分布式应用程序的服务。这样，分层的方法就把复杂问题分解开了。分层的另外一个目的是保持层次之间的独立性，其方法就是用原语操作定义每一层为上层提供的服务，而不考虑这些服务是如何实现的。即允许一个层次或层次的集合改变其运行的方式，只要它能为上层提供同样服务就行。除最高层外，在互连的各个开放系统中分布的所有(N)实体协同工作，为所有$(N+1)$实体提供服务。也可以说，所有(N)实体在$(N-1)$层提供的服务的基础上向$(N+1)$层提供增值服务，如图 1-7 所示。例如，网络层在数据链路层提供的点到点通信服务的基础上增加了中继功能。类似地，传输层在网络层服务的基础上增加了端到端的控制功能。

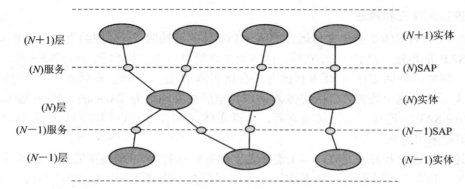

图 1-7　实体、服务访问点和协议

(N)实体之间的通信只使用(N − 1)服务。最低层实体之间通过 OSI 规定的物理介质通信，物理介质形成了 OSI 体系结构中的(0)层。(N)实体之间的合作关系由(N)协议来规范。(N)协议是由公式和规则组成的集合，它精确地定义了(N)实体如何协同工作，利用(N − 1)服务去完成(N)功能，以便向(N + 1)实体提供服务。例如，传输协议定义了传输站如何协同工作，利用网络服务向会话实体提供传输服务。同一个开放系统中的(N)实体之间的直接通信对外部是不可见的，因而不包含在 OSI 体系结构中。

(N + 1)实体从(N)服务访问点(Service Access Point，SAP)获得(N)服务。(N)SAP 表示(N)实体与(N + 1)实体之间的逻辑接口。一个(N)SAP 只能由一个(N)实体提供，也只能为一个(N + 1)实体所使用。然而一个(N)实体可以提供几个(N)SAP，一个(N + 1)实体也可能利用几个(N)SAP 为其服务。事实上(N)SAP 只是代表了(N)实体和(N + 1)实体建立服务关系的手段。

OSI/RM 用抽象的服务原语说明一个功能层提供的服务，这些服务原语采用了过程调用的形式。服务可以看做是层间的接口，OSI 只为特定层协议的运行定义了所需的原语和参数，而互连系统内部层次之间的局部流控所需的原语和参数，以及层次之间交换状态信息的原语和参数都不包括在 OSI 服务的定义之中。

服务分为面向连接的服务和无连接的服务。对于面向连接的服务，有四种形式的服务原语，即请求原语、指示原语、响应原语和确认原语，参见图 1-8。(N)层提供(N)SAP 之间的连接，这种连接是(N)服务的组成部分。最通常的连接是点到点的连接，但是也可以在多个端点之间建立连接，多点连接和实际网络中的广播通信相对应。(N)连接的两端叫做(N)连接端点(Connection End Point，CEP)，(N)实体用本地的 CEP 来标识它建立的各个连接。另外在网络服务中还有一种叫做数据报的无连接的通信，它对面向事务处理的应用很重要，所以后来也增添到 OSI/RM 中。下面说明几个与连接有关的概念。

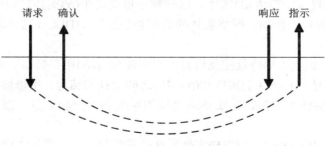

图 1-8　抽象的服务原语

1. 连接的建立和释放

当某个(N+1)实体要求建立与远方的(N+1)实体的连接时，它必须给当地的(N)SAP 提供远方(N)SAP 的地址。(N)连接建立后，(N+1)实体就可以用它们自己一端的(N)CEP 来引用该连接。例如，会话实体 A 要求和远方的会话实体 B 连接，则它必须知道 B 的传输地址 TA(B)。为了建立这个连接，会话实体 A 请求传输层建立地址为 TA(A)的 SAP 和远方的地址为 TA(B)的 SAP 的连接。该连接建立后，会话实体 A 和 B 都可以用它们自己一端的传输层 CEP 标识符来引用它。

(N)连接的建立和释放是在($N-1$)连接之上动态地进行的。(N)连接的建立意味着两个实体间的($N-1$)连接可以利用，如果($N-1$)连接不存在，则必须预先建立或同时建立($N-1$)连接，而这又要求($N-2$)连接可用。依此类推，直到最底层连接可用。显然最底层的物理线路连接必须存在，所有上层连接的建立才有物质基础。

2. 多路复用和分流

在($N-1$)连接之上可以构造出以下三种具体的(N)连接：

(1) 一一对应式。每一个(N)连接建立在一个($N-1$)连接之上。

(2) 多路复用式。几个(N)连接多路访问同一个($N-1$)连接。

(3) 分流式。一个(N)连接建立在几个($N-1$)连接之上。这样，(N)连接上的通信被分配到几个($N-1$)连接上进行传输。

邻层连接之间的三种对应关系在实际应用中都是可能的。例如，单独一个终端连接到 X.25 公共数据网上，则在一个网络连接(虚电路)上只实现一个传输连接。如果使用了终端集中器，则各个终端上的传输连接被多路复用到一个网络连接上，这样就降低了通信费用。相反，把一个传输连接分流到几个网络连接上传输，可以得到更高的吞吐率，并提高传输的可靠性。

3. 数据传输单元

各个实体之间的信息传输是由各种数据单元实现的。这些数据单元表示在图 1-9 中。

	控　制	数　据	结　合
(N)-(N)对等实体	(N)协议控制信息	(N)用户数据	(N)协议数据单元
(N)-(N+1)邻层实体	(N)接口控制信息	(N)接口数据	(N)接口数据单元

图 1-9　各种数据单元

(N)协议控制信息通过($N-1$)连接在两个(N)实体之间交换，用以协调(N)实体之间的合作关系。例如，HDLC 的帧头和帧尾。

(N)用户数据来自上层的(N+1)实体。这种数据也在两个(N)实体之间传送，但(N)实体并不了解也不解释其内容。例如，网络实体的数据被包装在 HDLC 信息帧中由两个数据链路实体透明地传输。

(N)协议数据单元包含(N)协议控制信息，也可能包含(N)用户数据。例如 HDLC 帧。

(N)接口控制信息是在(N+1)实体和(N)实体之间交换的信息，用以协调两个实体间的合作。例如，在网络实体和数据链路实体间交换的系统专用控制信息：缓冲区地址和长度、最大等待时间等。

(N)接口数据是(N+1)实体交给(N)实体发往远端的信息，或者是(N)实体收到的、由远端

(*N*+1)实体发来的信息。例如，由数据链路实体透明传输的一段文字。

(*N*)接口数据单元是(*N*+1)实体和(*N*)实体在一次交互作用中通过服务访问点传送的信息单位，由(*N*)接口控制信息和(*N*)接口数据组成。一个(*N*)连接两端传送的(*N*)接口数据单元的大小可以不同，例如，网络实体和为之服务的数据链路实体可以在一次交互作用中传送一个数据块。

(*N*)服务数据单元是通过(*N*)连接从一端传送到另一端的数据的集合，这个集合在传送期间保持其标识不变。(*N*)服务数据单元可能通过一个或多个(*N*)协议数据单元传送，并在到达接收端后完整地交给上层的(*N*+1)实体。

OSI/RM 模型的网络体系结构示于图 1-10 中，下面简要说明 OSI/RM 七层协议的主要功能。

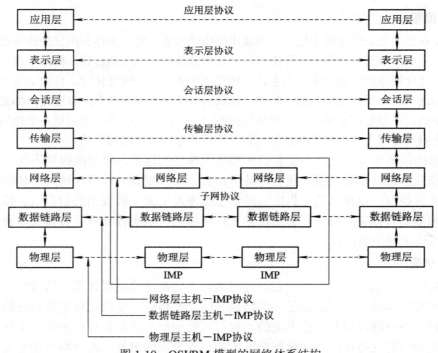

图 1-10　OSI/RM 模型的网络体系结构

1. 应用层

应用层是 OSI 的最高层。这一层的协议直接为端用户服务，提供分布式处理环境。应用层管理开放系统的互连，包括系统的启动、维持和终止，并保持应用进程间建立连接所需的数据记录，其他层都是为支持这一层的功能而存在的。

一个应用是由一些合作的应用进程组成的，这些应用进程根据应用层协议互相通信。应用进程是数据交换的源和宿，也可以被看做是应用层的实体。应用进程可以是任何形式的操作过程，例如，手工的、计算机化的或工业和物理过程等。这一层协议的例子有：在不同系统间传输文件的协议，电子邮件协议、远程作业录入协议等。

2. 表示层

表示层的用途是提供一个可供应用层选择的服务的集合，使得应用层可以根据这些服务功能解释数据的涵义。表示层以下各层只关心如何可靠地传输数据，而表示层关心的是所传输的数据的表现方式，它的语法和语义。表示服务的例子有：统一的数据编码、数据压缩格式、加密技术等。

3. 会话层

会话层支持两个表示层实体之间的交互作用。它提供的会话服务可分为两类：

- 把两个表示实体结合在一起，或者把它们分开。这叫会话管理。
- 控制两个表示实体间的数据交换过程。例如，分段、同步等，这一类叫会话服务。

通过计算机网络的会话和人们打电话不一样，更和人们当面谈话的情况不一样。对话的管理包括决定该谁说，该谁听。长的对话(例如传输一个长文件)需要分段，一段一段地进行，如果一段传错了，可以回到分段的地方重新传输。所有这些功能都需要专门的协议支持。

4. 传输层

传输层在低层服务的基础上提供一种通用的传输服务。会话实体利用这种透明的数据传输服务而不必考虑下层通信网络的工作细节，并使数据传输能高效地进行。传输层用多路复用或分流的方式优化网络的传输效率。当会话实体要求建立一条传输连接时，传输层要求建立一个对应的网络连接。如果要求较高的吞吐率，传输层可能为其建立多个网络连接；如果要求的传输速率不很高，单独创建和维持一个网络连接不合算，则传输层就可考虑把几个传输连接多路复用到一个网络连接上。这样的多路复用和分流对传输层以上是透明的。

传输层的服务可以提供一条无差错按顺序的端到端连接，也可能提供不保证顺序的独立报文传输或多目标报文广播，这些服务可由会话实体根据具体情况选用。传输连接在其两端进行流量控制，以免高速主机发送的信息流淹没低速主机发出的信息流。传输层协议是真正的源端到目标端的协议，它由传输连接两端的传输实体处理。传输层下面的功能层协议都是通信子网中的协议。

5. 网络层

网络层的功能属于通信子网，它通过网络连接交换传输层实体发出的数据。网络层把上层来的数据组织成分组在通信子网的结点之间交换传送。交换过程中要解决的关键问题是选择路径，路径既可以是固定不变的，也可以是根据网络的负载情况动态变化的。另外一个要解决的问题是防止网络中出现局部的拥挤或全面的阻塞。此外网络层还应有记账功能，以便根据通信过程中交换的分组数(或字符数、比特数)收费。

当传送的分组跨越一个网络的边界时，网络层应该对不同网络中分组的长度、寻址方式、通信协议进行变换，使得异构型网络能够互联互通。

6. 数据链路层

数据链路层的功能是建立、维持和释放网络实体之间的数据链路，这种数据链路对网络层表现为一条无差错的信道。相邻结点之间的数据交换是分帧进行的，各帧按顺序传送，并通过接收端的校验检查和应答保证可靠的传输。数据链路层对损坏、丢失和重复的帧应能进行处理，这种处理过程对网络层是透明的。相邻结点之间的数据传输也有流量控制的问题，数据链路层把流量控制和差错控制结合在一起进行。两个结点之间传输数据帧和发回应答帧的双向通信问题要有特殊的解决办法。有时由反向传输的数据帧"捎带"回应答信息，这是一种极巧妙而高效率的控制机制。

7. 物理层

物理层规定通信设备的机械、电气、功能和过程的特性，用以建立、维持和释放数据链路实体间的连接。具体地说，这一层的规程都与电路上传输的原始比特有关，它涉及到什么信号代表"1"，什么信号代表"0"；一个比特持续多少时间；传输是双向的，还是单向的；一次通信中发送方和接收方如何应答；设备之间连接件的尺寸和接头数，以及每根连线的用途等。

1.5 几种商用网络的体系结构

这一节介绍几种商用网络的体系结构。这些网络体系结构严格定义了对等层之间的协议、它们的语法(命令和响应的格式)和语义(对协议的解释)，而把相邻层之间的接口留给实现者决定。

1.5.1 SNA

1974 年 IBM 公司推出了系统网络体系结构(System Network Architecture，SNA)，这是一种以大型主机为中心的集中式网络。在 SNA 中，主机运行 ACF/VTAM(Advanced Communication Facility/Virtual Telecommunication Access Method)服务，所有的系统资源都是由 ACF/VTAM 定义的。SNA 协议分为 7 层，参见图 1-11，各层的功能简述如下。

(1) 物理层：这一层与物理传输介质的机械、电气、功能和过程特性有关，提供了传输介质的接口。SNA 没有定义这一层的专门协议，而是采用其他国际标准。

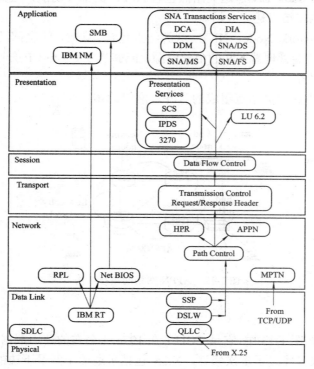

图 1-11 SNA 的体系结构

(2) 数据链路控制层(DLC)：这一层的功能是把原始的比特流组织成帧，使之无损伤地沿着噪音信道从主站传送到次站。SNA 定义了串行数据链路控制协议 SDLC，同时也支持 IBM 令牌环网或其他局域网协议。

(3) 路径控制层(PC)：这一层的功能是在源结点和目标结点之间建立一条逻辑通路。PC 层也对数据报进行分段和重装配，以便提高传输效率。在一对结点之间 PC 层可以提供 8 条虚电路，每一条虚电路都有流控功能。

(4) 传输控制层(TC)：提供端到端的面向连接的服务，不支持无连接的通信，可以为上层提供一条无差错的信道。TC 也完成加/解密功能。

(5) 数据流控制层(DFC)：根据用户的请求和响应对会话方式和会话过程进行管理，决定数据通信的方向、数据通信方式、数据流的中断和恢复等。

(6) 表示服务层(PS)：定义数据编码和数据格式，也负责资源的共享和操作的同步，使得网络的入口处的多个用户可以并发地操作。

(7) 事务处理服务层(TS)：以特权程序的形式为用户提供应用服务。例如，SNA/DS(SNA Distribution Service)就是 SNA 提供的一种异步分布处理系统。

随着微机局域网的广泛使用，IBM 推出了第二代的高级点对点网络(Advanced Peer-to-Peer Networking，APPN)，使得 SNA 由集中式网络演变成点对点的网路环境。在 APPN 网络环境中有下面 3 类结点：

● 低级入口结点(Low-Entry Node，LEN)：这类结点只能利用与其相连的网络结点(NN)提供的服务进行会话。

● 端结点(End Node，EN)：这类结点包含 APPN 的部分功能，还具有路由能力，能够通过网络结点与其他端结点建立会话。

● 网络结点(Network Node，NN)：这类结点包含 APPN 的全部功能，其中的控制点(Control Point，CP)功能管理着 NN 的全部资源，能够建立 CP-to-CP 会话，维护网络的拓扑结构，并提供目录服务。

图 1-12 表示出由这三类结点组成的 APPN 网络的拓扑结构。

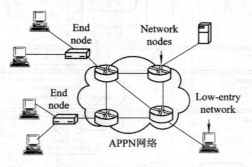

图 1-12　APPN 网络的拓扑结构

1.5.2　X.25

X.25 协议表示在图 1-13 中，它是 CCITT 在 1976 年公布的公用数据网 PDN(Public Data Network)标准，后来又经过了多次修订。X.25 包括了通信子网最下边的三个逻辑功能层：物理层、链路层和网络层，与 SNA 下面的三层是对应的。

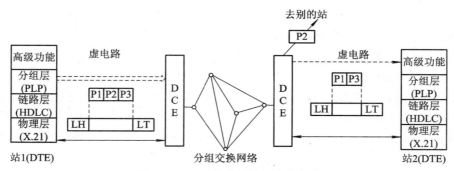

图 1-13　X.25 的分层协议和虚电路

最底层用 X.21 作为用户结点(DTE)和通信子网之间建立电气连接的对等协议。在图 1-13 中，数据分组 P1 和 P3 是送往站 2 的，而分组 P2 是送往其他站的。

链路层使用 HDLC 协议的全双工异步平衡方式进行通信，管理分组序列的无差错传输。

虚电路连接(VC)的建立和释放既关系到端对端的功能特性，也关系到端结点对网络的功能特性。例如，建立 VC 时，一端的用户必须知道另一端用户的地址，这显然是端对端的功能特性。然而，VC 建立后的寻址功能是针对网络中的每一个交换结点的，而不是在两端结点中寻址。

1.5.3　Novell NetWare

Novell 公司的 NetWare 3.11 在 20 世纪 80 年代非常流行，后来随着 Internet 的兴起和 Windows NT 的出现而衰落了。但是它并没有完全退出市场。2003 年，Novell 公司又推出了 NetWare 6.5，全面支持"开放源代码"和一系列新技术。NetWare 的优点是安全、可靠，而管理成本低。随着新版本的推出，Novell 公司可能会重新夺回一部分失去的市场份额。

目前市场上流行的版本是 NetWare 4.2，这个系统的体系结构表示在图 1-14 中。

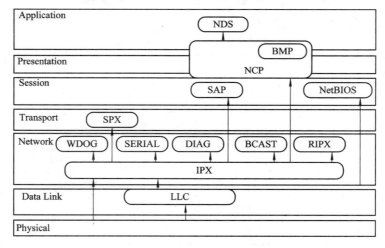

图 1-14　NetWare 4.2 的体系结构

Novell 公司的专用通信协议是 IPX/SPX。IPX(Internet Protocol Exchange)是 Novell 公司按照 Xerox 公司的 IDP 协议(Internet Datagram Protocol)实现的网络层协议，提供无连接的数据报服务，用于在工作站和服务器之间传送数据。SPX(Sequential Packet Exchange)是 Novell

公司的传输层协议，在分布式应用之间提供顺序提交服务。另外 NetWare 也支持 TCP/IP 协议和 Windows 协议，可以和 Internet 直接相连。

NetWare 还需要其他协议的配合，其网络层才能完成传送数据报的任务。RIPX 是 Novell 公司的路由信息协议，用于在网关之间收集和交换路由信息。BCAST(Broadcast)是广播协议，用于向用户广播消息。DIAG(Diagnostic)是诊断协议，在局域网中用于连接测试和配置信息的收集。WDOG (Watchdog)协议监视工作站的活动，当连接断开时向服务器发出通知。

NetWare 中有两个会话层协议。服务公告协议(Service Advertising Protocol，SAP)把网络中所有服务器的信息发送给客户机，这样客户机才能向特定的服务器发送消息。通常网络中有多种服务器，包括文件服务器、打印服务器、访问服务器、远程控制服务器等。另外 Novell 还重新实现了 NetBIOS，作为会话层编程平台。

NetWare 核心协议(NetWare Core Protocol，NCP)用来管理服务器资源，它向服务器发出过程调用来使用文件和打印资源。突发模式协议(Burst Mode Protocol，BMP) 是为提高文件传输的效率而设计的。用突发模式通信，允许对一个请求发回多个响应包。NetWare 目录服务(NetWare Directory Services，NDS)是一个分布式网络数据库。在基于 NDS 的网络中，仅需一次登录就可以访问所有的服务器，而以前基于装订库(Bindery)的网络则需要在不同的服务器之间不断切换。

1.5.4 TCP/IP

Internet 是今天使用最广泛的互联网络，Internet 中的主要协议是 TCP 和 IP，所以 Internet 协议也叫 TCP/IP 协议簇。这些协议可划分为 4 个层次，它们与 OSI/RM 的对应关系表示在表 1-1 中。由于 ARPAnet 的设计者注重的是网络互连，允许通信子网采用已有的或将来的各种协议，所以这个层次结构中没有提供网络访问层的协议。实际上，TCP/IP 中的网络访问层可以是任何网络，例如 X.25 分组交换网或 IEEE 802 局域网。

表 1-1 TCP/IP 协议簇与 OSI/RM 的比较

OSI		TCP/IP	
7	应用层	7	进程/应用层
6	表示层	6	进程/应用层
5	会话层	5	进程/应用层
4	传输层	4	主机-主机层
3	网络层	3	网络互联层
2	数据链路层	2	网络访问层
1	物理层	1	网络访问层

与 OSI/RM 分层的原则不同，TCP/IP 允许同层的协议实体间互相调用，从而完成复杂的控制功能，也允许上层过程直接调用不相邻的下层过程。甚至在有些高层协议中，控制信息和数据分别传输，而不是共享同一协议数据单元。图 1-15 画出了主要协议之间的调用关系。

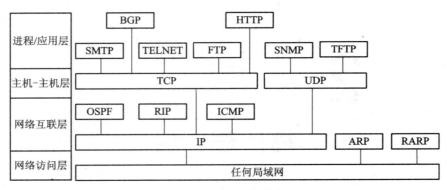

图 1-15　TCP/IP 协议簇

习　　题

1. 计算机网络的发展经过了哪几个阶段？试举出几个典型的网络系统，说明它们每个阶段的特点。

2. 现代计算机网络是以什么系统为代表的？这种系统有哪些特点？

3. 计算机网络与计算机通信网有什么区别和联系？

4. 计算机网络与多终端分时系统、分布式系统、多机系统之间的主要区别是什么？

5. 计算机网络可分为哪两个子网？各有什么作用？

6. 计算机网络的拓扑结构有哪几种？在不同拓扑结构中进行通信控制的方法有什么不同？

7. 计算机网络可分为哪些类型？这样分类的标准是什么？

8. 试列举你熟悉的网络应用，并说明这种应用的原理和操作。

物理层提供数据传输的物理介质。我们在讨论数据传输时并不关心各种传输介质的物理特性，而只注意有关数据传输的电气参数，例如带宽、线路损耗、信号失真等。用于计算机联网的传输线路可以由用户自己架设，也可以利用通信公司提供的公用网络。一般来说，单位建设局域网络时自己安装通信线路，而远程计算机联网则由通信公司提供传输介质。本章讲述数据通信的基本概念，并讨论网络传输介质的物理层标准和协议。

2.1 数据通信的基本概念

通信的目的就是传递信息。通信中产生和发送信息的一端叫做信源，接收信息的一端叫做信宿，信源和信宿之间的通信线路称为信道。信息在进入信道时要变换为适合信道传输的形式，在进入信宿时又要变换为适合信宿接收的形式。信道的物理性质不同，对通信的速率和传输质量的影响也不同。信息在传输过程中可能会受到外界的干扰，我们把这种干扰称为噪声。不同物理信道受各种干扰的影响不同，例如，如果信道上传输的是电信号，就会受到外界电磁场的干扰，光纤信道则基本不受这种干扰。以上描述的通信模式忽略了具体通信中的物理过程和技术细节，于是我们得到了图 2-1 所示的通信系统模型。

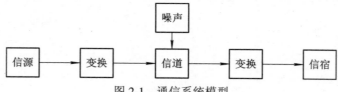

图 2-1   通信系统模型

信源产生的信息可能是模拟数据，也可能是数字数据。模拟数据取连续值，而数字数据取离散值。在数据进入信道之前要变换成适合传输的电磁信号，这些信号可以是模拟的也可以是数字的。模拟信号的某种参量(幅度、相位、频率等)随时间连续变化，例如，电话机送话器输出的话音信号，电视摄像机产生的图像信号都是模拟信号。数字信号只取有限个离散值，而且数字信号之间的转换几乎是瞬时的，数字信号以某一瞬间的状态表示它们传送的信息。

如果信源产生的是模拟数据并以模拟信道传输则叫做模拟通信；如果信源发出的是模

拟数据而以数字信号的形式传输，那么这种通信方式叫数字通信。如果信源发出的是数字数据，也可以有两种传输方式，这时无论是用模拟信号传输或是用数字信号传输都叫做数据通信。可见数据通信是专指信源和信宿中数据的形式是数字的，在信道中传输时则可以根据需要采用模拟传输方式或数字传输方式。

在模拟传输方式中，数据信号进入信道之前要经过调制，变换为适合信道传输的调制信号。由于模拟调制信号的频谱较窄，因此信道的利用率较高。模拟信号在传输过程中会衰减，还会受到噪声的干扰，如果用放大器将信号放大，混入的噪声也会被放大，这是模拟传输的缺点。在数字传输方式中，数字信号只取有限个离散值，在传输过程中即使受到了噪声的干扰，只要没有畸变到不可辨认的程度，就可以用信号再生的方法进行恢复，对某些数码的差错也可以用差错控制技术加以纠正。所以数字传输对于信号不失真地传送是有好处的。另外数字设备可以大规模集成，比复杂的模拟设备更便宜。然而传输数字信号比传输模拟信号所要求的频带要宽得多，所以其信道利用率较低。

2.1.1 信道带宽

模拟信道的带宽如图 2-2 所示。信道带宽 $W = f_2 - f_1$，其中 f_1 是信道能通过的最低频率，f_2 是信道能通过的最高频率，两者都是由信道的物理特性决定的。当组成信道的电路制成以后，信道的带宽就决定了。为了使信号传输中的失真小些，信道要有足够的带宽。

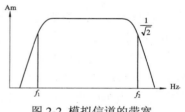

数字信道只能传送取离散值的数字信号。信道的带宽决定了信道中能不失真地传输的脉冲序列的最高速

图 2-2 模拟信道的带宽

率。一个数字脉冲称为一个码元，我们用码元速率表示单位时间内信号波形的变换次数，即单位时间内通过信道传输的码元个数。若信号码元宽度为 T 秒，则码元速率 $B = 1/T$。码元速率的单位叫波特(Baud)，所以码元速率也叫波特率。

1924 年，贝尔实验室的研究员亨利·尼奎斯特(Harry Nyquist)推导出了有限带宽无噪声信道的极限波特率，称为尼奎斯特定理。若信道带宽为 W，则尼奎斯特定理指出最大码元速率为

$$B = 2W \text{ (Baud)}$$

尼奎斯特定理指定的信道容量也叫做尼奎斯特极限，这是由信道的物理特性决定的。超过尼奎斯特极限传送脉冲信号是不可能的，所以要提高波特率必须改善信道带宽。

码元携带的信息量由码元取的离散值个数决定。若码元取两个离散值，则一个码元携带 1 比特(bit)信息；若码元可取 4 种离散值，则一个码元携带 2 比特信息。总之一个码元携带的信息量 n(比特数)与码元的种类个数 N 有如下关系：

$$n = \text{lb } N \qquad (N = 2^n)$$

单位时间内在信道上传送的信息量(比特数)称为数据速率。在一定的波特率下提高速率的途径是用一个码元表示更多的比特数。如果把两比特编码为一个码元，则数据速率可成倍提高。我们有公式

$$R = B \text{ lb } N = 2W \text{ lb } N \text{ (b/s)}$$

其中，R 表示数据速率，单位是每秒比特数(bits per second)，简写为 bps 或 b/s。

数据速率和波特率是两个不同的概念，仅当码元取两个离散值时两者的数值才相等。

对于普通电话线路，带宽为 4000 Hz，最高波特率为 8000 Baud，而最高数据速率可随着编码方式的不同而取不同的值。这些都是在无噪声的理想情况下的极限值。实际信道会受到各种噪声的干扰，因而达不到按尼奎斯特定理计算出的数据传送速率。香农(Shannon)的研究表明，有噪声信道的极限数据速率可由下面的公式计算

$$C = W \text{ lb}(1 + \frac{S}{N})$$

这个公式叫做香农定理，其中，W 为信道带宽，S 为信号的平均功率，N 为噪声的平均功率，S/N 叫做信噪比。由于在实际使用中 S 与 N 的比值太大，故常取其分贝数(dB)。分贝与信噪比的关系为

$$\text{dB} = 10 \text{ lg} \frac{S}{N}$$

例如，当 $S/N = 1000$ 时，信噪比为 30 dB。这个公式与信号取的离散值个数无关，也就是说，无论用什么方式调制，只要给定了信噪比，则单位时间内可传输的最大信息量就确定了。例如，信道带宽为 3000 Hz，信噪比为 30 dB，则最大数据速率为

$$C = 3000 \text{ lg}(1 + 1000) \approx 3000 \times 9.97 \approx 30\ 000 \text{ b/s}$$

这是极限值，只有理论上的意义。实际上在 3000 Hz 带宽的电话线上数据速率能达到 9600 b/s 就很不错了。

综上所述，我们有两种带宽的概念：在模拟信道，带宽按照公式 $W = f_2 - f_1$ 计算，例如 CATV 电缆的带宽为 1000 MHz；数字信道的带宽为信道能够达到的最大数据速率，例如以太网的带宽为 10 Mb/s 或 100 Mb/s，两者可通过 Shannon 定理互相转换。

2.1.2 信道延迟

信号在信道中传播时，从源端到达宿端需要一定的时间。这个时间与源端和宿端的距离有关，也与具体信道中的信号传播速度有关。我们以后考虑的电信号以接近光速(300 m/μs)的速度传播，但随传输介质的不同而略有差别，例如在电缆中的传播速度一般为光速的 77%，即 200 m/μs 左右。

一般来说，考虑信号从源端到达宿端的时间是没有意义的，但对于一种具体的网络，我们经常对该网络中相距最远的两个站点之间的传播时延感兴趣。这时除了要计算信号传播速度外，还要知道网络通信线路的最大长度。例如 500 m 同轴电缆的时延大约是 2.5 μs，而卫星信道的时延大约是 270 ms(包括电波在空间的来回传播时间和转发器的信号变换时间)。时延的大小对有些网络应用有很大影响，例如交互式应用就很在意信号传播时间引起的延迟。

2.2 数 据 编 码

首先介绍基带信号和频带信号的概念。基带信号是原始电信号，其频谱从零频附近开始，例如，基带话音信号的频率范围为 300～3400 Hz，基带图像信号的频率范围为 0～6 MHz。频带信号是经过调制后的信号，它的特征是携带信息、适合在信道中传输、频谱具有带通形式且中心频率远离零频。

二进制数据在传输时，应先进行编码，其目的是为了提高抗噪声能力。在采用基带传输时可以采用不同的编码方案，各种编码的抗噪声特性和定时能力各不相同，其实现费用也不一样。数字基带信号的码型设计应遵循以下原则：

(1) 对于传输频率很低的信道，传输的码型频谱中应不包含直流分量。

(2) 可以从基带信号中提取比特定时信号，使得代码具有自定时能力。

(3) 基带编码应具有内在的检错能力，可以检测传输过程中出现的差错。

(4) 码型变换过程应具有透明性，即编码与信源的统计特性无关。

(5) 尽量减少基带信号频谱的高频分量。这样可以提高信道的频谱利用率，并减少串扰。

下面介绍几种常用的编码方案，参见图 2-3。

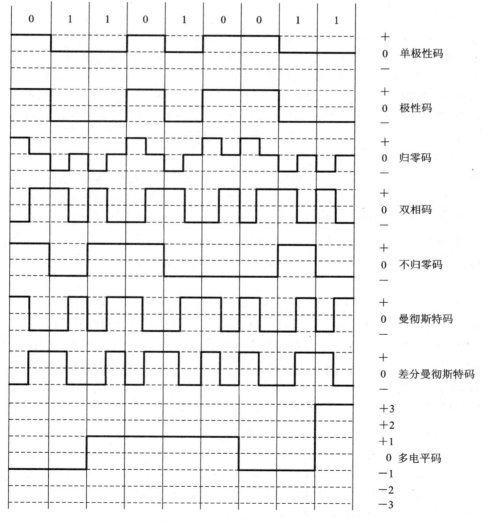

图 2-3 常用的几种编码方案

1. 单极性码

在这种编码方案中，只用正(或负)电平表示数据。例如，在图 2-3 中我们用 +3 V 表示二进制数字"0"，而用 0 V 表示二进制数字"1"。单极性码用在电传打字机(TTY)接口中，这种代码需要单独的时钟信号配合定时，否则当传送长串"0"或"1"时，发送机和接收机的时钟将无法取得同步。另外单极性码的抗噪声特性不好，而且这种编码的功率谱中含有丰富的低频分量，不能用于基带传输。

2. 极性码

在这种编码方案中，分别用正和负电平表示二进制数字"0"和"1"，例如在图 2-3 中，用+3 V 表示二进制数字"0"，而用 −3 V 表示二进制数字"1"。由于这种编码有正负极性的差别，因而抗干扰特性较好，但仍然需要另外的同步信号。另外，这种二元码中"1"或"0"分别对应某个电平，相邻电平不存在制约关系，没有纠错能力。

3. 归零码

在归零码(Return to Zero，RZ)中，码元中间的信号回归到 0 电平，因此任意两个码元之间被 0 电平隔开，与以上仅在码元之间有电平转换的方案相比，这种编码具有更好的噪声抑制特性。因为噪声对电平的干扰比对电平转换的干扰要强，而这种编码方案是以识别电平转换边来判别"0"和"1"信号的。图 2-3 中表示的是一种双极性归零码，从正电平到零电平的转换边表示码元"0"，而从负电平到零电平的转换边表示码元"1"，同时每一位码元中间都有电平转换，使得这种编码成为自定时的编码。

4. 不归零码

整个码元期间电平保持不变的代码称为不归零码(Not Return to Zero，NRZ)。图 2-3 中所示的不归零码的规律是当"1"出现时电平翻转，当"0"出现时电平不翻转，所以被叫做见 1 就翻不归零码(NRZ-I)。这种代码也叫差分码，用于区别数据"1"和"0"的不是电平高低，而是电平是否转换。NRZ-I 用在终端到调制解调器的接口中。这种编码实现简单而且费用低，但不是自定时的，长串的"0"会使得码流失去同步。

5. 双极性码

在双极性编码方案中，信号在正、负、零三个电平之间变化。一种典型的双极性码就是所谓的信号交替反转编码(Alternate Mark Inversion，AMI)。在 AMI 信号中，数据流中遇到"1"时，使电平在正和负之间交替翻转，而遇到"0"时则保持零电平。AMI 具有内在的检错能力，当正负脉冲交替出现的规律被打乱时容易识别出来，这种情况叫 AMI 违例。AMI 编码用在 T1 线路中。双极性是三进制编码方法，脉冲宽度是码元周期的一半，它比二进制编码的抗噪声特性更好，参见图 2-4(a)。

6. 双相码

双相码要求每一比特中都要有一个电平转换，因而这种编码的最大优点是自定时，同时双相码也有检测错误的功能，如果某一位中间缺少了电平翻转，则被认为是违例代码。这种编码方案的缺点是传送长串"0"时会失去位同步信息，对此改进的方案有两种。一种是 3 阶高密度双极性码 HDB_3，这种码流中连续"0"的个数不能大于 3，当出现 4 个连续"0"时用 B00V 或 000V 代替，这里 B 表示正常的信号交替，V 表示 AMI 违例，参见图 2-4(b)；另一种是双极性 6 零取代编码 B6ZS，即把连续 6 个"0"用 0VB0VB 来代替，参见图 2-4(c)。HDB3 用在 E1～E3 通信系统中，B6ZS 用在贝尔系统的 T2 标准中。

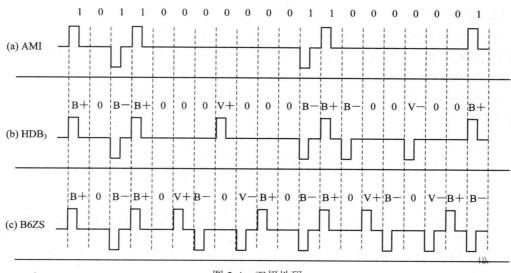

图 2-4　双极性码

7. 曼彻斯特码

曼彻斯特码(Manchester Code)是一种双相码(或称分相码)。在图 2-3 中，我们用高电平到低电平的转换边表示"0"，而用低电平到高电平的转换边表示"1"，相反的表示也是允许的。比特中间的电平转换边既表示了数据代码，同时也作为定时信号使用。曼彻斯特编码使用在以太网中。

8. 差分曼彻斯特码

差分码又称相对码，在差分码中利用电平是否跳变来分别表示"1"或"0"，分为传号差分码和空号差分码。传号差分码是输入数据为"1"时，编码波型相对于前一代码电平产生跳变；输入为"0"时，波型不产生跳变。空号差分码是当输入数据为"0"时，编码波型相对于前一代码电平产生跳变；输入为"1"时，波型不产生跳变。

差分曼彻斯特码兼有差分码和曼彻斯特码的特点，与曼彻斯特码不同的是，这种码元中间的电平转换边只作为定时信号，而不表示数据。差分曼彻斯特码用在令牌环网中。

9. 多电平码

这种编码的码元可取多个电平之一，每个码元可代表多个二进制位。例如，令 $M = 2^n$，设 $M = 4$，则 $n = 2$，即表示码元的脉冲取 4 个电平之一，一个码元表示两个二进制位。与双相码相反，多电平码的数据速率大于波特率，因而可提高频带的利用率，但是这种代码的抗噪声特性不好，传输过程中信号容易畸变到无法区分。

2B1Q 编码是一种 4 电平码，用在 ISDN 基本速率接口(BRI)中的 U 接口，它将 2 比特组合在一起以电平信号来表示。编码规则如下：

码组	电平
10	+3
11	+1
01	−1
00	−3

10. 4B/5B 编码

在曼彻斯特码和差分曼彻斯特码中，每比特中间都有一次电平跳变，因此波特率是数据速率的两倍。对于 100 Mb/s 的高速网络，如果采用这类编码方法，就需要 200 M 的波特率，其硬件成本是 100 M 波特率硬件成本的 5～10 倍。

为了提高编码的效率，降低电路成本，可以采用 4B/5B 编码。这种编码方法的原理表示如图 2-5 所示。

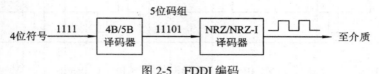

图 2-5　FDDI 编码

这实际上是一种两级编码方案。系统中使用不归零码(NRZ)，在发送到传输介质之前要变成见 1 就翻不归零码(NRZ-I)。NRZ-I 代码序列中"1"的个数越多，越能提供同步定时信息，但如果遇到长串的"0"，则不能提供同步信息。所以在发送到介质上之前还需经过一次 4B/5B 编码，发送器扫描要发送的比特序列，4 位分为一组，然后按照表 2-1 的对应规则变换成 5 位的代码。

表 2-1　4B/5B 编码规则

十六进制数	4 位二进制数	4B/5B 码	十六进制数	4 位二进制数	4B/5B 码
0	0000	11110	8	1000	10010
1	0001	01001	9	1001	10011
2	0010	10100	A	1010	10110
3	0011	10101	B	1011	10111
4	0100	01010	C	1100	11010
5	0101	01011	D	1101	11011
6	0110	01110	E	1110	11100
7	0111	01111	F	1111	11101

5 位二进制代码的状态共有 32 种，在表 2-1 选用的 5 位代码中"1"的个数都不小于 2 个，这就保证了在介质上传输的代码能提供足够多的同步信息。另外还有 5B/6B、8B/10B 等编码方法，其原理是类似的。

2.3　数字调制技术

数字信号进行较长距离传输时要采用频带传输方式，频带传输与基带传输的主要区别是增加了调制与解调环节。数字信号只有有限个离散值，我们可以用数字信号来控制开关选择具有不同参量的载波信号。使用数字信号对载波进行调制的方式称为键控(Keying)。数字调制方式有幅度键控(ASK)、频移键控(FSK)和相移键控(PSK)，它们分别调制模拟载波信号的三个参数——幅度、频率和相位，参见图 2-6。

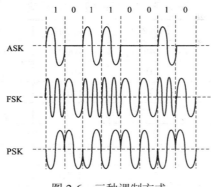

图 2-6   三种调制方式

1. 幅度键控(ASK)

幅度键控可以通过乘法器和开关电路来实现，在数字信号为"1"时电路接通，此时信道上有载波出现；数字信号为"0"时电路被关断，此时信道上无载波出现。在接收端可以根据载波的有无还原出数字信号的"1"和"0"。调幅技术实现简单，但抗干扰性能较差，在数据通信中已经很少使用了。

2. 频移键控(FSK)

频移键控是利用两个不同频率(f_1 和 f_2)的载波信号分别代表数字信号"1"和"0"，即用数字信号"1"和"0"来控制两个不同频率的振荡源交替输出。这种调制技术抗干扰性能好，但占用带宽较大，频带利用率低，主要用于低速 Modem 中。

3. 相移键控(PSK)

用数字数据的值调制载波的相位，这就是相移键控，例如用 180° 相移表示"1"；用 0° 相移表示"0"。这种调制方式抗干扰性能较好，而且相位的变化还可以作为定时信息来同步发送机和接收机的时钟。在相移键控方式中，码元只取两个相位值的叫 2 相调制，码元取 4 个相位值的叫 4 相调制。

所谓 4 相相对相移键控(4DPSK)是利用前后两个码元之间的相对相位变化来表示二进制数据，其变化规律如图 2-7 所示，实线和虚线分别代表两种不同的调制方案，码元信号分布在复平面的同心圆上。这样可以用一个码元代表两位二进制数，能提供较高的数据速率，但实现技术更复杂。

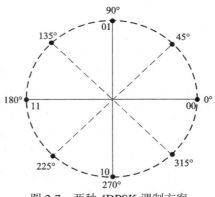

图 2-7   两种 4DPSK 调制方案

4. 幅度相位复合调制

可以用数字信号同时对载波的幅度和相位同时进行调制，这样就可以把信号码点合理地分布在复平面上，在不减少信号码点之间距离的情况下增加信号码点的数量。表 2-2 是 V.29 Modem 采用的调制方式，用 4 种幅度和 8 种相位来表示复平面上的 16 个码点，每个码点代表 4 位二进制数，从而使得数据速率提高到码元速率的 4 倍，与之对应的矢量图如图 2-8 所示，这种图形称为星座图。

表 2-2 幅度相位复合调制

二进制数	码元幅度	码元相位	二进制数	码元幅度	码元相位
0000	$\sqrt{2}$	45°	1000	$3\sqrt{2}$	45°
0001	3	0°	1001	5	0°
0010	3	90°	1010	5	90°
0011	$\sqrt{2}$	135°	1011	$3\sqrt{2}$	135°
0100	3	270°	1100	5	270°
0101	$\sqrt{2}$	315°	1101	$3\sqrt{2}$	315°
1010	$\sqrt{2}$	225°	1110	$3\sqrt{2}$	225°
0111	3	180°	1111	5	180°

正交幅度调制(Quadrature Amplitude Modulation，QAM)是把两个幅度相同但相位相差 90°。的模拟信号合成为一个载波信号，经过信道编码后把数据组合映射到星座图上，如图 2-9 所示。

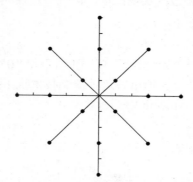

图 2-8 V.29 Modem 的星座图

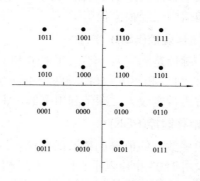

图 2-9 QAM 调制

QAM 调制实际上是幅度调制和相位调制的组合，同时利用了载波的幅度和相位来传递数据信息。与单纯的 PSK 调制相比，在最小距离相同的条件下，QAM 星座图中可以容纳更多的载波码点，可以实现更高的频带利用率。256-QAM 是用一个码元表示 8 位二进制数据，目前最高可以达到 1024-QAM。

格码调制(Trellis Coding Modulation，TCM)是将纠错编码和数字调制结合在一起的技术，它具有更大的编码增益，而且不降低频带利用率，所以特别适合有限带宽信道的信号传输。

为了在保持调制信号之间欧氏距离最大的情况下增大其海明距离(参见 3.2.2 小节)，在 TCM 编码中引入了一个冗余比特，这是 TCM 与 QAM 的主要区别。这种编码在译码时要使用软判决译码器，对多达 32 位的一组比特进行比较，再判断出每一位的正确值。图 2-10 表示的是 TCM 编码的星座图。

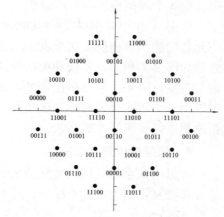

图 2-10 TCM 星座图

2.4　脉冲编码调制

模拟数据通过数字信道传输具有效率高、失真小的优点，而且可以开发新的通信业务，例如，在数字电话系统中可以提供语音信箱功能。把模拟数据转化成数字信号，要使用叫做编码解码器(Codec)的设备。这种设备的作用和调制解调器的作用相反，它把模拟信号(例如声音、图像等)编码变换成数字信号，经传输到达接收端再解码还原为模拟信号。用编码解码器把模拟信号变换为数字信号的过程叫模拟信号的数字化。常用的数字化技术是脉冲编码调制技术(Pulse Code Modulation，PCM)，简称脉码调制。

2.4.1　PCM 原理

PCM 主要经过 3 个过程：采样、量化和编码。采样过程通过周期性扫描将时间连续、幅度连续的模拟信号变换为时间离散、幅度连续的采样信号；量化过程将采样信号变为时间离散、幅度离散的数字信号；编码过程将量化后的离散信号编码为二进制码组。

采样的频率决定了可恢复的模拟信号的质量。根据尼奎斯特采样定理，为了恢复原来的模拟信号，采样频率必须大于模拟信号最高频率的二倍，即

$$f = \frac{1}{T} > 2f_{\max}$$

其中 f 为采样频率，T 为采样周期，$f_{\max}$ 为信号的最高频率。

人耳对 25～22 000 Hz 的声音有反应。在谈话时，大部分有用的信息的能量分布在 200～3500 Hz 之间。因此，电话线路使用的带通滤波器的带宽是 3 KHz(即 300～3300 Hz)。根据 Nyquist 采样定理，最小采样频率应为 6600 Hz，实际上，CCITT 规定对话音信号的采样频率为 8 kHz。

采样后得到的样本取连续值，这些样本必须通过四舍五入量化为离散值，离散值的个数决定了量化的精度。在 T1 系统(参见 2.6.3 小节)中采用 128 级量化，每个样本用 7 位二进制数字表示，在数字信道上传输这种数字化了的话音信号的速率是 7 × 8000 = 56 kb/s。在 E1 系统中采用 256 级量化，每个样本用 8 位二进制数字表示，传输速率为 64 kb/s。图 2-11 是采样和量化过程的示意图。

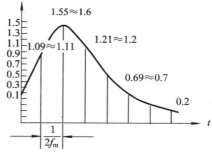

图 2-11　脉冲编码调制

如果采用均匀量化的方式，则把信号的幅度均等分为 128 或 256 个取值间隔，这样会使得小信号的量化误差大，从而音质变差。所以有必要采用不均匀选取量化间隔的非线性量化方法，即在小信号时分层密，量化间隔小，而在大信号时分层稀，量化间隔大，实际上这也相当于对原始话音信号进行了对数压缩。在实际中使用两种对数压缩方法：A 律和 μ 律，A 律编码用于 E1 系统，μ 律编码用于 T1 系统。

A 律的归一化输出 V_o 与输入 V_i 的关系为

$$|V_o| = \begin{cases} \dfrac{A|V_i|}{1+\ln A} & (0 \leqslant |V_i| \leqslant \dfrac{1}{A}) \\ \dfrac{1+\ln(A|V_i|)}{1+\ln A} & (\dfrac{1}{A} \leqslant |V_i| \leqslant 1) \end{cases}$$

其中常数 A 为压缩系数。当 A 为 1 时，压缩特性是斜率为 1 的直线，相当于没有压缩；随着 A 值的增大压缩特性越来越弯曲，如图 2-12(a)所示。ITU-T 建议 $A = 86.7$，这时对小信号的信噪比改善量为 24 dB。

μ 律的归一化输出 V_o 与输入 V_i 的关系为

$$|V_o| = \frac{\ln(1+\mu|V_i|)}{\ln(1+\mu)} \qquad (0 \leqslant |V_i| \leqslant 1)$$

当压缩系数 $\mu = 0$ 时，相当于无压缩，μ 愈大压缩效果愈显著，如图 2-12(b)所示，ITU-T 建议 $\mu = 255$，这时对小信号的信噪比改善量为 33.3 dB。

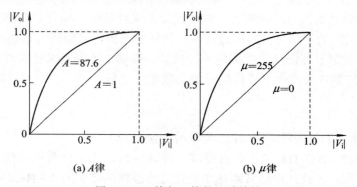

(a) A 律   (b) μ 律

图 2-12 A 律与 μ 律的压缩特性

2.4.2 增量调制

增量调制(Delta Modulation code，DM 或 ΔM)是继 PCM 之后出现的另一种模拟信号数字化方案。因其抗误码能力强，所以从 20 世纪 70 年代开始被广泛应用于军事通信系统和航天通信系统中，有时也作为高速大规模集成电路中的 A/D 转换器使用。

DM 是一种预测编码方式，是将信号瞬时值与前一采样时刻的量化值之差进行量化，而且只对这个差值的符号进行编码，而不是对差值的大小编码。因此量化的对象只限于正和负两个状态，可以用 1 比特表示一个采样值。如果差值是正的，就用 "1" 表示；若差值为负，则用 "0" 表示，"1" 和 "0" 只表示信号相对于前一时刻的增减状态，而不代表信号的绝对值。类似地，在接收端，每收到一个代码 "1"，译码器的输出相对于前一时刻的值上升一个量化阶；每收到一个代码 "0" 就下降一个量化阶。接收到连续的 "1" 时表示信号连续增长，收到连续的 "0" 时表示信号连续下降。译码器的输出再经过低通滤波器滤去高频量化噪声，就被恢复成了原始模拟信号。只要采样频率足够高，量化阶距的大小适当，则接收端恢复的信号与原始信号就非常接近，量化噪声非常小。

图 2-13 说明了 DM 编码的概念，在图中，$m(t)$代表随时间连续变化的模拟信号。我们

用一个时间间隔为 Δt、相邻幅度差为 $+\sigma$ 或 $-\sigma$ 的阶梯波 $m'(t)$ 来逼近它，只要 Δt 足够小(即采样速率 $f_s = 1/\Delta t$ 足够大)，且量化阶距 σ 足够小，则阶梯波 $m'(t)$ 可近似代替 $m(t)$。

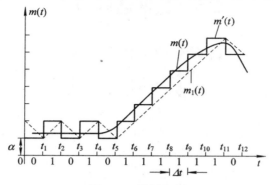

图 2-13   增量调制

阶梯波有两个特点，首先是在 Δt 间隔内 $m'(t)$ 的幅值不变；其次是相邻间隔的幅值差不是 $+\sigma$(上升时)就是 $-\sigma$(下降时)。利用这两个特点，可以用"1"和"0"分别代表 $m'(t)$ 上升或下降一个量化阶 σ，则 $m'(t)$ 就被表示成了一个二进制序列。还可以用斜变波 $m_1(t)$ 来近似 $m(t)$，斜变波也只有两种变化：按斜率 $\sigma/\Delta t$ 上升一个量化阶或按斜率 $-\sigma/\Delta t$ 下降一个量化阶，用"1"表示正斜率，用"0"表示负斜率，同样可获得二进制序列。

增量调制与 PCM 调制相比有如下特点：

(1) 在比特率较低时，增量调制的量化信噪比高于 PCM；

(2) 增量调制抗误码特性好，可用于误码率为 $10^{-2} \sim 10^{-3}$ 的信道，而 PCM 则要求 $10^{-4} \sim 10^{-6}$ 的信道；

(3) 增量调制通常采用单纯的比较器和积分器作编码解码器，其结构比 PCM 的简单。

在实际应用中还会出现下面的问题，从而需要研究对 DM 的改进方案。

(1) 在 DM 编码过程中，每个采样间隔内只容许有一个量化阶的变化，所以当输入信号的斜率比采样周期决定的固有斜率大时，量化阶的大小就跟不上输入信号的变化，因而产生斜率过载失真，或称为斜率过载噪声。

(2) 在信号变化比较缓慢的区域内，编码后得到的是"1"和"0"交替变化的序列，这种现象称为颗粒噪声。

自适应增量调制(ADM)是对增量调制的改进。为了使增量调制器的量化阶距 σ 能自动适应信号斜率的变化，根据输入信号斜率的变化自动调整量化阶 σ 的大小，使斜率过载噪声和颗粒噪声都减到最小，许多研究人员提出了各种各样的改进方案。这些方案基本上都是在检测到斜率过载时增大量化阶 σ，而在输入信号的斜率减小时减小量化阶 σ。

例如，有一种自适应增量调制方案是这样的：假定增量调制器的输出为"1"和"0"，每当输出不变时量化阶距增大 50%；每当输出值改变时，量化阶距减小 50%，这种自适应方法使斜率过载噪声和颗粒噪声同时减到最小。

另一种自适应增量调制方案称为连续可变斜率增量调制(Continuously Variable Slope Delta Modulation，CVSD)。它的方法是：如果增量调制器的输出连续出现三个相同的值，量化阶就加上一个大的增量；反之，就加上一个小的增量。

2.5　数据通信方式

按数据传输的方向，可分为下面3种不同的通信方式。

(1) 单工通信。在单工信道上，信息只能在一个方向传送，发送方不能接收，接收方也不能发送，信道的全部带宽都用于由发送方到接收方的数据传送。无线电广播和电视广播都是单工通信的例子。

(2) 半双工通信。在半双工信道上，通信的双方可交替发送和接收信息，但不能同时发送和接收。在一段时间内，信道的全部带宽用于在一个方向上传送信息，航空和航海无线电台以及无线对讲机等都是以这种方式通信的。这种方式要求通信双方都具有发送和接收能力，因而比单工通信设备昂贵，但比全双工设备便宜。在要求不很高的场合，多采用这种通信方式，虽然转换传送方向会带来额外的开销。

(3) 全双工通信。这是一种可同时进行双向信息传送的通信方式，例如现代的电话通信就是这样的。这不但要求通信双方都有发送和接收设备，而且要求信道能提供双向传输的双倍带宽。所以全双工通信设备最昂贵。

2.6　多路复用技术

多路复用技术是把多个低速信道组合成一个高速信道的技术。这种技术要用到两种设备：多路复用器(Multiplexer)在发送端根据某种约定的规则把多个低带宽的信号复合成一个高带宽的信号；多路分配器(Demultiplexer)在接收端根据同一规则把高带宽信号分解成多个低带宽信号。多路复用器和多路分配器统称多路器，简写为 MUX，其原理参见图 2-14。

图 2-14　多路复用

只要带宽允许，在已有的高速线路上采用多路复用技术，可以省去安装新线路的大笔费用，因而现在的公共交换电话网(PSTN)都使用这种技术，它有效地利用了高速干线的通信能力。

也可以相反地使用多路复用技术，即把一个高带宽的信号分解到几个低速线路上同时传输，然后在接收端再合成为原来的高带宽信号。例如，两个主机可以通过若干条低速线路连接，以满足主机间高速通信的要求。

2.6.1　频分多路复用

频分多路复用(Frequency Division Multiplexing，FDM)是在一条传输介质上使用多个频

率不同的模拟载波信号进行多路传输,这些载波可以进行任何方式的调制:ASK、FSK、PSK
以及它们的组合。每一个载波信号形成了一个子信道,各个子信道的中心频率不相重合,
子信道之间留有一定宽度的隔离频带(见图 2-15)。

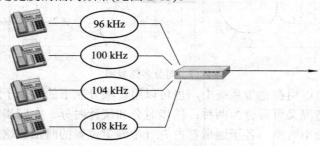

图 2-15　频分多路复用

频分多路技术早已用在无线电广播系统中。在有线电视系统(CATV)中也使用频分多
路技术。一根 CATV 电缆的带宽大约是 1000 MHz,可传送多个频道的电视节目,每个频道
6.5 MHz 的带宽中又划分为声音子通道、视频子通道以及彩色子通道。每个频道两边都留有
一定的警戒频带,防止相互串扰。

FDM 也用在宽带局域网中。这时,电缆带宽至少要划分为不同方向上的两个子频带,
甚至还可以分出一定带宽用于某些工作站之间的专用连接。

2.6.2　波分多路复用

波分多路复用(Wave Division Multiplexing,WDM)使用在光纤通信中,它是用不同波长
的光波来承载不同的子信道,多路复用信道同时传送所有子信道的波长。这种网络中要使
用能够对光波进行分解和合成的多路器,如图 2-16 所示。

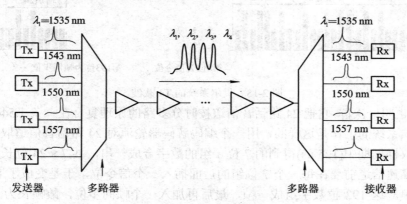

图 2-16　波分多路复用

2.6.3　时分多路复用

时分多路复用(Time Division Multiplexing,TDM)要求各个子通道按时间片轮流占用整
个带宽(见图 2-17)。时间片的大小可以按一次传送一位、一个字节或一个固定大小的数据块
所需的时间来确定。

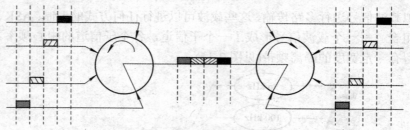

图 2-17　时分多路复用

时分多路技术可以用在宽带系统中，也可以用在频分制下的某个子通道上。时分制按照子通道动态利用情况又可再分为两种：同步时分和统计时分。在同步时分制下，整个传输时间划分为固定大小时槽，各子通道都占有一个固定位置的时槽。这样，在接收端可以按约定的时间关系恢复各子通道的信息流。当某个子通道的时槽来到时如果没有信息要传送，这一部分带宽就浪费了。统计时分制是对同步时分制的改进，我们特别把统计时分制下的多路复用器称为集中器，以强调它的工作特点。在发送端，集中器依次循环扫描各个子通道，若某个子通道有信息要发送则为它分配一个时槽，若没有信息就跳过，这样就没有空槽在线路上传播了。然而，这种复用方式需要在每个时槽中加入一个控制字段，以便接收端可以确定该时槽是属于哪个子通道的。

在介绍脉码调制时曾提到，对 4 kHz 的话音信道按 8 kHz 的速率采样，128 级量化，则每个话音信道的比特率是 56 kb/s。为每一个这样的低速信道安装一条通信线路太不划算，所以在实际中要利用多路复用技术建立更高效的通信线路。在美国和日本使用很广的一种通信标准是贝尔系统的 T1 载波(见图 2-18)。

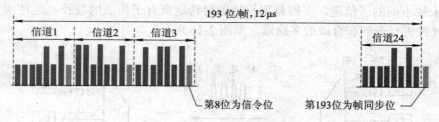

图 2-18　贝尔系统的 T1 载波

T1 载波也叫一次群，它把 24 路话音信道按时分多路的原理复合在一条 1.544 Mb/s 的高速信道上。该系统的工作是这样的，用一个编码解码器轮流对 24 路话音信道取样、量化和编码，一个取样周期中(125 μs)得到的 7 位一组的数字合成一串，共 7×24 位长。这样的数字串在送入高速信道前要在每一个 7 位组的后面插入一个信令位，于是变成了 $8 \times 24 = 192$ 位长的数字串。这 192 位数字组成一帧，最后再加入一个帧同步位，故帧长为 193 位。每 125 μs 传送一帧，其中包含了各路话音信道的一组数字，还包含总共 24 位的控制信息，以及 1 位帧同步信息。我们不难算出 T1 载波的各项比特率。对每一路话音信道的来说，传输数据的比特率为 7b/125 μs = 56 kb/s，传输控制信息的比特率为 lb/125 μs = 8 kb/s，总的比特率为 193b/125 μs = 1.544 Mb/s。

T1 载波还可以多路复用到更高级的载波上，如图 2-19 所示。4 个 1.544 Mb/s 的 T1 信道结合成 1 个 6.312 Mb/s 的 T2 信道，多增加的位($6.312 - 4 \times 1.544 = 0.136$)是为了组帧和差错恢复。与此类似，7 个 T2 信道组合成 1 个 T3 信道，6 个 T3 信道组合成 1 个 T4 信道。

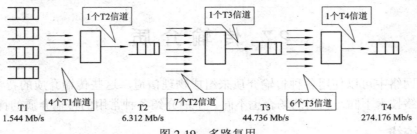

图 2-19 多路复用

ITU-T 的 E1 信道的数据速率是 2.048 Mb/s(参见图 2-20)。这种载波把 32 个 8 位一组的数据样本组装成 125 μs 的基本帧，其中 30 个子信道用于话音传送数据，2 个子信道(CH0 和 CH16)用于传送控制信令，每 4 帧能提供 64 个控制位。除了北美和日本外，E1 载波在其他地区得到广泛使用。

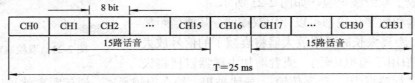

图 2-20 E1 帧

按照 ITU-T 的多路复用标准，E2 载波由 4 个 E1 载波组成，数据速率为 8.448 Mb/s；E3 载波由 4 个 E2 载波组成，数据速率为 34.368 Mb/s；E4 载波由 4 个 E3 载波组成，数据速率为 139.264 Mb/s；E5 载波由 4 个 E4 载波组成，数据速率为 565.148 Mb/s。

2.6.4 同步数字系列

光纤线路的多路复用标准有两个。美国标准叫做同步光纤网络(Synchronous Optical Network，SONET)。ITU-T 以 SONET 为基础制定出的国际标准叫做同步数字系列 (Synchronous Digital Hierarchy，SDH)。SDH 的基本速率是 155.52 Mb/s，称为第 1 级同步传递模块 (Synchronous Transfer Module)，即 STM-1，相当于 SONET 体系中的 OC-3 速率，如表 2-3 所示。

表 2-3 SONET 多路复用的速率

Optical Level	Electrical Level	Line Rate (Mb/s)	Payload Rate (Mb/s)	Overhead Rate (Mb/s)	SDH Equivalent	常用近似值
OC-1	STS-1	51.840	50.112	1.728	-	
OC-3	**STS-3**	**155.520**	150.336	5.184	**STM-1**	**155 Mb/s**
OC-9	STS-9	466.560	451.008	15.552	STM-3	
OC-12	**STS-12**	**622.080**	601.344	20.736	**STM-4**	**622 Mb/s**
OC-18	STS-18	933.120	902.016	31.104	STM-6	
OC-24	STS-24	1244.160	1202.688	41.472	STM-8	
OC-36	STS-36	1866.240	1804.032	62.208	STM-13	
OC-48	**STS-48**	**2488.320**	2405.376	82.944	**STM-16**	**2.5 Gb/s**
OC-96	STS-96	4976.640	4810.752	165.888	STM-32	
OC-192	**STS-192**	**9953.280**	9621.504	331.776	**STM-64**	**10 Gb/s**

2.7　传输介质

计算机网络中可以使用各种传输介质来组成物理信道。这些传输介质的特性不同，因而使用的网络技术不同，应用的场合也不同。下面介绍各种常用的传输介质的特点。

2.7.1　双绞线

双绞线是最常用的传输介质。把两根互相绝缘的铜导线用规则的方法绞合在一起就构成了双绞线，绞合结构可以减少相邻导线间的电磁干扰。将 4 对双绞线包装在绝缘护套中就构成了双绞线电缆，如图 2-21 所示。

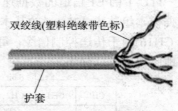

图 2-21　双绞线电缆

模拟传输和数字传输都可以使用双绞线，其通信距离可达几千米。距离太长时要用放大器将衰减了的信号放大到合适的数值(用于模拟传输)，或者增加中继器以便将失真了的信号进行整形(用于数字传输)。导线越粗，绞合得越紧密，通信距离就越远，但导线的价格也越贵。

在双绞线电缆的外面加上一层用金属丝编织成的屏蔽层，可以提高抗电磁干扰能力，这就是屏蔽双绞线(Shielded Twisted Pair，STP)。如果没有屏蔽层，则叫做无屏蔽双绞线(Unshielded Twisted Pair，UTP)。STP 的电气性能要优于 UTP，但是价格相对较高。根据信号衰减和串音损耗的不同，ANSI/EIA/TIA-568-A(简称 T568A)和 ANSI/EIA/TIA-568-B(简称 T568B)标准把 UTP 分为不同的类型(Category)：

(1) Cat1：一类 UTP 的带宽很小，主要用于话音传输，在 1980 年代之前广泛应用于电话系统的用户回路中。

(2) Cat2：二类 UTP 的带宽为 1 MHz，能够支持 4 Mb/s 的数据速率，目前很少使用。

(3) Cat3：三类 UTP 的带宽为 16 MHz，支持最高 10 Mb/s 的数据速率，适合 10BASE-T 以太网。

(4) Cat4：四类 UTP 的带宽为 20 MHz，支持最高 16 Mb/s 的数据速率，用在令牌环网中。

(5) Cat5：五类 UTP 的带宽为 100 MHz，支持高达 100 Mb/s 的数据速率，主要用于 100BASE-T 以太网中。

(6) Cat5e：超五类 UTP 的带宽为 100 MHz，其绕线密度和绝缘材料的质量都有所提高，这种电缆用于高性能的数据通信中，支持 1000BASE-TX 以太网。

(7) Cat6：六类 UTP 的带宽可以达到 500 MHz，支持万兆以太网。

目前的情况是 Cat5e 已经代替了 Cat5，成为市场上的主流产品，Cat6 的市场在不断扩大，Cat7(STP)标准正在制定之中。

制作跳线用的 RJ-45 插头也叫做水晶头(见图 2-22)，其前端有 8 个凹槽，称为 8P(Position)，凹槽内有 8 个金属触点，称为 8C(Contact)，统称为 8P8C 插

图 2-22　RJ-45 连接器

头，以便与其他 RJ 连接器(例如 RJ-11 和 RJ-48)相区别。

　　双绞线电缆中的 4 对线分为不同的颜色，按照 T568A 的规定，4 种颜色的线序如图 2-23 所示，而 T568B 规定的线序如图 2-24 所示。

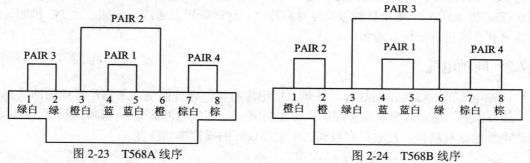

　　　　图 2-23　T568A 线序　　　　　　　　　　　图 2-24　T568B 线序

　　T568A 与 T568B 的区别是橙色线对与绿色线对进行了互调。T568A 标准与贝尔公司的 USOC(Universal Service Ordering Code)标准兼容，而 T568B 与 AT&T 258A 线序标准兼容，是使用范围最广的布线方案。

　　连接网络设备的跳线有两种：直通线和交叉线。所谓直通线就是两端都按照 T568B 排序，而交叉线一端按照 T568A 排序，另一端按照 T568B 排序。

　　在 10 兆和 100 兆以太网中，只使用了两对双绞线，另外两对留给电话线使用。直通线的针脚功能如表 2-4 所示，交叉线的针脚功能如表 2-5 所示，其中 TX 表示发送，RX 表示接收。

表 2-4　10BASE-T 和 100BASE-T 中使用的直通线

功　能	pin	颜　色	pin	功　能
TX+	1	橙白	1	TX+
TX−	2	橙	2	TX−
RX+	3	绿白	3	RX+
	4	蓝	4	
	5	蓝白	5	
RX−	6	绿	6	RX−
	7	棕白	7	
	8	棕	8	

表 2-5　10BASE-T 和 100BASE-T 中使用的交叉线

功　能	pin	颜　色	pin	功　能
TX+	1	橙白	3	RX+
TX−	2	橙	6	RX−
RX+	3	绿白	1	TX+
	4	蓝	4	
	5	蓝白	5	
RX−	6	绿	2	TX−
	7	棕白	7	
	8	棕	8	

以太网交换机的端口分为普通口和级连口(Uplink 口)。相同类型端口连接时采用 MDI-X 模式(X 代表交叉连接)，即一方的发送端连接到另一方的接收端，所以要使用交叉线。例如两台 PC 机通过网卡直接相连就属于这种情况。不同类型的端口连接采用 MDI-II 模式(II 代表平行)，即 RJ-45 的 8 个针脚按编号对应连接，这时采用直通线。例如一台 PC 机通过网卡连接到交换机就使用直通线。

2.7.2　同轴电缆

同轴电缆的芯线为铜质导线，外包一层绝缘材料，再外面是由细铜丝组成的网状外导体，最外面加一层绝缘塑料保护层，如图 2-25 所示。芯线与网状导体同轴，故名同轴电缆。同轴电缆的这种结构，使它具有很高的带宽和极好的噪声抑制特性。

图 2-25　同轴电缆

在局域网中常用的同轴电缆有两种，一种是特性阻抗为 50 Ω 的基带同轴电缆，用于传输数字信号，例如 RG-8 或 RG-11 粗缆和 RG-58 细缆。粗同轴电缆适用于大型局域网，它的传输距离长，可靠性高，安装时不需要切断电缆，用夹板装置夹在需要连接计算机的位置。但粗缆必须安装外收发器，安装难度大，总体造价高。细缆容易安装，造价低，但安装时要切断电缆，装上 BNC 接头，然后连接在 T 型连接器两端，所以容易产生接触不良或接头短路的隐患，这是以太网运行中常见的故障。

常用的另外一种同轴电缆是特性阻抗为 75 Ω 的 CATV 电缆(RG-59)，用于传输模拟信号，这种电缆也叫宽带同轴电缆。所谓宽带，在电话行业中是指比 4 KHz 更宽的频带，而这里是泛指模拟传输的电缆网络。要把计算机产生的比特流变成模拟信号在 CATV 电缆上传输，在发送端和接收端要分别加入调制器和解调器。采用适当的调制技术，一个 6 MHz 的视频信道的数据速率可以达到 36 Mb/s。通常采用频分多路技术(FDM)，把整个 CATV 电缆的带宽(1000 MHz)划分为多个独立的信道，分别传输数据、声音和视频信号，实现多种通信业务。这种传输方式称为综合传输，适合于在办公自动化环境中应用。

在宽带系统中，模拟信号经过放大器后只能单向传输。为了实现网络结点间的相互连通，有时要把整个带宽划分两个频段，分别在两个方向上传送信号，这叫分裂配置。有时用两根电缆分别在两个方向上传送，这叫双缆配置。虽然两根电缆比单根电缆价格要贵一些，但信道容量却提高一倍多。无论是分裂配置还是双缆配置都要使用一个叫做端头(headend)的设备，该设备安装在网络的一端，它从一个频率(或一根电缆)接收所有站发出的信号，然后用另一个频率(或电缆)发送出去。

宽带系统的优点是传输距离远，可达几十千米，而且可同时提供多个信道。然而和基带系统相比，它的技术更复杂，需要专门的射频技术人员安装和维护，宽带系统的接口设备也更昂贵。

2.7.3　光缆

光缆由能传送光波的超细玻璃纤维制成，外包一层比玻璃折射率低的材料。进入光纤的光波在两种材料的介面上形成全反射，从而不断地向前传播。

光纤信道中的光源可以是发光二极管 LED(Light Emitting Diode)，或注入式激光二极管 ILD(Injection Laser Diode)，这两种器件在有电流通过时都能发出光脉冲，光脉冲通过光导纤维传播到达接收端。接收端有一个光检测器——光电二极管，它遇光时产生电信号，这样就形成了一个单向的光传输系统。

光纤分为单模光纤和多模光纤(图 2-26)。单模光纤(Single Mode Fiber)采用激光二极管作为光源，波长分为 1310 nm 和 1550 nm 两种。单模光纤的纤芯直径为 8.3 μm，包层外径为 125 μm，可表示为 8.3/125 μm。单模光纤色散很小，适用于远程通信。如果希望支持万兆传输，而且距离较远，应考虑采用单模光缆。

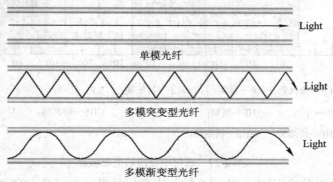

图 2-26　单模光纤与多模光纤

从光纤的损耗特性来看，1310 nm 波长区是光纤通信的理想工作窗口，也是当前光纤通信系统的主要工作波段。1310 nm 单模光纤的主要参数由 ITU-T 在 G652 建议中确定，因此这种光纤又称 G652 光纤。

多模光纤(Multi Mode Fiber)采用发光二极管作为光源，波长分为 850 nm 和 1300 nm 两种。多模光纤的纤芯较粗，有 50 μm 和 62.5 μm 两种，包层外径 125 μm，分别表示为 50/125 μm 和 62.5/125 μm。多模光纤可传输多种模式的光，如果采用折射率突变的纤芯材料，则这种光纤称为多模突变型光纤；如果采用折射率渐变的纤芯材料，则这种光纤称为多模渐变型光纤。多模光纤的色散较大，限制了传输信号的频率，而且随距离的增加这种限制会更加严重。所以多模光纤传输的距离比较近，一般只有几千米。但是多模光纤比单模光纤价格便宜。对传输距离或数据速率要求不高的场合可以选择多模光缆。

从发展趋势看，水平布线的网速要求 1 Gb/s 带宽到桌面，大楼主干网需升级到 10 Gb/s，园区骨干网需升级到 10 Gb/s 或 100 Gb/s。目前网络应用正在以每年 50% 的速度增长，未来几年，千兆到桌面将变得和目前百兆到桌面一样普遍，因此在网络系统规划上要具有一定前瞻性，要根据应用的特点、网络设计的目标、未来扩展的需要选择适当的传输介质。

2.7.4　无线信道

双绞线、同轴电缆和光纤等传输介质统称为有线介质(Guided Media)。下面要讲的信道都是通过空间传播无线电信号，我们称之为无线介质(Unguided Media)。通信中使用的电磁波的频谱如图 2-27 所示。

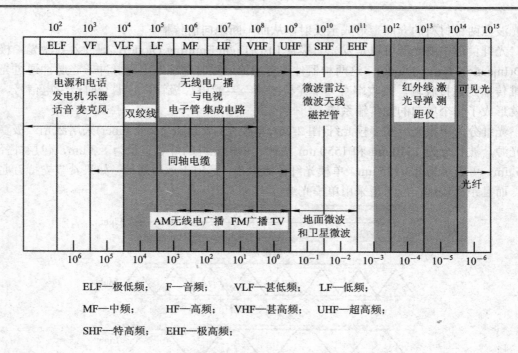

ELF—极低频；　　F—音频；　　VLF—甚低频；　　LF—低频；

MF—中频；　　HF—高频；　　VHF—甚高频；　　UHF—超高频；

SHF—特高频；　　EHF—极高频；

图 2-27　通信中使用的电磁波谱

超短波(VHF)和微波(UHF～EHF)不能被电离层反射，主要是在空间直接传播。从发射点经空间直线传播到接收点的无线电波叫空间波，也叫直射波。利用直射波在视线距离内进行的无线通信称为视距通信(horizon communication)，由于受地球表面弧度的影响，其传播距离最多只有 50 千米左右。

利用超短波和微波在地面进行直射波通信，接收点的场强由两路组成：一路由发射天线直接到达接收天线；另一路由地面反射后到达接收天线，如果天线高度和方向架设不当，容易造成相互干扰。

实际上，直射波传播所能达到的距离还应考虑到大气层的不均匀性，以及气象因素对电波传播轨迹的影响。当电波在低空传播时还会受到地面地形的影响。地球表面的物理结构，例如地形起伏和人工建筑物等都会对电波有反射、散射和绕射等作用。在天线高架、地面平坦范围很大时，往往以反射为主；而地面粗糙不平起伏较大时，必须考虑散射影响；当天线低架或障碍物尺寸比波长小得多时，则以绕射为主。

微波通信系统可分为地面微波系统和卫星微波系统，两者的功能相似，但通信能力有很大差别。地面微波系统由视距范围内的两个互相对准方向的抛物面天线组成，长距离通信则需要多个中继站组成微波中继线路。在计算机网络中使用地面微波系统可以扩展有线信道的连通范围，例如在大楼顶上安装微波天线，使得两个大楼中的局域网互相连通，这可能比挖地沟埋电缆花费更少。

通信卫星可看做是悬在太空中的微波中继站。卫星上的转发器把波束对准地球上的一定区域，在此区域中的卫星地面站之间就可以互相通信。3 个地球同步轨道卫星就可以覆盖整个地球表面，组成全球通信系统(见图 2-28)。

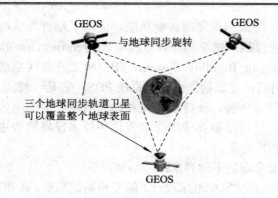

地球同步轨道卫星(Geosynchronous orbit satellite)
图 2-28 卫星通信系统

地面站以一定的频率段向卫星发送信息(上行频段),卫星上的转发器将接收到的信号放大并变换到另一个频段上(下行频段)发回地面接收站。这样的卫星通信系统可以在一定的区域内组成广播式通信网络,特别适合于海上、空中、矿山、油田等经常移动的工作环境。卫星传输供应商可以将卫星信道划分成许多子信道出租给商业用户,用户安装甚小孔径终端系统(Very Small Aperture Terminal,VSAT)组成卫星专用网,地面上的集中站作为收发中心与用户交换信息。

微波通信的频率段为吉兆段的低端,一般是 1～11 GHz,因而它具有高带宽、大容量的特点。由于使用了高频率,因此可使用小型天线,便于安装和移动。不过微波信号容易受到电磁干扰,地面微波通信也会造成相互之间的干扰,大气层中的雨雪会大量吸收微波信号,当长距离传输时会使信号衰减以至无法接收。另外,通信卫星为了保持与地球自转的同步,一般停留在 36 000 km 的高空。这样长的距离会造成大约 270 ms 的时延,在利用卫星信道组网时,这样长的时延是必须考虑的因素。

无线电短波通信早已用在计算机网络中了,已经建成的无线通信局域网使用了甚高频VHF(30～300 MHz)和超高频 UHF(300～3000 MHz)的电视广播频段,这个频段的电磁波是以直线方式在视距范围内传播的,所以用作局部地区的通信是适宜的。早期的无线电局域网(例如 ALOHA 系统)是中心式结构,它有一个类似于通信卫星那样的中心站,每一个主机结点都把天线对准中心站,并以频率 f_1 向中心站发送信息;中心站向各主机结点发送信息时采用另外一个频率 f_2 进行广播。采用这种网络通信方式要解决好上行线路中由于两个以上的站同时发送信息而发生冲突的问题。后来的无线电局域网采用分布式结构——没有中心站,结点机的天线是没有方向的,每个结点机都可以发送或接收信息,这种通信方式适合于由微机工作站组成的资源分布系统,在不便于架设有线通信线路的地方可以快速建成计算机网络。短波通信设备比较便宜,便于移动,没有像地面微波站那样的方向性,再加上中继站就可以传送很远的距离,但是也容易受到电磁干扰和地形地貌的影响,而且带宽比微波通信要小。

2.8 结构化综合布线

结构化综合布线系统(Structure Cabling System)是基于现代计算机技术的物理通信平

台，集成了话音、数据、图像和视频的传输功能，消除了原有通信线路在传输介质上的差异。结构化综合布线系统包括：建筑物综合布线系统(Premises Distribution System，PDS)、智能大厦布线系统(Intelligent Building System，IBS)和工业布线系统(Industry Distribution System，IDS)。这里要讲的是建筑物综合布线系统PDS，它是一种能支持话音和数据通信，支持安全监控和传感器信号传输，支持多媒体和高速网络应用的电信系统，通过一次性布线提供各种通信线路，并且可以根据应用需求变化和技术发展趋势进行扩充，是一种技术先进、具有长远效益的解决方案。

结构化综合布线系统应满足下列要求：

(1) 标准化：采用国际或国家标准来设计、施工和测试系统，采用符合国际和国家标准、得到国际权威机构认证的产品。

(2) 实用性：针对实际应用的需要和特点来建设系统，保证系统能满足现在和将来应用的需要。

(3) 先进性：采用国际最新技术，系统设计应具有一定的超前意识，保证在一定时间内技术上不落后。

(4) 开放性：充分考虑整个系统的开放性，系统要兼容不同类型的信号，适应各种网络拓扑结构和各种应用的要求。

(5) 结构化、层次化：易于管理和维护系统，应具有充足的扩展余地，具有一定的灵活性、较强的可靠性和容错性。

结构化布线系统分为六个子系统：工作区子系统、水平子系统、干线子系统、设备间子系统、管理子系统和建筑群子系统，如图2-29所示。

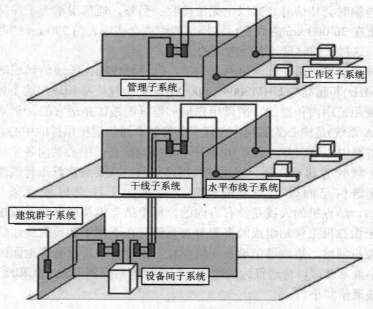

图 2-29　结构化布线示意图

1. 工作区子系统(Work Location Subsystem)

工作区子系统是由终端设备到信息插座的整个区域。一个独立的需要安装终端设备的区域划分为一个工作区。工作区应支持电话、数据终端、计算机、电视机、监视器、以及传感器等多种终端设备。

信息插座的类型应根据终端设备的种类而定。信息插座的安装分为嵌入式(适用新建筑物)和表面安装(适用老建筑物)两种方式，信息插座通常安装在工作间四周的墙壁下方，距离地面 30 cm，也有的安装在用户办公桌上。通常一个信息插座需要 9 m^2 的空间。

2. 水平子系统(Horizontal Subsystem)

从各个楼层接线间的配线架到工作区信息插座之间所安装的线缆属于水平子系统。水平子系统的作用是将干线子系统线路延伸到用户工作区。在进行水平布线时，传输介质中间不能有转折点，两端应直接从配线架连接到工作区的信息插座。水平布线的通道有两种：一种是暗管预埋、墙面引线方式；另一种是地下管槽、地面引线方式。前者适用于多数建筑系统，一旦铺设完成，不易更改和维护；后者适合于少墙多柱的环境，更改和维护较方便。

3. 管理子系统(Administration Subsystem)

管理子系统设置在楼层的接线间内，由各种交连设备(双绞线跳线架、光纤跳线架)以及集线器和交换机等交换设备组成，交连方式取决于网络拓扑结构和工作区设备的要求。交连设备通过水平布线子系统连接到各个工作区的信息插座，集线器或交换机与交连设备之间通过短线缆互连，这些短线被称为跳线。通过跳线的调整，可以对工作区的信息插座和交换机端口之间进行连接切换。

高层大楼采用多点管理方式，每一楼层要有一个配线间，用于放置交换机、集线器以及配线架等设备。如果楼层较少，宜采用单点管理方式，管理点就设在大楼的设备间内。

4. 干线子系统(Backbone Subsystem)

干线子系统是建筑物的主干线缆，实现各楼层设备间子系统之间的互连。干线子系统通常由垂直的大对数铜缆或光缆组成，一头端接于设备间的主配线架上，另一头端接在楼层接线间的管理配线架上。

主干子系统在设计时，对于旧建筑物主要采用楼层牵引管方式铺设，对于新建筑物则利用建筑物的线井进行铺设。

5. 设备间子系统(Equipment Subsystem)

建筑物的设备间是网络管理人员值班的场所，设备间子系统由建筑物的进户线、交换设备、电话、计算机、适配器、以及安保设施组成，实现中央主配线架与各种不同设备(如PBX，网络交换设备和监控设备等)之间的连接。

在选择设备间的位置时，要考虑安装与维护的方便性，设备间通常选择在建筑物的中间楼层。设备间要有防雷击、防过压过流的保护设备，通常还要配备不间断电源。

6. 建筑群子系统(Campus Subsystem)

建筑群子系统也叫园区子系统，它是连接各个建筑物的通信系统。大楼之间的布线方法有三种。一种是地下管道敷设方式，管道内敷设的铜缆或光缆应遵循电话管道和入孔的各种规定，安装时至少应预留 1～2 个备用管孔，以备扩充之用。第二种是直埋法，要在同一个地沟内埋入通信和监控电缆，并应设立明显的地面标志。最后是架空明线，这种方法需要经常维护。

在进行结构化布线系统设计时，要注意线缆长度的限制，表 2-6 是 EIA/TIA-568 标准规定的最大布线距离。

表 2-6　最大布线距离

子 系 统	光纤/m	屏蔽双绞线/m	无屏蔽双绞线/m
建筑群(楼栋间)	2000	800	700
主干(设备间到配线间)	2000	800	700
配线间到工作区信息插座	90	90	90
信息插座到网卡		10	10

2.9　公共交换电话网

公共交换电话网(Public Switched Telephone Network，PSTN)最初是为了话音通信而建立的，从 1960 年代开始又被用于数据传输。虽然各种专用的计算机网络和公用数据网已经得到很大发展，能够提供更好的服务质量和多种多样的通信业务，但是 PSTN 的覆盖面更广，联网费用更低，因而在没有其他联网方式的地区仍然通过电话线拨号上网。

电话系统是一个高度冗余的分级网络。图 2-30 表示一个简化了的电话网。用户电话通过一对铜线连接到最近的端局，这个距离通常是 1～10 km，只能传送模拟信号。虽然局间干线是传输数字信号的光纤，但是在用电话线连网时需要在发送端把数字信号变换为模拟信号，在接收端再把模拟信号变换为数字信号。由电话公司提供的公共载体典型的带宽是 4000 Hz，我们称其为话音频段。这种信道的电气特性并不完全适合数据通信的要求，在线路质量太差时还需采取一定的均衡措施，方能减小传输过程中的失真。

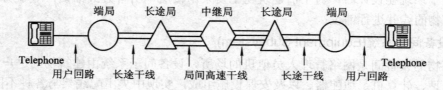

图 2-30　电话系统示意图

公用电话网由本地网和长途网组成，本地网覆盖市内电话、市郊电话以及周围城镇和农村的电话用户，形成属于同一长途区号的局部公共网络。长途网提供各个本地网之间的长话业务，包括国际和国内长途电话服务。我国的固定电话网采用 4 级汇接辐射式结构。最高一级共有 8 个大区中心局，包括北京、上海、广州、南京、沈阳、西安、武汉和成都。这些中心局互相连接，形成网状结构。第二级共有 22 个省中心局，包括各个省会城市。第三级共有 300 多个地区中心局。第四级是县中心局。大区中心局之间都有直达线路，以下各级汇接至上一级中心局，并辅助一定数量的直达线路，形成图 2-31 所示的 4 级汇接辐射式长话网。

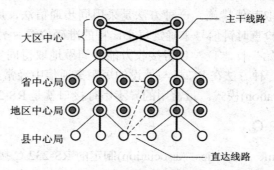

图 2-31 四级辐射长话结构示意图

用户把数据终端或计算机连接到电话网上就可进行通信。按照 CCITT 的术语，用户的数据终端或计算机叫做数据终端设备 DTE(Data Terminal Equipment)。在通信网络一边，有一个设备管理网络的接口，这个设备叫做数据电路设备 DCE(Data Circuit Equipment)。DCE 通常指调制解调器，数传机、基带传输器、信号变换器、自动呼叫和应答设备等。它们提供波形变换和编码功能，以及建立、维持和拆除电路连接的功能。物理层协议与设备之间(DTE/DCE)的物理接口以及传送比特的规则有关。物理介质的各种机械的、电磁的特性由物理层和物理介质之间的界线确定。我们可以把实际设备和 OSI 概念之间的关系表示在图 2-32 中。

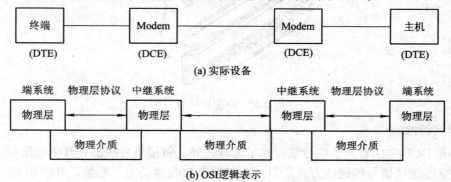

图 2-32 实际设备和 OSI 逻辑表示之间的关系

图 2-32(a)中的传输线路可以是公共交换网或专用线。在通信线路采用公共交换网的情况下，进行数据传输之前，DTE 和 DCE 之间先要交换一些控制信号以建立逻辑连接。在数据传输完毕后，也要交换控制信号断开逻辑连接。交换控制信号的过程就是"握手"的过程，这个过程和 DTE/DCE 之间的接插方式、引线分配、电气特性和应答信号等有关。在数据传输过程中，DTE 和 DCE 之间要以一定速率和同步方式识别每一个信号元素("1"或"0")。关于这些与设备之间通信有关的技术细节，CCITT 和 ISO 用机械、电气、功能和过程 4 个技术特性来描述，并给出了适应不同情况的各种标准和规范。

2.10 串行通信接口

所谓串行通信就是把 8、16 或 32 位的并行数据变成一个比特串，逐位进行传输。理论上，串行通信只需要一根信号线和一根地线。但实际上，为了克服传输噪声引起的比特丢失或插入错误，还要采取其他措施。一种方法是采用同步通信法，用另外一根线传送同步时钟信号，接收方通过检查时钟信号来确定每个比特的准确位置。另一种方法是在每 8 个比特之前发送一个"开始"标志位，使得接收方能够间歇地取得同步信息，从而检测出可能出现的传输错误。后一种方法在 PC 机与外设的短距离通信中经常采用，被叫做异步通信(asynchronous communication)模式。最常用的异步串行接口就是 RS-232。

2.10.1　EIA RS-232-C

下面以 EIA(Electronic Industries Association)制定的 RS-232-C 接口为例说明 DTE/DCE 接口之间的四个技术特性。

1. 机械特性

机械特性描述 DTE 和 DCE 之间的物理分界线，规定连接器的几何形状、尺寸、引线数、引线排列方式、以及锁定装置等。RS-232-C 没有正式规定连接器的标准，只是在其附录中建议使用 ISO IS2110 定义的 25 针 D 型连接器(图 2-33)，PC 机的 RS-232-C 串行接口通常使用 9 针连接器，或者 USB 接口。

图 2-33　D 型连接器

2. 电气特性

DTE 与 DCE 之间有多条信号线，除了地线之外，每根信号线都有其驱动器和接收器。电气特性规定这些信号的连接方式，以及驱动器和接收器的电气参数，并给出有关互连电缆方面的技术指导。

图 2-34(a)给出了 RS-232-C 采用的 V.28 标准电路。V.28 的驱动器是单端信号源，所有信号共用一根公共地线。信号源产生 3～15 V 的信号，正负 3 V 之间是信号电平过渡区，如图 2-35 所示。接口点的电平处于过渡区时，信号的状态是不确定的。接口点的电平处于正负信号区间时，对于不同的信号线代表的意义不一样，见表 2-7。

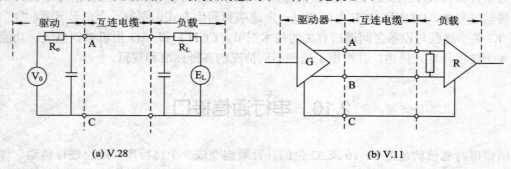

(a) V.28　　　　　　　　　　　　　(b) V.11

图 2-34　CCITT 建议的接口电路

表 2-7　接口电平的含义

	−3～−15 V	+3～+15 V
数据线	"1"	"0"
控制线和定时线	OFF	ON

图 2-35　接口电路的信号区间

另外两种常用的电气特性标准是 V.10 和 V.11。V.11 是一种平衡接口，每个接口电路都用一对平衡电缆，构成各自的信号回路，参见图 2-34(b)。这种连接方式减小了信号线之间的串音。V.10 的发送端是非平衡输出，接收端则是平衡输入，有关这三种技术标准的电气参数和技术指导表示在表 2-8 中。

表 2-8　三种电气特性标准比较

标准	信号源输出阻抗	负载输入阻抗	信号 "1"	信号 "0"	数据速率	距离	电路技术
CCITT V.10 X.26	≤50 Ω	≥4 kΩ	−4～−6 V	+4～+6 V	≤300 kb/s	1000 m(＜3 kb/s) 10 m (300 kb/s)	IC
CCITT V.11 X.27	≤100 Ω	≥4 kΩ	−2～−6 V	+2～+6 V	10 Mb/s	1000 m(≤100 kb/s) 10 m(10 Mb/s)	IC
CCITT V.28		3～7 kΩ	−3～−15 V	+3～+15 V	20 kb/s	15 m	分立元件

3. 功能特性

功能特性定义了接口连线的作用。从大的方面分，接口线的功能可分为数据线、控制线、定时线和地线。有的接口可能需要两个信道，因而接口线又可分为主信道线和辅助信道线。

RS-232-C 采用的标准是 V.24。V.24 为 DTE/DCE 接口定义了 44 条连线，为 DTE/ACE 定义了 12 条连线。ACE 为自动呼叫设备，有时和 Modem 做在一起。按照 V.24 的命名方法，DTE/DCE 连线用 1 开头的三位数字命名，例如 103、115 等，称为 100 系列接口线。DTE/ACE 连线用 2 开头的三位数字命名，例如 201，202 等，称为 200 系列接口线。

RS-232-C 定义了 21 根接口连线的功能。按照 RS-232-C 的术语，接口连线叫做互换电路，表 2-9 给出了 RS-232-C 的互换电路的功能定义，同时也列出了 V.24 对应的线号。表中对每一条互换电路的功能进行了简要的描述，也说明了电路的信号方向。关于这些互换电路的使用方法则属于我们下面要讨论的过程特性。

表 2-9　RS-232-C 的互换电路功能

管脚	RS-232-C 电路	V.24 等价电路	描　述	地	数据		控制		定时		测试	
					DTE	DCE	DTE	DCE	DTE	DCE	DTE	DCE
1	AA	101	保护地	×								
7	AB	103/2	信号地	×								
2	BA	103	发送数据			×						
3	BB	104	接收数据		×							

续表

管脚	RS-232-C 电路	V.24 等价电路	描 述	地	数据 DTE	数据 DCE	控制 DTE	控制 DCE	定时 DTE	定时 DCE	测试 DTE	测试 DCE
4	CA	105	请求发送					×				
5	CB	106	允许发送				×					
6	CC	107	数传机就绪				×					
20	CD	108/2	数据终端就绪					×				
22	CE	125	振铃指示				×					
8	CF	109	接收线路信号检测				×					
21	CG	110	信号质量检测				×					
23	CH	111	数据信号速率选择(DTE)					×				
23	CI	112	数据信号速率选择(DCE)				×					
24	DA	113	发送器码元定时(DTE)							×		
15	DB	114	发送器码元定时(DCE)						×			
17	DC	115	接收器码元定时(DCE)						×			
14	SBA	118	辅助信道发送数据			×						
16	SBB	119	辅助信道接收数据		×							
19	SCA	120	辅助信道请求发送					×				
13	SCB	121	辅助信道准备发送				×					
12	SCF	122	辅助信道接收信号检测				×					
8			保留电路，用于测试									×
9			保留电路，用于测试								×	
18	(LL)	(RS-232-D)	(本地回路)									×
25	(TM)	(RS-232-D)	(测试模式)								×	

图 2-36 表示计算机(异步终端设备)和异步 Modem 连接的方法，这里只需要 9 根互换电路，保护接地和信号地线用一根连线同时接在 1 和 7 两个管脚上。

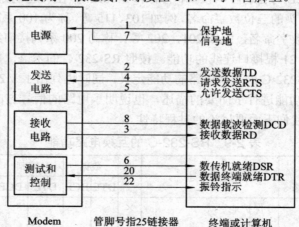

图 2-36　计算机和异步 Modem 连接

4. 过程特性

物理层接口的过程特性规定了使用接口线实现数据传输的操作过程，这些操作过程可能涉及高层的功能，因而对于物理层操作过程和高层功能过程之间的划分是有争议的。另一方面，对于不同的网络、不同的通信设备、不同的通信方式、不同的应用，各有不同的操作过程。下面举例说明利用 RS-232-C 进行异步通信的操作过程。

RS-232-C 控制信号之间的相互关系是根据互连设备的操作特性随时间而变化的。图 2-37 表示计算机端口和 Modem 之间控制信号的定时关系。假定 Modem 打开电源后升起 DSR 信号，随后从线路上传来两次振铃信号 RI，计算机在响应第一次振铃信号后，升起它的数据终端就绪信号 DTR。DTR 信号和第二次振铃信号配合，使得 Modem 回答呼叫并升起载波检测信号 DCD。如果计算机中的进程需要发送信息，就会升起请求发送信号 RTS，Modem 通过升起允许发送信号 CTS 予以响应，之后计算机端口就可以开始传送数据。

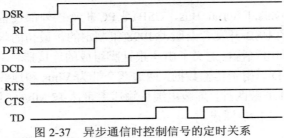

图 2-37　异步通信时控制信号的定时关系

RS-232-C 标准最后的修订版发布于 1969 年，为了改善其性能，后来又经过了多次修订。这个系列标准的最新版本是 1997 年 10 月发布的 TIA/EIA-232-F，仍然采用 ISO IS2110、V.28 和 V.24 等规范，与老标准完全兼容，但是在定时的细节方面进行了改进，以便抑制谐波干扰。

2.10.2　RS-422 和 RS-485 接口

为了克服 RS-232-C 通信距离短、数据速率低、抗噪声能力差的缺点，EIA 制定了 RS-422 标准，随后在 RS-422 基础上又制定了 RS-485 标准，增加了多点、双向通信能力。这几种接口的性能特点表示在表 2-10 中。

表 2-10　几种串口的比较

	RS-232		RS-422	RS-485
工作方式	单端(非平衡)		差分(平衡)	差分(平衡)
节点数	1发1收		1发10收	1发32收
最大传输电缆长度	30米(9.6 Kb/s)		1200米(19.2 Kb/s)	1200米(19.2 Kb/s)
最大传输速率	20 Kb/s		10 Mb/s(100米，1 Mb/s)	10 Mb/s(100米，1 Mb/s)
应用方式	点对点		点对多点(四线)	点对多点(四线)，多点对多点(两线)
电气特性	数据逻辑1： −5～−15 V	两线间的电压差为 +2～+6 V		两线间的电压差为+2～+6 V
	控制逻辑1： +5～+15 V			
	数据逻辑0： +5～+15 V	两线间的电压差为 −2～−6 V		两线间的电压差为−2～−6 V
	控制逻辑0： −5～−15 V			

　　RS-422 及 RS-485 的电气特性与 RS-232 不同。RS-232 协议采用非平衡电路，要识别的是电压绝对值，而 RS-422 和 RS-485 采用差分传输方式(V.11)，识别的是一对双绞线之间的相对电压值。平衡模式比非平衡模式抗噪声能力更强，共模干扰对两根导线产生相同的作用，因而不会影响他们之间的电压差值。

　　RS-422 允许在一条总线上最多连接 10 个接收器，是一种单机发送、多机接收的单向、平衡传输规范。RS-485 标准增加了多点、双向通信能力，允许多个发送器连接到同一条总线上，同时增加了发送器的驱动能力。

2.10.3　USB 接口

　　通用串行总线(Universal Serial Bus，USB)是 PC 机连接外部设备的接口，是由 Intel 和 Microsoft 等厂商组成的 USB 开发者论坛于 1998 年制定的，最初的版本是 USB 1.1。

　　USB 接口的机械和电气特性定义了由 4 根针脚组成的连接器，参见图 2-38。A 型连接器中间两个针为 D+ 和 D-，用于传输数据，两边两个针为 Vbus 和地线，用于提供 5 V 电源。USB 电缆分为屏蔽和非屏蔽两种，屏蔽电缆传输速率可达 12 Mb/s，非屏蔽电缆的传输速率为 1.5 Mb/s。USB 设备支持热插拔。

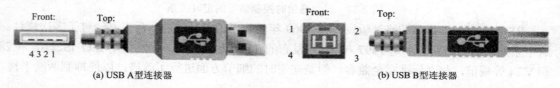

图 2-38　USB 连接器

　　USB 设备可以串联成菊花链，最多可串接 127 个设备。USB 的功能和过程特性规定，主机采用轮询方式与外围设备通信，操作过程是由驱动软件实现的。

　　2000 年发布的 USB 2.0 的数据速率可达 480 Mb/s，最大电缆长度为 5 m。最新的 USB 3.0 规范已于 2008 年发布，采用光纤连接，据说数据速率可达 4.8 Gb/s，只是市场上还没有出现这种新产品。

2.10.4　IEEE-1394 接口

　　苹果计算机公司于 1987 年发布了一种数字链路标准，命名为火线(FireWire)，以强调它的高速性能。1995 年被 IEEE 采纳为 1394 标准。

　　IEEE 1394 接口是一种高速总线，支持异步(Asynchronous)和等时(Isochronous)两种数据传输模式。后者是指在在高负荷状态下保证传输质量的通信方式，通常用于话音传输和视频播放。

　　火线最多可以连接 63 台外围设备，组成树形拓扑结构，实现任意一对设备之间的点对点通信。例如通过计算机连接扫描仪和打印机，可以使得两者直接传送数据，而不使用 CPU 和内存资源。火线采用的连接器如图 2-39 所示，用火线连接的设备支持热插拔。

图 2-39　1394 6 针和 4 针连接器

　　IEEE-1394 标准还在不断演变。最初的标准叫做 IEEE 1394a-2000(FireWire 400)，采用

6 针连接器，数据速率为 400 Mb/s。后来的标准 IEEE 1394b-2002(FireWire 800)采用 9 针连接器，数据速率提高到 800 Mb/s。IEEE 1394c-2006(FireWire S800T)采用 RJ45 连接器和 5 类双绞线，但市面上还没有出现这种产品。2007 年 12 月，IEEE 1394 Trade Association 为了与 USB 3.0 竞争，宣布了两个新标准 S1600 和 S3200，其数据速率分别可达 1.6 Gb/s 和 3.2 Gb/s，两者都使用 9 针连接器及其专用缆线。

IEEE-1394 既可作为外部总线，又可作为内部总线使用。目前主要支持的外部设备是数字摄录机、数码相机和数字影音播放器等高带宽设备。在军用飞机(F-22 和 F-35 战斗机)和航天飞机上为了减轻重量，也使用 1394 接口连接监控设备。

2.11 ADSL 接入技术

数字用户线路(Digital Subscriber Line，DSL)是以铜质电话线为传输介质的通信技术组合，其中包括 HDSL、SDSL、VDSL、ADSL 和 RADSL 等，一般称之为 xDSL。这些技术之间的主要区别表现在信号传输速率和距离不同，以及上行速率和下行速率对称性不同两个方面。

2.11.1 对称 DSL 技术

对称 DSL 技术提供的上下行速率相同，主要用于替代传统的 T1/E1 接入技术。与 T1/E1 技术相比，对称 DSL 技术具有对线路质量要求低、安装调试简单等特点。对称 DSL 技术广泛地应用于通信、校园网互连等领域，通过复用技术，可以同时传送多路话音、视频和数据。对称 DSL 技术主要有以下几种。

(1) 高比特率 DSL(High-bi-rate DSL，HDSL)是一种成熟的技术，已经得到了广泛的应用。这种技术利用两对双绞线传输，支持 N × 64 kb/s 的各种速率，最高可达 E1 速率。HDSL 主要用于数字交换机的连接、高带宽视频会议、远程教学、蜂窝电话基站连接、专用网络互联等场合。与传统的 T1/E1 技术相比，HDSL 具有价格便宜和安装容易的特点，T1/E1 线路要求每隔 0.9~1.8 km 就安装一个放大器，而 HDSL 可以在 3.6 km 的距离上传输而无需放大器介入。

(2) 单线路 DSL(Single－line DSL，SDSL)是 HDSL 的单线版本，它利用一对双绞线提供双向高速可变比特率连接，最高可达 2.048 Mb/s，用户可根据流量选择最经济合适的速率。SDSL 比 HDSL 节省一对铜线，最大传输距离达 3 km 以上。

(3) 多路虚拟数字用户线(Multiple Virtual Line，MVL)是 Paradyne 公司开发的低成本 DSL 技术。它只使用一对双绞线，安装简便而功耗低，可以进行高密度装配。MVL 利用与 ISDN 技术相同的频段，对同一电缆中的其他信号干扰非常小，可支持话音传输，在用户端无需话音分离器，在同一条线路上最多可连接 8 个 MVL 用户设备，动态分配带宽，上/下行速率均可达 768 kb/s，最大传输距离为 7 km。

2.11.2 非对称 DSL 技术

非对称 DSL 技术适用于对双向带宽要求不一样的应用，如 Web 浏览、多媒体点播、信息发布等，主要有以下几种。

(1) 速率自适应 DSL(Rate Adaptive DSL, RADSL)技术允许服务提供者调整带宽以适应数据传输的需要。它利用一对双绞线支持同步和非同步两种传输方式，下行速率 640 kb/s～12 Mb/s，上行速率 128 kb/s～1 Mb/s，可同时传输数据和话音信号。

(2) 超高速数字用户线(Very High Data Rate DSL, VDSL)是最快的一种 DSL 技术，可以在较短的距离上提供极高的传输速率。VDSL 利用一对铜质双绞线传输，下行数据速率为13～52 Mb/s，上行数据速率为 1.5～2.3 Mb/s，但是传输距离只有几百米。VDSL 可以成为 FTTH(Fiber To The Home)的替代方案。VDSL 的传输技术以及它在某些环境中的传输效率目前仍没有确定，许多标准化组织正在研究这项技术。

(3) 非对称 DSL(Asymmetric DSL, ADSL)在一对铜线上支持上行速率 640 kb/s～1 Mb/s、下行速率 1～8 Mb/s，有效传输距离在 3～5 km 范围以内，同时还可以提供话音服务。可以满足网上冲浪和视频点播等应用对带宽的要求。

ITU-T SG15 在 1998 年 10 月通过了关于 ADSL 的 G.992.1 和 G.992.2 建议草案。G.992.1 规范了带分离器的 ADSL 系统，利用该系统可在一对铜质双绞线上传输高速数据和模拟话音信号，采用的 DMT 线路编码，下行速率为 6.144 Mb/s，上行速率为 640 kb/s。G.992.2 规范了不带分离器 ADSL 系统，它是一种简化的 ADSL(Lite ADSL)技术，具有成本低、安装简便的优点，也采用 DMT 线路编码，下行速率为 1.536 Mb/s，上行速率为 512 kb/s。

ADSL 的接入方式分为虚拟拨号和准专线两种。采用虚拟拨号的用户需要安装 PPPoE(PPP over Ethernet)或 PPPoA(PPP over ATM)客户端软件，以及类似于 Modem 的拨号程序，输入用户名称和用户密码即可连接到宽带接入站点。采用准专线方式的用户使用电信公司静态或动态分配的 IP 地址，开机即可接入 Internet。

图 2-40 表示家庭个人应用的连接线路。PC 机通过 ADSL Modem→分离器→入户接线盒→电话线→DSL 接入复用器(DSL Access Multiplexer, DSLAM)连接 ATM 或 IP 网络，而话音线路通过分离器→入户接线盒→电话线→DSL 接入复用器接入电话交换机。

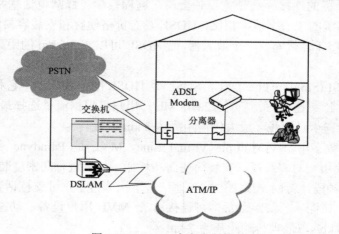

图 2-40　ADSL 个人应用接入

图 2-41 表示企业应用的连接线路。PC 机通过以太网交换机(或集线器)→ADSL 路由器→分离器→入户接线盒→电话线→DSL 接入复用器连接 ATM 或 IP 网络，而话音线路通过分离器→入户接线盒→电话线→DSL 接入复用器连接电话交换机。

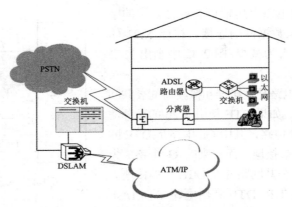

图 2-41　ADSL 企业应用接入

2.12　公用数据网接口

公用数据网 PDN(Public Data Network)是在一个国家或全世界范围内提供公共电信服务的数据通信网。CCITT 于 1974 年提出了访问分组交换网的标准，即 X.25 建议，后来又进行了多次修订。这个标准分为三个协议层，即物理层、链路层和分组层，分别对应于 ISO/OSI 参考模型的低三层。物理层规定用户主机或终端与网络之间的物理接口，这一层协议采用 X.21 建议。

2.12.1　X.21 接口

CCITT 的 X.21 建议是访问公共数据网的接口标准，X.21 建议分为两部分：一部分是用于公共数据网同步传输的通用 DTE/DCE 接口，这是 X.21 的物理层部分，对电路交换业务或分组交换业务都适用；另一部分是电路交换业务的呼叫控制过程，这一部分有些内容涉及数据链路层和网络层的功能。这里只考虑与建立物理链路有关的操作过程，它的四个特性分别叙述如下。

1. 电气特性

X.21 采用 X.26 和 X.27 规定的两种接口电路(见表 2-8)。X.21 建议指定的数据速率有 5 种，即 600、2400、4800、9600 和 48 000 b/s。为了在比 RS-232-C 更大的传输距离上达到这样高的数据速率，并同时提供一定的灵活性，X.21 规定在 DCE 一边只能采用 X.27 规定的平衡电气特性；在 DTE 一边，对于四种低速率可选用平衡的或不平衡电气特性，对于超过 9600 b/s 的速率只能采用平衡电气特性，以保证通信性能。

2. 机械特性

X.21 的机械接口采用 15 针连接器。X.21 建议对管脚功能做了精心安排，使得每一对互换电路都能利用一对导线操作。特别重要的是，即使 DTE 使用 X.26 的不平衡接口，而 DCE 使用 X.27 的平衡接口时，按照 X.21 赋予管脚的功能，也能使每一互换电路自成回路，这样的互连能提供近似于全部使用 X.27 电气特性时的性能指标。

3. 功能特性

X.21 对管脚功能的分配和 RS-232-C 不同，它不是把每个功能指定给一个管脚，而是对功能进行编码，在少数电路上传输代表各种功能的字符代码，来建立对公共数据网的连接。这样 X.21 的接口线数比 RS-232-C 大为减少，图 2-42 中画出 X.21 定义的全部互换电路。

```
        发送(T)
        接收(R)
        控制(C)
        指示(I)
 DTE    码元定时(S)    DCE
        字节定时(B)
        信号地(G)
        DFTE公共地
```

图 2-42 X.21 定义的互换电路

(1) 信号地 G。G 电路是发送器和接收器的公共回路，提供零电压参考点。如果 DTE 使用 X.26 的差分信号，则 G 电路分成两个电路，其中 Ga 电路是 DTE 的公共回路，在 DTE 一端接地，而原来的 G 电路成为 Gb 电路，作为 DCE 的公共回路并在 DCE 一端接地。

(2) 数据传输电路 T/R。DTE 利用电路 T 向 DCE 发送数据，并利用电路 R 接收 DCE 发送来的数据。

(3) 控制电路。X.21 有两个控制电路 C 和 I，DTE 利用电路 C 向 DCE 指示接口的状态。在数据传输阶段，数据代码在发送电路上流过时 C 电路保持"ON"状态。类似地，DCE 利用电路 I 向 DTE 指示接口的状态，电路 I 处于"ON"状态时表示编码的信号正通过接收电路流向 DTE。

(4) 定时电路。X.21 有两个定时电路——码元定时 S 和字节定时 B，这两个电路都由 DCE 控制。S 电路上的时钟信号频率与发送/接收电路上的比特速率相同，B 电路上的时钟信号控制字节的同步传送。当 8 位字节的前几位传送时 B 电路维持 ON 状态，最后一位传送时 S 变"ON"，B 变"OFF"，表示一个字节传送完毕。B 电路是任选的，并不经常使用。

4. 过程特性

下面举例说明 DTE 通过 X.21 接口在公共数据网上进行数据传输的动态过程。

(0) 初始状态，DTE 和 DCE 均处于就绪状态，T = 1，C = OFF，R = 1，I = OFF

(1) DTE 发出呼叫请求，T = 0，C = ON

(2) DCE 发出拨号音，R = +++(0，1 交替出现)

(3) DTE 拨号，T = 远端 DTE 地址

(4) DCE 发送回呼叫进行信号(由两位十进制数字组成)，R=呼叫进行信号

(5) 若呼叫成功，则 R = 1，I = ON

(6) DTE 发送数据，T=数据，C = ON

(7) 发送结束，T = 0，C = OFF

(8) 线路释放，R = 0，I = OFF

(9) 恢复初始状态，T = 1，C = OFF，R = 1，I = OFF

2.12.2 V.35 接口

ITU-T 定义的 V.35 协议是适用于 60～108 kHz 线路的 DTE/DCE 接口，由于数据速率大于 48 kb/s，所以需要几条电话线同时进行同步传输，被称为集群式 Modem 标准。

V.35 对机械特性(连接器)未作规定，在实际使用中广泛采用 ISO 2593 定义的 34 针连接器(见图 2-43)。

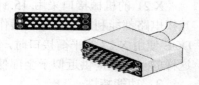

图 2-43 V.35 连接器

V.35 连接器管脚分配如图 2-44 所示，解释见表 2-11。对于数据和时钟信号，V.35 采用 V.11 定义的平衡电路；对于控制信号，V.35 采用 V.28 定义的非平衡电路。特性阻抗为 100 Ω，差分电平为 ±1.1VDC，对地电压偏移在驱动器端为 ±0.2 V，接收器端为 ±0.6 V。V.35 的数据速率最大可以达到 2 Mb/s。最大电缆长度在 48 kb/s 时为 400 m，在 2 Mb/s 时为 15 m。

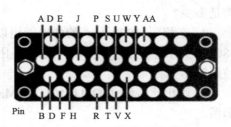

图 2-44　V.35 连接器管脚定义

表 2-11　V.35 连接器的管脚功能

Pin	信号		Pin	信号	
A	Chassis Ground(FG)	机架地	B	Signal Ground(SG)	信号地
C	Request To Send(RTS)	请求发送	D	Clear To Send(CTS)	允许发送
E	Data Set Ready(DSR)	数传机就绪	F	Received Line Signal Detect(RLSD)	接收线路信号检测
H	Data Terminal Ready(DTR)	数据终端就绪	J	Ring Indication(RI)	振铃指示
P	Send Data A(SDA)	发送数据(信号 A)	R	Receive Data A(RDA)	接收数据(信号 A)
S	Send Data B(SDB)	发送数据(信号 B)	T	Receive Data B(RDB)	接收数据(信号 B)
U	Terminal Timing(TT)	终端定时	V	Receive Timing(RT)	接收定时 A
W	Terminal Timing(TT)	终端定时	X	Receive Timing(RT)	接收定时 B
Y	Transmit Timing (TCA)	发送定时	AA	Transmit Timing (TCB)	发送定时

V.35 把数据速率扩展到 2.048 Mb/s，这是因为采用了平衡电路来实现数据和时钟信号，这样就提高了抗噪性能，从而可获得更高的数据速率。用单端电路实现控制和握手信号(例如 RTS、CTS、DSR、DTR 等)，这样做简单而便宜。由于 V.35 具有高可靠的连接性，支持比异步串口(如 RS-232)更长的传输距离和更高的数据率，所以一直是路由器、DSU/CSU、帧中继网桥等设备中的标准接口，并被广泛应用于多媒体视频终端和数据采集系统。

习　题

1. 什么是数字通信？什么是数据通信？在数据通信中采用模拟传输和数字传输各有什么优缺点？

2. 电视频道的带宽为 6 MHz，假定没有噪声，如果数字信号取 4 种离散值，那么可获得的最大数据速率是多少？

3. 设信道带宽为 3 kHz，信噪比为 20 dB，若传送二进制信号，则可达到的最大数据速率是多少？

4. 在相隔 1000 km 的两地间用以下两种方式传送 3k 比特数据：一种是通过电缆以 4800 b/s 的速率传送，另一种是通过卫星信道以 50 kb/s 的速率传送，问哪种方式需要时间较短？

5. 画出比特流 0001110101 的 Manchester 编码的波形图和差分 Manchester 编码的波形图。

6. 分别写出下面波形所表示的数据。

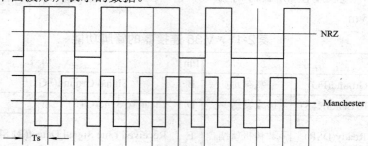

7. 三阶高密度双极性码(HDB$_3$码)对输入码组中出现的连续 4 个 "0" 用特定码组 B00V 和 000V 取代。对代码流

代码： 1　0　0　0　0　1　0　0　0　0　1　1　0　0　0　0　1　1

AMI： −1　0　0　0　0　+1　0　0　0　0　−1　+1　0　0　0　0　−1　+1

写出其 HDB3 的编码序列。

8. 设码元速率为 1600 Baud，采用 8 相 PSK 调制，其数据速率是多少？

9. 所谓二相相对相移键控(2DPSK)是利用前后码元之间的相对相位变化来表示二进制数据的。例如传送 "1" 时载波相位相对于前一码元的相移为 π；传送 "0" 时载波相位相对于前一码元的相移为 0。假设载波频率为 2400 Hz，码元速率为 1200 Baud。试画出数据序列 "1010011100" 的 2DPSK 波形图。

10. 在 T1 载波中，由非用户数据引入的开销所占百分比是多少？

11. 10 个 9600 b/s 的信道按时分多路复用在一条线路上传输，如果忽略控制开销，那么对于同步 TDM，复用线路的带宽应该是多少？在统计 TDM 情况下，假定每个子信道有 50% 的时间忙，复用线路的利用率为 80%，那么复用线路的带宽应该是多少？

12. CCITT 关于公共交换电话网和公共数据网的接口标准各是什么？它们之间的兼容性如何？

13. 用空 Modem 技术连接两台微机，通过编程或用 DOS 命令实现两个微机之间的键盘会话。

14. 常用的 ADSL 技术有哪两种接入方式？各需要什么接入设备？

15. 在通过 X.21 接口进行通信的过程中，接口线上传送的信息相当于打电话过程中的哪些事件？

16. V.35 协议应用在什么场合？与 RS-232 标准相比它有什么优点？

第3章

数据链路层

数据链路层的功能是在相邻两个结点之间可靠地传送协议数据单元——帧。为了可靠就要对帧进行校验,纠正可能出现的传输差错,还要进行流量控制,以免由于发送过快而"淹没"接收站的缓冲区。本章讨论数据链路层的差错和流量控制机制,并介绍几种典型的数据链路层协议。

3.1 同步通信和异步通信

在通信过程中,发送方和接收方必须在时间上保持同步,才能准确地传送信息。上一章提到过信号编码的同步作用,这叫做码元同步。另外在传送由多个码元组成的字符以及由许多字符组成的数据块时,通信双方也要就信息传输的起止时间取得一致,这种同步作用有两种不同的方式,即异步传输和同步传输。

(1) 异步传输。把各个字符分开传输,字符之间插入同步信息,这种方式也叫起止式,即在字符的前后分别插入起始位("0")和停止位("1"),如图 3-1 所示。起始位对接收方的时钟起置位作用。接收方在时钟置位后只要在 8~11 位的时间间隔内保持准确同步,就可以正确接收一个字符。最后的停止位告诉接收方该字符传送结束,然后接收方就可以检测后续字符的起始位了。当没有字符传送时,连续传送停止位。加入校验位的目的是检查传输中的错误,一般使用奇偶校验。异步传输的优点是简单,但是由于起止位和检验位的加入会产生 20%~30%的开销,所以传输的效率不高。

1位	7位	1位	1位
起始位	字　符	校验位	停止位

图 3-1　异步传输

(2) 同步传输。异步制不适合于传送大的数据块(例如磁盘文件),同步传输在传送连续的数据块时比异步传输更有效。按照这种方式,发送方在发送数据之前先发送一串同步字符 SYNC。接收方只要检测到连续两个以上 SYNC 字符就确认已进入同步状态,准备接收信息。随后的传送过程中双方以同一频率工作(信号编码的比特定时作用也表现在这里),直到传送完指示数据结束的控制字符。这种同步方式仅在数据块的前后加入控制字符 SYNC,

所以传输效率更高。在短距离高速数据传输中，多采用同步传输方式。下面将介绍几种具体的同步传输协议。

3.2 纠错编码

无论通信系统如何可靠，都不能做到完美无缺。因此必须考虑如何发现和纠正信号传输中的差错。这一节从应用角度介绍差错控制的基本原理和方法。

通信过程中出现的差错可大致分为两类：一类是由热噪声引起的随机错误；另一类是由冲击噪声引起的突发错误。通信线路中的热噪声是由电子的热运动产生的，香农关于噪声信道传输速率的结论就是针对这种噪声的。热噪声时刻存在，具有很宽的频谱，且幅度较小。通信线路的信噪比越高，热噪声引起的差错越少。这种差错具有随机性，影响个别位。

冲击噪声源是外界的电磁干扰，例如打雷闪电时产生的电磁干扰，电焊机引起的电压波动等。冲击噪声持续时间较长而且幅度大，往往引起一个位串出错。根据它的特点，我们称其为突发性差错。

此外，由于信号幅度和传播速率与相位、频率有关而引起的信号失真，以及相邻线路之间发生串音等都会产生差错，这些差错也具有突发性的特点。

突发性差错影响局部，而随机性差错总是断续存在，影响全局。所以我们要尽量提高通信设备的信噪比，以满足要求的误码率。误码率来表示传输二进制位时出现差错的概率。误码率可用下式表示

$$P_c = \frac{N_e(\text{出错的位数})}{N(\text{传送的总位数})}$$

在计算机通信网络中，误码率一般要低于 10^{-6}，即平均每传送 1 兆位才允许错 1 位。在误码率低于一定的数值时，可以用差错控制的办法进行检查和纠正。

3.2.1 检错码

奇偶校验是最常用的检错方法。其原理是在 7 单位的 ASCII 代码后增加一位，使码字中"1"的个数成奇数(奇校验)或偶数(偶校验)。经过传输后，如果其中一位(甚至奇数个位)出错，则接收端按同样的规则就可以发现错误。这种方法简单实用，但只能对付少量的随机性错误。

为了能检测突发性的位串出错，可以使用检查和的办法。这种方法把数据块中的每个字节当作一个二进制整数，在发送过程中按模 256 相加。数据块发送完后，把得到的和作为校验字节发送出去。接收端在接收过程中进行同样的加法，数据块加完后用自己得到的校验和与接收到的校验和比较，从而发现是否出错。实现时可以用更简单的办法，例如在校验字节发送前，对累加器中的数取 2 的补码。这样，如果不出错的话，接收端在加完整个数据块以及校验和后累加器中的数是 0。这种办法的好处是，由于进位的关系，一个错误可以影响到更高的位，从而使出错位对校验字节的影响扩大了。可以粗略地认为，随机的突发性差错对校验和的影响也是随机的。出现突发错误而得到正确的校验字节的概率是1/256。于是我们就有 1 比 256 的机会能检查出任何错误。

3.2.2 海明码

1950 年，海明(Hamming)研究了用冗余数据位来检测和纠正代码差错的理论和方法。按照海明的理论，可以在数据代码上添加若干冗余位组成码字。码字之间的海明距离是一个码字要变成另一个码字时必须改变的最小位数。例如 7 单位 ASCII 码增加一位奇偶位成为 8 位的码字，这 128 个 8 位的码字之间的海明距离是 2。所以当其中 1 位出错时便能检测出来，两位出错时就变成另外一个有效码字了。

海明用数学分析的方法说明了海明距离的几何意义，n 位的码字可以用 n 维超立方体的一个顶点来表示。两个码字之间的海明距离就是超立方体的两个对应顶点之间的一条边，而且是两顶点(从而两个码字)之间的最短距离，只要出错的位数小于这个距离都可以被判断为就近的码字，这就是海明码纠错的原理。它用码位的增加(因而通信量的增加)来换取正确率的提高。

按照海明的理论，纠错编码就是要把所有合法的码字尽量安排在 n 维超立方体的顶点上。使得任一对码字之间的距离尽可能大。如果任意两个码字之间的海明距离是 d，则所有少于等于 $d-1$ 位的错误都可以检查出来，所有少于 $d/2$ 位的错误都可以得到纠正。一个自然的推论是，对某种长度的错误串，要纠正它就要用比仅仅检测它多一倍的冗余位。

如果对于 m 位的数据，增加 k 位冗余位，则组成 $n=m+k$ 位的纠错码。对于 2^m 个有效码字中的任意一个，都有 n 个无效但可以纠错的码字。这些可纠错的码字与有效码字的距离是 1，含单个错误位。这样，对于一个有效码字总共有 $n+1$ 个可识别的码字。这 $n+1$ 个码字相对于其他 2^m-1 个有效码字的距离都大于 1。这意味着总共有 $2^m(n+1)$ 个有效的或是可纠错的码字。显然这个数应小于等于码字的所有可能的个数，即 2^n。于是，我们有

$$2^m(n+1) < 2^n$$

因为 $n=m+k$，我们得出

$$m+k+1 < 2^k$$

对于给定的数据位 m，上式给出了 k 的下界，即要纠正单个错误，k 必须取的最小值。海明建议了一种方案，可以达到这个下界，并能直接指明错在哪一位。首先把码字的位从 1 到 n 编号，并把这个编号表示成二进制数，即 2 的幂之和。然后对 2 的每一个幂设置一个奇偶位。例如，对于 6 号位，由于 6 = 110(二进制)，所以 6 号位参加第 2 位和第 4 位的奇偶校验，而不参加第 1 位的校验。类似地，9(= 1001)号位参加第 1 位和第 8 位的奇偶校验，而不参加第 2 位或第 4 位的校验。海明把奇偶校验分配在 1，2，4，8 等位置上，其他位放置数据。下面根据图 3-2，举例说明编码的方法。

	校验位			
	8	4	2	1
3	0	0	1	1
5	0	1	0	1
6	0	1	1	0
7	0	1	1	1
9	1	0	0	1
10	1	0	1	0
11	1	0	1	1

数据位（左侧标注）

图 3-2 海明编码用例

例 假设传送的信息为"1001011"，我们把各个数据位放在 3、5、6、7、9、10、11 等位置上，1、2、4、8 位留做校验位：

		1		0	0	1		0	1	1
1	2	3	4	5	6	7	8	9	10	11

根据图 3-2，3、5、7、9、11 的二进制编码的第一位为 1，所以 3、5、7、9、11 号位

参加第 1 位校验，若按偶校验计算，1 号位应为 1

1		1		0	0	1		0	1	1
1	2	3	4	5	6	7	8	9	10	11

类似地，3、6、7、10、11 号位参加 2 号位校验，5、6、7 号位参加 4 号位校验，9、10 和 11 号位参加 8 号位校验，全部按偶校验计算，最终得到

1	0	1	1	0	0	1	0	0	1	1
1	2	3	4	5	6	7	8	9	10	11

如果这个码字传输中出错，比如说 6 号位出错。即变成

√	×		×				√			
1	0	1	1	0	1	1	0	0	1	1
1	2	3	4	5	6	7	8	9	10	11

当接收端按照同样规则计算奇偶位时，发现 1 和 8 号位的奇偶性正确。而 2 和 4 号位的奇偶性不对，于是 2 + 4 = 6，立即可确认错在 6 号位。

在上例中 $k = 4$，因而 $m < 2^4 - 4 - 1 = 11$，即数据位可用到 11 位，共组成 15 位的码字，可检测出单个位的错误。

实际上，通常用监督关系式来实现海明纠错。设 $m = 4$，$k - 3$，$n = m + k = 7$，如果组成的码字为 $a_6 a_5 a_4 a_3 a_2 a_1 a_0$，则得到的监督关系式如下：

$$S_2 = a_2 + a_4 + a_5 + a_6$$
$$S_1 = a_1 + a_3 + a_5 + a_6$$
$$S_0 = a_0 + a_3 + a_4 + a_6$$

监督关系式与出错位的对应关系如下：

$S_2 S_1 S_0$	111	110	101	011	100	010	001	000
出错位	a_6	a_5	a_4	a_3	a_2	a_1	a_0	无错

这 3 个监督关系式可以用下表来解释

		a_2	a_1	a_0
		$2^2 = 4$	$2^1 = 2$	$2^0 = 1$
a_6	7	1	1	1
a_5	6	1	1	0
a_4	5	1	0	1
a_3	3	0	1	1

所以更直观的排列方式如下：

a_6	a_5	a_4	a_2	a_3	a_1	a_0
7	6	5	4	3	2	1

3.2.3　循环冗余校验码

所谓循环码是这样一组代码，其中任一有效码字经过循环移位后得到的码字仍然是有

效码字，不论是右移或左移，也不论移多少位。例如，若$(a_{n-1} a_{n-2} \cdots a_1 a_0)$是有效码字，则$(a_{n-2} a_{n-3} \ldots a_0 a_{n-1})$，$(a_{n-3} a_{n-4} \ldots a_{n-1} a_{n-2})$，…等都是有效码字。循环冗余校验码 CRC(Cyclic Redundancy Check)是一种循环码，它有很强的检错能力，而且容易用硬件实现，在局域网中有广泛应用。

首先我们介绍 CRC 怎样实现，然后再对它进行一些数学分析，最后说明 CRC 的检错能力。CRC 可以用图 3-3 所示的移位寄存器实现，该移位寄存器由 k 位组成，还有几个异或门和一条反馈回路。图 3-3 所示的移位寄存器可以按 CCITT-CRC 标准生成 16 位的校验和。寄存器被初始化为零，数据字从右向左逐位输入。当一位从最左边移出寄存器时就通过反馈回路进入异或门和后续进来的位以及左移的位进行异或运算；当所有 m 位数据从右边输入完后再输入 k 个零(本例中 $k = 16$)。最后，当这一过程结束时，移位寄存器中就形成了校验和。k 位的校验和在数据位之后发送，接收端可以按同样的过程计算校验和并与接收到的校验和比较，以检测传输中的差错。

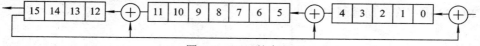

图 3-3 CRC 的实现

以上描述的计算校验和方法可以用一种特殊的多项式除法进行分析。m 个数据位可以看做 $m - 1$ 阶多项式的系数。例如，数据码字 00101011 可以组成的多项式是 $x^5 + x^3 + x + 1$。图 3-3 中表示的反馈回路可表示成另外一个多项式 $x^{16} + x^{12} + x^5 + 1$，这就是所谓的生成多项式。所有的运算都按模 2 进行。即

$$1x^a + 1x^a = 0x^a, \quad 0x^a + 1x^a = 1, \quad 1x^a + 0x^a = 1x^a, \quad 0x^a + 0x^a = 0x^a, \quad -1x^a = 1x^a$$

显然，在这种代数系统中，加法和减法一样，都是异或运算。用 x 乘一个多项式等于把多项式的系数左移一位。可以看出按图 3-3 的反馈回路把一个向左移出寄存器的数据位反馈回去与寄存器中的数据进行异或运算，等同于在数据多项式上加上生成多项式，因而也等同于从数据多项式中减去生成多项式。所以上面的例子，对应于下面的长除法

```
    0010 1011 0000 0000 0000 0000
  -   10 0010 0000 0100 001
  ─────────────────────────────────
    00 1001 0000 0100 0010 0000
  -    1000 0000 0001 0000 1
  ─────────────────────────────────
     0001 1000 0101 0010 1000
  -     1 0000 0000 0010 0001
  ─────────────────────────────────
       0 1001 0101 0000 1001(余数)
```

得到的校验和是 0x9509。我们看到，移位寄存器中的过程和以上长除法在原理上是相同的，因而可以用多项式理论来分析 CRC 代码，使得这种检错码有了严格的数学基础。

我们把数据码字形成的多项式叫数据多项式 $D(X)$，按照一定的要求可给出生成多项式 $G(X)$。用 $G(x)$ 除 $X^k D(x)$ 可得到商多项式 $Q(x)$ 和余多项式 $R(X)$，实际传送的码字多项式是

$$F(X) = X^k D(x) + R(X)$$

由于我们使用了模 2 算术，$+R(X) = -R(X)$，于是接收端对 $F(X)$ 计算的校验和应为 0。如果有差错，则接收到的码字多项式包含某些出错位 E，可表示成

$$H(X) = F(X) + E(X)$$

由于 $F(X)$ 可以被 $G(X)$ 整除，如果 $H(X)$ 不能被 $G(x)$ 整除，则说明 $E(X) \neq 0$，即有错误出现；然而，若 $E(X)$ 也能被 $G(X)$ 整除，则有差错而检测不到。

数学分析表明，$G(X)$ 应该有某些简单的特性，才能检测出各种错误。例如，若 $G(X)$ 包含的项数大于 1，则可以检测单个错；若 $G(X)$ 含有因子 $X+1$，则可检测出所有奇数个错。最后，也是最重要的结论是，具有 r 个校验位的多项式能检测出所有长度小于等于 r 的突发性差错。

为了能对不同场合下的各种错误模式进行校验，已经研究出了几种 CRC 生成多项式的国际标准：

CRC-CCITT　$G(X) = X^{16} + X^{12} + X^5 + 1$

CRC-16　　　$G(X) = X^{16} + X^{15} + X^2 + 1$

CRC-12　　　$G(X) = X^{12} + X^{11} + X^3 + X^2 + X + 1$

CRC-32　$G(X) = X^{32} + X^{26} + X^{23} + X^{22} + X^{16} + X^{12} + X^{11} + X^{10} + X^8 + X^7 + X^5 + X^4 + X^2 + X + 1$

其中 CRC-32 用在许多局域网中。

3.3　链路配置和传输控制

物理层的作用只是把比特流发送到通信链路上，链路上的相邻结点之间如何有效地传送数据则是数据链路层要完成的任务。概念上可以把数据链路上的相邻结点想象成用导线直接相连的两个站，一个发送数据，一个接收数据。相邻站之间的数据链路控制要实现的主要功能有：

(1) 把数据组织成一定大小的数据块——帧。以帧为单位进行发送、接收、校验和应答。

(2) 对发送数据的速率进行控制，以免发送得过快，使得接收站来不及处理而丢失数据，这个功能叫流量控制。

(3) 接收站对收到的数据帧要进行检验，如发现差错，则必须重传，这个功能叫做差错控制。

(4) 发送站和接收站之间必须通过某种形式的对话来建立、维护和终止一批数据的传输过程，这是对数据链路的管理。

以上列出的功能由数据链路层协议实现。要求数据链路层协议能够适应各种数据链路配置，例如点对点链路和多点链路、半双工链路和全双工链路等。数据和控制信息都要在同一链路上传送，因而数据链路协议应能区分不同类型的帧。

由两个直接相连的站组成的链路叫点对点链路，如果一条链路上连接了两个以上的站则叫多点链路。计算机和多个终端通信，可以连接成点对点链路，也可以连接成多点链路，如图 3-4 所示。在多点链路配置中，各个终端分时地使用通信链路向计算机发送或从计算机接收数据。在这种配置中，计算机负责链路的控制，称为主站，各个终端对计算机发出的命令给予响应，叫做从站。在任意时刻，通信链路上只能有一个主站，可以有多个从站。两个站之间的通信可以是半双工的，也可以是全双工的。单工通信不适用于数据链路的控制，因为主站要向从站发送控制信号，从站则要向主站发送响应信号。

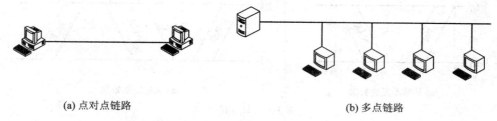

(a) 点对点链路　　　　　　　　　　　　(b) 多点链路

图 3-4　点对点链路和多点链路

在点对点链路上进行数据传送的过程比较简单。当任意一个站要向对方发送数据时，它就占据主站地位，并向从站发出询问(ENQ)消息，看它是否准备好接收数据。从站可以根据自己的情况(忙或闲)给予肯定应答(ACK)或否定应答(NAK)，主站收到肯定应答信号就开始发送数据。在发送过程中，主站可能要在某一时刻停下来等待从站的响应，看它是否正确地接收了已发出的数据。主站对出错的数据要重新发送，直到正确接收为止。当主站的数据发送完毕后，发出传输结束(EOT)信号，双方释放连接，一次数据传送便告完成。

从上述过程可以看出，数据传送过程由三个阶段组成：第一个阶段是建立连接的阶段，通过主站询问和从站应答使双方都处于准备好的状态；第二个阶段是数据传送阶段，这个阶段由发送、接收数据和对数据的应答组成；最后一个阶段是释放连接阶段，由任一方发出传输结束信号，双方都知道数据传输已完成，这意味着释放了连接。

多点链路的控制分成两种情况，一种情况是所有的站都是对等的，没有主从站之分。当一个站有数据要发送时必须查看链路是否空闲，空闲则立即发送，链路忙则等待。如果同时有几个站都要发送数据，则按照某种规则竞争链路的使用权。这种竞争发送技术用在总线型局域网中，将在第 6 章讨论。

另外一种情况是有主从站之分，并且通信总是在主站和从站之间进行，两个从站之间不发生数据交换。多点链路上的主站和从站之间的链路控制通常采用两种方法：一种是询问法，即主站询问从站是否有数据要发送；另一种是选择法，即主站发送数据并选择一个从站接收数据。

图 3-5 画出了询问过程的时序关系。主站首先发出一个简短的询问消息(Polling)，从站如果没有数据要发送，则以否定应答(NAK)来响应，参见图 3-5(a)。整个过程需要的时间为

$$T_N = t_5 - t_0$$

图中的 $t_1 - t_0 = t_5 - t_4$ 为传播延迟；$t_2 - t_1$ 为发送询问消息的时间；$t_3 - t_2$ 为从站处理询问消息的时间；$t_4 - t_3$ 为发送否定应答的时间。

如果从站在收到询问消息时正好有数据要发送，可立即发送数据。主站接收完数据并校验正确后给予肯定应答，参见图 3-5(b)。这个过程增加了传送和校验数据的时间 T_D。如果主站轮流对每个从站询问一遍，有的从站发送了数据，有的从站没有发送数据，则轮询周期为 T_c：

$$T_c = n\,T_N + k\,T_D$$

这个式子表示共有 n 个从站，其中 k 个从站与主站发生了数据交换。

(a) 从站不发送数据　　　　　(b) 从站发送数据

图 3-5　询问时序

一种更为灵活的轮询办法是给予各个从站不同的优先级，在每个轮询周期中对优先级高的从站多询问几次，这样可以应付各个从站的处理速度或重要性不同的情况。

图 3-6 画出了选择过程的时序关系。从图中可以看出，数据传送过程由四个阶段组成：T_1 为主站发送选择信号(SEL)和从站处理选择信号的时间；T_2 为从站发送应答信号和主站处理应答信号的时间；T_3 为主站发送数据和从站接收和校验的时间；T_4 为从站把应答送回主站的时间。

图 3-6　选择时序

图 3-7 画出了快速选择过程的时序关系。所谓快速选择就是主站把选择信号和数据一起发送。从站给予一个总的应答信号。显然这样可省去一次应答时间，这种技术用在主站频繁发送简短消息的情况。

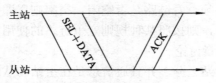

图 3-7　快速选择时序

多点链路的信息帧必须包含地址字段。在对等通信的情况下要同时指明源和目标地址，在总线型局域网中就是这样的。在不对等通信的情况，只需给出从站的地址就可以了，因为此时主站只有一个，不必指明其地址。

3.4　流量控制

流量控制是一种协调发送站和接收站工作步调的技术，其目的是避免发送速度过快，使得接收站来不及处理而丢失数据。通常接收站维持一定大小的接收缓冲区，当收到的数据进入缓冲区后，接收器要进行简单的处理，然后把数据提交给上层并清除缓冲区，再开始接收下一批数据。如果在接收器没取走缓冲区中的数据之前下一批数据来到，缓冲区就会溢出，从而引起数据丢失。流控机制可以避免发生这种情况。

前面提到，数据是分帧传输的。每一个帧中除了要传送的数据之外还包含一些控制信息。把长的消息分成短帧的好处是可以分帧应答和重传，减少了出错时重传的数据量，同时接收缓冲区也可以小一些。

这一节我们讨论没有传输错误的流量控制技术，即传输过程中不会丢失帧，接收到的帧都是正确的，无须重传，并且所有发出的数据帧都按顺序到达接收端。

3.4.1　停等协议

最简单的流控协议是停等协议，其工作原理是：发送站发出一帧，然后等待应答信号到达后再发送下一帧；接收站每收到一帧后送回一个应答信号，表示它愿意接收下一帧，如果接收站不送回应答，则发送站必须等待。这样，帧在源和目标之间的数据流动是由接收站控制的。下面对停等协议的效率进行分析。

假设在半双工的点对点链路上，站 S_1 向站 S_2 发送 n 个数据帧，S_1 每发出一个帧就等待 S_2 送回应答信号。设一个帧从 S_1 到达 S_2 的时间为

$$T_F = t_p + t_f$$

其中，t_p 为传播延迟，t_f 为发送一帧的时间(称为一帧时)。另外应答信号(ACK)从 S_2 到达 S_1 也要经过一个传播延迟时间 t_p。由于应答信号很短，发送应答信号的时间可以忽略不计，所以完成一帧传输和应答的时间间隔为

$$T_{FA} = T_F + T_A = (t_p + t_f) + t_p = t_p + t_f$$

按照图 3-8，传送完全部 n 帧的时间为

$$T_D = nT_{FA} = n(2t_p + t_f)$$

其中实际用于数据帧传输的时间为 nt_f，于是链路的利用率为

$$E = \frac{nt_f}{n(2t_p + t_f)} = \frac{t_f}{2t_p + t_f} \tag{3.1}$$

我们定义 $a = t_p / t_f$，则

$$E = \frac{1}{2a + 1} \tag{3.2}$$

这是在停等协议下链路的最高利用率，也可以认为是停等协议的效率。

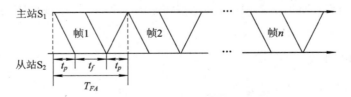

图 3-8　停等协议的效率

事实上，数据帧中还包含一些控制信息，例如地址信息及校验和等，再加上我们忽略了某些时间开销，因而实际的链路利用率更低。对于多点链路，用链路上的最大传播延迟代替 t_p 便可得到类似的式子。

为了更深入理解(3.2)式的含义，我们对 a 进行一些分析。由于 a 是链路传播延迟和一个帧时的比，故在链路长度一定和帧长固定的情况下 a 是常数。又由于链路传播延迟是链路长度 d 和信号传播速度 v 的比值，而一帧时是帧长 L 和数据速率 R 的比，因而有

$$a = \frac{d/v}{L/R} = \frac{Rd/v}{L} \qquad\qquad (3.3)$$

(3.3)式的分子 Rd/v 的单位为比特，其物理意义是链路上能容纳的最大比特数，亦即链路的比特长度，它是由链路的物理特性决定的。因而 a 可理解为链路比特长和帧长的比，或者说链路的帧计数长度。

我们用下面的例子进一步说明参数 a 对协议效率的影响。通常卫星信道的传播延迟是 270 ms，假设数据速率是 64 kb/s，帧长为 4000 bit。因而得到

$$a = 64 \times \frac{270}{4000} = 4.32 > 1$$

根据(3.2)式，卫星链路的利用率为

$$E = \frac{1}{2a+1} = \frac{1}{2 \times 4.32 + 1} = \frac{1}{9.64} = 0.104$$

可见卫星链路的利用率仅为 1/10 左右，大量的时间用在等待应答信号上了。

按照最新的传输技术，传送一帧的时间会降到 6 ms，甚至 125 μs。这样 a 的值将是 45～2160，在应用停等协议的情况下，链路的利用率可能只有 0.0002！

另外一个例子是局域网，链路长度 d 一般为 0.1～10 km，传播速度 $v = 2 \times 10^8$ m/s(真空中光速的 2/3)。设数据速率 $R = 10$ Mb/s，帧长 $L = 500$ 比特，则 a 的取值范围为 10^{-5} 到 1。如果取 $a = 0.1$，则链路利用率为 0.83；如果取 $a = 0.01$，则链路利用率为 0.98。可见在局域网上利用停等协议时，效率要高得多。

最后我们考查一下利用 Modem 在话音信道上进行数据传输的情况。话音信道典型的数据速率 $R = 9600$ b/s，仍然取 $v = 2 \times 10^8$ m/s，$L = 500$ bit。如果传输距离 d 是 100 m，则

$$E = \frac{9600 \times 100}{2 \times 10^8 \times 500} = 9.6 \times 10^{-6} \ll 1$$

即使对更长的传输距离 $d = 5000$ km，我们有 $a = (9600 \times 5 \times 10^6)/(2 \times 10^8 \times 500) = 0.48$。这时信道利用率约为 0.5。

我们可以得出结论：停等协议在某些情况下(信道的帧计数长度小)可以提供高的信道利用率，在另外一些情况下(信道的帧计数长度大)则不够理想，所以我们需要研究更有效的流控协议。

3.4.2　滑动窗口协议

滑动窗口协议的主要思想是允许连续发送多个帧而无需等待应答。假设两个站 S_1 和 S_2 通过全双工链路连接，站 S_2 维持能容纳 n 个帧的缓冲区，则站 S_2 可连续接收 n 个数据帧，因而站 S_1 也可以连续发送 n 个帧而不必等待应答信号。为了使 S_2 能够表示哪些帧已被成功地接收，每个帧都给予一个顺序号。S_2 发出一个带有帧编号的应答信号，就表明该编号之前的帧已正确接收，它期望下面要接收具有该编号的帧及其后续帧。例如，S_2 已经接收了 1、2、3、4 四个帧，它发出带有顺序号 5 的应答信号，表明前面四个帧都已正确接收，并要求 S_1 发送从 5 号帧开始的 n 个帧。显然，这样就允许 S_2 一次应答多个帧，从而减少了传送应答信号的通信量。站 S_1 和 S_2 中都保存一个帧编号表，S_1 的表指明它可以连续发送而不必等待应答的所有帧的编号，S_2 的表指明它准备连续接收的所有帧的编号。这些表都可以看做

是加在帧编号序列上的窗口。随着数据传送过程的进展窗口向前滑动，因而取名滑动窗口协议。

由于编号在帧格式中要占用一个字段，因而编号的大小不能超过该字段可表示的最大值。如果帧编号字段为 k 位，则编号的取值范围为 $0\sim2^k-1$，即帧编号以 2^k 为模循环计数。相应地，窗口的大小 W 不能大于 2^k-1。窗口不能大于 2^k 是显然的，否则窗口中会有两个相同的编号。至于为什么不能等于 2^k，以后解释。

图 3-9 可以说明滑动窗口机制。这里，我们假定帧编号字段为 3 位长，帧编号取值范围为 $0\sim7$，窗口最大为 $W=7$。发送窗口随着接收到的应答信号向前移动，S_1 每收到一个应答信号 ACK i，窗口的后沿就推进到第 i 帧的位置，窗口的前沿则推进到 $(W+i-1) \bmod 2^k$ 的位置。例如在图 3-9 中，若 S_1 收到编号 6 的应答信号 ACK6，则 S_1 的窗口前沿只能为 4。

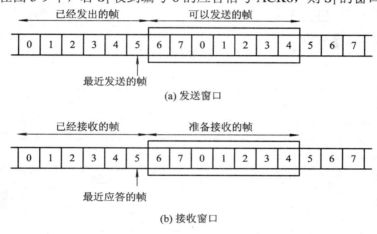

图 3-9　滑动窗口的表示

接收窗口也随着发出的应答信号而变化。S_2 每收到一帧，窗口后沿向前推进一格；每发出一个应答信号 ACK i，则窗口前沿调整到 $(W+i-1) \bmod 2^k$ 的位置。如果接收站发出某个应答信号后，不再发出新的应答信号，则两个窗口都不再向前滑动，这时发送站不再发出帧，接收站也不再接收，从而达到了流控的目的。然而我们也应注意到，这种流控作用有一个滞后的时间：发送器一直发送到窗口中的帧都发送完才能停止发送。

现在我们考查窗口大小 W 对协议效率的影响。由于参数 a 是链路的帧计数长度，如果把帧的发送时间 $t_f=L/R$ 归一化(令其等于 1)，则 a 就是链路延迟。在这种假设下，我们可用图 3-10 说明在全双工链路上协议的效率。假设站 S_1 在 t_0 时刻开始发送第一个帧。在 t_0+a 时刻第一帧的前沿到达站 S_2，在 t_0+a+1 时刻第一帧完全进入站 S_2。如果忽略 S_2 的帧处理时间，则 S_2 立即发送应答信号 ACK1。假定 ACK1 的发送时间也可忽略。再经过一个传播延迟 a 后，即在 t_0+2a+1 时刻 ACK1 到达站 S_1。故从一个帧开始发送到该帧的应答信号返回发送方的总时间为 $2a+1$。显然，当窗口大小 $W\geqslant 2a+1$ 时，发送器在发送完窗口中的帧之前就可接收到最先发送的应答信号，窗口可向前滑动，又有新的帧进入窗口，因而发送站可不停顿地连续发送。这时链路上充满了帧，链路的利用率达到最大值 1。反之，当 $W<2a+1$ 时，发送器在接收到最早的应答信号之前已用完窗口中的帧号，停止了发送，因而链路不能百分之百地充分利用。如果考虑(3.2)式我们立即得到链路的利用率

$$E = \frac{W}{2a+1} \tag{3.4}$$

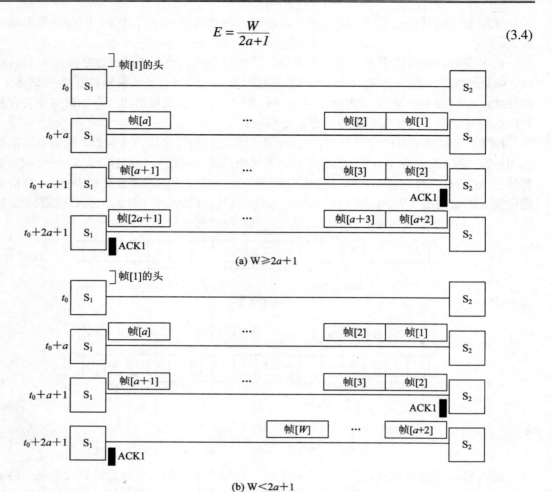

(a) W≥2a+1

(b) W<2a+1

图 3-10 滑动窗口协议的时间关系

图 3-11 画出了在不同窗口尺寸下链路利用率和 a 值的函数关系。$W = 1$ 相当于停等协议，$W = 7$ 适用于局域网和电信网络的情况，$W = 127$ 可用于卫星信道。

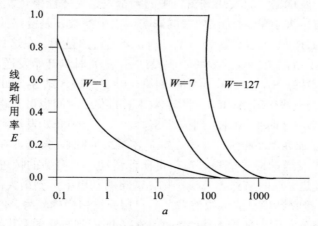

图 3-11 协议效率与窗口大小的关系

在以上讨论中，我们都假定发送应答信号的时间可忽略不计。其实应答信号是用专门的控制帧传输的，也需要一定的时间来发送和处理。在利用全双工链路进行双向通信的情况下，应答信号可以放在 S_2 到 S_1 方向发送的数据帧中，这种技术叫"捎带应答"。如果应答信号被捎带送回发送站，则应答信号的传送时间可计入反向传送的数据帧的时间中，因而上面的假定是符合实际情况的。

3.5　差　错　控　制

差错控制是检测和纠正传输错误的机制。在数据传输过程中有的帧可能丢失，有的帧可能包含错误，这样的帧经接收器校验后会被拒绝。通常应付传输差错的办法如下：

(1) 肯定应答。接收器对收到的帧校验无误后送回肯定应答信号 ACK，发送器收到肯定应答信号后继续发送后续帧。

(2) 否定应答重发。接收器收到一个帧后，经校验发现错误，则送回一个否定应答信号 NAK。发送器重新发送出错帧。

(3) 超时重发。发送器发送一个帧时开始计时，在一定的时间内没有收到关于该帧的应答信号，则认为该帧丢失并重新发送。

这种技术的主要思想是利用差错检测技术自动地对丢失帧和错误帧请求重发，因而叫做 ARQ(Automatic Repeat reQuest)技术。结合上一节讲的流控技术，可以组成三种形式的 ARQ 协议：

(1) 停等 ARQ 协议；

(2) 后退 N 帧 ARQ 协议；

(3) 选择性 ARQ 协议。

下面分别讨论这三种自动请求重发协议。

3.5.1　停等 ARQ 协议

停等 ARQ 协议是停等流控技术和自动请求重发技术的结合。根据停等 ARQ 协议，发送站发出一个帧后必须等待应答信号，收到肯定应答信号 ACK 后继续发送下一帧；收到否定应答信号 NAK 后重发出错帧；在一定的时间间隔内没有收到应答信号也必须重发该帧。最后一种情况值得注意，没有收到应答信号的原因可能是帧丢失了，也可能是应答信号丢失了。无论哪一种原因使得发送站收不到应答信号，都必须重新发送原来的帧。图 3-12 表示出了各种可能的传送情况。

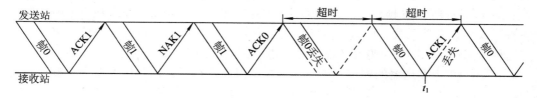

图 3-12　停等 ARQ 协议

肯定应答信号丢失的情况(图 3-12 中 t_1 时刻)值得注意。由于发送站收不到应答信号，就会在超时后重发原来的帧，这样接收站将收到两个重复的帧。在图 3-12 中，我们用给帧编号的方式解决了重复帧的问题。接收站根据接收到的帧编号来判断是否重复帧，若是，则丢弃之。由于帧编号会增加帧中的控制信息量，带来额外的开销，因而要尽量缩短帧编号字段的长度。在停等 ARQ 协议中，只要能区分两个相邻的帧是否重复就可以了，因此只用 0 和 1 两个编号，即帧编号字段长度为 1 位。

为了实现停等 ARQ 协议，发送站必须有一个计时器，每发出一帧就开始计时。计时间隔的长度不能小于帧在链路上旅行一个来回的时间。发送站还必须把已发出帧的拷贝保存到计时器超时，以便需要时重发。接收站则必须记住已收到的帧编号，直到下一个帧来到并进行了比较之后。尽管增加了这些发送和接收的开销，但是这种协议比起下边要讨论的协议仍以其简单性见长。然而它的缺点也是明显的：有些情况下效率不高。

3.5.2 后退 *N* 帧 ARQ 协议

这一小节以及下面要介绍的协议都是滑动窗口技术和自动请求重发技术的结合。由于窗口的尺寸开到足够大时，帧在链路上可以连续地流动，因此又称其为连续 ARQ 协议。根据出错帧和丢失帧处理上的不同，连续 ARQ 协议分为后退 *N* 帧 ARQ 协议和选择重发 ARQ 协议。后退 *N* 帧 ARQ 就是从出错处重发已发出过的 *N* 个帧。我们可以设想用下面的方案实现后退 *N* 帧 ARQ 协议：

(1) 发送站按照窗口中的帧编号顺序地连续发送帧。收到一个肯定应答信号窗口向前滑动，使其后沿对准尚未得到肯定应答的最小帧编号，窗口大小保持为 *W*。

(2) 接收站的窗口大小为 1。每接收到一个帧后进行校验，并与窗口中的帧编号进行比较，若校验无误且编号落在窗口之内，则送回肯定应答信号 ACK，并把窗口向前滑动一格；若校验有错则发回否定应答信号 NAK，窗口保持不动；若收到的帧编号与窗口中的帧编号不符则丢弃该帧，不予应答，窗口仍保持不动。

(3) 如果发送站收到窗口中某个帧的否定应答信号，无论当时已发送到哪个帧，都退回到出错帧重发该帧及其后续帧。由于从一个帧发出到收到该帧的否定应答信号的时间最少为 $2a + 1$ 个帧时，所以要后退 $N = 2a + 1$ 个帧，因此这个协议叫做后退 *N* 帧 ARQ 协议。

(4) 如果发送站发出的某个帧丢失了，或是应答信号丢失了，则发送站的计时器会发现这种情况，这时也要后退 *N* 帧重发。注意，由于发送站是连续地发送，所以要对已发出而尚没有得到应答的每个帧保持一个计时器，并且所有计时器的计时间隔都等于或大于 $2a + 1$ 个帧时。

经过仔细分析，我们确认以上方案能实现后退 *N* 帧 ARQ 协议。当然，还有可改进之处。我们说过肯定应答信号有积累效应，即对第 *i* 帧的应答意味 $i - 1$ 及其之前的帧都已正确接收，接收方期望接收第 *i* 帧及其后续的帧，因而接收器不必对每个已正确接收的帧都给予肯定应答，或者说有些丢失了的肯定应答信号的作用可以由后续的肯定应答信号来弥补。若考虑这种积累作用，则以上方案还需要进一步补充如下：

● 在第(1)步中发送器的窗口可能一次向前推进几个格子。这是因为有几个帧号没有得到应答，但随后的一个应答信号一次肯定了几个已被正确接收的帧。

● 在第(4)步中发送器的计时器定时必须长一些，使得在 $2a + 1$ 个帧时内虽然没有收到肯定应答信号，但是还可以考虑后边来到应答信号，不要过早地后退重发，因为接收器如果没有接收到前面的帧是不会接收后面的帧的。只要收到第 i 帧的肯定应答，就可以放心地认为 $i-1$ 及其之前的帧都已正确接收了。

● 再一次强调在全双工通信中应答信号可以由反方向传送的数据帧"捎带"送回。这种机制进一步减小了通信开销，然而也带来了一定的问题。在很多捎带方案中，无论是否发送单独的应答信号，反向数据帧中的应答字段都要捎带一个应答，这样就可能出现对同一个帧的重复应答。假定帧编号字段为 3 位长，发送窗口尺寸为 8(显然不能大于 8)。当发送器收到一个单独的 ACK1 后，把窗口推进到后沿为 1，前沿为 0 的位置，即发送窗口现在包含的帧号为 1、2、3、4、5、6、7 和 0。如果这时又收到一个捎带回的 ACK1，发送器如何动作呢？这后一个 ACK1 可能表示窗口中的所有帧都未曾接收，也可能意味着窗口中的帧都已正确接收。然而，如果规定窗口的大小为 7，则就可以避免这种二义性。这就解释了我们为什么限制窗口大小 $W \leqslant 2^k - 1$。

3.5.3　选择重发 ARQ 协议

在后退 N 帧 ARQ 协议中，接收方的窗口大小总是 1。这意味着接收站只能按顺序地接收，按顺序地发回肯定应答信号，对于没有按顺序到达的帧则丢弃之，以后还要重新发送和接收，这将浪费很多链路带宽。如果接收方的窗口也可以开到 W 那么大，则允许不按顺序的接收，只是选择性地重发出错或丢失的帧。这样我们得到一种更有效的协议——选择重发 ARQ 协议。

图 3-13 画出了两种连续 ARQ 协议的例，图 3-13(a)是在全双工链路上应用后退 N 帧 ARQ 协议时帧的流动情况。其中第 2 帧出错，随后的 3、4、5 帧被丢弃。当发送站接收到 NAK2 时，后退到第 2 帧重发。

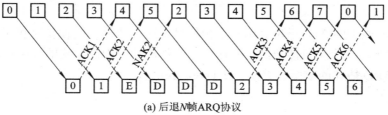

(a) 后退 N 帧 ARQ 协议

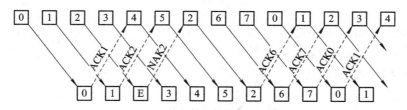

(b) 选择重发 ARQ 协议

图 3-13　连续 ARQ 协议的例

图 3-13(b)是在全双工链路上应用选择重发 ARQ 协议时帧的流动情况。显然在同样假定第 2 帧出错的情况下，后一种协议传输同样数量帧的时间要少得多。我们要强调的是虽然在选择重发的情况下，接收器可以不按顺序接收，但接收站的链路层向网络层仍是按顺序提交的。接收窗口中保存着不按顺序接收到的帧，仅当窗口后沿的帧被正确接收时窗口才向前滑动，并把一批正确接收的帧顺序地提交给网络层。

对于后退 N 帧 ARQ 协议，发送窗口不能大于 2^k-1，接收窗口大小为 1。对于选择重发 ARQ 协议，窗口的大小会受到更多的限制。若假设帧编号为 3 位，发送和接收窗口大小都是 7，考虑下面的情况：

(1) 发送窗口和接收窗口中的帧编号都是 0 到 6；

(2) 发送站发出 0 到 6 号帧，但尚未得到肯定应答，窗口不能向前滑动；

(3) 接收站正确地接收了 0 至 6 号帧，发出了肯定应答 ACK7，因而接收窗口向前滑动，新的窗口中的帧编号为 7、0、1、2、3、4 和 5；

(4) ACK7 丢失，发送站定时器超时，重发 0 号帧；

(5) 接收站收到 0 号帧并看到该帧编号落在接收窗口内，以为是新的 0 号帧而保存起来。认为 7 号帧丢失了(其实发送站从未发出过)，并继续接收重复发来的 1、2、3、4 和 5 号帧。

协议失败的原因是由于发送站没有收到肯定应答窗口没有向前滑动，而接收窗口向前滑动了最大的距离(原窗口中的帧已全部接收)。这时，在新的接收窗口和原来的发送窗口中仍有相同的帧编号，造成了接收器误把重发的老帧当作新帧的错误。避免这种错误的办法是缩小窗口，使得接收窗口向前滑动最大距离后不再与老的接收窗口重叠，显然当窗口大小为帧编号数的一半时就可达到这个效果，所以采用选择重发 ARQ 协议时窗口的最大值应为帧编号数的一半，即 $W_发 = W_收 \leqslant 2^{k-1}$。

3.5.4 协议性能分析

回忆(3.1)式，当没有错误时，停等协议的效率为

$$E = \frac{t_f}{2t_p + t_f}$$

分子表示发送一帧的时间，分母表示一个帧经过发送、传输、接收和返回应答的时间。在有错误的情况下，一个帧可能要经过多次传输才能成功。因而上式的分母乘以传输的次数就得到停等 ARQ 协议的效率。类似于(3.1)式，我们有

$$E = \frac{t_f}{N_r(2t_p + t_f)} \tag{3.5}$$

其中，N_r 表示一个帧重传的次数，为了对 N_r 给出一个数量的表示，我们假设帧出错的概率为 P。为简单计，我们再假设应答信号不会出错，则经过 i 次尝试才能成功地传送一帧的概率为 $P^{i-1}(1-P)$。于是有

$$N_r = \sum_{i=1}^{\infty} iP^{i-1}(1-P) = \frac{1}{1-P} \tag{3.6}$$

因而(3.5)式变为

$$E = \frac{1-P}{2a+1} \tag{3.7}$$

这是停等 ARQ 协议的最大效率。

对于选择 ARQ 协议可用类似的方法处理。前面提到，当窗口尺寸 W 大于 $2a+1$ 时，链路利用率为 1；当窗口尺寸 W 小于 $2a+1$ 时，链路利用率为 $E = W/(2a+1)$。如果假定一个帧选择性地重传 N_r 次，我们得到选择重发 ARQ 协议的最大效率为

$$E = \begin{cases} \dfrac{1}{N_r} & W \geqslant 2a+1 \\[3mm] \dfrac{W}{N_r(2a+1)} & W < 2a+1 \end{cases} \tag{3.8}$$

将(3.6)式代入得

$$E = \begin{cases} 1-P & W \geqslant 2a+1 \\[3mm] \dfrac{W(1-P)}{2a+1} & W < 2a+1 \end{cases} \tag{3.9}$$

下面推导后退 N 帧 ARQ 协议的效率。在这种协议下，当纠正一个出错或丢失帧时要重传 N 帧，而且可能要纠正多次才能成功，因而有

$$N_r = \sum_{i=1}^{\infty} f(i) P^{i-1}(1-P) \tag{3.10}$$

其中的 $f(i)$ 为第 i 次纠错重传时传输的帧数，有

$$f(i) = 1 + (i-1)N = (1-N) + Ni$$

这个式子表示若第 i 次重传成功，则传输的总帧数为最先传输的一帧加上以后每次后退重传的 N 帧。把 $f(i)$ 代入(3.10)式，得

$$N_r = (1-P) \sum_{i=1}^{\infty} ((1-N) + Ni) P^{i-1} = (1-P)(1-N) \sum_{i=1}^{\infty} P^{i-1} + (1-P)N \sum_{i=1}^{\infty} i P^{i-1}$$

$$= (1-P)(1-N) \frac{1}{(1-P)} + (1-P)N \frac{1}{(1-P)^2}$$

$$= 1-N + \frac{N}{1-P} = \frac{1-P+NP}{1-P} \tag{3.11}$$

把 N_r 的值代入(3.8)式，得到后退 N 帧 ARQ 的协议的最大效率为

$$E = \begin{cases} \dfrac{1-P}{1-P+NP} & W \geqslant 2a+1 \\[3mm] \dfrac{W}{2a+1} \times \dfrac{1-P}{1-P+NP} & W < 2a+1 \end{cases}$$

若考虑到当 $W \geqslant 2a+1$ 时，N 近似等于 $2a+1$，则有

$$E = \frac{1-P}{2aP+1} \qquad W \geqslant 2a+1 \tag{3.12}$$

当 $W < 2a+1$ 时，$N = W$，故有

$$E = \frac{W(1-P)}{(2a+1)(1-P+WP)} \qquad W < 2a+1 \tag{3.13}$$

以上的推导是近似的，因为我们忽略了应答信号可能出错的情况，也忽略了重传的帧可能出错的情况。但以上结果与更细致的分析是很接近的。

3.6 HDLC 协议

数据链路控制协议可分为两大类：面向字符的协议和面向比特的协议。面向字符的协议以字符作为传输的基本单位，并用 10 个专用字符(例如 STX、ETX、ACK、NAK 等)控制传输过程，这类协议发展较早，至今仍在使用。面向比特的协议以比特作为传输的基本单位，它的传输效率高，能适应计算机通信技术的最新发展，已广泛应用于公用数据网中。这一节我们介绍一种面向比特的数据链路控制协议 HDLC。

HDLC 协议的全称是高级数据链路控制协议(High Level Data Link Control)。它是国际标准化组织(ISO)根据 IBM 公司的 SDLC(Synchronous Data Link Control)协议扩充开发而成的。美国国家标准化协会(ANSI)根据 SDLC 开发出了类似的协议，叫做 ADCCP 协议(Advanced Data Communication Control Procedure)。国际电报电话咨询委员会(CCITT)也有一个相应的标准，叫做 LAP-B 协议(Link Access Procedure—Balanced)它其实是 HDLC 的子集，以下的讨论都基于 HDLC。

3.6.1 HDLC 的基本概念

为了能适应不同配置、不同操作方式和不同传输距离的数据通信链路，HDLC 定义了三种类型的站、两种链路配置和三种数据传输方式。

三种类型的站是：

(1) 主站：对链路进行控制，主站发出的帧叫命令帧。

(2) 从站：在主站控制下进行操作，从站发出的帧叫响应帧。主站为线路上的每个从站维持一条逻辑链路。

(3) 复合站：具有主站和从站的双重功能。复合站既可发送命令帧也可以发出响应帧。

两种链路配置是：

(1) 不平衡配置：适用于点对点和多点链路。这种链路配置由一个主站和多个从站组成，支持全双工或半双工传输。

(2) 平衡配置：仅用于点对点链路。这种配置由两个复合站组成，支持全双工或半双工传输。

三种数据传输方式是：

(1) 正常响应方式(Normal Response Mode，NRM)：适用于不平衡配置，只有主站能启动数据传输过程，从站收到主站的询问命令时才能发送数据。

(2) 异步平衡方式(Asynchronous Balanced Mode，ABM)：适用于平衡配置，任何一个复合站都无须取得另一个复合站的允许就可启动数据传输。

(3) 异步响应方式(Asynchronous Response Mode，ARM)：适用于不平衡配置，从站无须取得主站的明确指示就可以启动数据传输，主站的责任只是对链路进行管理。

正常响应方式可用于计算机和多个终端相连的多点线路上，计算机对各个终端进行轮询以实现数据输入。正常响应方式也可以用于点对点的链路上，例如计算机和一个外设相连的情况。异步平衡方式能有效地利用点对点全双工链路的带宽，因为这种方式没有轮询的开销。异步响应方式的特点是各个从站轮流询问中心站，这种传输方式很少使用。

3.6.2 HDLC 帧结构

HDLC 使用统一结构的帧进行同步传输，图 3-14 画出了 HDLC 的帧结构。可以看出，HDLC 帧由 6 个字段组成。以两端的标志字段(F)作为帧的边界，信息字段(INFO)前面的三个字段(F、A 和 C)叫做帧头，信息字段后面的两个字段(FCS 和 F)叫做帧尾，信息字段中包含了要传输的数据。下面对 HDLC 帧的各个字段分别解释。

F	A	C	INFO	FCS	F
8	8 可扩展	8 可扩展	可变长	16或32	8

图 3-14　HDLC 帧结构

1. 帧标志 F

HDLC 用一种特殊的比特模式 01111110 作为标志以确定帧的边界。同一个标志既可以作为前一帧的结束，也可以作为后一帧的开始。链路上所有的站都在不断地搜索标志模式，一旦得到一个标志就开始接收帧。在接收帧的过程中如果发现一个标志，则认为该帧结束了。如果帧中间出现比特模式 01111110，也会被当作标志，从而破坏了帧的同步。为了避免这种错误，要使用比特填充技术，即发送站的数据比特序列中一旦发现 0 后有 5 个 1，则在第 7 位插入一个 0。这样就保证了传输的数据比特序列中不会出现与帧标志相同的比特模式。接收站则进行相反的操作：在接收的比特序列中如果发现 0 后有 5 个 1，则检查第 7 位，若第 7 位为 0 则删除之；若第 7 位为 1 且第 8 位是 0，则认为是检测到帧尾的标志域；若第 7 位和第 8 位都是 1，则认为是发送站的停止信号。

2. 地址字段 A

地址字段用于标识从站的地址。虽然在点对点链路中不需要地址，但是为了帧格式的统一，也保留了地址字段。地址通常是 8 位长，然而经过协商之后，也可以采用更长的扩展地址。扩展的地址字段表示在图 3-15 中。可以看出它是 8 位组的整数倍。每一个 8 位组的最低位指示该 8 位组是否是地址字段的结尾：若为 1，表示是最后的 8 位组；若为 0，则不是。所有 8 位组的其余 7 位组成了整个扩展地址域，全为 1 的 8 位组(11111111)表示广播地址。若主站发出带有全 1 地址的帧，则所有从站都要接收。

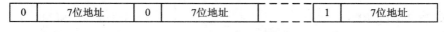

0	7位地址	0	7位地址	- - - -	1	7位地址

图 3-15　HDLC 扩展地址

3. 控制字段 C

HDLC 定义了三种帧，可根据控制字段的格式区分。信息帧(I 帧)承载着要传送的数据，此外还捎带着流量控制和差错控制的信号；管理帧(S 帧)用于提供实现 ARQ 的控制信息，当不使用捎带机制时要用管理帧控制传输过程；无编号帧提供链路控制功能。控制字段第 1

位或前两位用于区别三种不同格式的帧，如图 3-16 所示。基本的控制字段是 8 位长，扩展的控制字段为 16 位。控制字段其余位的作用在讨论 HDLC 操作时说明。

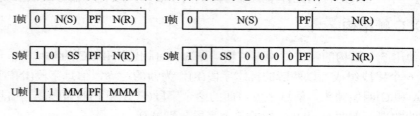

(a) 基本控制字段　　　　　　　　　　　　(b) 扩展控制字段

图 3-16　控制域格式

4. 信息字段 INFO

只有 I 帧和某些无编号帧含有信息字段。这个字段可含有表示用户数据的任何比特序列，其长度没有规定，但具体的实现往往限定了最大帧长。

5. 帧校验序列 FCS

FCS 中含有除标志字段之外的所有其他字段的校验序列。通常使用 16 位的 CRC-CCITT 标准产生校验序列，有时也使用 CRC-32 产生 32 位的校验序列。

3.6.3　HDLC 的帧类型

HDLC 通过在主站和从站之间或两个复合站之间交换各种帧进行操作。所有帧按照格式可分为三类：信息帧(I 帧)、管理帧(S 帧)和无编号帧(U 帧)，参见表 3-1。其中，主站发出的帧叫命令帧，从站发出的帧叫响应帧。下面结合 HDLC 的操作分三种类型介绍这些帧的作用。

表 3-1　HLDC 协议的帧类型

名　字	功　能	描　述
信息帧(I)	命令/响应	交换用户数据
管理帧(S)		
接收就绪(RR)	命令/响应	肯定应答，可以接收第 i 帧
接收未就绪(RNR)	命令/响应	肯定应答，不能继续接收
拒绝接收(REJ)	命令/响应	否定应答，后退 N 帧重发
选择性拒绝接收(SREJ)	命令/响应	否定应答，选择重发
无编号帧(U)		
置正常响应方式(SNRM)	命令	置数据传输方式 NRM
置扩展的正常响应方式(SNRME)	命令	置数据传输方式为扩展的 NRM
置异步响应方式(SARM)	命令	置数据传输方式 ARM
置扩展的异步响应方式(SARME)	命令	置数据传输方式为扩展的 ARM
置异步平衡方式(SABM)	命令	置数据传输方式 ABM
置扩展的异步平衡方式(SABME)	命令	置数据传输方式为扩展的 ABM

续表

名 字	功 能	描 述
置初始化方式(SIM)	命令	由接收站启动数据链路控制过程
拆除连接(DISC)	命令	拆除逻辑连接
无编号应答(UA)	响应	对置方式命令的肯定应答
非连接方式(DM)	响应	从站处于逻辑上断开的状态
请求拆除连接(RD)	响应	请求断开逻辑连接
请求初始化方式(RIM)	响应	请求发送 SIM 命令,启动初始化过程
无编号信息(UI)	命令/响应	交换控制信息
无编号询问(UP)	命令	请求发送控制信息
复位(RSET)	命令	用于复位,重置 N(R),N(S)
交换标识(XID)	命令/响应	交换标识和状态
测试(TEST)	命令/响应	交换用于测试的信息字段
帧拒绝(PRMR)	响应	报告接收到不能接受的帧

1. 信息帧(I 帧)

信息帧除承载用户数据之外还包含发送顺序号 N(S),以及捎带的肯定应答顺序号 N(R)。因为 N(S)和 N(R)字段可以是 3 位或 7 位长,所以最大窗口尺寸可以是 7 或 127。I 帧还包含一个 P/F 位,在主站发出的命令帧中这一位表示 P,即询问(Polling);在从站发出的响应帧中这一位是 F 位,即终止位(Final)。在正常响应方式(NRM)下,主站发出的 I 格式命令帧中 P/F 位置 1,表示该帧是询问帧,允许从站发送数据。从站响应主站的询问,可以发送多个响应帧,其中仅最后一个响应帧的 P/F 位置 1,表示一批数据发送完毕。在异步响应方式(ARM)和异步平衡方式(ABM)下,P/F 位用于控制 S 帧和 U 帧的交换过程。

2. 管理帧(S 帧)

管理帧用于流量和差错控制,当没有足够多的信息帧捎带管理命令/响应时,要发送专门的管理帧来实现控制。由表 3-1 看出,有 4 种管理帧,可用控制域中的两位(S)来区分。RR 帧表示接收就绪,它既是对 N(R) − 1 帧的确认,也是准备接收 N(R)及其后续帧的肯定应答。RNR 帧表示接收未就绪,在对 N(R)之前的帧给予肯定应答的同时,拒绝进一步接收后续帧。REJ 帧表示拒绝接收 N(R)帧,要求重发 N(R)帧及其后续帧。显然 REJ 用于后退 *N* 帧 ARQ 流控方案中。类似地,SREJ 帧用于选择 ARQ 流控方案中,表示 N(R)帧必须重发。

管理帧中的 P/F 位的作用如下所述:主站发送 P 位置 1 的 RR 帧询问从站,是否有数据要发送。如果从站有数据要发送,则以信息帧响应之,否则从站以 F 位置 1 的 RR 帧响应,表示没有数据可发送。另外,主站也可以发送 P 位置 1 的 RNR 帧询问从站的状态。如果从站可以接收信息帧,则以 F 位置 1 的 RR 帧响应。反之,如果从站忙,则以 F 位置 1 的 RNR 帧响应。

3. 无编号帧(U 帧)

无编号帧用于链路管理,这类帧不含编号字段,也不改变信息帧流动的顺序。无编号帧按其控制功能可分为以下几个子类:

(1) 设置数据传输方式的命令和响应帧;

(2) 传输信息的命令和响应帧；

(3) 用于链路恢复的命令和响应帧；

(4) 其他命令和响应帧。

设置数据传输方式的命令帧由主站发送给从站,表示设置或改变数据传输方式。SNRM、SARM 和 SABM 分别对应三种数据传输方式。SNRME、SARME 和 SABME 也是设置数据传输方式的命令,然而这三种传输方式使用两个字节的控制域。从站接受了设置传输方式的命令帧后以无编号应答帧(UA)响应；UA 帧中的 F 位和接收到的命令帧的 P 位必须相同。一种传输方式建立后一直保持有效,直到另外的置方式命令改变了当前的传输方式。

主站向从站发送置初始化方式命令(SIM),使得接受该命令的从站启动建立链路的过程。在初始化方式下,两个站用无编号信息帧(UI)交换数据和命令。拆除连接命令(DISC)用于通知接受该命令的站,链路已经拆除,对方站以 UA 帧响应,表示已接受该命令,链路随之断开。

除 UA 帧之外,还有几种响应帧与传输方式的设置有关。非连接方式帧(DM)可用于响应所有的置传输方式命令,表示响应站处于逻辑上断开的状态,拒绝建立指定的传输方式。请求初始化方式帧(RIM)也可用于响应置传输方式命令,表示响应站没有准备好接受命令,或正在进行初始化。请求拆除连接帧(RD)则表示响应站要求断开逻辑连接。信息传输的命令和响应用于两个站之间交换信息。无编号信息帧(UI)既可作为命令帧,也可作为响应帧。UI 帧传送的信息可以是高层的状态、操作中断状态、时间、链路初始化参数等。主站/复合站可发送无编号询问命令(UP)请求接收站送回无编号响应帧,以了解它的状态。

链路恢复命令和响应用于 ARQ 机制不能正常工作的情况下。接收站可用帧拒绝响应(FRMR)表示接收的帧中有错误。例如,控制字段无效、信息字段太长、帧类型不允许携带信息、以及捎带的 N(R)无效等。

复位命令(RSET)表示发送站正在重新设置发送顺序号,这时接收站也应该重新设置接收顺序号。

还有两种命令和响应不能归入以上几类。交换标识(XID)帧用于两个站之间交换它们的标识和特征,实际交换的信息依赖于具体的实现。测试命令帧(TEST)用于测试链路和接收站是否正常工作。接收站收到测试命令后要尽快以测试帧响应之。

3.6.4 HDLC 的操作

下面通过图 3-17 的几个例子说明 HDLC 的操作过程,这些例子并不能囊括实际运作中的所有情况,但是可以帮助理解各种命令和响应的使用方法。由于 HDLC 定义的命令和响应非常多,可以实现各种应用环境的所有要求。所以对任何一种特定的应用,只要实现一个子集就可以了,以下给出的例子都是实际应用中的典型情况。

在图 3-17 中,我们用 I 表示信息帧。I 后面的两个数字分别表示信息帧中的 N(S)和 N(R)值,例如,I 21 表示信息帧的 N(S)=2,N(R)=1,意味着该帧是发送站送出的第 2 帧,并捎带应答已接收了对方站的第 0 帧,期望接收的下一帧是第 1 帧。管理帧和无编号帧都直接给出帧的名字,管理帧后的数字则表示帧中的 N(R)值,P 和 F 表示该帧中的 P/F 位置 1,没有 P 和 F 表示这一位为 0。

图 3-17(a)说明了链路建立和释放的过程。A 站发出 SABM 命令并启动定时器,在一定时间内没有得到应答后重发同一命令。B 站以 UA 帧响应,并对本站的局部变量和计数器进

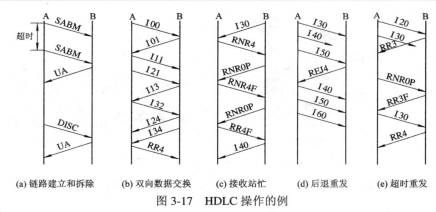

图 3-17 HDLC 操作的例

行初始化。A 站收到应答后也对本站的局部变量和计数器进行初始化，并停止计时，这时逻辑链路就建立了。释放逻辑链路的过程由双方交换命令 DISC 和响应 UA 完成。实际使用中可能出现链路不能建立的情况，B 站以 DM 响应 A 站的 SABM 命令，或者 A 站重复发送 SABM 命令预定的次数后还收不到任何响应，就表明链路不能建立，这时 A 站放弃建立连接，向上层实体报告链接失败。

图 3-17(b)说明了全双工交换信息帧的过程。每个信息帧中用 N(S)指明发送顺序号，用 N(R)指明接收顺序号。当一个站连续发送了若干帧而没有收到对方发来的信息帧时，N(R)字段只能简单地重复，例如，A 发给 B 的 I 11 和 I 21。最后 A 站没有信息帧要发送时用一个管理帧 RR4 对 B 站给予应答。图中也表示出了肯定应答的积累效应，例如 A 站发出的 RR4 帧一次应答了 B 站的两个数据帧。

图 3-17(c)画出了接收站忙的情况。出现这种情况的原因可能是接收站数据链路层缓冲区溢出，也可能是接收站上层实体来不及处理接收到的数据。图中 A 站以 RNR4 响应 B 站的 I 30 帧，表示 A 站对第 3 帧之前的帧已正确接收，但不能继续接收下一个第 4 帧。B 站接收到 RNR4 后每隔一定时间以 P 位置 1 的 RNR 命令询问接收站的状态。接收站 A 如果保持忙则以 F 位置 1 的 RNR 帧响应；如果忙状态解除，则以 F 位置 1 的 RR 帧响应，于是恢复数据传送。

图 3-17(d)描述了使用 REJ 命令的例子。A 站发出了第 3、4、5 等信息帧，其中第 4 帧出错。接收站检出错误帧后发出 REJ 4 命令，发送站退回到出错帧重发。这是使用后退 *N* 帧 ARQ 技术的典型情况。

图 3-17(e)是超时重发的例子。A 站发出的第 3 帧出错，B 站检测到错误后丢弃了它。但是 B 站不能发出 REJ 命令，因为 B 站无法判断这是一个 I 帧。A 站超时后发出 P 位置 1 的 RNR 命令询问 B 站的状态。B 站以 RR3F 响应，表示希望从 3 号帧开始重发，于是数据传送从断点恢复。

3.7 PPP 协议

3.7.1 PPP 协议的应用

点对点协议应用在许多场合，例如家庭用户拨号上网，在 Modem 和网络中心之间运行点对点协议；又例如局域网远程联网，这时要租用公网专线，通过点对点协议来维持两个远程路由器之间的通信，参见图 3-18 所示。

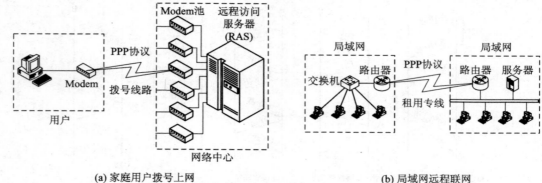

(a) 家庭用户拨号上网　　　　　　　　　　　　　　(b) 局域网远程联网

图 3-18　PPP 协议的应用

常用的点对点协议是 PPP 协议(Point-to-Point Protocol)。事实上，PPP 是一组协议，其中包括：

● 链路控制协议 LCP(Link Control Protocol)，用于建立、释放和测试数据链路，以及协商数据链路参数；

● 网络控制协议 NCP(Network Control Protocol)，用于协商网络层参数，例如动态分配IP 地址等；

● 身份认证协议，用于通信双方确认对方的链路标识。

为了说明 PPP 协议的通信过程，请考虑家庭用户上网的情况。首先用户 PC 机通过Modem 呼叫网络中心的 RAS，如果 RAS 应答了呼叫，则物理连接就建立了。这时 PC 机发出承载 LCP 分组的 PPP 帧，通过多次请求—应答对话，协商以后使用的 PPP 参数。然后再通过承载 NCP 分组的 PPP 帧协商网络层参数，例如通过协商，由 RAS 动态分配给 PC 机一个临时的 IP 地址。这些协商过程结束后就可以进行正式通信了。当通信结束时，通过 NCP拆除网络层连接，释放 IP 地址，通过 LCP 拆除链路层连接，最后 PC 机要求 Modem 挂断电话，释放物理连接。

3.7.2　PPP 的帧格式

PPP 帧的封装格式(见图 3-19)类似于 HDLC，用 HDLC 的帧标志 0x7e 表示帧的边界。然而 PPP 与 HDLC 有本质的区别，它是面向字符的协议，而不是面向比特的协议，所以不能使用比特填充技术，而是采用了转义字符来处理负载字段中出现的 0x7e 字符。如果负载字段中出现字符 0x7e，则用连续的两个字符 0x7d 和 0x5e 来代替；如果负载字段中出现字符 0x7d，则用连续两个字符 0x7d 和 0x5d 来代替。同时也应注意到，PPP 发出的帧都是整数个字节长，然而 HDLC 帧可能不是整数个字节长。

1	1	1	1或2	可变长	2或4	1
帧标志F 01111110	地址A 11111111	控制C 00000011	协议	INFO	FCS	帧标志F 01111110

图 3-19　PPP 的帧结构

PPP 的地址字段 A 为全 1，表示广播地址，这样就避免了为链路两端的设备分配链路地址。控制字段 C 取值 0x03，表示无编号帧。在默认情况下，PPP 不使用帧编号进行应答，不保证可靠地传输。但在有噪声的情况下(例如无线网络中)，也可以使用帧编号进行应答，以实现可靠的传输。

PPP 的协议字段默认为两个字节，用于标识信息字段(INFO)中封装的数据报。如果协议字段首位为 0，表示承载的网络层协议，例如 0x0021 表示支持 IP 协议。PPP 可以支持任何网络层协议，例如 IP、IPX、AppleTalk、OSI CLNP、XNS 等，这些协议由 IANA (Internet Assigned Numbers Authority)分配了不同的编号。

若协议字段首位为 1，表示封装的其他协议，例如：

- 0xc021 表示 LCP 协议；
- 0xc023 表示口令认证协议；
- 0xc025 表示链路质量报告；
- 0xc223 表示挑战握手认证协议。

PPP 的负载(INFO)长度可以在链路建立过程中通过 LCP 协商，如果没有协商，则默认为 1500 个字节。同样，校验和(FCS)长度也是可协商的，可以使用 16 位或 32 位的校验码。

3.7.3　LCP 和 NCP 协议

建立和释放数据链路的过程表示在图 3-20 中。"死亡"状态表示载波没有出现，物理连接尚未建立。如果通过 Modem 呼叫检测到了载波信号，则进入了"建立"状态，这时开始协商 LCP 参数，例如确定使用同步或异步通信方式，采用面向字节或面向比特的协议等。事实上 LCP 与具体的任选参数无关，LCP 只是提供了一种协商机制，使得发起方进程能够提出有关任选项的建议，而响应方进程能够接受或拒绝对方的建议，或者提出自己的反建议。LCP 也提供了测试链路传输质量和终止数据链路连接的功能。

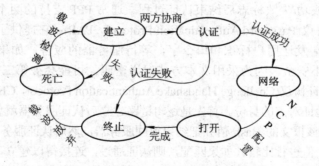

图 3-20　链路建立和释放的状态图

数据链路建立后就进入身份"认证"阶段，然后是通过 NCP 协商网络层参数(例如动态分配 IP 地址，协商 IP 头和用户数据压缩等)，如果协商成功，网络连接进入"打开"状态，就可以进行 TCP/IP 通信了。终止通信和释放连接是上述过程的逆过程。

LCP 分组有 12 种(见表 3-2)，可分成 3 组：

(1) 链路配置分组(1～4)用于建立和配置链路；

(2) 链路终止分组(5 和 6)用于释放链路；

(3) 链路管理分组(7～11)用于管理链路和进行排错。

链路质量报告用于监视链路的传输质量。关于 NCP 协议，没有多少可讲的，因为对不同的网络层协议定义了专门的 NCP。

表 3-2 LCP 的帧类型

	名 称		方向	描 述
1	Configure-request	配置请求	I→R	建议的任选项列表
2	Configure-ack	配置应答	I←R	接受选择的值
3	Configure-nak	配置否定	I←R	不接受选择的值
4	Configure-reject	配置拒绝	I←R	某些任选项是不可协商的
5	Terminate-request	终止连接请求	I→R	请求释放连接
6	Terminate-ack	终止连接允许	I←R	允许释放连接
7	Code-reject	代码拒绝	I←R	收到未知的请求
8	Protocol-reject	协议拒绝	I←R	发现未知的协议
9	Echo-request	回声请求	I→R	请求回送帧
10	Echo-reply	回声应答	I←R	对回送请求的响应
11	Discard-request	丢弃请求	I→R	丢弃帧
12	Link-Quality Report	链路质量报告		

3.7.4 PPP 认证协议

PPP 认证是可选的。PPP 扩展认证协议(Extensible Authentication Protocol，EAP)可支持多种认证机制，并且允许使用后端服务器来实现复杂的认证过程，例如通过 Radius 服务器进行 Web 认证时，远程访问服务器(RAS)只是作为认证服务器的代理传递请求和应答报文，并且当识别出认证成功/失败标志后结束认证过程。通常 PPP 支持的两个认证协议是：

(1) 口令验证协议(Password Authentication Protocol，PAP)：它提供了一种简单的两次握手认证方法，由终端发送用户标识和口令字，等待服务器的应答，如果认证不成功，则终止连接。这种方法不安全，因为采用文本方式发送密码，可能会被第三方窃取。

(2) 质询握手认证协议(Challenge Handshake Authentication Protocol，CHAP)：该协议采用三次握手方式周期地验证对方的身份。首先是逻辑链路建立后认证服务器就要发送一个挑战报文(随机数)，终端计算该报文的 Hash 值并把结果返回服务器，然后认证服务器把收到的 Hash 值与自己计算的 Hash 值进行比较，如果匹配，则认证通过，连接得以建立，否则连接被终止。计算 Hash 值的过程有一个双方共享的密钥参与，而密钥是不通过网络传送的，所以 CHAP 是更安全的认证机制。在后续的通信过程中，每经过一个随机的间隔，这个认证过程都可能被重复，以缩短入侵者进行持续攻击的时间。值得注意的是，这种方法可以进行双向身份认证，终端也可以向服务器进行挑战，使得双方都能确认对方身份的合法性。

习 题

1. 在异步通信中每个字符包含 1 位起始位，7 位 ASCII 码，1 位奇偶校验位和 2 位终止位，数据传输速率为 100 字符/秒，如果采用 4 相相位调制，则传输线路的码元速率为多少波特？有效数据速率是多少？

2. 信源的输出是 7 位 ASCII 码字符串，设线路的数据速率为 B(b/s)，对以下 3 种情况分别推导出求有效数据速率的公式：

(1) 异步串行通信，起始位 1 bit，校验位 1 bit，停止位 1.5 bit；

(2) 同步串行通信，每帧含 48 个控制位和 128 个数据位，并且在用户数据中每个字符含一个奇偶校验位；

(3) 同步串行通信．每帧含 9 个控制字符和 128 个数据字符，每个字符长为 1 字节。

3. 设采用异步传输，1 位起始位，2 位终止位，1 位奇偶位，每一信号码元 2 位，对于下述码元速率分别求出相应的有效数据速率：① 300 Baud；② 600 Baud；③ 1200 Baud；④ 4800 Baud。

4. 设信道误码率为 10^{-5}，帧长为 10 kbit，

(1) 若差错为单个错，则在该信道上帧出错的概率是多少？

(2) 若差错为突发错，平均出错长度为 100 bit，则在该信道上帧出错的概率是多少？

5. 对于 7 位数据要增加多少位冗余位才能构成海明码？若数据为 1001000，写出其冗余位。

6. 若海明码的监督关系式为

$$S_2 = a_0 + a_3 + a_4 + a_5$$
$$S_1 = a_1 + a_4 + a_5 + a_6$$
$$S_0 = a_2 + a_3 + a_5 + a_6$$

接收端收到的码字为 $a_6\, a_5\, a_4\, a_3\, a_2\, a_1\, a_0 = 1010100$，在最多错一位的情况下，正确的码字是什么？

7. 试画出 CRC 生成多项式 $G(X) = X^9 + X^6 + X^5 + X^4 + X^3 + 1$ 的硬件实现电路框图。

8. 利用上题的生成多项式检验收到的报文 101010001101 是否正确。

9. 已知 CRC 生成多项式为 $G(X) = X^4 + X + 1$，设要传送的码字为 10110，试计算校验码。

10. 利用生成多项式 $X^4 + X^3 + X + 1$ 计算报文 11001010101 的校验码。

11. 设信道的数据速率是 4 Mb/s，传播延迟为 20 ms，在采用停等协议的情况下，为了使线路利用率达到 50%以上，帧的大小应在什么范围? (假定没有差错，应答帧长度和处理时间可忽略)。

12. 设卫星信道的数据速率为 1 Mb/s，帧长 1000 bit，对下列情况计算最大信道利用率：① 采用停等 ARQ 协议；② 采用连续 ARQ 协议，窗口大小为 7；③ 采用连续 ARQ 协议，窗口大小为 127；④ 采用连续 ARQ 协议，窗口大小为 255。

13. 考虑下面的多点链路，由一个主站和 N 个等距离的从站组成：

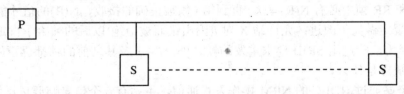

设 $a = t_p / t_f$，这里 t_p 是从主站到最远的从站的传播时延，t_f 是发送 1 帧的时间。

(1) 采用轮询方式(即主站依次对各个从站进行询问)，假定询问和应答的发送时间以及

主/从站的处理时间均可忽略，若每个从站总是有数据要发送，证明线路利用率为

$$E = \frac{1}{1+a}$$

若每一轮询周期中只有一个站有数据要发送，证明线路利用率为

$$E = \frac{1}{1+Na}$$

(2) 采用链式查询方法(即所有从站连接成雏菊链)，若每个从站总是有数据要发送，证明线路利用率为

$$E = \frac{1}{1+\dfrac{a}{2}+\dfrac{a}{N}}$$

若每一查询周期中只有一个站有数据要发送，证明线路利用率为

$$E = \frac{1}{1+0.25a}$$

14. 100 km 长的电缆以 T1 信道的数据速率运行，电缆的传播速率是光速的 2/3，电缆上可容纳多少比特？

15. 考虑无差错的 64 kb/s 卫星信道，单向发送 512 字节的数据帧，另一方向只传送极短的确认帧，求当窗口大小是 1、7、15 和 127 时最大的吞吐率是多少？

16. 两个相邻的结点 A 和 B 通过后退 N 帧 ARQ 协议通信，帧顺序号为 3 位，窗口大小为 4。假定 A 正在发送，B 正在接收，对下面三种情况说明窗口的位置：

(1) A 开始发送之前；

(2) A 发送了 0、1、2 三个帧，而 B 应答了 0、1 两个帧；

(3) A 发送了 3、4、5 三个帧，而 B 应答了第 4 帧。

17. 已知数据帧长为 1000 bit，帧头为 64 bit，数据速率为 500 kb/s，链路传播延迟为 5 ms，完成下列计算：

(1) 信道无差错，采用停等协议，求信道利用率。

(2) 设滑动窗口为大窗口($W \geqslant 2a+1$)，求窗口至少为多大。

(3) 设重发概率 $P = 0.4$，采用选择重发 ARQ 协议，求线路利用率。

18. 两个站通过 1 Mb/s 的卫星链路通信，卫星的作用仅仅是转发数据，交换时间可忽略不计，在同步轨道上的卫星到地面之间有 270 ms 的传播延迟，假定使用长度为 1024 bit 的 HDLC 帧，那么最大的数据吞吐率是多少？(不计开销)。

19. 在选择 ARQ 协议中，应答必须按顺序进行，例如站 X 拒绝接收第 i 帧，则 X 此后发出的所有 I 帧和 RR 帧中必有 N(R) = i，直到第 i 帧被正确的接收，N(R)的值才能改变。可以设想对这个规定做如下改进：允许站 X 对 i(因出错而被拒绝)以后的帧给予肯定应答；N(R) = j 可以解释为，除过用 SREJ 要求重发的帧之外，j − 1 及其之前的帧都已正确接收，试问这种方案的缺点是什么？

20. 假定两个站通过 HDLC 的 NRM 操作方式通信，主站有 6 个信息帧要传送给从站，在开始传送之前主站的 N(S)计数值是 3，如果主站发送的第 6 帧中的 P 位置 1，那么从站发回的最后一帧中的 N(R)字段的值是什么？(假定没有错误)

第 **4** 章

网 络 层

网络要把数据包从源端送到目标端，中间可能要经过多个网络结点的转发，这些中间结点根据网络中的通信情况进行路由选择和交通控制。在计算机网络发展的过程中形成了两种不同的网络服务：面向连接的服务和无连接的服务，两种服务代表着两种不同类型的网络，对应着两种不同的应用。本章首先介绍网络层提供的服务及其实现方法，然后讨论网络传输过程中涉及的路由选择和交通控制问题，最后作为数据报子网和虚电路子网的例子，分别介绍 IP 协议、X.25 协议和帧中继协议。

4.1 交 换 方 式

一个通信网络由许多交换结点互连而成。信息在这样的网络中传输就像火车在铁路网络中运行一样，经过一系列交换结点(车站)，从一条线路交换到另一条线路，最后才能到达目的地。交换结点转发信息的方式可分为电路交换、报文交换和分组交换三种。

4.1.1 电路交换

这种交换方式把发送方和接收方用一系列链路直接连通(见图 4-1)，电话交换系统就是采用这种交换方式。当交换机收到一个呼叫后就在网络中寻找一条临时通路供两端的用户通话，这条临时通路可能要经过若干个交换局的转接，一旦建立连接就成为这一对用户之间的

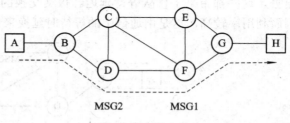

图 4-1 电路交换

临时专用通路，别的用户不能打断，直到通话结束才拆除连接。

早期的电路交换机采用空分交换技术。图 4-2 表示由 n 条全双工输入/输出线路组成的纵横交换矩阵，在输入线路和输出线路的交叉点处有接触开关。每个站点分别与一条输入线路和一条输出线路相连，只要适当控制这些交叉触点的通断，就可以控制任意两个站点之间的数据交换。这种交换机的开关数量与站点数的平方成正比，成本高，可靠性差，已

经被更先进的时分交换技术取代了。

时分交换是时分多路复用技术在交换机中的应用。图 4-3 表示常见的 **TDM** 总线交换，每个站点都通过全双工线路与交换机相连，当交换机中某个控制开关接通时该线路获得一个时槽，线路上的数据被输出到总线上。在数字总线的另一端按照同样的方法接收各个时槽上的数据。

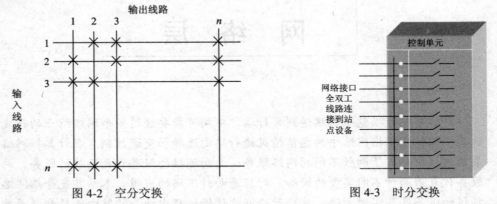

图 4-2 空分交换   图 4-3 时分交换

电路交换的特点是建立连接过程需要较长的时间。由于连接建立后通路是专用的，因而不会有别的用户的干扰，不再有等待延迟。这种交换方式适合于传输大量的数据，传输少量信息时效率不高。

4.1.2 报文交换

这种方式不要求在两个通信结点之间建立专用通路。结点把要发送的信息组织成一个数据包——报文。报文头中含有目标结点的地址，完整的报文在网络中一站一站地向前传送。每一个结点接收整个报文，检查目标结点地址，然后根据网络中的交通情况在适当的时候转发到下一个结点。经过多次的存储—转发，最后到达目标结点(见图 4-4)，因而这样的网络叫存储—转发网络。其中的交换结点要有足够大的存储空间(一般是磁盘)，用以缓冲接收到的报文。交换结点将各个方向上收到的报文排队，寻找下一个转发结点，然后转发出去，这些都带来了排队等待延迟。报文交换的优点是不建立专用链路，线路是共享的，因而利用率较高，这是由通信中的等待时延换来的。

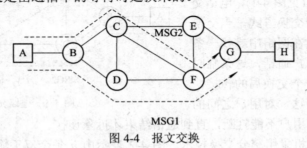

MSG1
图 4-4 报文交换

4.1.3 分组交换

在这种交换方式中，发送结点首先要把传送的数据划分成较小的分组，并对各个分组编号，加上源地址和目标地址以及约定的分组头信息，这个过程叫做信息的打包。分组交换相对于报文交换具有一定的优势，除了交换结点的存储缓冲区可以小些外，也带来了传播时延的减小。分组交换也意味着按分组纠错，发现错误只需重发出错的分组，使通信效率提高。广域网络一般都采用分组交换方式，按交换的分组数收费，而不是像电话网那样按通话时间收费，这当然更适合计算机通信的突发式特点。分组在网络中传播又可分为两种方式，一种叫数据报，另一种叫虚电路。

(1) 数据报。类似于报文交换，每个分组在网络中的传播路径完全是由网络当时的通信状况决定的。因为每个分组都有完整的地址信息，如果不出意外的话都可以到达目的地。但是到达目的地的顺序可能和发送的顺序不一致。有些早发的分组可能在中间某段交通拥挤的链路上耽搁了，比后发的分组到得迟，目标主机必须对收到的分组重新排序才能恢复原来的信息。一般来说，在发送端要有一个设备对信息进行分组和编号，在接收端也要有一个设备对收到的分组拆去头尾并重排顺序，具有这些功能的设备叫分组拆装设备(Packet Assembly and Disassembly device，PAD)，通信双方各有一个。

(2) 虚电路。类似于电路交换，这种方式要求在发送端和接收端之间建立一条逻辑连接。在会话开始时，发送端先发送建立连接的请求消息，这个请求消息在网络中传播，途中的各个交换结点根据当时的交通状况决定取哪条线路来响应这一请求，最后到达目的端。如果目的端给予肯定的回答，则逻辑连接就建立了。以后发送端发出的一系列分组都走同一条通路，直到会话结束释放连接。与电路交换不同的是，逻辑连接的建立并不意味着别的通信流不能使用这条线路，它仍然具有链路共享的优点。

按虚电路方式通信，接收方要对正确收到的分组给予回答确认，通信双方要进行流量控制和差错控制，以保证按顺序正确地接收，所以虚电路意味着可靠的通信。当然它需要更大的开销。这就是说虚电路没有数据报方式灵活，效率不如数据报方式高。

虚电路适合于交互式通信，这是它从电路交换那里继承的优点。数据报方式更适合于单向地传送短消息，采用固定的、短的分组相对于报文交换是一个重要的优点。

4.1.4 网络服务及其实现

网络层为传输层提供服务。一般来说，网络层在交换结点中运行，传输层在主机中运行。因此网络层与传输层之间的界面就是通信子网与用户之间的界面，网络层提供的服务就是通信子网为用户提供的服务。ISO 为网络层定义了两种服务——面向连接的服务和无连接的服务。面向连接的服务意味着可靠的顺序提交，即把分组按照发送的顺序无差错地提交给目标端用户。实现这种服务要求在开始传送分组前建立一条具有特殊标识的连接。这种连接自动提供差错控制和流量控制功能，其服务参数和服务质量是通信双方通过协商确定的。一次通信中的所有分组都通过这种连接传送，无错有序地到达目标端。通信完成后释放连接。实现无连接的服务则简单得多，没有建立和释放连接的开销，每个分组独立地到达目标端，不保证可靠和有序，纠错和排序功能由上层完成。

关于网络层应该提供什么样服务，在 ISO 内部有很大争议。代表电信公司的一方出于行业习惯，认为通信网络应该提供面向连接的服务，因为传统的电话网服务就是面向连接的。另一方以 ARPAnet 为代表，坚持网络层只提供无连接的服务，因为无论采取多么复杂的机制，网络毕竟是不可靠的，对军用网络而言尤其如此。这种争论的实质是将复杂的连接功能放在网络层还是放在传输层的问题，或者说是将这一功能放在通信子网中还是放在用户主机中的问题。作为一种妥协方案，最后在 OSI 参考模型中既定义了面向连接的服务，也定义了无连接的服务。

面向连接的服务适合传送大的数据文件，由于数据的传输时间长，因而建立和释放连接的开销可忽略不计，同时面向连接也提供了可靠的顺序提交功能，使得用户进程的工作更简单。另一方面，无连接的服务没有建立、维护和释放连接的开销，响应速度快，适合一次性地传送少量数据。无连接的服务在文献检索、数据库访问等方面有广泛的应用，这类应用的特点都是采用短的询问和应答报文交换信息。关于两种服务的争论不仅仅表现在网络层的定义中，在 OSI 参考模型的各个功能层的定义中都有这种争论的影响，因而 OSI 允许提供两种服务直到顶层。

由图 4-5 可以看出，从数据链路层开始都向上面的邻层分别提供面向连接的服务和无连接的服务，只有物理层提供一种服务，即透明地传输比特流。在传输层和网络层，对上层的任何一种服务都可以用下层的任何一种服务实现。例如，网络层在数据链路层提供的无连接服务的基础上增加流量控制、差错控制和其他功能，从而为传输层提供面向连接的服务。另一方面网络层也可以为传输层提供无连接的服务，然而这种服务是建立在数据链路层提供的连接服务的基础上。这种做法从经济学角度看是不合理的，但至少理论上是可行的。

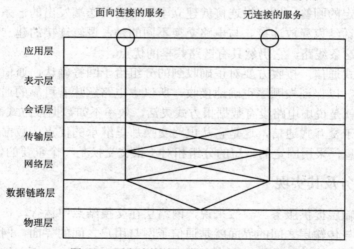

图 4-5 面向连接的服务和无连接的服务

一种自然的想法是在通信子网内部用数据报实现无连接的网络服务，用虚电路实现面向连接的网络服务。当然如果通信子网内部只提供数据报功能，则在网络接口的一对交换结点之间增加流控和差错控制功能后，仍可实现面向连接的服务。出于经济合理性的考虑，我们一般不考虑用内部虚电路实现无连接的网络服务。这样，在两种服务和两种实现方式的四种组合中有三种是可供选择的：

(1) 用内部虚电路实现面向连接的服务。当用户请求建立连接时，通信子网内部建立一条虚电路，所有的分组都沿这条虚电路传送。

(2) 用内部数据报实现面向连接的服务。通信子网独立地处理每个分组，各个分组可能选取不同的路径到达目标端，不保证到达的顺序与发送的顺序一致，但是目标端把接收到的分组缓存起来，验证并重新排序后提交给用户。

(3) 用内部数据报实现无连接的服务。无论用户或通信子网都是独立地发送和接收各个分组。

在通信子网中采用数据报还是虚电路,取决于网络的设计目标和价格因素。数据报方式的优点是其健壮性和灵活性,如果网络中的某个结点或是链路失效了,数据报可以绕过这一段链路,而已建立的虚电路中当出现失效的结点时,虚电路本身也失效了。与之类似的情况是,当网络中发生拥塞时,数据报方式可以迅速为单个分组选择畅通的路径,而虚电路的路由选择是在建立阶段完成的,对虚电路建立后网络通信量的变化缺乏反应能力。当然可以设想让虚电路的路由选择也是动态变化的,但这样做的开销更大。虚电路机制的优点是每个分组的平均开销少,因为路由选择是一次性完成的,同时网络层实现虚电路对提供面向连接的网络服务是很合适的。

4.2 路 由 选 择

网络层的主要功能是把数据分组从源结点传送到目标结点,所以为传送的分组选择合适的路由就是网络层要解决的关键问题。路由选择算法的好坏关系到网络的传输性能和资源的利用率,因而路由选择问题在分组交换网络的研究中一直受到广泛的关注和高度的重视。

各种实用的或建议使用的路由选择算法都是基于最小费用的准则,如传输延迟最小、经过的结点数最少等,这类问题其实都可归结为加权图中的最短通路问题。

网络设计的目标不一样,对数据链路通信费用的认定也不一样。例如相邻结点之间一段链路的费用可以与带宽成反比,也可以与发送分组的队列长度成正比。按照前一种费用选择最短路径,可以使网络的吞吐率最大,而采用后一种费用则可以得到最小的传输延迟。

链路的通信费用可能是变化的,例如分组的队列长度就是随时间变化的。网络中的转发结点关机或损坏,会引起网络拓扑结构的变化和链路带宽的变化。根据路由选择算法是否考虑这些变化的因素,可以把现有的算法分为两大类:一类是固定式路由选择算法,另一类是自适应式路由选择算法。固定式路由选择算法不考虑网络中的变化因素,只是根据网络的拓扑结构和链路带宽选择最短最快的通路,这就要求要记住有关的路由信息,算法根据已有的路由信息来工作。其实所谓"固定"也不是一成不变,当网络中的某些链路不再工作或增加了新的转发结点时,路由信息要相应地改变,只不过路由信息改变的时间间隔长一些,或者这种改变是由外部事件(例如网络管理人员的操作命令)驱动的,而不是由算法本身实现的。

自适应式路由选择算法随时根据网络中通信量的分布情况选择最短最快的通路。由于网络通信情况是瞬息万变的,所以各个转发结点掌握的路由信息也要及时改变,这样才能经常提供最佳路由。然而如果算法对网络参数的变化反应过于灵敏,就会造成信息流的"振荡"。例如,考虑图 4-6 的网络,这个网络由 A、B 两个子网组成,仅通过链路 L1 和 L2 互相连接。如果某个时刻 L1 上的通信量很大,引起 L1 的延迟增

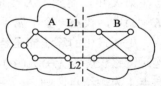

图 4-6 网络信息流的振荡

加,这个消息就会在网络的各个结点中迅速传播,引起所有结点修改它们的路由表。假定

路由信息传播得足够快，使得所有结点几乎同时修改了路由表，于是所有结点几乎同时根据新的路由信息把分组发送到 L2 上。这又会引起 L2 的延迟增加，L1 的延迟随之下降，从而又引起路由信息的传播和更新，再一次使得链路 L1 上的通信量突增，这种振荡情况会持续到通信量下降到一定值时才会缓解。可见所谓自适应路由选择，也要确定一个合适的时间常数，才能避免网络流出现振荡。

综上所述，所谓固定式路由选择，并不是一成不变；所谓自适应路由选择，也不是适应得越快越好。如何掌握这个界限，很难用数学方法分析。在实际运行的网络中都是根据经验选择和调整反应的时间常数，使得路由选择算法既能反映网络参数的变化，又不至于做出过度的反应。

无论采用什么样的路由选择算法，路由选择过程都涉及下面一些问题：
(1) 测量或获取有关路由选择的网络参数；
(2) 把路由信息传播到适当的网络结点(网管中心或转发结点)；
(3) 计算和更新路由表；
(4) 根据路由表的信息对传输中的分组进行调度。

下面我们通过例子说明在实际网络中这几个问题是怎样解决的。另外，值得注意的是，在很多网络中路由选择功能都考虑了网络中通信量的变化，因而网络采用的路由选择算法和交通控制技术密切相关。路由选择算法的缺陷可能导致网络中的通信拥塞，反之，完善的路由选择算法则不会引起网络的通信拥塞，即使在网络负载很重的情况下亦如此。

4.2.1 最短通路算法

最短通路的更一般的说法是最少费用通路。通路的费用是组成通路的各段链路的费用之和，一段链路的费用则可以根据网络设计的目标不同而指定为带宽、延迟、队列长度或可用资源数量等。无论采用哪种费用准则，都可用一个数值表示费用，于是如图 4-7 所表示的那样，最小费用通路问题就归结为加权图中的最短通路问题。

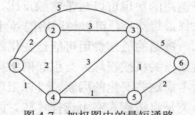

图 4-7 加权图中的最短通路

通常在实际网络中使用的最短通路算法有下面两种：一种是 Dijkstra 算法，另一种是 Bellman-Ford 算法。下面通过实例介绍这两种算法。

1. Dijkstra 算法

考虑图 4-7 中的加权无向图，每一条边上的权代表了该链路的通信费用。我们用 Dijkstra 算法计算从一个源结点到其他所有结点的最短通路，这个算法是一个逐步搜索的过程。假定在第 K 步，得到了 K 个最接近源结点的最短通路，这 K 个结点组成了结点集合 T。在第 $(K+1)$ 步，找出一个不属于 T 的距离源最近的结点，并把该结点也加入 T。

更形式化的算法描述是：设 $w(i, j)$ 是从结点 i 到结点 j 的链路长度，当 i 和 j 不直接相连时链路长度为无穷大(∞)，并且设 $D(n)$ 是从源结点到结点 n 的最短通路长度，$n \in T$。假定结点 1 为源结点，则
(1) 初始化：置 $T = \{1\}$，对每一个 $v \notin T$，置 $D(v) = w(1, v)$。
(2) 重复：找出一个结点 $k \notin T$，且 $D(k)$ 是最小的，把 k 加入 T。然后对所有不属于 T 的

结点 v 按下式进行更新 $D(v)$

$$D(v) = \mathrm{Min}\big[D(v),\ D(k) + w(v,\ k)\big]$$

对图 4-7 应用这个算法，可得到表 4-1，产生的最短通路树表示在图 4-8(a)中。图 4-8(b) 表示结点 1 的路由表，指明了通向各个目标结点的转发路径和通信费用。

表 4-1　Dijkstra 算法

步骤	T	D(2)	D(3)	D(4)	D(5)	D(6)
初始化	{1}	2	5	1	∞	∞
1	{1, 4}	2	4	1	∞	∞
2	{1, 4, 2}	2	4	1	2	∞
3	{1, 4, 2, 5}	2	3	1	2	4
4	{1, 4, 2, 5, 3}	2	3	1	2	4
5	{1, 4, 2, 5, 36}	2	3	1	2	4

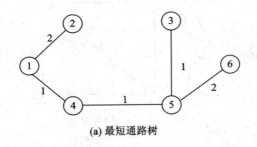

目标结点	转发结点	费用
2	2	2
3	4	3
4	4	1
5	4	2
6	4	4

(a) 最短通路树　　　　　　　　(b) 结点 1 的路由表

图 4-8　计算最短通路的例

2. Bellman-Ford 算法

下面用 Bellman-Ford 算法对图 4-7 的网络计算最短通路树。这个算法的基本思想如下：首先找出仅包含一条链路的、从源结点到其他结点的最短通路；然后找出包含两条链路的、从源结点到其他结点的最短通路；如此继续下去，直到找出从源结点到所有其他结点的最短通路。算法的形式化描述如下：

假设：s 为源结点

$w(i,\ j)$ 为从结点 i 到结点 j 的费用；如果两个结点不直接相连，则 $w(i,\ j) = \infty$；

h 表示在当前计算阶段，通路中包含的链路数；

$L_h(n)$ = 从结点 s 到结点 n 的最短通路费用，其中的链路数不超过 h；

(1) 初始化：对所有 $n \neq s$，令 $L_h(n) = \infty$；对所有 h，令 $L_h(s) = 0$；

(2) 重复计算：对所有后续的 $h \geqslant 0$：

对每一个 $n \neq s$，计算

$$L_{h+1}(n) = \min_j [L_h(j) + w(j,\ n)]$$

连接费用最小的 n 与其前导结点 j，删除在前一步计算中得到的任何结点 n 与其前导结点之间的连接。

　　表 4-2 显示用这个算法对图 4-7 进行计算的过程。显然这个结果与前一算法计算的结果一致。图 4-9 表示 4 步计算过程的详细情况。

表 4-2　Bellman-Ford 算法

h	$L_h(2)$	Path	$L_h(3)$	Path	$L_h(4)$	Path	$L_h(5)$	Path	$L_h(6)$	Path
初始	∞	—	∞	—	∞	—	∞	—	∞	—
1	2	1-2	5	1-3	1	1-4	∞	—	∞	—
2	2	1-2	4	1-4-3	1	1-4	2	1-4-5	10	1-3-6
3	2	1-2	3	1-4-5-3	1	1-4	2	1-4-5	4	1-4-5-6
4	2	1-2	3	1-4-5-3	1	1-4	2	1-4-5	4	1-4-5-6

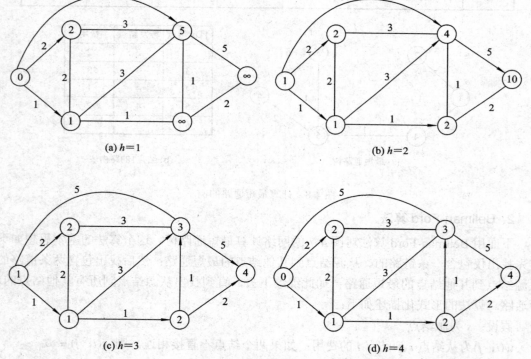

图 4-9　Bellman-Ford 的例

　　下面对这两个算法进行比较。首先看 Bellman-Ford 算法，在其第(2)步计算中要用到从结点 n 到所有邻居的链路费用(即 $w(j,n)$)，再加上从源结点到这些邻居的通路费用(即 $L_h(j)$)，所以每一结点要记住到网络中其他结点的通路费用，并与其直接连接的结点经常交换这些信息。该算法第(2)步中的表达式只是用到了结点 n 的邻居们的信息，以及 n 结点到这些邻居的链路的费用进行计算。另一方面，Dijkstra 算法则要求所有结点了解整个网络的拓扑结构，并了解所有链路的通信费用，还要经常把自己了解的这些信息与其他结点交换。很难对这两个算法的优劣做出一般性的评价，不同的实现决定了其性能参数的差别。

最后，值得一提的是我们没有给出算法的收敛性证明，但是在有关文献中已对这两种算法给出了静止条件下的证明。在实际网络中，链路费用与链路中的通信量有关，而链路通信量又依赖于路由选择，路由选择则取决于链路费用，这样互相依存的关系形成了反馈回路。对算法的动态特性的研究显示，如果链路费用对链路通信量过于敏感，则会引起网络通信不稳定。

4.2.2　路由选择策略

不同路由选择算法之间的区别在于考虑各种因素时的侧重点不同，例如采用的费用准则、收集和传播路由信息的方式、计算最佳路由的方法、对网络参数变化的响应速度等。　由于各种网络的设计目标、规模大小、实现技术各不相同，因而采用的路由策略在各方面都有所区别。很难把各种路由选择算法按照某种统一的模式进行分类。在某些特殊的网络中使用了特殊的路由选择算法，还有些路由选择算法是在特殊情况下使用、或者与其他算法配合使用的。下面介绍几种有代表性的路由选择算法。

1. 泛洪式路由选择

泛洪式(Flooding)路由选择的原理如下：源结点把分组发送给各个相邻的结点，每个中间结点接收到分组后复制若干拷贝，转发给除输入链路之外的其他相邻结点，这样同一分组的不同拷贝像洪水泛滥一样，迅速布满全网，总会有一个拷贝最先到达目标结点。

使用泛洪式路由选择时，有可能发生分组被重复拷贝的情况，因而需要某种约束机制防止这种情况出现。一种可行的办法是让每个结点记住已经转发过的分组标识，当收到的分组与记忆的分组标识相同时则丢弃之。还有一种更简单的办法，就是在分组中包含一个链路计数字段，该字段由源结点初始化为某一最大值，例如网络中的链路数，分组每经过一个转发结点链路计数字段减 1，当这个字段减到零时分组被丢弃。这样可防止分组在网络中无休止地旅行下去。

泛洪式路由选择技术有两个特性值得注意：

(1) 源和目标结点之间所有可能的通路都被试用了，这样无论有多少链路或结点失效，只要有一条通路存在，分组总能到达目的地。

(2) 由于所有通路都被利用了，必然有一个分组走了最短最快的通路最先到达目标结点。

由于第(1)个特性，这种路由选择技术有很好的健壮性，可用于发送特别重要的信息，其实这种技术最早就是用于军用分组交换网中的。由于第(2)个特性，可以用这种技术为虚电路选择最佳路由。虽然在泛洪传送阶段增加了网络中的通信量，但虚电路建立后传送的大量分组可以分担路由选择阶段的开销。

2. 随机式路由选择

随机式路由选择与泛洪式相比对网络负载的增加小得多，同时仍然保持了泛洪式的简单性和健壮性。这种路由选择方式的基本思想是让转发结点随机地选择一个输出链路来发送分组，如果选择各个输出链路的概率相同，则可用循环方式轮流地把各个分组转发到所有相邻的结点。

为了减少盲目性，可以对各个输出链路指定不同的选择概率。例如可根据各个输出链路数据速率用下式计算出每条链路的选择概率：

$$p_i = \frac{R_i}{\sum_j R_j}$$

这里，p_i 为选择输出链路 i 的概率，R_j 为链路 j 的数据速率。上式的分母对所有输出链路求和。这个方案可望获得均衡的通信量分布。另外也可以用其他的费用准则计算选择概率。由于转发分组的链路是随机选定的，所以分组到达目标的时间不确定，而且增加了网络流量，所以这种方法只是在特殊情况下使用。

3. 固定式路由选择

以上两种算法都不考虑最短通路问题，但是最常用的算法则要按照最短通路来转发分组。所谓固定式路由选择，是指每一对源和目标之间的通路都是按照某种最小费用准则预先确定的，并存储在路由表中。在计算路由表时依据的费用准则不能与网络的动态参数(例如通信量的分布)有关，至多在网络拓扑结构变化时才重新计算全网的路由表，所以这种方法也叫静态路由。例如，对图 4-7 的网络，应用前面介绍的最短通路算法可为各个结点产生路由表，如图 4-10 所示。路由表可能是由网络管理中心计算并下载到各个结点的，也可以是各个结点分布地计算的，采用哪种方法取决于传播和计算路由信息的开销大小。

结点1		结点2		结点3	
目标结点	转发结点	目标结点	转发结点	目标结点	转发结点
2	2	1	1	1	5
3	4	3	3	2	2
4	4	4	4	4	5
5	4	5	4	5	5
6	4	6	4	6	5
结点4		结点5		结点6	
目标结点	转发结点	目标结点	转发结点	目标结点	转发结点
1	1	1	4	1	5
2	2	2	4	2	5
3	5	3	3	3	5
5	5	4	4	4	5
6	5	6	6	5	5

图 4-10　固定式路由选择

采用固定式路由对数据报或虚电路没有区别。从一个给定的源到一个给定的目标结点的所有分组都沿同一通路传输。这种路由选择策略只能用于可靠性好、负载稳定的网络。当网络频繁失效或负载不稳定时缺乏应变能力。

对固定式路由的一点改进是为每个结点提供可选的第二个转发结点。这样当最佳路由由于网络拥塞或链路失效而不能使用时可把分组转发到次最佳路由上。例如，对结点 1 的路由表可提供的次最佳路由是 4、3、2、3、3。

4. 自适应式路由选择

以上讨论的路由选择策略都不涉及网络参数的变化，或者至多是在系统操作员干预下才对网络参数的变化做出反应。自适应式路由策略则与此不同，算法本身能经常地对网络参数的变化做出反应，在各种网络环境下都能提供最佳路由，因而这种方法也叫做动态路由策略。但是实现这种算法要付出更大的代价：

(1) 最佳路由的计算更复杂，更频繁，因而开销更大；

(2) 收集到的路由信息要传播到计算路由的结点，或者计算的结果要传播到转发分组的结点，这些都增加了网络的通信负载；

(3) 自适应算法对网络参数的变化反应太快会引起网络流的振荡，反应太慢则得不到最佳路由，为减少这些风险要经常对算法本身的某些参数进行调整，这又增加了网络管理的难度。

自适应算法虽然有这些缺点，但是在大型公共网络中仍然得到广泛的应用。因为这种算法的优点也是明显的：

(1) 能极大地改善网络的性能，网络运营者可以得到最大的吞吐率，网络用户则会明显感到延迟很小；

(2) 能对网络的通信量进行控制，避免或减缓网络中拥挤和阻塞的发生。

这些潜在的好处可能实现，也可能不会实现，这取决于算法的设计是否有效，也取决于网络负载的动态特性。总的来说，实现有效的自适应路由选择策略是一个极其复杂的任务。在下面要讲的关于 ARPAnet 的例子中，采用了分布式自适应路由选择算法，而且经过几次重大的改变，纠正了初始设计的缺陷，适应了规模不断扩大的互联网络和新型的网络应用。

4.2.3 距离矢量路由算法

ARPAnet 开始运行时就采用了分布式自适应路由选择算法。该算法用队列长度代表链路延迟，根据最小延迟时间计算最佳路由。由于网络中各个结点的队列长度是随时间变化的，因而在分组传输过程中各个转发结点测量到的网络延迟时间可能不同，得到的最短通路也不相同。如果结点之间每隔数十到数百微秒更新一次路由信息，并且分组在网络中的旅行时间比这个间隔时间长，那么分组走的最短通路就可能在中途改变，所以交换路由的时间间隔应该适当长些。

计算最短通路的方法采用了 Ford-Fulkerson 算法，相邻结点之间每隔 2/3 秒交换一次延迟信息。下面用实例说明这个算法的实现过程。

仍然用图 4-7 的网络为例，图中各个链路上的数字代表链路延迟(即队列长度)。根据这个图，可计算出结点 1 的路由表如下：

目标结点	下一结点	延迟时间(费用)
1	1	0
2	2	2
3	4	3
4	4	1
5	4	2
6	4	4

假设经过很短时间后，网络中的链路延迟变成了图 4-11 所示的那样。于是结点 1 收到

了三个相邻结点传送的延迟矢量：

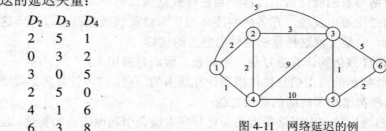

图 4-11 网络延迟的例

D_2	D_3	D_4
2	5	1
0	3	2
3	0	5
2	5	0
4	1	6
6	3	8

这三个延迟矢量 $D_i(i=2,3,4)$ 分别是结点 2、3、4 测量到的网络延迟信息，6 个数 $D_i(j)$ $(j=1,2,3,4,5,6)$ 代表 i 结点到 6 个目标结点的延迟时间。据此，结点 1 可做如下计算：用 $D_i(j)$ 加上结点 1 到结点 i 的延迟 $d_{1,i}$ 就得到结点 1 到结点 j 的延迟时间。由于 $d_{3,2}=2$，$d_{1,3}=5$，$d_{1,4}=1$，故对应于 3 个老延迟矢量可计算出 3 个新延迟矢量：

目标结点	D_2	D_3	D_4
2	2	8	3
3	5	5	6
4	4	1	0
5	6	6	7
6	8	8	9

然后取每行的最小者，可得到结点 1 的新路由表如下：

目标结点	下一结点	延迟时间
1	1	0
2	2	2
3	3	5
4	4	1
5	3	6
6	3	8

这个路由算法存在两个主要的缺点。首先是在交换路由信息的过程中，每个结点发送给邻居的是自己的路由表。在大的网络中，路由表其实是很大的，所以交换的路由信息很多，占用网络的带宽很大，这就限制了这种算法只能应用于结点数不多的小型网络。其次是这种算法还可能产生无穷大的路由，我们用下面的例子说明这个问题。

考虑图 4-12 所示的由 4 个路由器 A、B、C、D 组成的线性网络，路由度量采用跳步计数(hops)，每经过一个路由器，跳步数加 1。图 4-12(a)表示路由器 A 由关机到启动的过程，当 A 关机时，B、C、D 都把到 A 的路由记为无穷大。A 开机后向 B 发送路由信息，B 把到达 A 的距离记为 1；然后 B 向 C 发送路由信息，引起 C 把到 A 的距离改为 2，等到 3 次交换后，B、C、D 都得到了有关 A 的正确的路由信息。

图 4-12(b)表示路由器 A 关机引起的路由变化过程。A 关机后，B 发现到 A 的链路已断，但是可以收到 C 发送的路由信息，说明 C 到 A 的距离是 2，因此 B 把到 A 的距离改成了 3；在第二次交换时，根据 B 发来的路由信息，C 把到 A 的距离改成了 4；第三次交换时，C 发出的路由信息使得 B 和 D 把到 A 的距离改成了 5；后面的情况就可以想象了，最后 B、

C、D 都认为到达 A 的距离是无穷大。

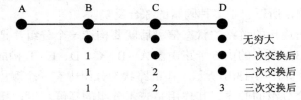

(a) 路由器A启动过程

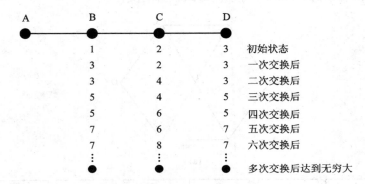

(b) 路由器A关机过程

图 4-12　路由无穷大的问题

　　如果趋向无穷大的过程很快，则 B、C、D 很快就知道了通向 A 的链路已断这一事实。但是如果趋向无穷大的过程很长，这期间 B、C、D 中任一个路由器发出的分组就会在它们之间循环传递，浪费了网络带宽。1988 年发表的 RFC 1058 提出了解决这个问题的一些办法，我们将在第七章讲述。

4.2.4　链路状态算法

　　ARPAnet 在 1979 年用一个完全不同的算法代替了距离矢量路由算法。距离矢量算法有两个缺陷导致了它的出局。首先是链路的度量采用了队列长度而没有考虑线路带宽。随着通信网络的发展，已经能提供不止一种带宽的网络线路，于是，链路带宽对路由的影响就必须纳入考虑之中。其次是距离矢量算法的收敛速度太慢，特别是遇到上文提到的距离无穷大的问题时，各个路由器要了解到达一个目标的线路已经断开可能需要很长的时间。

　　新算法也是分布式自适应算法，利用链路延迟作为度量标准，所以叫做链路状态算法。采用链路状态算法需要解决以下 4 个问题：

　　(1) 每个路由器都要发现自己的邻居路由器，知道邻居的地址；

　　(2) 每个路由器都要测量到达邻居的链路延迟或费用；

　　(3) 路由器要把它所了解的路由信息构成分组发送给别的路由器；

　　(4) 路由器要根据它所了解的路由信息计算到达其他结点的最短通路。

　　一个路由器自举之后首先要发现自己的邻居路由器，这个工作是通过向它所连接的各个链路发送一种特殊的分组(Hello)来完成的。在链路另一端的路由器收到 Hello 分组后要发回应答分组，以及自己的全局标识符(通常是网络地址)。这样，原发路由器就知道链路另一端连接的路由器，同时也知道了它们之间的链路延迟时间。这样测量的链路延迟可能受到链路带宽和负载的影响，所以它是多种因素的综合反映。

　　路由器收集到它所连接的链路的状态信息后就要构造一个分组，把这些信息告诉其他的路由器。考虑图 4-13(a)所示的由 6 个路由器 A、B、C、D、E、F 构成的网络，各个路由器构造的链路状态分组如图 4-13(b)所示。在链路状态分组中有一个顺序号字段，它表示由一个路由器发出的各个分组的顺序，其作用是表示分组的新鲜程度，接收路由器总是用新收到的信息代替旧有信息，随时保持掌握链路状态的变化。

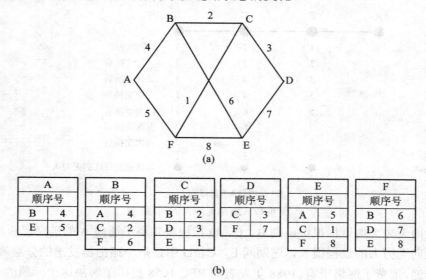

图 4-13　链路状态算法的例

　　这种链路状态分组用泛洪法传播给各个路由器。当路由器知道了网络中各个链路的状态后就掌握了网络的拓扑结构，就可以用 Dijkstra 算出自己的路由表。当然，要在实际的网络中实现这个算法还有许多问题需要解决，这些问题我们将在第 7 章中讲述。

4.3　交 通 控 制

　　交通控制是分组交换网中的关键技术，用于控制进入网络的分组数量，避免网络中出现通信瓶颈，提高网络的传输效率。

4.3.1　交通控制技术的分类

　　交通控制技术有三种类型，即流量控制、拥塞控制和防止死锁，它们各有不同的控制目标。

1. 流量控制

　　流量控制是指调节两点间的传输速率，即由接收方根据其资源利用情况控制发送过程，避免出现来不及接收的情况，通常用某种形式的滑动窗口协议来实现。

在上一章中介绍了相邻结点之间的流量控制技术。在一对不相邻的结点之间也需要流控机制，例如在网络中一条虚电路的两个端结点之间，或是通过网络连接的两个主机系统之间，前者属于网络层流控，而后者属于传输层流控。在网络层，流量控制只是实现其他类型的通信控制的工具，我们在介绍 X.25 网络时将讨论网络层的流量控制。前面介绍的自适应路由选择技术虽然也有平衡网络通信负载的作用，但它只能暂时缓解网络过载的情况，或推迟网络过载的发生，而不能代替交通控制技术。传输层流量控制将在下一章介绍 TCP 协议时详细讲述。

2. 拥塞控制

拥塞控制不同于流量控制，它的目的是保持网络中的分组数不要超过某一限度，因为一旦这一界限被打破，网络性能将显著下降。

分组在网络中流动类似于车辆在公路上行驶，重负载下的通信网络很像是交通高峰时期的公路系统，一旦交通车辆接近或超过道路的容量，就会产生交通阻滞的积累效应，不同方向的车流互相干扰更加减少了道路的有效吞吐率，最后在这一正反馈作用的影响下，交通将完全陷于

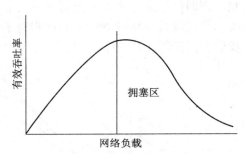

图 4-14　有效吞吐率和网络负载的关系

停顿。分组交换网络中的信息流动情况与此极为相似，在没有控制的情况下有效吞吐率和网络负载的关系可用图 4-14 表示。

引起吞吐率衰减的主要原因是通信资源的浪费，或者是由于多个用户的资源要求互相冲突使得网络失去稳定，或是由于某些用户占用了比它的实际需要更多的资源而影响了其他用户的通信。网络中容易造成浪费的两种资源是缓冲区容量和线路带宽。

每个结点的存储缓冲区都是有限的，如果某个中间结点的存储缓冲区被塞满了，则经过该结点的所有信息流动都会受阻，即使线路带宽有富余，分组也不能通过，于是引起了吞吐率降低。显然，这种情况是由于某些用户垄断了拥塞结点的缓冲区而造成的。

另外一种引起吞吐率衰减的原因是线路带宽的浪费，这种情况在多路共享信道上是常见的。例如，在共享总线的局域网和分组无线网络中采用竞争发送机制，当负载很重时竞争信道的时间多于有效传输数据的时间，从而造成信道容量的极大浪费。另外由于网络中某些区域阻塞，分组可能要迂回旅行更长的路程才能到达目的地，这也造成了线路带宽的浪费。当网络拥塞出现时大量重传分组的产生则是进一步浪费线路带宽、引起有效吞吐率下降的间接原因。检查了引起拥塞的原因，就可以知道控制拥塞的方法。通常可以用下列一些方法获知网络中是否发生了拥塞：

(1) 由拥塞的结点向所有源结点发送一种控制分组，报告网络中产生拥塞的情况。这种阻塞分组可以起到减缓源结点发送速率或限制进入网络的分组数量的作用，这种方法用在无连接的 IP 网络中。显然，传送阻塞分组会增加网络中的通信量。

(2) 利用路由信息。例如 ARPAnet 中的路由选择算法能向网络中的结点提供链路延迟信息，这些信息是路由决策的依据，也可以用来影响新分组进入网络的速度。但是路由信息主要是用于计算最佳路径的，它们的变化很快，直接用于拥塞控制可能不合适，而对路

由信息的进一步加工会增加处理的开销。

　　(3) 使用端到端之间的探测分组。探测分组可以打上时间标记以测量一对端结点之间的时延，当然这种分组也会增加网络的通信开销。

　　拥塞控制机制解决的主要问题是如何获取网络中发生拥塞的信息，利用这种信息进行控制的方法则因具体实现技术而不同。不管采用何种实现技术，其主要目的都是限制进入通信子网的分组数，因而也间接地限制了转发结点中的队列长度。无论采用哪种方法，获取和传播拥塞信息都要引入一定的通信开销。由于这些开销的存在，使得在采用拥塞控制时网络的有效吞吐率总是不能达到理想的吞吐率。但是这些开销是必要的，因为如果没有控制，则网络的吞吐率在一定情况下会急速下降。一种好的控制方法能避免网络吞吐率的崩溃，并能保持网络的吞吐率只比理想的吞吐率少一个很小的数量，即控制开销，这种情况我们表示在图 4-15 中。

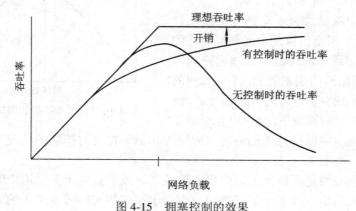

图 4-15　拥塞控制的效果

3. 防止死锁

　　计算机网络中发生死锁和多任务操作系统中发生死锁的情况是类似的，即多个用户进程等待已分配的资源获得释放，并且进程对资源的等待和占用关系形成环路条件。在网络中可能形成死锁状态的资源是缓冲区，特别在结点的存储空间采用缓冲池分配方法时很容易产生死锁。缓冲池中的存储空间是按照需求情况动态分配的，当一个方向传输的分组占用了太多的缓冲资源时必然影响其他方向的分组有序流动，最终造成死锁。值得注意的是，即使在负载不是很重的情况下，不加限制的动态分配缓冲资源也会造成局部的死锁。防止死锁的技术要根据发生死锁的机理进行针对性的控制，使得网络在任何情况下都不会产生死锁。下面分析网络中通常容易产生的三种死锁并提出相应的对策。

　　最简单的一种死锁是直接存储—转发死锁。如图 4-16(a)所示，结点 A 和 B 通过一段链路直接相连，当负载较重时，结点 A 中的缓冲区迅速被流向 B 的分组占满，而结点 B 中的缓冲区则被流向 A 的分组用完。两个结点都不能再接受新的分组，因而 A、B 之间的通信陷于停顿。可以设想如果不允许结点中的缓冲区全部分配给一个传输方问，或者对每一传输方向都分配固定大小的缓冲区，则这种死锁就不会发生。

　　另外一种死锁是间接存储—转发死锁，这种死锁表示在图 4-16(b)中。若每一个结点中的缓冲区都被发往下一个结点的分组占满，使得每一个结点都不能接收新的分组，这样就形成了等待回路，使信息无法流动。

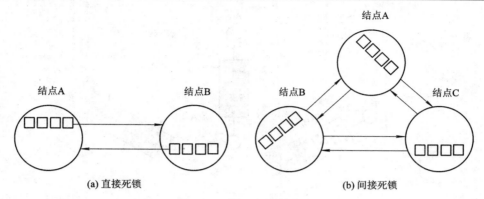

图 4-16　存储—转发死锁

　　采用结构化的缓冲池技术可防止这种死锁的发生。这时把结点中的缓冲区组织成如图
4-17 所示的分层结构,相应地,到达结点的分组也根据它们经过的跳步数(即链路段)分成级。
从主机直接进入结点的分组属于 0 级,因为它们没有经过任何跳步,最高的一级(N 级)分组
已经走过网络中的最长通路,到达了目标结点,正等待装配成报文后提交给目标主机。分
组使用缓冲器的规则如下:0 级分组只能占用 0 类缓冲区,这种缓冲区足够大,可以存放网
络中允许传送的最大报文;K 级分组可以使用 K 类及其以下的缓冲区,但是 K 类缓冲区只
是为 K 级分组保留的;最后 N 级分组可使用所有的缓冲区。在正常通信的情况下,来到的
分组只占用 0 类缓冲区。当负载增加超过正常限度时,从 0 类到 N 类的缓冲区被逐渐占满。
当结点的 K 类以下的缓冲区被用完后,到达该结点的小于或等于 K 级的分组被丢弃。于是,
在拥塞的情况下,“低级的”分组被丢弃,网络尽量把“高级的”分组送往它们的目的地。
这样做是合理的,因为网络对级别越高的分组投入越多。

N 类
N-1 类
...
K 类
...
1 类
0 类 (公用缓冲区)

图 4-17　结构化缓冲池

　　为了证明这种策略可以避免直接或间接的存储—转发死锁,让我们考虑图 4-18 的资源
利用图。在这个图中,用弧线表示分组在网络中旅行的轨迹。任一对结点之间的弧线发源
于分组当前占用的缓冲区,终止于分组正等待的下一个结点的缓冲区。由图 4-18 可看出,
当且仅当分组的旅行弧线出现环路时才会发生死锁。然而,在这种缓冲区分配方案中是不
可能形成环路的。这种方法用在德国的 GMD 实验网中。

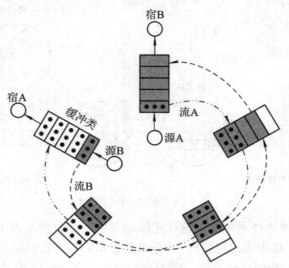

图 4-18　分组通过结构化缓冲池的例

最后一种死锁是重装配死锁。图 4-19(a)表示的是装配缓冲区的死锁，有三个"多分组报文"A、B、C 分别停滞在 3 个存储—转发结点中等待提交给主机。假设每个报文的分组数为 4，结点中的缓冲区数也是 4。在图中所示情况下，报文 A 的第 2 个分组没有到达结点 3，因而报文 A 无法装配，但 A2 在结点 1 中，也无法传送到结点 3，于是形成死锁。

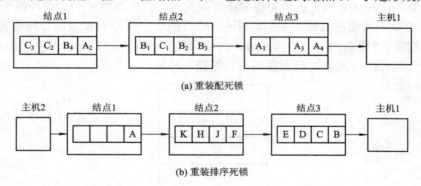

图 4-19　重装配死锁和重排序死锁

另一种类似的死锁是重排序死锁，见图 4-19(b)。假定报文的序列为 ABCDEF…K，在图中所示的情况下，结点 3 因为没有 A 而无法把报文按照正确的顺序提交给主机，形成了死锁。这种死锁在 ARPAnet 这样的数据报网络中最容易出现，我们将在下一小节介绍 ARPAnet 防止这种死锁的方法。

4.3.2　交通控制技术的分级

分组交换网中的各种交通控制技术可以分级实施，图 4-20 画出了通常的分级方法。跳步级控制作用于通信子网内部的相邻结点之间，主要目的是平滑结点之间的信息流，防止局部缓冲区的拥塞和死锁；网络访问级的控制是根据网络内部拥塞的程度，限制进入网络的分组数；进出口级的控制由源和目标结点之间的协议实现，防止目标结点缓冲区发生拥塞；最后，会话级控制关系到一对用户主机之间的流控，由传输层协议实现。

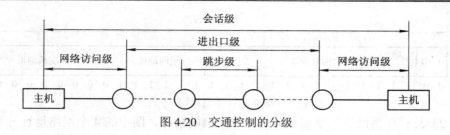

图 4-20 交通控制的分级

4.4 IP 协 议

IP 协议是 Internet 中的网络层协议，作为提供无连接服务的例子我们在这里介绍 IP 协议的基本操作和协议数据单元的格式。

4.4.1 IP 地址

IP 网络地址采用 "网络·主机" 的形式，其中网络部分是网络的地址编码，主机部分是网络中一个主机的地址编码。IP 地址的格式如图 4-21 所示。

0 网络地址		主机地址	
10 网络地址		主机地址	
110 网络地址			主机地址
1110 组播地址			
11110 保留			

A	1.0.0.0～127.255.255.255
B	128.0.0.0～191.255.255.255
C	192.0.0.0～223.255.255.255
D	224.0.0.0～239.255.255.255
E	240.0.0.0～255.255.255.255

图 4-21 IP 地址的格式

IP 地址分为 5 类。A、B、C 类是常用地址。IP 地址的编码规定全 0 表示本地地址，即本地网络或本地主机。全 1 表示广播地址，任何站点都能接收。所以除去全 0 和全 1 地址外，A 类有 126 个网络地址，1600 万个主机地址；B 类有 16382 个网络地址，64000 个主机地址；C 类有 200 万个网络地址，254 个主机地址。

IP 地址通常用十进制数表示，即把整个地址划分为 4 个字节，每个字节用一个十进制数表示，中间用圆点分隔。根据 IP 地址的第一个字节，就可判断它是 A 类、B 类、还是 C 类地址。

IP 地址由 ICANN(Internet Corporation for Assigned Names and Numbers)管理。如果想加入 Internet，就必须向 ICANN 或当地的 NIC(例如 CNNIC)申请 IP 地址。如果不加入 Internet，只是在局域网中使用 TCP/IP 协议，则可以自行分配 IP 地址，只要网络内部不冲突就可以了。

一种更灵活的寻址方案引入了子网的概念，即把主机地址部分再划分为子网地址和主机地址，形成了三级寻址结构。这种三级寻址方式需要子网掩码的支持，如图 4-22 所示。子网地址对网络外部是透明的。当 IP 分组到达目标网络后，网络边界路由器把 32 位的 IP 地址与子网掩码进行逻辑 "与" 运算，从而得到子网地址，并据此转发到适当的子网中。

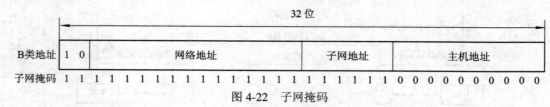

图 4-22　子网掩码

图 4-23 表示 B 类网络地址被划分为两个子网的情况，图中的 4 个网络地址分别属于两个不同的子网，前两个地址属于同一个子网，后两个地址属于同一个子网。用 4 位子网地址划分 B 类网络 130.37.0.0 最多可得到 16 个子网。

图 4-23　IP 地址与子网掩码

虽然子网掩码是对网络编址的有益补充，但是还存在着一些缺陷。例如一个组织有几个包括 25 台左右计算机的子网，又有一些只包含几台计算机的较小的子网。在这种情况下，如果将一个 C 类地址分成 6 个子网，每个子网可以包含 30 台计算机，大的子网基本上利用了全部地址，但是小的子网却浪费了许多地址。为了解决这个问题，避免任何可能的地址浪费，就出现了可变长子网掩码 VLSM(Variable Length Subnetwork Mask)的编址方案。VLSM 用在 IP 地址后面加上"/子网掩码比特数"来表示。例如，202.117.125.0/27，就表示前 27 位为网络号和子网号，即子网掩码为 27 位长，主机地址为 5 位长。图 4-24 表示了一个子网划分的方案，这样的编址方法可以充分利用地址资源，在网络地址紧缺的情况下尤其重要。

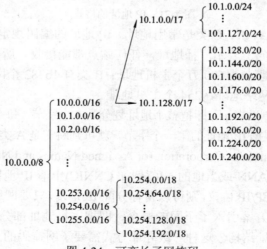

图 4-24　可变长子网掩码

在点对点通信中我们使用 A、B 和 C 类地址，这类地址都指向某个网络中的一个主机。D 类地址是组播地址，组播(multicast)和广播(broadcast)类似，都属于点对多点通信，但是又有所不同。组播的目标是一组主机，而广播的目标是所有主机。在一些新的网络应用中要用到组播地址，例如网络电视(LAN TV)、桌面会议(desktop conferencing)、协同计算(collaborative computing)和团体广播(corporate broadcast)等，这些应用都是向一组主机发送信息。E 类保留作研究用。

4.4.2 IP 协议的操作

下面分别讨论 IP 协议的一些主要操作。

1. 数据报生存期

如果使用了动态路由选择算法，或者允许在数据报旅行期间改变路由决策，则有可能造成回路。最坏的情况是数据报在互联网中无休止地巡回，不能到达目的地并浪费大量的网络资源。

解决这个问题的办法是规定数据报有一定的生存期，生存期的长短以它经过的路由器的多少计数。每经过一个路由器，计数器减 1，计数器减到 0 时数据报被丢弃。当然也可以用一个全局的时钟记录数据报的生存期，在这种方案下，生成数据报的时间被记录在报头中，每个路由器查看这个记录，决定是继续转发，还是丢弃它。

2. 分段和重装配

每个网络可能规定了不同的最大分组长度。当分组在互联网中传送时可能要进入一个最大分组长度较小的网络，这时需要对它进行分段，这又引出了新的问题：在哪里对它进行重装配？一种办法是在目的地重装配，但这样只会把数据报越分越小，即使后续子网允许较大的分组通过，但由于途中的短报文无法装配，从而使通信效率下降。

另外一种办法是允许中间的路由器进行重装配，这种方法也有缺点。首先是路由器必须提供重装配缓冲区，并且要设法避免重装配死锁；其次是由一个数据报分出的小段都必须经过同一个出口路由器，才能再行组装，这就排除了使用动态路由选择算法的可能性。

关于分段和重装配问题的讨论还在继续，已经提出了各种各样的方案。下面介绍在 DoD 和 ISO IP 协议中使用的方法，这个方法有效地解决了以上提出的部分问题。

IP 协议使用了四个字段处理分段和重装配问题。一个是报文 ID 字段，它唯一地标识了某个站某一个协议层发出的数据。在 DoD(美国国防部)的 IP 协议中，ID 字段由源站和目标站地址、产生数据的协议层标识符以及该协议层提供的顺序号组成。第二个字段是数据长度，即字节数。第三个字段是偏置值，即分段在原来数据报中的位置，以 8 个字节(64 位)的倍数计数。最后是 M 标志，表示是否为最后一个分段。

当一个站发出数据报时对长度字段的赋值等于整个数据字段的长度，偏置值为 0，M 标志置 0(表示 False)。如果一个 IP 模块要对该报文分段，则按以下步骤进行：

(1) 对数据块的分段必须在 64 位的边界上划分，因而除最后一段外，其他段长都是 64 位的整数倍；

(2) 对得到的每一分段都加上原来数据报的 IP 头，组成短报文；

(3) 每一个短报文的长度字段置为它包含的字节数；

(4) 第一个短报文的偏置值置为 0，其他短报文的偏置值为它前边所有报文长度之和(字节数)除以 8；

(5) 最后一个报文的 M 标志置为 0(False)，其他报文的 M 标志置为 1(True)。

表 4-3 给出一个分段的例子。

表 4-3　数据报分段的例

	长度	偏置值	M 标志
原来的数据报	475	0	0
第一个分段	240	0	1
第二个分段	235	30	0

重装配的 IP 模块必须有足够大的缓冲区。整个重装配序列以偏置值为 0 的分段开始，以 M 标志为 0 的分段结束，全部由同一 ID 的报文组成。

数据报服务中可能出现一个或多个分段不能到达重装配点的情况。为此，采用两种对策应付这种意外。一种是在重装配点设置一个本地时钟，当第一个分段到达时把时钟置为重装配周期值，然后递减，如果在时钟值减到零时还没等齐所有的分段，则放弃重装配。另外一种对策与前面提到的数据报生存期有关，目标站的重装配功能在等待的过程中继续计算已到达的分段的生存期，一旦超过生存期，就不再进行重装配，丢弃已到达的分段。显然这种计算生存期的办法必须有全局时钟的支持。

3．差错控制和流控

无连接的网络操作不保证数据报的成功提交，当路由器丢弃一个数据报时，要尽可能地向源点返回一些信息。源点的 IP 实体可以根据收到的出错信息改变发送策略或者把情况报告上层协议。丢弃数据报的原因可能是超过生存期、网络拥塞、FCS 校验出错等。在最后一种情况下可能无法返回出错信息，因为源地址字段已不可辨认了。

路由器或接收站可以采用某种流控机制来限制发送速率。对于无连接的数据报服务，可采用的流控机制是很有限的。最好的办法也许是向其他站或路由器发送专门的流控分组，使其改变发送速率。

4.4.3　IP 协议数据单元

这里讨论 DoD 的 IP 协议数据单元，主要的服务原语有两个：发送原语用于发送数据，提交原语用于通知用户某个数据单元已经来到。也可以增加一条错误原语，通知用户请求的服务无法完成，这一条原语不包含在标准中。

IP 协议的数据格式表示在图 4-25 中，其中的字段有：

● 版本号：协议的版本号，不同版本的协议格式或语义不同，现在常用的是 IPv4，正在逐渐过渡到 IPv6。

● IHL：IP 头长度，以 32 位字计数，最小为 5，即 20 个字节。

● 服务类型：用于区分不同的可靠性，优先级，延迟和吞吐率的参数。

● 总长度：包含 IP 头在内的数据单元的总长度(字节数)。

● 标识符：唯一标识数据报的标识符。

● 标志：包括三个标志，一个是 M 标志，用于分段和重装配；另一个是禁止分段标志，如果认为目标站不具备重装配能力，则可使这个标志置位，这样当数据报要经过一个最大分组长度较小的网络时，就会被丢弃，因而最好是使用源路由以避免这种灾难发生；第三个标志当前没有启用。

- 段偏置值：指明该段处于原来数据报中的位置。
- 生存期：用经过的路由器个数表示。
- 协议：上层协议(TCP 或 UDP)。
- 头检查和：对 IP 头的校验序列。在数据报传输过程中 IP 头中的某些字段可能改变(例如生存期，以及与分段有关的字段)，所以检查和要在每一个经过的路由器中进行校验和重新计算。检查和是对 IP 头中的所有 16 位字进行 1 的补码相加得到的，计算时假定检查和字段本身为 0。
- 源地址：给网络和主机地址分别分配若干位，例如，7 和 24、14 和 16、21 和 8 等。
- 目标地址：同上。
- 任选数据：可变长，包含发送者想要发送的任何数据。
- 补丁：补齐 32 位的边界。
- 用户数据：以字节为单位的用户数据，和 IP 头加在一起的长度不超过 65 535 字节。

版本号	IHL	服务类型		总长度	
标识符			D	M	段偏置值
生存期		协议		头检查和	
源地址					
目标地址					
任选数据+补丁					
用户数据					

图 4-25　IP 协议格式

4.4.4　ICMP 协议

ICMP(Internet Control Message Protocol)与 IP 协议同属于网络层，用于传送有关通信问题的消息，例如数据报不能到达目标站，路由器没有足够的缓存空间，或者路由器向发送主机提供最短通路信息等。ICMP 报文封装在 IP 数据报中传送，因而不保证可靠的提交。ICMP 报文有 11 种之多，报文格式如图 4-26 所示。其中的类型字段表示 ICMP 报文的

类型	代码	校验和
参　数		
信息(可变长)		

图 4-26　ICMP 报文格式

类型，代码字段可表示报文的少量参数，当参数较多时写入 32 位的参数字段，ICMP 报文携带的信息包含在可变长的信息字段中，校验和字段是关于整个 ICMP 报文的校验和。

下面解释 ICMP 各类报文的含义。

(1) 目标不可到达(类型 3)：如果路由器判断出不能把 IP 数据报送达目标主机，则向源主机返回这种报文。另一种情况是目标主机找不到有关的用户协议或上层服务访问点，也会返回这种报文。出现这种情况的原因可能是 IP 头中的字段不正确；或是数据报中说明的源路由无效；也可能是路由器必须把数据报分段，但 IP 头中的 D 标志已置位。

(2) 超时(类型 11)：路由器发现 IP 数据报的生存期已超时，或者目标主机在一定时间

内无法完成重装配，则向源端返回这种报文。

(3) 源抑制(类型 4)：这种报文提供了一种流量控制的初等方式。如果路由器或目标主机缓冲资源耗尽而必须丢弃数据报，则每丢弃一个数据报就向源主机发回一个源抑制报文，这时源主机必须减小发送速度。另外一种情况是系统的缓冲区已用完，并预感到行将发生拥塞，则发出源抑制报文。但是与前一种情况不同，涉及的数据报尚能提交给目标主机。

(4) 参数问题(类型 12)：如果路由器或主机判断出 IP 头中的字段或语义出错，则返回这种报文，报文头中包含一个指向出错字段的指针。

(5) 路由重定向(类型 5)：路由器向直接相连的主机发出这种报文，告诉主机一个更短的路径。例如路由器 R1 收到本地网络上的主机发来的数据报，R1 检查它的路由表，发现要把数据报发往网络 X，必须先转发给路由器 R2，而 R2 又与源主机在同一网络中，于是 R1 向源主机发出路由重定向报文，把 R2 的地址告诉它。

(6) 回声(请求/响应，类型 8/0)：用于测试两个结点之间的通信线路是否畅通。收到回声请求的结点必须发出回声响应报文。该报文中的标识符和序列号用于匹配请求和响应报文。当连续发出回声请求时，序列号连续递增。常用的 PING 工具就是这样工作的。

(7) 时间戳(请求/响应，类型 13/14)：用于测试两个结点之间的通信延迟时间。请求方发出本地的发送时间，响应方返回自己的接收时间和发送时间。这种应答过程如果结合强制路由的数据报实现，则可以测量出指定线路上的通信延迟。

(8) 地址掩码(请求/响应，类型 17/18)：主机可以利用这种报文获得它所在的 LAN 的子网掩码。首先主机广播地址掩码请求报文，同一 LAN 上的路由器以地址掩码响应报文回答，告诉请求方需要的子网掩码。了解子网掩码可以判断出数据报的目标结点与源结点是否在同一 LAN 中。

4.5 公共数据网

4.5.1 X.25 建议

公共数据网 PDN(Public Data Network)是在一个国家或全球范围内提供公共电信服务的数据通信网。1960 年代以来，数据通信技术有了很大发展，一批商用的公共数据网纷纷建立起来。为了统一各种数据通信网络的接口，CCITT 于 1974 年提出了访问分组交换网的协议标准，即 X.25 建议，1980 年、1984 年、1988 年和 1992 年又对该协议标准进行了多次修订。这个标准分为三个协议层，即物理层、链路层和分组层，分别对应于 ISO/OSI 参考模型的低三层。

物理层规定用户主机或终端(即 DTE)与网络的物理接口，这一层协议采用 X.21 建议或 X.21 bis 建议。链路层提供可靠的数据传输链路，这一层的标准叫做 LAP-B(Link Access Procedure-Balanced)，它是 HDLC 的子集。分组层提供外部虚电路服务，这一层协议是 X.25 建议的核心，特别称为 X.25 PLP 协议(Packet Layer Protocol)。

图 4-27 表示三层之间的关系。本地的用户数据传送到 X.25 的分组层后，在前面加上包含控制信息的分组头。分组头和用户数据组成的分组交给数据链路层后，又加上帧头和帧尾组成数据帧，然后由物理层送入通信子网。帧头和帧尾信息由 LAP-B 实体用于控制数据链路的工作。

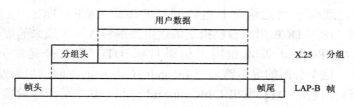

图 4-27   X.25 三层之间的关系

下面介绍 **X.25 PLP** 协议。

1. 虚电路的建立和释放

X.25 的分组层提供虚电路服务。有两种形式的虚电路：一种是虚呼叫(Virtual Call，VC)，一种是永久虚电路(Permanent Virtual Circuit，PVC)。虚呼叫是动态建立的虚电路，包含呼叫建立、数据传送和呼叫清除等几个过程。永久虚电路是网络指定的固定虚电路，像专线一样，无需建立和释放连接，可直接传送数据。

无论是虚呼叫或是永久虚电路，都是由几条虚拟连接共享一条物理信道。一对分组交换机之间至少有一条物理链路，几条虚电路可以共享该物理链路。每一条虚电路由相邻结点之间的一对缓冲区实现，这些缓冲区被分配给不同的虚电路号以示区别。建立虚电路的过程就是在沿线各结点上分配缓冲区和虚电路号的过程。图 4-28 是一个简单的例子，用来说明虚电路是如何实现的。图中有 A、B、C、D、E 和 F 共 6 个分组交换机。假定每个交换机可以支持 4 条虚电路，所以需要 4 对缓冲区——每条虚电路需要一个输入缓冲区和一个输出缓冲区。图 4-28 建立了 6 条虚电路，其中一条是"③ 1-BCD-2"，它从 B 结点开始，经过 C 结点，到达 D 结点连接的主机。根据图上的表示，对 B 结点连接的主机来说，给它分配的是 1 号虚电路，对 D 结点上的那个主机来说，它连接的是 2 号虚电路。可见连接在同一虚电路上的一对主机看到的虚电路号不一样，这就是以前讲过的"同一连接的两个连接端点标识不同"。

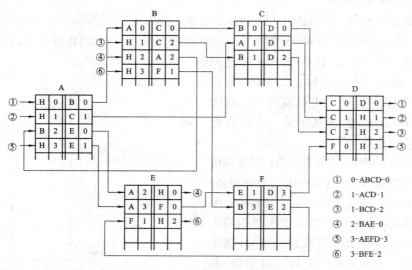

图 4-28   虚电路表的例

图 4-29 表示通过虚呼叫进行数据通信的例子。当一个 DTE 想与远方的 DTE 通信时首先要建立虚电路，它发送 **CallRequst** 分组，该分组中包含主呼方和被呼方的地址以及它指

定的虚电路编号。通信子网把这个分组传到目的地的 DCE，DCE 向目标 DTE 发出 IncomingCall 分组。除了 DCE 用它自己指定的虚电路编号代替了原来的虚电路编号之外，IncomingCall 和 CallRequest 基本相同。如果目标 DTE 愿意接受这个呼叫，则发出 CallAccepted 分组，这个分组的虚电路号与 IncomingCall 中的相同。当原发方 DCE 接收到 CallAccepted 分组后向它的 DTE 发出 CallConnectd 分组，这个分组中的虚电路编号又变回到主叫 DTE 原来使用的虚电路号，于是连接建立，可以进行全双工通信了。当任何一方想停止数据传输时，可以用类似的过程释放连接：即一方发出 ClearRequest 分组，并等待接收 ClearConfirm 分组；而另一方接收 ClearIndication 分组并以 ClearResponse 分组回答。

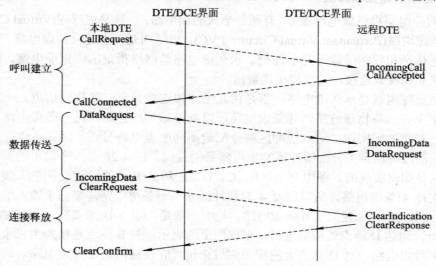

图 4-29　X.25 虚电路的建立和释放

2．虚电路编号的分配

分组中的虚电路编号用 12 位十进制数字表示。除 0 号虚电路为诊断分组保留之外，建立虚电路时可以使用其余的 4095 个编号，因而理论上说，一个 DTE 最多可建立 4095 条虚电路。这些虚电路多路复用 DTE—DCE 之间的物理链路，进行全双工通信。一条虚电路可能对应于一个应用程序、进程或终端。DTE 发出或接收的每个分组都属于某一个已存在或将要建立的虚电路。

虚电路编号的指派按照图 4-30 的规则进行。从 1 开始的若干编号(多少因实现而异)分配给永久虚电路，接着的编号区由 DCE 分配给呼入虚电路(由网络来)。DTE 发出呼叫请求 CallRequest 时从高区开始依次选择编号，指定给呼出虚电路。中间的双向选择区由 DTE 和 DCE 共享，当呼入编号区或呼出编号区溢出时可指派双向选择区的编号。显然，这种编号分区方法避免了呼叫冲突。

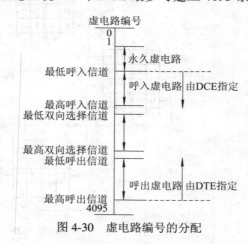

图 4-30　虚电路编号的分配

3. X.121 编址系统

X.25 使用由 CCITT X.121 建议定义的编址系统，这个系统类似于公共交换电话网。DTE 的地址由三部分组成，最多可包含多达 14 位十进制数字。其中有国家代码 3 位，网络代码 1 位，其余 10 位为网内地址代码。如果有的国家中网络多于 10 个，可以分配多个国家代码。例如分配给美国的国家代码是 310～329，允许美国最多可建立 200 个国际数据通信网。加拿大的国家代码是 302～307，可建立 60 个网络。每个网络有 10 亿个地址，足够标识每个主机或终端。

4. 流量和差错控制

X.25 的流控和差错控制机制与 HDLC 类似。每个数据分组都包含发送顺序号 P(S)和接收顺序号 P(R)。P(S)字段由发送 DTE 按递增次序指定给每个发出的数据分组，P(R)字段捎带了 DTE 期望从另一端接收的下一个分组的序号。如果一端没有数据分组要发送，则可以用 RR(接收就绪)或 RNR(接收未就绪)控制分组回送应答信息。X.25 默认的窗口大小是 2，但是对于 3 位顺序号窗口最大可设置为 7，对 7 位的顺序号，窗口最大可设置为 127。这是在建立虚电路时通过协商决定的。

X.25 的差错控制采用后退 N 帧 ARQ 协议。如果结点收到否定应答 REJ，则重传 P(R)字段指明的分组及其之后的所有分组。

4.5.2　帧中继

帧中继(Frame Relay，FR)最初是作为综合业务数字网(ISDN)的一种承载业务而开发的。按照 ISDN 的体系结构，用户与网络的接口分成两个平面,其目的是把信令和用户数据分开，参见图 4-31。控制平面在用户和网络之间建立和释放连接，而用户平面在两个端系统之间传送数据。

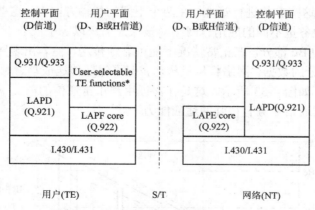

图 4-31　用户与网络接口协议的体系结构

FR 在第二层建立虚电路，用帧方式承载数据业务，因而第三层被省掉了。在用户平面，FR 帧比 HDLC 帧操作简单，只检查错误，不再重传，没有滑动窗口式的流量控制机制，只有拥塞控制。下面首先介绍帧中继提供的业务。

1. 帧中继提供的业务

FR 的虚电路分为永久虚电路(PVC)和交换虚电路(Switch Virtual Circuit，SVC)。PVC 是

在两个端用户之间建立的固定逻辑连接，为用户提供约定的服务。帧中继交换设备根据预先配置的虚电路表把数据帧从一段链路交换到另外一段链路，最终传送到接收用户，如图4-32所示。SVC是通过ISDN信令协议(Q931/ Q933)临时建立的逻辑信道，它以呼叫的形式建立和释放连接。很多帧中继网络只提供PVC业务，不提供SVC业务。

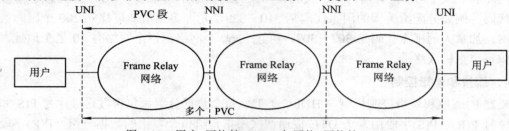

图 4-32   用户−网络接口 UNI 与网络−网络接口 NNI

帧中继虚电路以下面的参数区分不同的服务质量：

(1) 接入速率(AR)：指DTE可以获得的最大数据速率，实际上就是用户−网络接口(UNI)的物理速率。

(2) 约定突发量(Bc)：指在时间间隔Tc内允许用户发送的数据量(比特数)。

(3) 超突发量(Be)：指在Tc内超过Bc的比特数，对这部分数据，网络将尽力传送。

(4) 约定信息速率(CIR)：指正常状态下的信息速率，取Tc内的平均值。

(5) 扩展的信息速率(EIR)：指允许用户增加的信息速率。

(6) 数据速率测量时间(Tc)：指测量Bc和Be的时间间隔。

(7) 信息字段最大长度：指帧中包含的信息字段的最大字节数，默认为1600字节。

这些参数之间有如下关系：

$$Bc = Tc * CIR$$
$$Be = Tc * EIR$$

FR在UNI上对这些参数进行管理。在两个不同的传输方向上，这些参数可以不同，以适应两个传输方向业务量不同的应用。网络应该保证用户以等于或低于CIR的速率传送数据。对于超过CIR的Bc部分，在正常情况下能可靠地传送，但若出现网络拥塞，则会被优先丢弃。对于Be部分的数据，网络将尽量传送，但不保证传送成功。对于超过Bc+Be的部分，网络拒绝接收，如图4-33所示。这是在保证用户正常通信的前提下防止网络拥塞的主要手段，对各种数据通信业务有很强的适应能力。

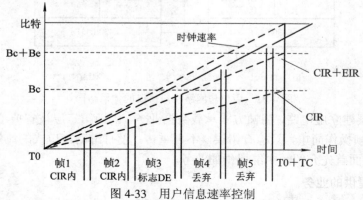

图 4-33   用户信息速率控制

在帧中继网中，用户的信息速率可以在一定的范围内变化，从而既可以适应流式业务，又可以适应突发式业务，这使得帧中继成为远程传输的理想形式，参见图 4-34。

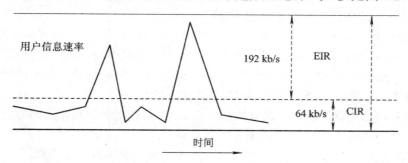

图 4-34　用户信息速率的变化

2. 帧中继协议

与 HDLC 一样，帧中继采用帧作为传输的基本单位。在控制平面，通过 D 信道传送 Q.921 定义的 LAP-D 帧，它具有流量和差错控制功能，用于可靠地交换 Q.933 信令，提供数据链路控制服务(建立和释放连接)。在用户平面，通过 Q.922 定义的 LAP-F 帧(Link Access Procedure for Frame mode bearer service)传送用户数据。LAP-F 类似于 LAP-B，但是省去了控制字段，其帧格式如图 4-35 所示。

01111110	地址	信息	FCS	01111110
1	2～4	长度可变	2	1

(a) 帧格式

8	7	6	5	4	3	2	1
DLCI(高位)						C/R	EA=0
DLCI(低位)				FECN	BECN	DE	EA=1

(b) 2字节地址格式

8	7	6	5	4	3	2	1
DLCI(高位)						C/R	EA=0
DLCI(低位)				FECN	BECN	DE	EA=0
DLCI(低位)						DC	EA=1

(c) 3字节地址格式

8	7	6	5	4	3	2	1
DLCI(高位)						C/R	EA=0
DLCI(低位)				FECN	BECN	DE	EA=0
DLCI(低位)							EA=0
DLCI(低位)						DC	EA=1

(d) 4字节地址格式

图 4-35　帧中继的帧格式

从图 4-35(a)看出，帧头和帧尾都是一个字节的帧标志字段，编码为"01111110"，与 HDLC 一样。信息字段长度可变，默认的最大长度是 1600 字节。帧校验序列也与 HDLC 相同。地址字段有 3 种格式，如图 4-35(b)、(c)、(d)所示。其中

- **EA**：地址扩展比特，为 0 时表示地址向后扩展一个字节，为 1 时表示最后一个字节。
- **C/R**：命令/响应比特，协议本身不使用这个比特，用户可以用这个比特区分不同的帧。
- **FECN**：向前拥塞比特，若该位被置为 1，则表示在帧的传送方向上出现了拥塞，该帧到达接收端后，接收方可据此调整发送方的数据速率。
- **BECN**：向后拥塞比特，若该位被置为 1，则表示在与帧传送相反的方向上出现了拥塞，该帧到达发送端后，发送方可以减小发送速率。
- **DE**：优先丢弃比特，当网络发生拥塞时，DE 为 1 的帧被优先丢弃。
- **DC**：该比特仅在地址字段为 3 或 4 字节时使用。一般情况 DC 为 0，若 DC 为 1，则表示最后一个字节的 3～8 位不再解释为 DLCI 的低位，而为数据链路核心控制使用。
- **DLCI**：数据链路连接标识符(Data Link Connection Identifier)，在 3 种不同的地址格式中分别是 10、16 和 23 位。它们的取值范围和用途如表 4-4 所示。

表 4-4　DLCI 取值范围及其应用

DLCI 取值范围			用　途
10 位	16 位	23 位	
0	0	0	信令
1～15	1～1023	1～131 071	保留
16～991	1024～63 487	131 072～8 126 463	传送用户数据的虚电路标识符
992～1007	63 488～64 511	8 126 464～8 257 535	用于第二层强化链路层管理
1008～1022	64 512～65 534	8 257 536～8 388 606	保留
1023	65 535	8 388 607	保留作信道内第二层管理

关于 FECN 和 BECN 的用法可参见图 4-36，这叫做显式拥塞控制。另外用户终端可以根据 ISDN 上层建立的序列号检测帧丢失的概率，一旦帧的丢失超过一定程度，用户终端要自动地降低发送的速率，这叫隐式流控。在没有流量控制的网络中，对于拥塞的控制需要用户和网络共同完成。

图 4-36　向前拥塞和向后拥塞

表 4-4 中的强化链路层管理 CLLM(Consolidated Link Layer Management)是另外一种拥塞控制方法。这种 CLLM 消息通过第二层管理连接(DLCI=1007)成批地传送拥塞信息，其中包含受拥塞影响的 DLCI 清单，以及出现拥塞的原因等。收到 CLLM 消息的终端可以采取相应的行动(例如减少发送的数据量)以缓解拥塞。

综上所述，LAP-F 帧有如下作用：

- 通过帧标志字节对帧进行封装，通过 0 比特插入技术做到透明的传输。
- 利用地址字段实现对物理链路的多路复用。
- 利用帧校验和检查传输错误，丢弃出错的帧。

- 检查帧的长度，丢弃太长(超过约定的长度)或太短(小于 1600 字节)的帧。
- 在 0 比特插入之前或删除之后帧的长度应为整数个字节，如果出错，则丢弃之。
- 对网络拥塞进行控制。

3. 帧中继的应用

帧中继原来是作为 ISDN 的承载业务而定义的,后来许多组织看到了这种协议在广域联网中的巨大优势,所以对帧中继技术进行了广泛的研究。这里有产业界成立的帧中继论坛 (Frame Relay Forum)，也有国际和地区的标准化组织,都在从事非 ISTN 的独立帧中继标准的开发(例如 ITU-T X.36)。这些标准删除了依赖于 ISDN 的成分,提供了通用的帧中继联网功能。同时主要的网络设备制造商(例如 Cisco、3COM 等)都支持帧中继远程网络,它们的路由器都提供了 FR 接口。图 4-37 是通过帧中继连接局域网的例子。

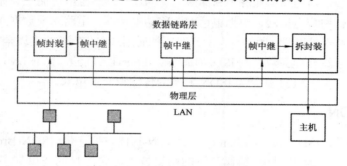

图 4-37　帧中继连接局域网

帧中继远程联网的主要优点如下:

- 基于帧交换的透明传输,可提供面向连接的服务。
- 帧长可改变,长度可达 1600~4096 字节,可以承载各种局域网的数据帧。
- 可以达到很高数据速率,2~45 Mb/s。
- 既可以按需要提供带宽,也可以应付突发的数据传输。
- 没有流控和重传机制,开销很少。

帧中继协议在第二层实现,没有定义专门的物理层接口,可以用 X.21、V.35、G.703 或 G.704 接口协议。用户在 UNI 接口上可以连接 976 条 PVC(DLCI = 16~991)。在帧中继之上不仅可以承载 IP 数据报,而且其他的协议(例如 LLC、SNAP、IPX、ARP、RARP 等)甚至远程网桥协议都可以在帧中继上透明地传输。帧中继论坛已经公布了多种协议通过帧中继传送的标准(例如 IP over RF)。

建立专用的广域网可以租用专线(E1/T1)，也可以租用帧中继 PVC。帧中继相对于租用专线有许多优点,例如:

(1) 由于使用了虚电路,所以减少了用户设备的端口数。特别对于星型拓扑结构,这种优点很重要。对于网状拓扑结构,如果有 N 台机器相连,利用帧中继可以提供 $N(N-1)/2$ 条虚拟连接,而不是 $N(N-1)$ 个端口。

(2) 提供备份线路成为运营商的责任,而不需要端用户处理。备份连接成为对用户透明的交换功能。

(3) 采用 CIR+EIR 的形式可以提供很高的峰值速率,同时在正常情况下使用较低的 CIR,可以实现更经济的数据传输。

(4) 利用帧中继可以建立全国范围的虚拟专用网，既简化了路由又增加了安全性。

(5) 使用帧中继通过一点连接到 Internet，既经济又安全。

帧中继联网的缺点如下：

(1) 不适合对延迟敏感的应用(例如声音、视频)。

(2) 不保证可靠地提交。

(3) 数据的丢失依赖于运营商对虚电路的配置。

4.6　综合业务数字网

随着技术的进步，新的通信业务不断涌现，新的通信网络也应运而生。在今天的通信领域有各种各样的网络：用户电报网、模拟电话网、移动电话网、电路交换数据网、分组交换数据网、租用线路网、局域网和城域网等。为了开发一种通用的电信网络，实现全方位的通信服务，电信工程师们提出了综合业务数字网 ISDN(Integrated Service Digital Network)。在介绍 ATM 之前首先介绍 ISDN，因为 ATM 就是为 ISDN 开发的传输和交换技术。

4.6.1　窄带 ISDN

ISDN 分为窄带 ISDN(Narrowband ISDN，N-ISDN)和宽带 ISDN(Broadband ISDN，B-ISDN)。N-ISDN 是 20 世纪 70 年代开发的网络技术，它的目的是以数字系统代替模拟电话系统，把音频、视频和数据业务在一个网络上统一传输。从用户的角度看，这种网络的体系结构如图 4-38 所示。

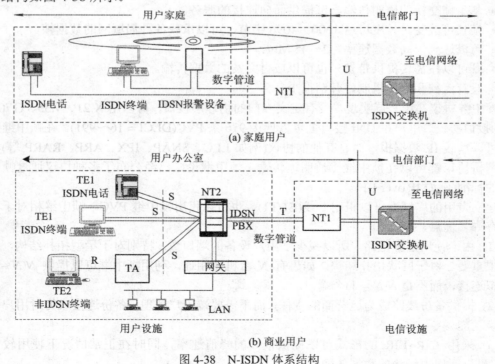

(a) 家庭用户

(b) 商业用户

图 4-38　N-ISDN 体系结构

用户通过本地的接口设备访问 N-ISDN 提供的数字管道。数字管道以固定的比特速率提供电路交换服务、分组交换服务或其他服务。为了提供不同的服务，ISDN 需要复杂的信令系统来控制各种信息的流动，同时按照用户使用的实际速率进行收费，这与电话系统根据连接时间收费是不同的。

ISDN 系统主要提供两种用户接口：即基本速率 2B + D 和基群速率 30B + D。所谓 B 信道是 64 kb/s 的话音或数据信道，而 D 信道是 16 kb/s 或 64 kb/s 的信令信道。对于家庭用户，通信公司在用户住所安装一个第一类网络终接设备 NT1。用户可以在连接 NT1 的总线上最多挂接 8 台设备，共享 2B + D 的 144 kb/s 信道，如图 4-38(a)所示。NT1 的另一端通过长达数公里的双绞线连接到 ISDN 交换局。

大型商业用户则要通过第二类网络终接设备 NT2 连接 ISDN，如图 4-38(b)所示。这种接入方式可以提供 30B + D(2.048 Mb/s)的接口速率，甚至更高。所谓 NT2 就是一台专用小交换机 PBX(Private Branch eXchange)，它结合了数字数据交换和模拟电话交换的功能，可以对数据和话音混合传输，与 ISDN 交换局的交换机功能差不多，只是规模小一些。

ISDN 系统的用户设备分为两种类型。1 型终端设备(TE1)符合 ISDN 接口标准，可通过数字管道直接连接 ISDN，例如数字电话、数字传真机等。2 型终端设备(TE2)是非标准的用户设备，必须通过终端适配器(TA)才能连接 ISDN。通常的 PC 机就是 TE2 设备，需要插入一个 ISDN 适配卡才能接入 ISDN。

ISDN 标准中定义了几个参考点，以便描述各种网络设备之间的接口，如图 4-39 所示。用户网络与 ISDN 公用网络之间是 T(Terminal)参考点，它代表用户设备与网络设备之间的接口。S(System)参考点对应于 ISDN 终端的接口，它把用户终端和网络通信功能分隔开来。R(Rate)参考点是非 ISDN 终端接口，而 U(User line)接口是用户线路与 ISDN 交换局之间的接口。

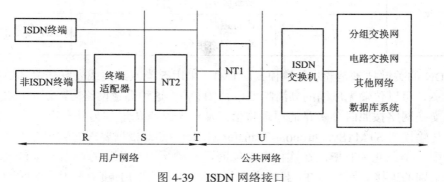

图 4-39   ISDN 网络接口

4.6.2   宽带 ISDN

N-ISDN 的缺点是数据速率太低，不适合视频信息等需要高带宽的应用，它仍然是一种基于电路交换网的技术。20 世纪 80 年代以来，ITU-T 成立了专门的研究组织，开发 W-ISDN 技术，后来在 I.321 建议中提出了 B-ISDN 体系结构和基于分组交换的 ATM 技术，如图 4-40 所示。B-ISDN 模型采用了与 OSI 参考模型同样的分层概念，同时还以不同的平面来区分用户信息、控制信息和管理信息。

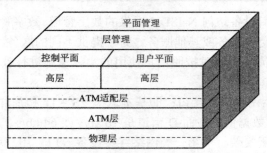

图 4-40　B-ISDN 参考模型

用户平面提供与用户数据传送有关的流量控制和差错检测功能。控制平面主要用于信令信息的管理。管理平面支持网络管理和维护功能。每一个平面划分为相对独立的协议层，共有四个层次，各层又根据需要分为若干子层，其功能如表 4-5 所示。

表 4-5　B-ISDN 各层的功能

层　次	子　层	功　能	与 OSI 的对应
高　层		对用户数据的控制	高　层
ATM 适配层	汇聚子层	为高层数据提供统一接口	第四层
	拆装子层	分割和合并用户数据	
ATM 层		虚通路和虚信道的管理 信元头的组装和拆分 信元的多路复用 流量控制	第三层
物理层	传输会聚子层	信元校验和速率控制 数据帧的组装和分拆	第二层
	物理介质子层	比特定时 物理网络接入	第一层

B-ISDN 的关键技术是异步传输模式(ATM)，采用 5 类双绞线或光纤传输，数据速率可达 155 Mb/s，可以传输无压缩的高清晰度电视(HTV)。这种高速网络有广泛的应用领域。

电路交换网络按照时分多路的原理将信息从一个结点传送到另外一个结点。这种技术叫做同步传输模式 STM (Synchronous Transfer Mode)，亦即根据要求的数据速率，为每一逻辑信道分配一个或几个时槽。在连接存在期间，时槽是固定分配的。当连接释放时，时槽就被分配给别的连接。例如在 T1 载波中，每一话路可以在 T1 帧中占用一个时槽，每个时槽包含 8 个比特，如图 4-41 所示。

图 4-41　同步传输模式的例

异步传输模式 ATM(Asynchronous Transfer Mode)与前一种分配时槽的方法不同。它把用户数据组织成 53 字节长的信元(cell)，从各种数据源随机到达的信元没有预定的顺序，而且信元之间可以有间隙。信元只要准备好就可以进入信道。没有数据时，向信道发送空信元,或者 OAM(Operation And Maintenance)信元,如图 4-42 所示。图中的信元排列是不固定的,这就是它的异步性,也叫做统计时分复用。所以 ATM 就是以信元为传输单位的统计时分复用技术。

图 4-42 异步传输模式的例

信元不但是传输的信息单位,而且也是交换的信息单位。在 ATM 交换机中,根据已经建立的逻辑连接,把信元从入端链路交换到出端链路,如图 4-43 所示。由于信元是 53 字节的固定长度,所以可以高速地进行处理和交换,这正是 ATM 区别于一般分组交换的特点,也是它的优点。

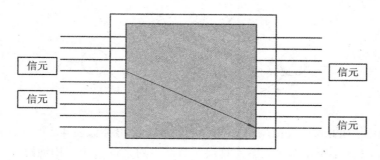

图 4-43 ATM 交换

ATM 的典型数据速率为 150 Mb/s。通过计算 150M/8/53 = 360 000,即每秒钟每个信道上有 36 万个信元来到,所以每个信元的处理周期仅为 2.7 μs。商用 ATM 交换机可以连接 16~1024 个逻辑信道,于是每个周期中要处理 16~1024 个信元。短的、固定长度的信元为使用硬件进行高速交换创造了条件。

由于 ATM 是面向连接的,所以 ATM 交换机在高速交换中要尽量减少信元的丢失,同时保证在同一虚电路上的信元顺序不能改变,这是 ATM 交换机设计中要解决的关键问题。

习 题

1. 假设两个用户之间的传输线路由 3 段组成(两个转接结点),每段的传输延迟为 1/1000 s,呼叫建立时间(电路交换或虚电路)为 0.2 s,在这样的线路上传送 3200 bit 的报文,分组的大小为 1024 bit,另外报头的开销为 16 bit,线路的数据速率是 9600 b/s。试分别计算在下列各种交换方式下端到端的延迟时间:

(1) 电路交换;

(2) 报文交换;

(3) 虚电路;

(4) 数据报。

2. 网络拓扑如下图所示,试分别用 Dijkstra 和 Bellman-Ford 算法求结点 A 到其他结点的最短通路。

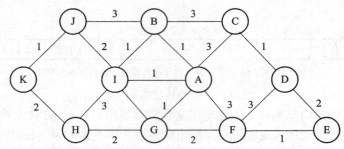

3. 分别写出上图的 Dijkjtra 算法和 Bellman-Ford 算法的程序。

4. 对下图应用 Dijkstra 算法计算最短通路树，给出类似表 4-1 的计算过程。

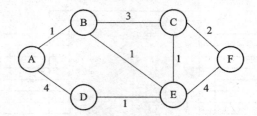

5. 对上题应用 Bellman-Ford 算法作同样的计算，给出类似表 4-2 的计算过程。

6. 所谓 Floyd-Warshall 算法能够计算出所有结点对之间最小费用通路，我们定义：

N——网络中的结点集合；

d_{ij}——从结点 i 到结点 j 的链路费用。$d_{ii} = 0$；当 i 和 j 不直接相连时 $d_{ij} = \infty$；

$D_{ij}^{(n)}$——从结点 i 到结点 j 的最短通路的费用，这里的限制条件是只能利用结点 1，2，…，n 作为中间结点。

算法的步骤如下：

(1) 初始化：对所有 i，j，$(i \neq j)$令

$$D_{ij}^{(0)} = d_{ij}$$

(2) For　$n = 0$，1，…，$N - 1$

$$D_{ij}^{(n+1)} = \mathrm{Min}\left[D_{ij}^{(n)} D_{i(n+1)}^{(n)} + D_{(n+1)j}^{(n)}\right]$$

解释这个算法，并用第 2 题的图验证之。

7. 在图 4-7 中，结点 1 使用泛洪式算法向结点 6 发送一个分组，我们把一个分组通过一段链路算作一个网络负载，对下面两种情况分别计算网络的总负载：

(1) 每一个结点丢弃进来的重复分组；

(2) 使用链路计数字段，初始位置为 5。

8. 一个网络采用"热土豆法"和静态路由相结合的路由选择机制，当分组到达一个结点时，结点将其送入首选队列(当且仅当该队列为空，线路空闲)，否则送到次选队列，没有第三种选择，如果到达目标的分组的速率为每秒 λ 个分组，服务速率为每秒 μ 个分组，那么有多大比例的分组被送到首选队列？假定分组到达和服务时间均为泊松分布。

9. 在随机式路由选择算法中，任何时候只存在分组的一个副本，是否可用跳步计数的

办法加以改进？为什么？

10. 有一种自适应路由选择算法，叫做向后学习法(Backward Learning)，当一个分组经过网络时，它不仅带着源和目标地址，而且对沿途经过的跳步进行计数，每一个结点都有一个路由表，表中记录着到达每个目标结点的跳步数和下一转发结点，那么如何利用分组带来的信息建立路由表呢？这种算法有什么优缺点？

11. 有一种交通控制技术叫做 isarithmic 算法，这种方法是给网络注入一定数量的许可证，用以控制网络中传输的分组数。许可证在网络中流动，当一个结点要接收主机发来的分组时它必须有一个并且消耗一个许可证，当一个分组到达目标结点后要恢复一个许可证。

(1) 这是什么类型的交通控制？

(2) 对这种技术列出至少 3 种潜在的问题。

12. 数据报子网允许结点丢弃分组。假定结点丢弃分组的概率为 P，源结点与宿结点之间的线路上有两个中间结点，如果分组在传输过程中丢失了，源结点会超时重发，那么

(1) 分组在传送过程中所走的平均链路段是多少？

(2) 分组的平均传输次数是多少？

(3) 每个到达宿结点的分组平均走的链路段是多少？

13. 常用的 Ping 工具使用了什么协议，如何工作？试用 Windows 中的 Ping 程序来测试网络中的其他工作站是否连通。

14. X.25 网络的第二层和第三层都有流量控制，两种流控都是必要的吗？为什么？

15. 在 X.25 分组中没有校验和字段，难道不需要保证分组正确提交吗？

16. 在 X.25 网络中通信双方使用的虚电路号不同，为什么？

17. 帧中继相对于 X.25 有哪些优点？

18. ATM 交换机有 1024 条输入线路和 1024 条输出线路，这些线路的数据速率都是 SONET 的 622 Mb/s。交换机处理这些负载的需要的总带宽是多少？交换机每秒钟要处理多少个信元？

第5章 传输层

传输层是提供通信服务的最高层，它弥补了通信子网的差异和不足，为两个远程用户进程提供端到端的通信。从另一个角度看，传输层又是用户功能中的最低层，通过网络互联的用户主机要实现任何远程信息交换必须利用这一层提供的服务。传输层协议要能在各种不同的网络上实现可靠的端到端通信，网络层提供的服务越差，传输协议要做的工作就越多，因而针对不同的网络，要有不同的传输协议。本章首先介绍传输层提供的服务，然后说明针对不同的网络应该提供什么样的传输协议，最后介绍互联网中常用的传输协议 TCP 和 UDP。

5.1 传输服务

传输层实体运行在用户主机中，利用通信子网提供的服务，向用户(应用进程或会话层实体)提供可靠的端—端通信服务。最常用的传输服务是面向连接的服务，这种服务具有基于连接的流量控制、差错控制和分组排序功能，因而面向连接意味着可靠和有序的提交。然而实现这种服务必须付出建立、维护和终止逻辑连接的开销。如果通过一对传输用户之间的连接传送的数据量很大，则付出这样的开销是值得的，反之就不合算了。在有些情况下，利用无连接的服务，可以减少通信开销。

无连接的服务(或称数据报服务)不保证可靠的顺序提交，这个缺点有时显得不很重要。例如通过网络定期地进行数据采集时，偶然丢失数据是允许的，因为后来的数据可以弥补以前的损失。又例如向网络用户广播消息或发布实时时钟消息时，也不在乎个别用户没有收到不很重要的报文。特别是在分布式事务处理环境中，通常采用请求—响应的工作方式，如果某个用户的请求没有得到服务器的响应，这种错误往往由用户进程处理，传输协议不必做差错恢复工作。在上述情况下，宁可使用不是很可靠但效率更高的无连接服务。因此，ISO 为传输层定义了两种服务：面向连接的传输服务和无连接的传输服务。

5.1.1 服务质量

传输实体应该根据用户的要求提供不同的服务质量(Quality of Service，QoS)，以下的服务质量参数在建立传输连接过程中是可协商的：

- 残留错误率；
- 传输失败的概率；
- 平均(或最大)传输时延；
- 平均(或最大)吞吐率；
- 优先级。

OSI 传输服务没有规定 QoS 参数的编码或许可值，因为各种具体的网络都有其特定的服务质量参数和取值范围。运行在用户主机中的传输实体根据下层网络提供的服务决定如何满足用户的要求。例如，如果 IP 协议提供了可选的服务质量参数，可以提供不同优先级、不同可靠性、不同的吞吐率和延迟时间的服务，则传输实体的工作只是顺水推舟地让下层实体实现用户的要求。又例如，X.25 网络具有协商吞吐率的机制，它可以改变流控参数和调配网络资源的数量，提供不同吞吐率的虚电路，运行在 X.25 网络上的传输层在处理用户的不同吞吐率要求时也不需要做多少工作，只是把用户的要求传达给下层网络。另外，传输实体也可采取其他的手段满足用户的要求，例如为了提高吞吐率，可以把一个传输连接分裂为几个虚电路连接。

即使如此，传输实体在满足用户要求的 QoS 参数时也可能打折扣，甚至根本做不到。这可能是由于通信子网提供的能力有限，或者是用户提出的要求不能兼顾，例如可靠性和延迟时间，吞吐率和服务价格之间必须做出一定的折中。在这种情况下传输层实体会向上层实体提出指标较低的反建议，如果得到认可，则按照降低规格的 QoS 参数建立连接。

有些应用层协议由于其特殊性总是希望得到特别的服务质量。例如文件传输协议需要大的吞吐率，甚至还需要高可靠性，以避免文件级的多次重传。又例如事务处理协议(实时数据库查询)要求低延迟，而电子邮件协议则要求多种优先级。实现这些应用的特殊要求的直接方法就是把有关服务质量的请求交给传输协议来完成。上一章提到 IP 协议可提供各种服务质量，下面要介绍的 TCP 协议也具有类似的功能。

5.1.2 加急投送服务

传输层实体可以提供加急投送服务，这种服务类似于高优先级服务，但是又有所区别。由于传输层要向上层提供可靠顺序的提交服务，所以对各种协议数据单元都要进行流量控制，但是加急投送数据不受流控的影响。加急投送服务的数据包可以赶上和超过前边的数据包，传输实体调动可用的传输设施尽快地传送加急数据。在接收端，传输实体用中断方式通知用户立即接收加急数据，并用加急的协议数据单元返回应答。加急投送服务仅用于需要紧急传送的少量数据，例如终端发出的中断字符或是告警状态指示等，而优先服务只是通过资源分配和信道参数的调整使得优先级高的数据比普通数据传送得更快一些。

5.1.3 连接管理服务

传输协议提供端系统之间面向连接的服务，传输实体要对连接的建立和释放进行管理。建立连接的过程可以是对称的，即允许任何一个用户启动建立连接的过程；也可以是非对称的，即仅允许一方提出连接请求，另一方只能接受(或不接受)对方提出的连接请求。非对称方式用于建立单向连接。连接的终止可以是突然的或平稳的，当连接突然终止时，正在传输中的数据就丢失了，而平稳地终止连接则可以保证所有在传输途中的数据在完整提交之前，任何一方不会释放资源，不会关闭连接。

5.2 传 输 协 议

5.2.1 传输协议的分类

支持传输层的网络服务多种多样，差别很大，所以传输协议极其复杂。ISO 定义了三种类型的网络服务。

A 型：网络连接具有可接受的残留差错率和可接受的失效通知率；

B 型：网络连接具有可接受的残留差错率和不可接受的失效通知率；

C 型：网络层提供无连接的服务，这种服务具有不可接受的残留差错率。

所谓差错是指有丢失或重复的网络层协议数据单元。如果差错被网络协议捕获并得到纠正，则这种差错对传输实体是透明的。如果网络层协议检测到了差错，但不能恢复，则必须通知传输实体，这叫失效通知。例如在 X.25 网络中发生复位时就会通知上层协议。还有的差错既没有得到纠正，也没有通知传输实体，这就是残留差错。

A 型网络服务是可靠的服务，分组在这种网络中传送既不会丢失也不会重复。运行在 A 型网络上的传输协议要做的工作很简单，它只提供建立和释放传输连接的机制。B 型网络更为常见，对这类网络服务而言，单个分组很少丢失，但网络层实体会因为内部拥挤、硬件故障或软件错误而发出复位(Reset)命令。这时差错恢复工作需要传输实体来做，即建立新的连接，重新取得同步，然后继续传送数据。大多数 X.25 公用数据网属于 B 型网络。C 型网络是不可靠的网络，运行在这种网络上的传输协议要能够检测网络服务中发生的差错并提供恢复机制。一些单纯提供无连接(数据报)服务的广域网，无线分组网和互联网均属此类网络。

对于不同的网络，需要不同的传输协议，为此 ISO 定义了 5 种传输协议，即 TP0、TP1、TP2、TP3 和 TP4。TP0 协议最简单，适用于 A 型网络，它是 CCITT 为智能用户电报(Teletex)开发的协议。TP0 提供的端到端的传输连接是基于网络连接管理的。TP0 为请求的传输连接建立一个对应的网络连接，并假定网络连接完全可靠，不再另外进行流控和排序，传输连接的释放也对应于网络连接的释放。TP1 协议适用于 B 型网络，它在 TP0 协议的基础上增加了最基本的差错恢复功能，这种协议也是 CCITT 设计的，主要用于 X.25 网络。差错恢复功能表现在对传输协议数据单元(TPDU)编号，当 X.25 复位(Reset)命令出现后可以重新取得同步，或者在 X.25 重启动(Restart)之后再建传输连接，流控功能仍然由网络层协议实现。这种协议也可以提供加急投送服务。TP2 是 TP0 的增强型协议，同样适用于 A 型网络，它不同于 TP0 之处在于提供了多路复用功能，即允许多个传输连接映射到同一个网络连接上。显然多路复用到同一网络连接上的各个传输连接必须单独提供流控功能，因为一个网络连接不能同时控制多个数据流。TP3 协议综合了 TP1 和 TP2 的优点，它具有 TP2 的多路复用和流控能力，也提供了 TP1 的差错恢复功能，适用于 B 型网络，TP4 协议适用于 C 型网络。这种协议假定网络不可靠，因而本身具有差错恢复、流控和排序机制，并提供多路复用功能。TP4 协议最复杂，功能也最齐全。下面针对 TP4 类协议讨论传输协议的实现机制。

传输协议的实现机制取决于它赖以运行的网络环境以及提供的服务类型。下面我们假定传输服务必须满足最严格的要求，即面向连接的服务，可靠的、顺序的提交。在这个前提下我们讨论针对不同的网络环境应采取什么样的协议实现机制。

5.2.2　寻址

寻址功能关系到用户如何在通信环境中标识自己，也关系到通信用户如何得到对方的名字或地址，无论对于什么样的传输协议这种功能都是必备的。

寻址问题初看起来简单，其实很难办。原因是联网设备往往来自不同的厂家，类型不同而且没有统一的命名约定。另一方面，如果规定一种统一的全局编址方案，由于下面的原因也不能完全解决问题：

(1) 有的通信实体是移动的，它的地址会改变；

(2) 有的通信设备连接到多个网络上，每个网络独立地为它指定地址。

命名和寻址的问题没有统一的解决办法，下面讨论几种解决这个问题的思路。首先我们区分两种名字结构：分层名字和扁平名字。全局的实体名可以是分层的，即采用这样的形式：<网络> <系统> <实体名>，其中每个字段都是固定长度的标识符。<网络>和<系统>字段分别在整个互联网和网络中有效，而实体字段只在它所属的系统中有局部意义；扁平名字在整个通信环境中有全局意义，这要求整个名字空间足够大，能容纳所有的通信实体，并且预先把统一的名字空间分配给各个通信系统，各系统再对其所含的通信实体指定具体的名字。

与扁平名字结构相比，分层名字结构有一些优点：首先是容易增加新的名字，因为每一个通信实体的名字只在它所属的局部系统中有效，只要不与系统中的其他实体同名即可，当一个通信实体移动时可以用原来的名字加入到新的系统中，而增加一个新的扁平名字就得考虑是否与其他全局名字相冲突；其次分层名字可提供地址信息，因而具有路由功能，扁平名字则不能指示通信实体属于哪个网络或主机系统。

无论采用什么样的名字结构，传输用户必须能够从名字中推导出通信对方的网络编号、站地址、传输实体标识和用户标识。通常，用户地址采用这样的形式：<站地址，端口号>。站地址字段表示用户所在的主机系统，端口号与具体的用户相联系。在 OSI 环境中，站地址就是网络层服务访问点 NSAP，而端口号则对应于传输层服务访问点 TSAP。这种地址结构中没有传输实体标识字段，是因为通常一个站仅包含一个传输实体，所以站地址就代表了该站上的传输实体。即使一个站有几个传输实体，而各个传输实体应用的传输协议类型不同，只要指明传输协议的类型(例如 TP0 或 TP1)就可以区分了。在一个网络内部通信，站地址唯一地标识一个主机系统，在互联网环境下，站地址应该包含网络编号信息。

由于路由问题与传输层无关，因而传输层实体把站地址送给本地的网络层，而把端口号放在传输协议数据单元 TPDU 中，由目标站的传输实体来确定期望的传输用户。

一个传输用户如何能够知道另外一个传输用户的地址呢？至少有三种办法可供选择：首先，有些进程提供公共服务，它的地址是众所周知的；其次，网络中可以配置一个名字服务器，请求服务的用户可以查找名字服务器，得到需要的服务进程地址；最后一种办法是供那些临时进程使用的，这种进程仅当被请求时才由系统派生出来，因而它不应该经常占用一个端口地址。发起端的用户进程首先向远端的系统特权进程(它的地址是已知的)发出请求,这个特权进程响应用户的请求派生出新的临时进程,并给它分配一个临时端口地址。

例如网络中有一个分时系统提供公共服务,它的地址是众所周知的,任何用户都可以通过自己的终端登录在分时系统上。又例如为了均衡负载,数据输入进程可能在局域网中从一个站移动到另一个站,这个进程的名字必须保存在名字服务器中,当它移动时名字服务器随时更新其地址。在大型主机上运行一个仿真程序,则可作为一个临时进程的例子,终端用户首先向主机上的远程作业管理进程发出请求,管理进程派生出仿真进程并返回它的端口地址。

5.2.3 多路复用

TP2～TP4 类传输协议都提供多路复用功能,即由多个传输连接共享同一网络连接。由于在虚电路存续期间每个网络结点都要为之分配一定的缓冲资源,所以网络连接通常是按连接时间计费的。在单个网络连接提供的吞吐率足够的情况下,把多个传输连接复用到一条网络连接上可合理地分担费用。这种方式的多路复用可以称为向上的多路复用。向下的多路复用也叫分流,即把一个传输连接分配到多个网络连接上,这样可以获得较高的吞吐率,并增加可靠性。TP4 协议提供了分流功能。

5.2.4 流量控制

通过传输连接的数据流动如图 5-1 所示,其流动过程为:发送端用户→发送端传输实体→发送端网络服务→接收端网络服务→接收端传输实体→接收端用户。接收端传输实体要求限制数据流动的速率可能是出于下面的原因:

(1) 接收端用户来不及接收数据;
(2) 接收端传输实体来不及接收数据。

实现传输层流控要比实现数据链路层流控复杂得多,因为传输层对等实体之间不是像数据链路层实体那样直接相连,传输实体之间的延迟大,而且延迟是变化的。

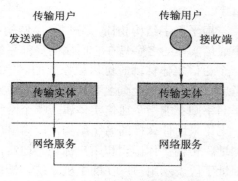

图 5-1 传输连接上的数据流动

接收端传输实体为传输连接维持一定数量的缓冲区,它从本地的网络服务中接收 TPDU,放入缓冲区,然后检查传输头,并把数据传送给接收用户。如果 TPDU 来到的速度太快,就会引起接收缓冲区溢出或是使传输用户来不及接收。如果不进行流控,只是简单地丢弃 TPDU,则发送端由于得不到应答而必须重传丢弃的 TPDU。在发送速率不减缓的情况下再加上重传的 TPDU 会使情况进一步恶化,所以实施流控是必要的。实现传输层流控可采用下面一些方案:

(1) 接收端传输实体拒绝接受网络实体送来的 TPDU;
(2) 利用固定大小的滑动窗口协议;
(3) 利用信贷(credit)滑动窗口协议。

上述第一种方案是利用网络层流控实现传输层流控。当传输实体缓冲区充满时拒绝接受网络服务送来的数据，这就触发了网络中的流控过程，从而引起发送端的网络服务不再接受它上面的传输实体发来的 TPDU。显然这个机制是粗糙的，特别是当多个传输连接复用在一个网络连接上时，这种控制就完全失效了，因为网络流控无法对各个传输连接分别提供流控。不过有的传输协议确实采用了这个方案。

第二种方案是数据链路层使用的方法。每一个数据单元都按顺序编了号，窗口大小是固定的，发送方只能发送顺序号落在窗口内的协议数据单元，每收到一个肯定应答信号，窗口向前滑动一定距离。当接收方想要减缓或者停止接收时就暂停发送应答信号，发送方发完窗口内的协议数据单元后停止发送。如果基础网络是可靠的，没有协议数据单元的损坏和丢失，那么，发送方无须超时重传，只是等待应答信号的到来，然后向前滑动窗口，再继续发送。如果基础网络不可靠，就需要某种重传机制的辅助。

第三种方案在控制数据流动速率方面给接收方提供了更大的自由度，在基础网络可靠的情况下，这种控制策略能产生平滑的数据流动，在基础网络不可靠时，它还是一种差错控制手段。这种控制技术把接收方的应答信号与流控信号分开处理，不像固定大小的滑窗协议那样对两者用同一个信号控制。为了理解信贷滑窗协议，我们用图 5-2 为例说明它的原理。

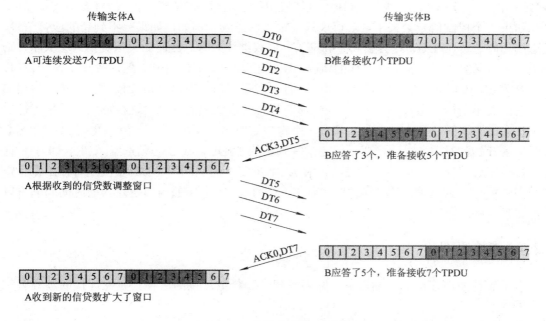

图 5-2 信贷滑窗协议的例

在图 5-2 的例子中，TPDU 按模 8 编号。在建立传输连接的过程中，发送和接收顺序号得到同步，发送方传输实体 A 得到的信贷数为 7，即允许它连续发送 7 个 TPDU，而接收方传输实体 B 已保留了 7 个缓冲区，准备接收 0～6 号 TPDU。发送方 A 每收到对一个 TPDU 的肯定应答，就把发送窗口后沿向前推进一格，每收到一定数额的信贷，则把它的窗口前沿向前推进相应的格数。B 每发出一个 TPDU 的应答，就把它的窗口后沿向前推进一格，当应答是积累应答时它的窗口后沿推进到应答的编号位置。例如在图 5-2 中，B 用(ACK3)一次应答了 0、1、2 三个协议数据单元，因而 B 的窗口后沿推进到 3 的位置。当 B 有新的自由缓冲区可用时，B 向 A 发出增加信贷的信号，并把接收窗口前沿推进到相应的位置。在图中(ACK3，CDT5)表示 B 有 5 个自由缓冲区，准备接收从 3 号 TPDU 开始的 5 个协议数据单元。

B 发出增加信贷数的时机和数量值得进一步讨论。保守的策略是当 B 已有自由缓冲区时才增加信贷，信贷数的多少正好等于已有的自由缓冲区的数量。更为大胆一些的策略是 B 虽然没有自由缓冲区，但考虑到端到端的传输延迟，估计当要求的 TPDU 来到时就可释放出新的自由缓冲区，这时也可增加信贷数额。在传输延迟时间很长的网络中，提前增加信贷数能改善吞吐率。但是如果提前的时间和发出信贷的数量掌握得不够准确，可能会造成 TPDU 来到时还没有得到预期的自由缓冲区，从而不得不丢弃数据的情况，这时又需要重传机制的协助，所以要优化吞吐率必然使协议操作更复杂。

在网络不可靠的情况下，对以上方案稍加改进，就可以工作得很好。假定传输实体 B 向 A 发出形式为(ACK N，CDT M)的控制信号，表示对编号为 N 之前的 TPDU 的肯定应答，并且准备接收 N 到(N + M − 1)的 TPDU。如果 B 想把信贷增加到 X，同时又没有收到新的 TPDU，B 可以发出控制信号(ACK N，CDT X)；另一方面，如果 B 要应答 Y 个新接收的 TPDU，而又不想增加信贷数，则 B 可继续发出控制信号(ACK N + Y，CDT M − Y)。

如果一个控制信号丢失了，对协议只有很小的影响。例如，如果等不到新的应答信号，发送端超时重传 TPDU，这会引起重新应答，协议继续有效。然而如果信贷信号丢失了，则会造成死锁。例如，可能出现这样的情况：B 发出(ACK N，CDT 0)，暂时关闭了发送窗口，后来 B 发出(ACK N，CDT M)，企图重新打开发送窗口，但这个流控信号丢失了。这时 B 认为它已发出了增加信贷的信号，而 A 却在等待信贷数额的到来，这样形成了互相等待的死锁状态。为了解决这个问题，B 需要一个窗口定时器。B 每发出一个(ACK，CDT)信号，定时器就开始计时，当定时器超时后还未等到新的 TPDU，则 B 必须重发(ACK，CDT)，这样就打破了死锁僵局。另外，也可以要求 A 对 B 发出的(ACK，CDT)做出回答，B 在一定时间间隔内等不到 A 的回答时就重发(ACK，CDT)，这时 B 的窗口定时器的时间间隔可以定得更长一些。

5.2.5　连接管理

为了支持面向连接的传输服务，需要有建立和释放连接的过程。建立连接的过程有三个作用：

(1) 使通信双方确信对方存在；

(2) 协商任选参数，例如 TPDU 长度、窗口大小以及服务质量等；

(3) 分配传输实体资源，例如存储缓冲区、连接入口表项等。

建立和释放连接涉及传输用户和传输实体的一系列动作。用户向本地传输实体发送命令，传输实体通过控制 TPDU 与对等实体交互作用，执行协议过程。用户命令和控制 TPDU 表示在表 5-1 中。连接状态之间的转换表示在图 5-3 中。

图 5-3 连接状态图

表 5-1 用户命令和控制 TPDU

用 户 命 令	控 制 TPDU
LISTEN 监听进来的连接请求	
OPEN 打开一个与远端用户的连接	RFC(Request For Connection)请求连接
CLOSE 关闭连接	CLS(Close)关闭连接

连接的空闲状态是指没有建立连接，这时用户可以向本地的传输实体发出 LISTEN 命令，要求建立一个连接对象(例如一个连接表项、套接字等)，等待远方发来的连接请求。有些公共服务程序就经常处于待命状态。如果用户改变了主意，可以发出 CLOSE 命令，传输实体则撤销已处于待命状态的连接对象，系统又回到空闲状态。在监听状态，如果传输实体收到请求连接信号 RFC，并立即用对应的 RFC 响应，连接就建立了，传输实体把待命的连接对象置为打开状态并通知用户。在空闲状态，用户也可以向传输实体发出 OPEN 命令，要求传输实体主动与远端的用户建立连接，于是传输实体响应用户的命令，发出连接请求 RFC，并等待远端对等实体发回的连接确认信号，一旦收到匹配的 RFC 就建立了一条传输连接。

建立连接的过程可能失败。在等待连接状态，如果远端传输实体发来的不是 RFC 信号，而是断开连接指示 CLS，则连接不能建立。CLS 中指明了连接失败的原因(资源耗尽、无法满足要求的服务质量等)，系统又回到空闲状态。如果本地用户突然改变主意，发出 CLOSE 命令，则连接过程也提前夭折。

如果两边同时主动要求建立连接，协议也能正常工作。然而当一方处于空闲状态，另一方要求建立连接时，这个协议可能失败，所以需要补充以下三个子过程(任选其一)：

(1) 传输实体发回 CLS，拒绝连接请求；

(2) 把连接请求排队，等候用户发出 LISTEN 命令；

(3) 传输实体用中断方式通知用户，要求建立连接。

如果使用最后一种机制，那么 LISTEN 命令实际上可以不要，或者用接受命令 ACCEPT 代替之。ACCEPT 表示用户同意按传输实体发来的请求建立连接。

连接的释放过程是与建立过程类似的。任何一方用户都可以(或两方同时)发出 CLOSE 命令来释放连接。连接释放时可以突然断连或平稳断连。为了实现平稳断连，等待 CLS 的一方必须继续接收 TPDU，直到收到对方发来的 CLS 后才能释放连接。

如果网络服务十分可靠，以上协议可以工作得很好，但当网络服务不可靠时，这个协议可能失败。下面讨论在 TP4 协议中增加的对付不可靠网络服务的过程。

事实上，在上述连接建立过程中，两方传输实体互相交换了 RFC 协议数据单元，这叫做两次握手。现在我们考虑在两次握手过程中出现网络服务不可靠的情况。假定 A 向 B 发出 RFC，并等待 B 送回的确认 RFC，这时有两种意外可能发生：A 的 RFC 丢失或 B 的 RFC 丢失，若求助于超时重传机制，A 可以重发 RFC，直到连接成功。

超时重传可能会引起重复的协议数据单元。如果 B 发出的确认 RFC 丢失了，A 超时重发 RFC，B 就会收到两个同样的 RFC；如果 B 的确认 RFC 没有丢失，而是延迟了，A 超时重发，引起 B 再一次应答，A 就会收到两个重复的确认 RFC。出现这些情况时我们要求 A 和 B 能区分重复的协议数据单元，并在连接建立后丢弃被重复的 RFC。

更为严重的问题是，重复的 RFC 可能在通信子网中存储起来，并且在连接已经释放后姗姗来迟，到达接收端。如果 A 发出的一个重复 RFC 在断连后到达 B，B 会以为是新来的连接请求，并照例给予响应。进一步推理，当 B 的响应 RFC 到达 A 时，A 刚好发出过第二次连接请求，A 错以为这就是对它刚发出的请求的响应，于是建立了连接。但是，我们明白，双方都错了，因而协议失败了。解决这个问题的办法是使用三次握手过程。在这个方案中，要求连接请求和连接确认都要显式表示出连接的序列号，并且接收方对发送方的 RFC 给予应答。在图 5-4 中给出了三个操作过程，其中用 RFC X 表示请求建立序号为 X 的连接，而 ACK X 则是接收方对 RFC X 的应答。

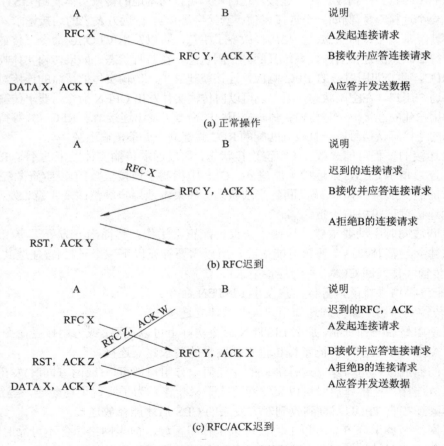

图 5-4 三次握手建立连接的例

在图 5-4(a)的正常操作过程中，发起连接的 RFC 包含一个连接序号 X，响应方回答了对方的 X 连接请求并用 RFC Y 指定了自己的连接序号 Y。发起方收到应答 ACK X 后开始发送数据 TPDU 并捎带应答 ACK Y。

图5-4(b)表示在连接关闭后出现了一个迟到的RFC X。B误认为这是新发来的连接请求，

并以(RFC Y，ACK X)响应。A 收到这个响应后能够根据连接序号识别出错误的连接请求，发出控制 TPUD RST(表示 Reset)，使 B 复位。注意，其中的 ACK Y 是必要的，表示这是针对 B 的 RFC Y 的复位信号。

图 5-4(c)表示在新连接建立的过程中出现了一个迟到的(RFC，ACK)，由于控制 TPDU 中含有连接序号，这个意外事件不会对现行的连接请求造成干扰。

与连接建立的过程类似，连接释放的过程也须考虑控制 TPDU 丢失和重复的情况，我们仍然用三次握手过程断开连接。图 5-5 表示释放连接时 4 种可能的操作过程，其中三个过程使用了超时重发机制。

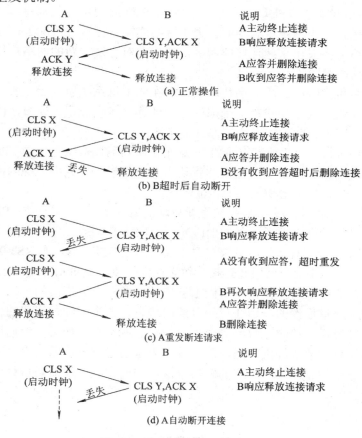

图 5-5　三次握手释放连接的例

在图 5-5(a)的正常操作情况中，应答信号按时到达引起连接被删除，即传输实体从它的连接表中清除相应的连接表项。图 5-5(b)中的 B 方在定时期间没有收到应答 ACK，超时后自动删除连接。但是在图 5-5(c)中，A 方定时器超时后必须重发断连请求，因为在不清楚 B 方是否收到过它发出的断连信号的情况下如果单方面断开连接，有可能造成半连接的情况。幸好，A 超时重发后结局很完满，以后都按正常操作方式断开连接。在图 5-5(d)中，事情就不是那么幸运，A 多次重发均不成功，只好一厢情愿地断开连接，B 方也在超时后自动终止连接。最后这一点很重要，为了彻底根除在网络出现没有察觉的故障时造成的半连接，应允许通信双方在一定时间内没有收到对方发来信号的情况下，自动断开连接。

5.2.6 网络失效和系统崩溃的恢复

不可靠的网络可能失效，网络层检测到失效后会通知上面的传输层，例如 X.25 网络就可能向上发出复位(Reset)或重启动(Restart)的通知。

首先考虑连接复位的情况。传输实体收到网络服务的通知，知道连接已经复位并估计路途中的数据可能丢失，故必须采取以下补救措施：

(1) 向对方发送控制 TPDU，告诉复位已经发生，并说明自己收到的最后一个 TPDU 的序号；

(2) 暂不发送新的数据 TPDU，等待对方回答的控制 TPDU。

更严重的问题是由于网络重启动而丢失了网络连接。在这种情况下，原来首先发起连接的一方要向网络服务发出重建连接的命令，然后向对方发送新的网络连接请求，最后用上述复位过程重新取得同步。

系统崩溃是主机系统的故障。当传输实体所在的主机系统崩溃后，所有连接状态信息都丢失了。如果主机系统重新启动，受崩溃影响的连接就变成了半连接，因为另外一方没有经历系统崩溃的灾难，并不知道这一方出了问题。

传输实体应该维持一个"放弃定时器"，这个定时器测量多次重传的 TPDU 的应答信号等待时间。放弃定时器超时后，传输实体就认为对方传输实体或中间的网络已经失效，自动关闭连接，并把异常情况通知上层的传输用户。

在传输实体(而不是主机)失效后很快重新启动的情况下，可以用复位 TPDU RST 迅速关闭所有半连接。失效一方每收到一个 TPDU X，以 RST X 回答，使对方复位。收到 RST X 的一方根据序号 X 检查其有效性，如果自己确实发出过 TPDU X，则 RST X 是有效的，知道对方已经复位，自己也要异常终止连接。经历崩溃恢复后是否重开连接由传输用户决定。如果要重开连接，如何取得同步是一个尚未解决的问题。经过崩溃的一边，一切状态信息都丢失了，只有未经过崩溃的一边才记得以前的状态。如果未经过崩溃的一边是发送方，从它的断点处继续发送，接收方收到的数据可能缺少或重复；如果未经崩溃的一边是接收方，重开连接后按它的要求继续发送，那么发送方是否保留着以前发送过的那些数据的拷贝也值得怀疑。这个问题没有一个好的解决办法，因而在系统崩溃后再行恢复总得承受数据丢失或重复的风险。

5.3 TCP 协议

在 TCP/IP 协议簇中有两个传输协议：传输控制协议(Transmission Control Protocol，TCP)和用户数据报协议(User Datagram Protocol，UDP)。TCP 是面向连接的，而 UDP 是无连接的。本节详细讨论 TCP 协议的有关内容。

5.3.1 TCP 服务

TCP 协议提供面向连接的可靠的传输服务，适用于各种可靠的或不可靠的网络。TCP

的功能基本与 ISO TP4 协议等价，但两者有一个重要的差别，即 TCP 的数据传送模型是面向字节流的，而 ISO TP4 是面向报文序列的。

TCP 用户送来的是字节流形式的数据，这些数据缓存在 TCP 实体的发送缓冲区中。一般情况下，TCP 实体自主地决定如何把字节流分段，组成 TPDU 发送出去。在接收端，也是由 TCP 实体决定何时把积累在接收缓冲区中的字节流提交给用户。分段的大小和提交的频度是由具体的实现根据性能和开销权衡决定的，TCP 规范中没有定义。显然，即使两个 TCP 实体的实现不同，也可以互操作。

另外，TCP 也允许用户把字节流分成报文，用推进(PUSH)命令指出报文的界限。发送端 TCP 实体把 PUSH 标志之前的所有未发数据组成 TPDU 立即发送出去，接收端 TCP 实体同样根据 PUSH 标志决定提交的界限。

表 5-2 和表 5-3 分别列出了 TCP 服务请求(用户到 TCP)和 TCP 服务响应(TCP 到用户)原语。两个被动打开命令对应于表 5-1 的 LISTEN 命令，而附带数据的主动打开命令类似于 X.25 的快速选择。源端口和目标端口就是传输服务访问点，目标地址指明远端 TCP 实体的网络地址和站地址。另外，用户可以确定一个时槽(Timeout)，如果数据在时槽内没有成功地提交，TCP 就丢弃数据，连接夭折。

表 5-2 TCP 服务请求原语

UNSPECIFIED-PASSIVE-OPEN(源端口，[时槽]，[超时处理]，[优先级]，[安全性]) 监听任何符合优先级和安全性要求的远端用户的连接请求
FULL-PASSIVE-OPEN(源端口，目标端口，目标地址，[时槽]，[超时处理]，[优先级]， [安全性]) 监听目标地址指明的符合优先级和安全性要求的远端用户的连接请求
ACTIVE-OPEN(源端口，目标端口，目标地址，[时槽]，[超时处理]，[优先级]，[安全性]) 请求建立一定优先级和安全性的连接
ACTIVE-OPEN W／DATA(源端口，目标端口，目标地址，[时槽]，[超时处理]，[优先级]， [安全性]，数据，数据长度，推进标志，紧急标志) 请求建立一定优先级和安全性的连接并传输数据
SEND(本地连接名，数据，数据长度，推进标志，紧急标志，[时槽]，[超时处理]) 向指名的连接上发送数据
ALLOCATE(本地连接名，数据长度) 为 TCP 分配一个接收数据的缓冲区
CLOSE(本地连接名) 平稳关闭连接
ABORT(本地连接名) 突发关闭连接
STATUS(本地连接名) 报告连接状态

表 5-3　TCP 服务响应原语

OPEN-ID(本地连接名，源端口，目标端口，目标地址) 向用户通知已建立的连接的名字
OPEN-FAILURE(本地连接名) 报告连接打开失败
OPEN-SUCCESS(本地连接名) 报告连接打开成功
DELIVER(本地连接名，数据，数据长度，紧急标志) 报告数据到达
CLOSING(本地连接名) 报告远端用户已发出 CLOSE 命令
TERMINATE(本地连接名，说明) 报告连接已经终止
STATUS-RESPONSE(本地连接名，源端口，源地址，目标端口，目标地址，连接状态，接收窗口，发送窗口，等待应答的数量，等待接收的数量，紧急标志，优先级，安全性，时槽) 报告连接的当前状态
ERROR(本地连接名，说明) 报告服务请求错误或内部错误

5.3.2　TCP 段头格式

TCP 只有一种类型的 TPDU，叫做 TCP 段，段头(也叫 TCP 头或传输头)的格式表示在图 5-6 中，其中的字段是：

(1) 源端口(16 位)：说明源服务访问点。

(2) 目标端口(16 位)：表示目标服务访问点。

(3) 发送顺序号(32 位)：本段中第一个数据字节的顺序号。

(4) 应答顺序号(32)：捎带应答的顺序号，指明接收方期望接收的下一个字节的顺序号。

(5) 偏置值(4 位)：传输头中的 32 位字的个数。因为传输头有任选部分，长度不固定，所以需要偏置值。

(6) 保留手段(6 位)：未用，所有实现必须把这个手段置全 0。

(7) 标志字段(6 位)：表示各种控制信息，其中 URG 为紧急指针有效 ACK 为应答顺序号有效；PSH 为推进功能有效；RST 为连接复位为初始状态，通常用于连接故障后的恢复；SYN 为对顺序号同步，用于连接的建立；FIN 为数据发送完，连接可以释放。

(8) 窗口(16 位)：为流控分配的信贷数。

(9) 检查和(16 位)：段中所有 16 位字按模 $2^{16}-1$ 相加的和，然后取 1 的补码。

(10) 紧急指针(16 位)：从发送顺序号开始的偏置值，指向字节流中的一个位置，此位置之前的数据是紧急数据。

(11) 任选部分(长度可变)：目前只有一个任选项，即建立连接时指定的最大段长。

(12) 补丁：补齐 32 位字边界。

源端口							目标端口	
发送顺序号								
接收顺序号								
偏置值	保留	URG	ACK	PSH	RST	SYN	FIN	窗　口
检查和							紧急指针	
任选项＋补丁								
用户数据								

图 5-6　TCP 传输头格式

下面对某些字段作进一步的解释。端口编号用于标识 TCP 用户，即上层协议。一些经常使用的上层协议，例如 Telnet(远程终端协议)、FTP(文件传输协议)或 SMTP(简单邮件传输协议)等都有固定的端口号，这些公用端口号可以在 RFC 文档(Request For Comment)中查到，往何实现都应该按规定保留这些公用端口编号，除此之外的其他端口编号由具体实现分配。

前面提到，TCP 是对字节流进行传送的，因而发送顺序号和应答顺序号都是指字节流中的某个字节的顺序号，而不是指整个 TCP 段的编号。例如某个段的发送顺序号为 1000，其中包含 500 个数据字节，则段中的第一个字节的顺序号为 1000，按照逻辑顺序，下一个段必然从第 1500 个字节处开始，其发送顺序号应为 1500。为了提高带宽的利用率，TCP 采用积累应答的机制，例如从 A 到 B 传送了 4 个段，每段包含 20 个字节数据，这 4 个段的发送顺序号分别为 30、50、70 和 90，在第 4 次传送结束后，B 向 A 发回一个 ACK 标志置位的段，其中的应答顺序号应为 110，一次应答了 4 次发送的所有字节，表示从起始字节到 109 字节都已正确接收。

同步标志 SYN 用于连接建立阶段。TCP 用三次握手过程建立连接，首先是发起方发送一个 SYN 标志置位的段，其中的发送顺序号为某个值 X，称为初始顺序号 ISN(Initial Sequence Number)，接收方以 SYN 和 ACK 标志置位的段响应，其中的应答顺序号应为 X + 1(表示期望从第 X + 1 个字节处开始接收数据)，发送顺序号为某个值 Y(接收端指定的 ISN)。这个段到达发起端后，发起端以 ACK 标志置位，应答顺序号为 Y + 1 的段回答，连接就正式建立了。可见所谓初始顺序号是收发双方对连接的标识，也与字节流的位置有关。因而对发送顺序号更准确的解释应该是：当 SYN 未置位时表示本段中第一个数据字节的顺序号；当 SYN 置位时它是初始顺序号 ISN，而段中第一个数据字节的顺序号应为·ISN + 1，正好与接收方期望接收的数据字节的位置对应，参见图·5-7，这个图与图 5-4(a)是对应的。

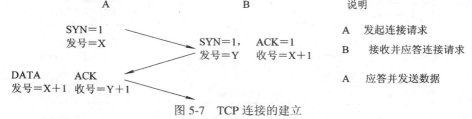

图 5-7　TCP 连接的建立

所谓紧急数据是 TCP 用户认为很重要的数据，例如键盘中断等控制信号。当 TCP 段中的 URG 标志置位时，紧急指针表示距离发送顺序号的偏置值，在这个字节之前的数据都是紧急数据。紧急数据由上层用户使用，TCP 只是尽快地把它提交给上层协议。

窗口字段表示从应答顺序号开始的字节数，即接收端期望接收的字节数，发送端根据这个数字扩大自己的窗口。窗口字段、发送顺序号和应答顺序号共同实现信贷滑动窗口协议。

检查和的检查范围包括整个 TCP 段和伪段头(Pseudo-header)。伪段头是 IP 头的一部分，表示在图 5-8 中。伪段头和 TCP 段一起处理有一个好处，如果 IP 把 TCP 段提交给错误的主机，TCP 实体可根据伪段头中的源地址和目标地址检查出错误。

图 5-8　TCP 检查和的范围

由于 TCP 是和 IP 配合工作的，所以有些用户参数由 TCP 直接传送给 IP 层处理，这些参数包含在 IP 头中，例如优先级、延迟时间、吞吐率、可靠性、安全级别等。TCP 头和 IP 头合在一起，代表了传送一个数据单元的开销，总共 40 个字节。

5.3.3 TCP 的连接管理

TCP 建立和释放连接的过程采用三次握手协议。这种协议的实际目的是连接两端都要声明自己的连接端点标识，并回答对方的连接端点标识，以确保不出现错误的连接。连接可能是主动建立的，也可能是被动建立的。在连接建立、存在和释放的各个阶段形成了不同的连接状态，表示在图 5-9 中，其中发送和应答的各种信号都是 TCP 段头中的标志。剩下的问题是 TCP 采用什么机制对付网络不可靠带来的灾难呢，特别是系统崩溃和重启动后如何处理过期的残余分组呢？

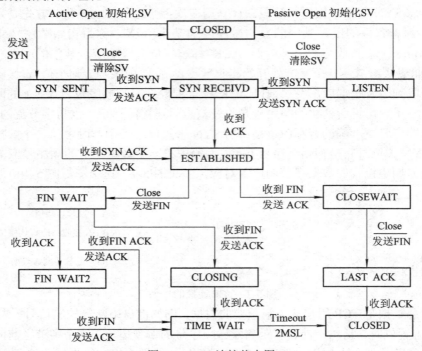

图 5-9　TCP 连接状态图

设想有这样一种情况：网络中存储了一个过期的连接请求 RFC X，这可能是不久以前某个站(比如 A)发出但由于网络拥挤尚未到达目标(比如 B)的 TPDU。如果 A 崩溃后恢复，重发对 B 的连接请求 RFC X，并且过期的连接请求可能比正式的连接请求先到达 B，而 B 无法区分两个类似(但又有所区别)的连接请求，于是应答了第一个连接请求(过期的)，丢弃了第二个连接请求，从而建立了错误的连接。这个问题三次握手也无法解决。

问题出在 A 在很短的时间内两次对同一个目标使用了同样的连接标识，而且两次连接请求的时间间隔又很短，在第一个请求没有从网络中消失时又发出第二个连接请求。如果规定传输实体在一段足够长的时间内不能使用同样的连接标识，这一问题就可以解决。我们知道 TCP 的连接标识是 ISN，是由传输头中的发送顺序号字段实现的，这个字段有 32 位长，从 2^{32} 个顺序号中顺序地选取 ISN，在很长一段时间内可以不重复，这样可以保证 ISN

在一段时间内的唯一性。然而问题又出在系统会崩溃，如果一个站从崩溃中恢复后又选取了同样的 ISN，则问题仍然没有解决。

重复的 ISN 不仅会引起建立错误的连接，而且在数据传送阶段也会造成错误的接收。类似的情况是，网络中残存着一个发送顺序号为 N 的数据段，这个残存数据段可以和新连接的具有同样发送顺序号 N 的数据段被接收站弄混，从而接收了过期的残存数据段而丢弃了新连接的有效数据段，造成协议无法察觉的错误。由于在 TCP 中数据段的发送顺序号与 ISN 有关，所以问题还是出在相同的 ISN。

保证 ISN 唯一的建议有许多，比如有的建议要求给连接请求信号打上时标，而且时间的分辨率要足够高，以保证同一个站永远都不会发出标识相同的连接请求。这当然是一种极其安全然而却很奢侈的实现，首先精度很高而且不受系统崩溃影响的时钟就很难办，也许只有美国军方的豪华版 TCP 才能做到。这个 TCP 规范要求利用当地的时间指定 ISN，时间分辨率为 4 μs，因而每 4.5 小时 ISN 循环一次($4.5 \times 3600 \times 10^6/4 \approx 2^{32}$)，这个时间间隔被认为是段最长生存期 MSL(Maximum Segment Lifetime)，超过这个时间间隔，隐藏在网络中的老的 TCP 段都消失了。考虑到 ARPAnet 是一个大而复杂的远程网，所以 MSL 的取值相对长一些。

对于一般的简单实现，不必要这么浪费，只要每次发出连接请求时避开 0、1 这些特殊数字选取一个 ISN 就可以了，这是在系统安全极限和最浪费的开销之间适当权衡的结果。当然这种简单实现并没有完全排除出现过期的相同 TCP 段的可能性，但是若把这样简单的 TCP 实现用在局域网(例如 Ethernet)上却仍然相当安全。因为在局域网环境中，MSL 大概只有几微秒，任何机器也不会在几微秒内从崩溃中恢复过来，所以当机器重发以前的连接请求时，MSL 已经过去了。

还有一个问题，就是当 TCP 实体检测到无效的段时如何处理。前面介绍过段头中有一个 RST 标志，可以用于纠正各种协议违例的情况，但并不是任何意外都需要 RST 来恢复。例如，接收站检测到一个窗口之外的数据段，则可以断定这是属于以前的连接的残余数据段，只要丢弃就可以了，不必发出 RST。另一方面，如果没有建立连接而收到一个非 RST 段，则必须以 RST 回答之。

具体地说，主要有三种类型的错误需要应付：

(1) 没有建立连接，甚至没有发出过 LISTEN 命令，这时对任何接收到的非 RST 段都要以 RST 回答之，特别是对那些呼叫一个并未产生端口的连接请求要以 RST 拒绝之；

(2) 如果连接过程尚未完成而收到一个对从未发出过的段的应答，则必须返回一个 RST，这样就消灭了那些迟到的残余应答段；

(3) 连接建立后，如果收到一个对窗口之外的数据的应答，这时不能发出 RST，而是要立即返回一个重新声明当前发送顺序号、接收指针以及窗口的段，以便重新取得同步，排除重复段的干扰。

RST 段的发送顺序号必须与它应答的违例段的发送顺序号相同。当 RST 段到达接收方时，接收方检查其中的顺序号，如果顺序号落在发送窗口中，则说明数据传输出错，大多数情况下，连接必须中止。但在有些情况下，例如接收方正在监听呼入请求或者在监听状态刚刚响应了一个连接请求，这时发出监听状态作为回答。如果 RST 段的顺序号没有落在接收方的发送窗口中，则忽略之，接收方认为这种 RST 是对以前差错的反应。

TCP 对连接的终止采用平稳断连的方法。连接的任何一端在数据发送完时，把最后一个数据段的 FIN 标志置位，表示这是最后一批数据，连接可以随后关闭，但是必须继续接收远端发来的数据，直到收到对方发来的 FIN 置位的段。这样，TCP 的断连是两方独立进行的，不会破坏途中正在传送的数据，而且也不需要采取额外的防止破坏途中数据的措施。

5.3.4 TCP 拥塞控制

TCP 的拥塞控制涉及到重传计时器管理和窗口管理，其目的都是与流控机制配合，缓解互联网中的通信紧张状况。

1. 重传计时器管理

TCP 实体管理着多种定时器(重传定时器，放弃定时器等)，用以确定网络传输时延和监视网络拥塞情况。定时器的时间界限涉及网络的端到端往返时延，静态计时方式不能适应网络通信瞬息万变的情况，所以大多数实现都是通过观察最近一段时间的报文时延来估算当前的往返时间的。一种方法是取最近一段时间报文时延的算术平均值来预测未来的往返时间，其计算方法如下：

$$\text{ARTT}(K+1) = \frac{K}{K+1}\text{ARTT}(K) + \frac{1}{K+1}\text{RTT}(K+1) \tag{5.1}$$

其中的 RTT(K)表示对第 K 个报文所观察到的往返时间，ARTT(K)是对前 K 个报文所计算的平均往返时间。利用这个公式，不必每次重新求和就可以得到最新的平均往返时间。

简单的算术平均方法不能迅速反映网络通信情况变化的趋势，改进的方法是对越是最近的观察值赋予越大的权值，使其对平均值的贡献越大，这种方法称为指数平均法，可以用下面的公式表示：

$$\text{SRTT}(K+1) = \alpha \times \text{SRTT}(K) + (1-\alpha) \times \text{RTT}(K+1) \tag{5.2}$$

其中，SRTT(K)被称为平滑往返时间估值，SRTT(0)= 0，0<α<1。

把(5.2)式展开，得到

$$\text{SRTT}(K+1) = (1-\alpha)\text{RTT}(K+1) + \alpha(1-\alpha)\text{RTT}(K) +$$
$$\alpha^2(1-\alpha)\text{RTT}(K-1) + \cdots + \alpha^k(1-\alpha)\text{RTT}(1)$$

从上式可以看出，越是早前的观察值，对平均值的贡献越小(α 的指数越大)。若 $\alpha = 0.5$，几乎所有权重都给了最近的 4 或 5 个观察值；当 $\alpha = 0.875$ 时，计算就扩大到最近的 10 个或更多个观察值。所得的结论是：使用的 α 值越小，则计算出的平均值对最近的网络通信量变化就越敏感，这样做的缺点是短期的通信量变化可能影响到平滑往返时间估值的过度震荡。在具体实现时要根据网络通信的特点采用一个合适的 α 值。

重传计时器的值 RTO 应该设置得比 SRTT 稍大，一种方法是增加一个常数值 Δ，即：

$$\text{RTO}(K+1) = \text{SRTT}(K+1) + \Delta$$

Δ 的值取多大，需要仔细斟酌。如果 Δ 的值取大了，对重传过程会造成不必要的延迟，如果 Δ 的值取小了，则观察到的往返时间 RTT 的微小波动就会造成不必要的重传。

相对于增加一个固定常数的方法，使用一个与 SRTT 成比例的计时器效果更好一些，如下式所示：

$$\text{RTO}(K+1) = \min(\text{UBOUND}, \max(\text{LBOUND}, \beta \times \text{SRTT}(K+1)))$$

其中 UBOUND 和 LBOUND 是两个选定的计时上限值和下限值，β 是常数。上式的意思是选取的重传计时值与平滑往返时间估值 SRTT 成比例，但其值应该处于选定的上下限之间。RFC 793 给出的例子是：α 在 0.8～0.9 之间，β 在 1.3～2.0 之间。

2. 慢启动和拥塞控制

TCP 实体使用的发送窗口越大，在得到确认之前发送的报文数就越多，这样就可能造成网络的拥塞，特别在 TCP 刚建立连接开始发送时对网络通信的影响更大。可以采用的一种策略是，让发送方实体在接收到确认之前逐步扩展窗口的大小，而不是从一开始就采用很大的窗口，这种方法称为慢启动过程。下面的慢启动过程是以报文数来描述的，报文数等于 TCP 段头中窗口字段的值除以报文段的字节数。

慢启动过程规定，TCP 实体发送窗口的大小按照下式计算：

$$awnd = min[credit，cwnd]$$

其中，awnd 为允许窗口的大小，TCP 实体在没有收到进一步确认的情况下可以发送的报文数；cwnd 为拥塞窗口的大小，在启动阶段或拥塞期间 TCP 实体使用的窗口大小(报文数)；credit 为最近一次确认报文中得到的信用量，以报文数计量。

在建立一个新连接后，TCP 实体初始化 cwnd = 1，即在发送了第一个报文段后就停止发送，等待确认后再发送下一个报文段，并且每收到一个确认，就把 cwnd 加 1，用以扩大发送窗口。最终的发送窗口大小是由收到的 credit 决定的。

实际上，cwnd 是以指数规律增长的。当第 0 个报文段的确认到达后，cwnd 被增加到 2，可以发送第 1 和第 2 段；当第 1 和第 2 个报文段的确认到达后，cwnd 经过两次增加，其值已经是 4 了；当这 4 个报文段都达到后，cwnd 经过 4 次增加，其值就是 8 了。

当网络开始出现拥塞时，上述技术是否有用呢？事实上，"让网络进入饱和状态很容易，而让网络从拥塞中恢复却很难"(Jacobson 语)，这就是所谓的高峰期的长尾效应。所以还得补充下列规则：

(1) 设置慢启动的门限值为目前拥塞窗口的一半，即 ssthresh=cwnd/2；

(2) 置 cwnd = 1，并且执行慢启动过程，直到 cwnd=ssthresh；

(3) 当 cwnd≥ssthresh 时，每经过一个往返时间 cwnd 加 1。

图 5-10 描绘了这种行为的效果。

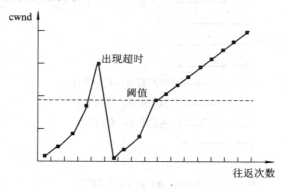

图 5-10　TCP 连接状态图

5.4　UDP 协议

　　UDP 也是常用的传输协议之一，它对应用层提供无连接的传输服务，虽然这种服务是不可靠的、不保证顺序的提交，但这并没有减少它的使用价值。相反，由于协议开销少而在很多场合相当实用，特别是网络管理方面，大都使用 UDP 协议。

　　UDP 运行在 IP 协议层之上，由于它不提供连接，所以只是在 IP 协议之上加上端口寻址能力，这个功能表现在 UDP 头上，如图 5-11 所示。

16 位	16 位
源端口	目标端口
段　长	检查和

图 5-11　UDP 头

　　UDP 头包含源端口号和目标端口号。段长指整个 UDP 段的长度，包括头部和数据部分。检查和与 TCP 相同，但是任选的；如果不使用检查和，则这个字段置 0。由于 IP 的检查和只作用于 IP 头，并不包括数据部分，所以当 UDP 的检查和字段为 0 时，实际上对用户数据不进行校验。

习　　题

　　1．TP0 类传输协议没有显式流控机制，这是否意味着允许处理速度较慢的接收端随意丢掉数据？

　　2．下面是应用信贷滑窗协议进行流控的例子，解释每一行的意义并画出窗口状态图：

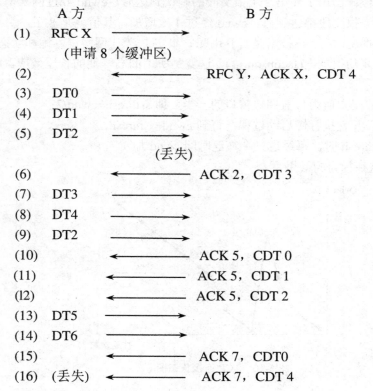

	A 方	B 方	解释
(1)	RFC X ——————→		
	（申请 8 个缓冲区）		
(2)	←——————	RFC Y，ACK X，CDT 4	
(3)	DT0 ——————→		
(4)	DT1 ——————→		
(5)	DT2 ——————→		
	（丢失）		
(6)	←——————	ACK 2，CDT 3	
(7)	DT3 ——————→		
(8)	DT4 ——————→		
(9)	DT2 ——————→		
(10)	←——————	ACK 5，CDT 0	
(11)	←——————	ACK 5，CDT 1	
(l2)	←——————	ACK 5，CDT 2	
(13)	DT5 ——————→		
(14)	DT6 ——————→		
(15)	←——————	ACK 7，CDT0	
(16)	（丢失） ←——————	ACK 7，CDT 4	

第(16)步以后会发生什么情况?

3. 两军问题如下所述:假想有一支白军被围困在山谷中,两侧的山上都是蓝军。如果任何一支蓝军单独向白军发起进攻,则蓝军必然失败;如果两支蓝军同时发起进攻,则蓝军必能消灭白军取得胜利。两支蓝军想使他们的进攻同步,因而必须进行通信;唯一的通信手段是派遣信使下山,经过白军阵地,把战斗开始的时间告诉对面的友军。然而信使可能被白军抓获而丢失信件,所以通信是不可靠的。那么请问存在让蓝军获胜的协议吗?类似于图 5-4 的三次握手协议有效吗?

4. 画出包括传输连接建立,数据传送和连接释放的全过程。设 TPDU 的最大长度为 128 字节,TSDU 的最大长度为 1024 字节。信贷数的起始值为 8,在数据传送阶段连接两端至少交换 2 个 TPDU,采用 7 位发送顺序号,要求标出数据 TPDU 的序号是怎样变化的。信贷数的控制可以自行设定。

5. 若使用两次握手而不是使用三次握手建立连接,是否会产生死锁?请给出死锁的例子或证明死锁不存在。

6. 试计算一个包括 5 段链路(其中两段是卫星链路)传输连接的端到端时延。卫星链路的传播时延是 270 ms,端到端的距离是 1500 km,信号传播速度是 210 000 km/s(光速的 70%),数据速率为 48 kb/s,帧长 960 bit。

7. 重复上题的计算,假定其中一个地面广域网的传输时延为 150 ms。

8. 用下列符号表示网络中的有关参数:

t_q—分组在中间结点的平均排队时间

t_s—分组在每个结点的发送时间

t_p—网络中最远两个结点之间的信号传播时间

t_E—网络中最远的两个结点之间的传输时延

t_R—接收端传输实体对收到的 TPDU 的处理时间

M—网络服务数据单元 NSDU 的最大传输时延(或曰生存期)

N—网络中最长通路上的结点数

试解释以下公式的含义

$$t_E = N(t_q + t_s) + t_p$$
$$M = 3t_E$$
$$r_w = 2M + t_q \text{(放弃定时器的时间)}$$

设有一个最大跨度为 5000 km 的广域网,数据速率为 56 kb/s,分组长 1070 bit,帧长 1120 bit,分组在中间结点中的排队等待时间平均为 20 ms,接收端传输实体的处理时间(t_R)为 30 ms,信号在线路上的传播速度为 200 000 km/s,最远两个结点之间经过 3 个转发结点,试计算该网络中放弃定时器的时间有多长。

9. 在 TCP 实体建立一个连接并开始慢启动过程后,在可以连续发送 N 个报文段之前需要花费多少个往返时间?

10. 为什么用户进程不能直接访问 IP 层而需要 UDP 协议?

第6章

局域网与城域网

局域网(Local Area Networks， LAN)是分组广播式网络，这是与分组交换式的广域网的主要区别。在广播网络中，所有工作站都连接到共享的传输介质上，共享信道的分配技术是局域网的核心技术，而这一技术又与网络的拓扑结构和传输介质有关。地理范围介于局域网与广域网之间的是城域网(Metropolitan Area Networks，MAN)，城域网采用的技术与局域网类似，两种网络协议都包含在 IEEE LAN/MAN 委员会制订的标准中。本章介绍几种常见的局域网和城域网的国际标准，以及工作原理和性能分析方法。

6.1 LAN 局域网技术概论

拓扑结构和传输介质决定了各种 LAN 的特点，决定了它们的数据速率和通信效率，也决定了适合于传输的数据类型，甚至决定了网络的应用领域。我们首先概述各种局域网使用的拓扑结构和传输介质，同时介绍两种不同的数据传输系统，最后引导出根据以上特点制定的 IEEE 802 标准。

6.1.1 拓扑结构和传输介质

1. 总线型拓扑

总线(见图 6-1(a))是一种多点广播介质，所有的站点都通过接口硬件连接到总线上。工作站发出的数据组织成帧，数据帧沿着总线向两端传播，到达末端的信号被终端匹配器吸收。数据帧中含有源地址和目标地址，每个工作站都监视总线上的信号，并拷贝发给自己的数据帧。由于总线是共享介质，多个站点同时发送数据时会发生冲突，因而需要一种分解冲突的介质访问控制协议。传统的轮询方式不适合分布式控制，总线网的研究者开发了一种分布式竞争发送的访问控制方法，本章后面将介绍这种协议。

对于总线这种多点介质，必须考虑信号平衡问题。任意一对设备之间传输的信号强度必须调整到一定的范围：一方面，发送器发出的信号不能太大，否则会产生有害的谐波使得接收电路无法工作；另一方面经过一定距离的传播衰减后，到达接收端的信号必须足够大，能驱动接收器电路，还要有一定的信噪比。如果总线上的任何一个设备都可以向其他设备发送数据,对于一个不太大的网络,譬如 200 个站点,则设备配对数是 39 800。要同时考虑这么多对设备之间的信号平衡问题,从而设计出适用的发送器和接收器是不可能的。制定网络标准时,考虑到这一问题的复杂性,所以把总线划分成一定长度的网段,并限制每个网段接入的站点数。

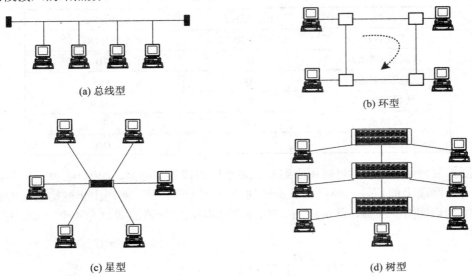

图 6-1 局域网的拓扑结构

适用于总线拓扑的传输介质主要是同轴电缆,同轴电缆分为传播数字信号的基带同轴电缆和传播模拟信号的宽带同轴电缆。这两种传输介质的比较表示在表 6-1 中。宽带电缆比基带电缆传输的距离更远,还可以使用频分多路技术提供多个信道和多种数据传输业务,主要用在城域网中,而基带系统则主要用于室内或建筑物内部连网。

表 6-1 总线网的传输介质

传输介质	数据速率	传输距离/km	站点数
基带同轴电缆	10 Mb/s,50 Mb/s(限制距离和结点数)数)	<3	100
宽带同轴电缆	500 Mb/s,每个信道 20 Mb/s	<30	1000

1) 基带系统

数字信号是一种电压脉冲,它从发送处沿着基带电缆向两端均匀传播,这种情况就像光波在(物理学家们杜撰的)以太介质中各向同性地均匀传播一样,所以总线网的发明者把这种网络称为以太网。以太网使用特性阻抗为 50 Ω 的同轴电缆,这种电缆具有较小的低频电噪声,在接头处产生的反射也较小。

一般来说,传输系统的数据速率与电缆长度、接头数量以及发送和接收电路的电气特性有关。当脉冲信号沿电缆传播时,会发生衰减和畸变,还会受到噪音和其他不利因素的影响。传播距离越长,这种影响越大,增加了出错的机会。如果数据速率较小,脉冲宽度就比较宽,比高速的窄脉冲更容易恢复,因而抗噪声特性更好。基带系统的设计需要在数据速率、传播距离、站点数量之间进行权衡。一般来说,数据速率越小,传输的距离越远;传输系统(收发器和电缆)的电气特性越好,可连接的站点数就越多。表 6-2 列出了 IEEE 802.3

标准中对两种基带电缆的规定。这两种系统的数据速率都是 10 Mb/s，但传输距离和可连接的站点数不同，这是因为直径为 0.4 英寸的电缆比直径为 0.25 英寸的电缆性能更好，当然价格也较昂贵。

表 6-2　IEEE 802.3 中两种基带电缆的规定

参数	10BASE 5	10BASE 2
电缆直径	0.4 英寸(RG-11)	0.25 英寸(RG-58)
数据速率/Mb/s	10	10
最大段长/m	500	185
传播距离/m	2500	1000
每段结点数	100	30
结点距离/m	2.5	0.5

若要扩展网络的长度，可以用中继器把多个网络段连接起来，如图 6-2 所示。中继器可以接收一个网段上的信号，经再生后发送到另一个网段上去。然而由于网络的定时特性，不能无限制地使用中继器，表 6-2 中的两个标准都限制中继器的数目为 4 个，即最大网络由 5 段组成。

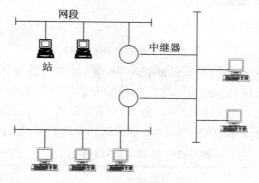

图 6-2　由中继器互连的网络

2) 宽带系统

宽带系统是指采用频分多路(FDM)技术传播模拟信号的系统。不同频率的信道可分别支持数据通信、TV 和 CD 质量的音频信号。模拟信号比数字脉冲受噪声和衰减的影响更小，可以传播更远的距离，甚至达到 100 km。

宽带系统使用特性阻抗为 75 Ω 的 CATV 电缆。根据系统中数/模转换设备采用的调制技术的不同，1 b/s 的数据速率可能需要 1～4 Hz 的带宽，则支持 150 Mb/s 的数据速率可能需要 300 MHz 的带宽。

由于宽带系统中需要模拟放大器，而这种放大器只能单方向工作，所以加在宽带电缆上的信号只能单方向传播，这种方向性决定了在同一条电缆上只能由"上游站"发送，而"下游站"接收，相反方向的通信则必须采用特殊的技术。有两种技术可提供双向传输：一种是双缆配置，即用两根电缆分别提供两个方向不同的通路(图 6-3(a))；另一种是分裂配置，即把单根电缆的频带分裂为两个频率不同子通道，分别传输两个方向相反的信号(图 6-3(b))。双缆配置可提供双倍的带宽，而分裂配置比双缆配置可节约大约 15% 的费用。

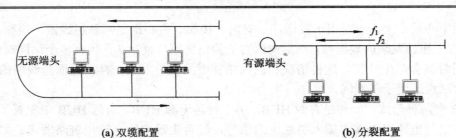

(a) 双缆配置　　　　　　　　　　(b) 分裂配置

图 6-3　宽带系统的两种配置

两种电路配置都需要"端头"来连接两个方向不同的通路。双缆配置中的端头是无源端头，朝向端头的通路称为"入径"，离开端头的通路称为"出径"。所有的站向入径上发送信号，经端头转接后发向出径，各个站从出径上接收数据。入径和出径上的信号使用相同的频率。

在分裂配置中使用有源端头，也叫频率变换端头。所有的站以频率 f_1 向端头发送数据，经端头转换后以频率 f_2 向总线上广播，目标站以 f_2 接收数据。

2．环型拓扑

环型拓扑由一系列首尾相接的中继器组成，每个中继器连接一个工作站(图 6-1(b))。中继器是一种简单的设备，它能从一端接收数据，然后在另一端发出数据。整个环路是单向传输的。

工作站发出的数据组织成帧。在数据帧的帧头部分含有源地址和目的地址字段，以及其他控制信息。数据帧在环上循环传播时被目标站拷贝，返回发送站后被回收。由于多个站共享环上的传输介质，所以需要某种访问逻辑来控制各个站的发送顺序。例如用一种特殊的控制帧——令牌来代表发送的权利，令牌在网上循环流动，谁得到令牌就可以发送数据帧。

由于环网是一系列点对点链路串接起来的，所以可使用任何传输介质。最常用的介质是双绞线，因为它们价格较低；使用同轴电缆可得到较高的带宽，而光纤则能提供更大的数据速率。表 6-3 中表示了常用的几种传播介质的有关参数。

表 6-3　环网的传输介质

传输介质	数据速率/Mb/s	中继器之间的距离/km	中继器个数
无屏蔽双绞线	4	0.1	72
屏蔽双绞线	16	0.3	250
基带同轴电缆	16	1.0	250
光纤	100	2.0	240

3．星型拓扑

星型拓扑中有一个中心结点，所有站点都连接到中心结点上。电话系统就采用了这种拓扑结构，多终端联机通信系统也是星型结构的例子。中心结点在星型网络中起到了控制和交换的作用，是网络中的关键设备。星型拓扑的网络布局见图 6-1(c)。

用星型拓扑结构也可以构成分组广播式的局域网。在这种网络中，每个站都用两对专线连接到中心结点上，一对用于发送，一对用于接收。中心结点叫做集线器，简称 HUB。HUB 接收工作站发来的数据帧，然后向所有的输出链路广播出去。当有多个站同时向 HUB 发送数据时就会产生冲突，这种情况和总线拓扑中的竞争发送一样，因而总线网的介质访问控制方法也适用于星型网。

HUB 有两种形式。一种是有源 HUB，另一种是无源 HUB。有源 HUB 中配置了信号再生逻辑，这种电路可以接收输入链路上的信号，经再生后向所有输出链路发送。如果多个输出链路同时有信号输入，则向所有输出链路发送冲突信号。

无源 HUB 中没有信号再生电路，这种 HUB 只是把输入链路上的信号分配到所有的输出链路上。如果使用的介质是光纤，则可以把所有的输入光纤熔焊到玻璃柱的两端，如图 6-4 所示。当有光信号从输入端进来时就照亮了玻璃柱，从而也照亮了所有输出光纤，这样就起到了光信号的分配作用。

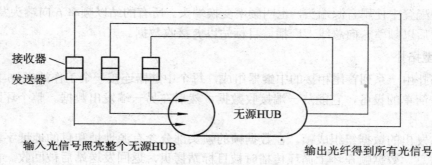

接收器
发送器

无源HUB

输入光信号照亮整个无源HUB   输出光纤得到所有光信号

图 6-4　无源星型光纤网

任何有线传输介质都可以使用有源 HUB，也可以使用无源 HUB。为了达到较高的数据速率，必须限制工作站到中心结点的距离和连接的站点数。一般说来，无源 HUB 用于光纤或同轴电缆网络，有源 HUB 则用于无屏蔽双绞线(UTP)网络。表 6-4 列出了有代表性的网络参数。

表 6-4　星型网的传输介质

传输介质	数据速率/Mb/s	从站到中心结点的距离/km	站数
无屏蔽双绞线	1～10	0.5(1 Mb/s), 0.1(10 Mb/s)	几十个
基带同轴电缆	70	<1	几十个
光纤	10～20	<1	几十个

为了延长星型网络的传输距离和扩大网络的规模，可以把多个 HUB 级连起来，组成星型树结构，如图 6-1(d)所示。这棵树的根是头 HUB，其他结点叫中间 HUB，每个 HUB 都可以连接多个工作站和其他 HUB，所有的叶子结点都是工作站。图 6-5 抽象地表示出头 HUB 和中间 HUB 的区别。头 HUB 可以完成上述 HUB 的基本功能，然而中间 HUB 的作用是把任何输入链路上送来的信号向上级 HUB 传送，同时把上级送来的信号向所有的输出链路广播。这样整棵 HUB 树就完成了单个 HUB 同样的功能：一个站发出的信号经 HUB 转接，所有的站都能收到。如果有两个站同时发送，头 HUB 会检测到冲突，并向所有的中间 HUB 和工作站发送冲突信号。

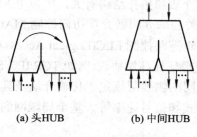

(a) 头HUB   (b) 中间HUB

图 6-5 头 HUB 和中间 HUB

6.1.2 LAN/MAN 的 IEEE 802 标准

IEEE 802 委员会成立于 1980 年 2 月，它的任务是制定局域网和城域网标准。802 委员会目前有 20 多个分委员会，它们研究的内容分别是：

- 802.1 局域网体系结构、寻址、网络互联和网络管理。
- 802.2 逻辑链路控制子层(LLC)的定义。
- 802.3 以太网介质访问控制协议 CSMA/CD 及物理层技术规范。
- 802.4 令牌总线网(Token-Bus)的介质访问控制协议及物理层技术规范。
- 802.5 令牌环网(Token-Ring)的介质访问控制协议及物理层技术规范。
- 802.6 城域网(MAN)介质访问控制协议 DQDB 及物理层技术规范。
- 802.7 宽带技术咨询组，提供有关宽带联网的技术咨询。
- 802.8 光纤技术咨询组，提供有关光纤联网的技术咨询。
- 802.9 综合声音数据的局域网(IVD LAN)介质访问控制协议及物理层技术规范。
- 802.10 网络安全技术咨询组，定义了网络互操作的认证和加密方法。
- 802.11 无线局域网(WLAN)的介质访问控制协议及物理层技术规范。
- 802.12 需求优先的介质访问控制协议(100VG-AnyLAN)。
- 802.14 采用 Cable Modem 的交互式电视介质访问控制协议及物理层技术规范。
- 802.15 采用蓝牙技术的无线个人网(Wireless Personal Area Network，WPAN)技术规范。
- 802.16 宽带无线接入工作组，开发 2～66 GHz 的无线接入系统空中接口标准。
- 802.17 弹性分组环(RPR)工作组，制定弹性分组环网访问控制协议及有关标准。
- 802.18 宽带无线局域网技术咨询组(Radio Regulatory)。
- 802.19 多重虚拟局域网共存(Coexistence)技术咨询组。
- 802.20 移动宽带无线接入(MBWA)工作组，正在制订宽带无线接入网的解决方案。
- 802.21 研究各种无线网络之间的切换问题，正在制定介质无关的切换业务(MIH)标准。
- 802.22 无线区域网(Wireless Regional Area Network，WRAN)工作组，正在制定利用感知无线电技术，在广播电视频段的空白频道进行无干扰无线广播的技术标准。

由于局域网是分组广播式网络，网络层的路由功能是不需要的，所以在 IEEE 802 标准中，网络层简化成了上层协议的服务访问点 SAP。又由于局域网使用多种传输介质，而介质访问控制协议与具体的传输介质和拓扑结构有关，所以 IEEE 802 标准把数据链路层划分成了两个子层。与物理介质相关的部分叫做介质访问控制 MAC(Media Access Control)子层，与物理介质无关的部分叫做逻辑链路控制 LLC(Logical Access Control)子层。LLC 提供标准的 OSI 数据链路层服务，这使得任何高层协议(例如 TCP/IP，SNA 或有关的 OSI 标准)都可运行于局域网标准之上。局域网的物理层规定了传输介质及其接口的电气特性，机械特性，接口电路的功能，以及信令方式和信号速率等。整个局域网的标准以及与 OSI 参考模型的对应关系如图 6-6 所示。

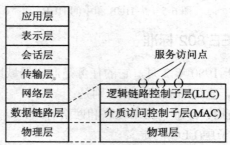

图 6-6   局域网体系结构与 OSI/RM 的对应关系

由图可以看出，局域网标准没有规定高层的功能，高层功能往往与具体的实现有关，包含在网络操作系统(NOS)中，而且大部分 NOS 的功能都是与 OSI/RM 或通行的工业标准协议兼容的。

局域网的体系结构说明，在数据链路层应当有两种不同的协议数据单元：LLC 帧和 MAC 帧，这两种帧的关系如图 6-7 所示。从高层来的数据加上 LLC 的帧头就成为 LLC 帧，再向下传送到 MAC 子层加上 MAC 的帧头和帧尾，组成 MAC 帧。物理层则把 MAC 帧当作比特流透明地在数据链路实体间传送。

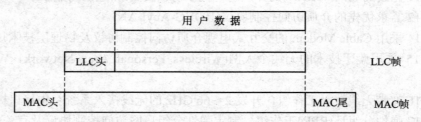

图 6-7   LLC 帧和 MAC 帧的关系

6.2   逻辑链路控制(LLC)子层

逻辑链路控制子层规范包含在 IEEE 802.2 标准中。这个标准与 HDLC 是兼容的，但使用的帧格式有所不同。这是由于 HDLC 的标志和位填充技术不适合局域网，因而被排除，而且帧校验序列由 MAC 子层实现，因而也不包含在 LLC 帧结构中；另外为了适合局域网中的寻址，地址字段也有所改变，同时提供目标地址和源地址。LLC 帧格式表示在图 6-8 中，帧的类型表示在表 6-5 中。

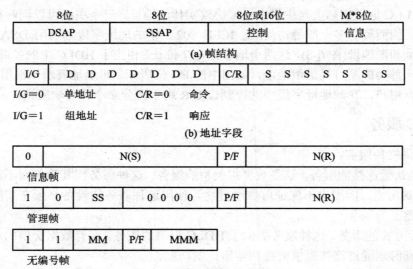

N(S)—发送顺序号；M—无编号帧功能位；P/F—询问/终止位；

N(R)—接收顺序号；S—管理帧功能位

图 6-8 LLC 帧格式

表 6-5 LLC 帧的类型

	控制字段编码	命 令		响 应	
1. 无确认无连接服务					
无编号帧	1100*000	UI	无编号信息		
	1111*101	XID	交换标识	XID	交换标识
	1100*111	TEST	测试	TEST	测试
2. 连接方式服务					
信息帧 管理帧	0-N(S)-*N(R)			I	信息
	10000000*N(R)			RR	接收准备好
	10100000*N(R)	I	信息	RNR	接收未准备好
	10010000*N(R)	RR	接收准备好	REJ	拒绝
	1111*110	RNR	接收未准备好		
	1100*010	REJ	拒绝		
无编号帧	1100*110	SABME	置扩充异步平衡方式	UA	无编号确认
	1111*000	DISC	断开	DM	断开方式
	1110*001			FRMR	帧拒绝
3. 有确认无连接服务					
无编号帧	1110*110	AC0	无连接确认	AC1	无连接确认
	1110*111	AC1	无连接确认	AC0	无连接确认

6.2.1 LLC 地址

LLC 地址是 LLC 层服务访问点。IEEE 802 局域网中的地址分两级表示，主机的地址是

MAC 地址，LLC 地址实际上是主机中上层协议实体的地址。一个主机可以同时拥有多个上层协议进程，因而就有多个服务访问点。IEEE 802.2 中的地址字段分别用 DSAP 和 SSAP 表示目标地址和源地址(图 6-8)，这两个地址都是 7 位长，相当于 HDLC 中的扩展地址格式。另外增加的一种功能是可提供组地址，如图中的 I/G 位所示。组地址表示一组用户，而全 1 地址表示所有用户。在源地址字段中的控制位 C/R 用于区分命令帧和响应帧。

6.2.2　LLC 服务

LLC 提供三种服务：

(1) 无确认无连接的服务。这是数据报类型的服务。这种服务因其简单而不涉及任何流控和差错控制功能，因而也不保证可靠地提交。使用这种服务的设备必须在高层软件中处理可靠性问题。

(2) 连接方式的服务。这种服务类似于 HDLC 提供的服务。在有数据交换的用户之间要建立连接，同时也通过连接提供流控和差错控制功能。

(3) 有确认无连接的服务。这种服务与前面两种服务有所交叉，它提供有确认的数据报。但不建立连接。

这三种服务是可选择的，用户可根据应用程序的需要选择其中一种或多种服务。一般来说，无确认无连接的服务用在以下两种情况：一种是高层软件具有流控和差错控制机制，因而 LLC 子层就不必提供重复的功能，例如 TCP 或 ISO 的 TP4 传输协议就是这样的；另一种情况是连接的建立和维护机制会引起不必要的开销，因而必须简化控制，例如周期性的数据采集或网络管理等应用场合，偶然的数据丢失是允许的，随后来到的数据可以弥补前面的损失，所以不必保证每一个数据都能可靠地提交。

连接方式的服务可以用在简单设备中，例如终端控制器，它只有很简单的上层协议软件，因而由数据链路层硬件实现流控和差错控制功能。

有确认无连接的服务有高效而可靠的特点，适合于传送少量的重要数据。例如在过程控制和工厂自动化环境中，中心站需要向大量的处理机或可编程控制器发送控制指令，由于控制指令的重要性，所以需要确认，但如果采用连接方式的服务，则中心站必然要建立大量的连接，数据链路层软件也要为建立连接、跟踪连接的状态而设置和维护大量的表格，这种情况下使用有确认无连接的服务更有效。另外一个例子是传送重要而时间紧迫的告警或紧急控制信号，由于重要，所以需要确认；由于紧急，所以要省去建立连接的时间开销。

6.2.3　LLC 协议

LLC 协议与 HDLC 协议兼容(表 6-5)，它们之间的差别如下：

(1) LLC 用无编号信息帧支持无连接的服务，这叫做 LLC 1 型操作。

(2) LLC 用 HDLC 的异步平衡方式支持 LLC 的连接方式服务，这种操作叫 LLC 2 型操作。LLC 不支持 HDLC 的其他操作。

(3) LLC 用两种新的无编号帧支持有确认无连接的服务，这叫 LLC 3 型操作。

(4) 通过 LLC 服务访问点支持多路复用，即一对 LLC 实体间可建立多个连接。

所有三类 LLC 操作都使用同样的帧格式，如图 6-8 所示。LLC 控制字段使用 LLC 的扩展格式。

LLC 1 型操作支持无确认无连接的服务。无编号信息帧(UI)用于传送用户数据。这里没有流控和差错控制，差错控制由 MAC 子层完成。另外有两种帧 XID 和 TEST 用于支持与 3 种协议都有关的管理功能。XID 帧用于交换两类信息：LLC 实体支持的操作和窗口大小；而 TEST 帧用于进行两个 LLC 实体间的通路测试。当一个 LLC 实体收到 TEST 命令帧后应尽快发回 TEST 响应帧。

LLC 2 型操作支持连接方式的服务。当 LLC 实体得到用户的要求后可发出置扩展的异步平衡方式帧 SABME，另一个站的 LLC 实体请求建立连接。如果目标 LLC 实体同意建立连接，则以无编号应答帧 UA 回答，否则以断开连接应答帧 DM 回答。建立的连接由两端的服务访问点唯一地标识。

连接建立后，使用 I 帧传送数据。I 帧包含发送/接收顺序号，用于流控和捎带应答。另外还有管理帧辅助进行流控和差错控制。数据发送完成后，任何一端的 LLC 实体都可发出断连帧 DISC 来终止连接，这些与 HDLC 是完全相同的。

LLC 3 型操作支持有确认无连接的服务，这要求每个帧都要应答。这里使用了一种新的无连接应答帧 AC(Acknowledged Connectionless)，信息通过 AC 命令帧发送，接收方以 AC 响应帧回答。为了防止帧的丢失，使用了 1 位序列号，发送者交替在 AC 命令帧中使用 0 和 1，接收者以相反序号的 AC 帧回答，这类似于停等协议中发生的过程。

6.3 介质访问控制技术

在局域网和城域网中，所有设备(工作站，终端控制器，网桥等)共享传输介质，所以需要一种方法能有效地分配传输介质的使用权，这种功能就叫做介质访问控制协议。在介绍具体的介质访问控制协议之前，首先概述各种介质访问控制技术的特点。

各种介质访问控制技术的特征可以由两个因素来区分：即"在哪里控制"和"怎样控制"。在哪里控制是指介质访问控制是集中的还是分布的。在集中式控制方案中有一个监控站专门实施介质的访问控制功能，任何工作站必须得到监控站的允许才能向网络发送数据；在分布式控制方案中，所有工作站共同完成介质访问控制功能，动态地决定发送数据的顺序。集中式控制有下列优点：

(1) 可以提供更复杂更灵活的控制策略，例如多种优先级，超越优先权，按需分配带宽等；

(2) 各个工作站的访问逻辑比较简单；

(3) 避免了复杂的协调和配合问题。

集中式控制的缺点如下：

(1) 监控站成为网络中的单失效点；

(2) 监控站的工作可能成为网络性能的瓶颈。

分布式控制的优缺点与集中式是对称的。决定"怎样控制"的问题受多种因素的限制，必须对实现费用、性能、复杂性等进行权衡取舍。一般来说可分成同步式控制和异步式控制两种。同步式控制是指对各个连接分配固定的带宽。这种技术用在电路交换、频分多路和同步时分多路网络中，但是对于 LAN 是不合适的，因为工作站对带宽的需求是无法预见的。更好的方法是带宽按异步方式分配，即根据工作站请求的容量分配带宽。异步分配方法可进一步划分为循环、预约和竞争三种方式。

6.3.1 循环式

在循环方式中，每个站轮流得到发送机会。如果工作站利用这个机会发送，则可能对其发送时间或发送的数据总量有一定限制，超过这个限制的数据只能在下一轮中发送。所有的站按一定的逻辑顺序传递发送权限。这种顺序控制可能是集中式的，也可能是分布式的。轮询(Polling)就是一种循环式集中控制，而令牌环则是一种循环式分布控制。

如果在一段时间中有很多站都要发送数据，这种循环方式是很有效的；如果长时间只有很少的站在发送数据，这种循环方式的开销太大，因为很多站都参与循环，仅传递发送权限，并不发送数据。在后一种情况下可以使用下面介绍的两种访问控制技术，这取决于网络通信是流式的还是突发式的。

6.3.2 预约式

话音通信、遥测通信和长文件的传输等需长时间连续传输的通信方式通常称为流式通信。预约式控制适合这种通信方式。一般来说，这种技术把传输介质的使用时间划分为时槽。类似地，预约也可以是集中控制的，或是分布控制的。IEEE 802.6 定义的 DQDB 协议可看做是预约式的例子。

6.3.3 竞争式

突发式通信就是短时间的零星传输，例如终端和主机之间的通信就是这样的，竞争式分配技术适合这种通信方式。这种技术并不对各个工作站的发送权限进行控制，而是由各个工作站自由竞争发送机会。可以想见，这种竞争是零乱而无序的，因而从本质上说，它更适合分布式控制。

竞争式分配的主要优点在于其简单性，在轻负载或中等负载下效率较高。当负载很重时，其性能很快下降。

以上的讨论是很抽象的，从下一小节开始我们将根据上述分类介绍具体的介质访问控制协议。这一小节的内容总结在表 6-6 中。

表 6-6 标准化的介质访问控制技术

	总线型拓扑	环型拓扑
循环式	令牌总线(IEEE 802.4)	令牌环(IEEE 802.5; FDDI)
预约式	DQDB(IEEE 802.6)	
竞争式	CSMA/CD(IEEE 802.3)	

6.4 以 太 网

对总线型、星型和树型拓扑最适合的介质访问控制协议是 CSMA/CD(Carrier Sense

Multiple Access/Collision Detection),这种技术的基带版本是 Xerox 公司的以太网。更早的宽带版本属于 MITRE 公司,是 MITREnet 局域网中的介质访问控制协议。所有这些工作构成了 IEEE 802.3 标准的基础。我们在详细讨论这种技术之前,先介绍早期对 CSMA/CD 协议有较大影响的 ALOHA 协议。

6.4.1 ALOHA 协议

ALOHA 和它的后继者 CSMA/CD 都是随机访问或竞争发送协议。随机访问意味着对任何站都无法预计其发送的时刻,竞争发送是指所有发送的站自由竞争信道的使用权。

ALOHA 系统是1970年代美国夏威夷大学的 Norman Amramson 等人为其地面无线分组网设计的,这种系统中有多个站点共享广播信道。假定所有站的数据业务特征具有明显的突发性:即大部分时间不发送数据,一旦有数据要发送,立即把数据组织成帧以全部信道带宽发送出去。在这种情况下广播信道由所有站随机地使用,要发送的站不管其他站是否使用信道都可发送。可以说信道是完全随机地分布控制的。

当然,工作站完全独立而随机地使用信道会发生冲突,只要两个站发送的数据帧在时间上有 1 bit 以上的重叠,都会使整个帧出错。幸好,发送站可以通过自发自收校验发现冲突,并随机延迟一段时间后重发冲突帧,如图 6-9 所示。可以看出这种协议的简单性:不需要接收站发回应答,甚至也不需要接收站进行差错校验(假若信道是理想的)。

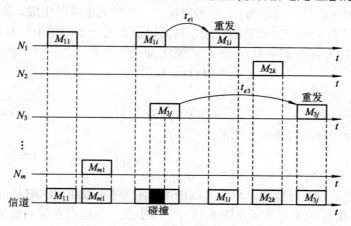

图 6-9　ALOHA 系统工作原理

这种简单系统的实用性取决于其工作效率如何。下面我们分析 ALOHA 系统的效率并找出改进的方法。为了简化讨论,我们假定:无限多个站共享理想的(无差错)广播式信道,网络平均负载保持常数;所有站发送的帧是等长的,一个帧时为 t_f;进入信道的帧数服从泊松分布,每个帧时内产生的帧数加上以前冲突需要重传的帧数之和的平均值为 G(即信道负载)。根据泊松分布,在任一帧时内进入信道的帧数为 K 的概率是

$$P(K) = \frac{G^K e^{-G}}{K!} \tag{6.1}$$

在完全随机发送的情况下,一个帧要能发送成功(不冲突),必须保证在当前帧发送的 t_f 内和当前帧发送之前的 t_f 内都没有其他(生成的或重传的)帧进入信道。换言之,冲突区间为 $2t_f$,如图 6-10 所示。

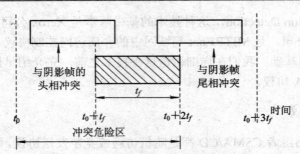

图 6-10　ALOHA 系统的冲突区间

因而在 $2t_f$ 时间内成功发送一帧的概率等于前一个帧时内不发送和后一个帧时内只发送一帧的概率，即

$$P_e = P(0) \times P(1) = Ge^{-2G} \tag{6.2}$$

这个式子也表示系统的吞吐率，即单位时间内发送的帧数

$$S = P_e = Ge^{-2G} \tag{6.3}$$

为了求得最大吞吐率，令 $dS/dG=0$，从而解得当 $G=0.5$ 时

$$S_{\max} = \frac{1}{2}e \approx 0.184 \tag{6.4}$$

1972 年 Robert 发表了一种能把 ALOHA 系统吞吐率提高一倍的方法。他建议把时间划分成离散的时间间隔，每个间隔为 t_f，称为时槽。一个帧无论何时生成，都必须在时槽的起点上发送。这样，为了一个帧成功的发送，只需保证在前一个时槽中只有此一个帧生成(或需要重传)，于是冲突区间缩小为 t_f，(6.2)式简化为

$$P_e' = P(1) = Ge^{-G} \tag{6.2'}$$

同时有

$$S' = P_e' = Ge^{-G}$$

当 $G=1$ 时得到系统的最大吞吐率

$$S'_{\max} = \frac{1}{e} \approx 0.368$$

为了区分，我们把这种系统称为分槽的 ALOHA，前一种叫做纯 ALOHA。两种系统效率(或信道利用率)与负载 G 的关系表示在图 6-11 中。为了进一步提高系统的信道利用率，需要增加更多的功能，例如载波监听功能，下面详细讨论之。

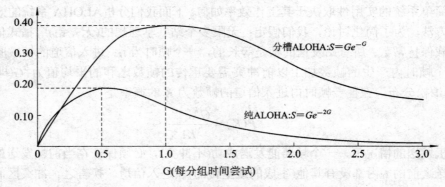

图 6-11　ALOHA 系统中效率与负载的关系

6.4.2　CSMA/CD 协议

纯 ALOHA 和分槽 ALOHA 系统效率都不是很高，主要缺点是各站独立地决定发送的时刻，使得冲突概率很高，信道利用率下降。如果各个站在发送之前先监听信道上的情况，信道忙时后退一段时间再发送，就可大大减少冲突概率。这就是在局域网上广泛采用的载波监听多路访问(CSMA)协议。对于局域网，监听是很容易做到的。在局域网中，最远两个站之间的传播时延很小，只有几微秒，只要有站在发送，别的站很快就会听到，从而可避免与正在发送的站产生冲突。同时，帧的发送时间 t_f 相对于网络延迟要大得多，一个帧一旦开始成功的发送，则在较长一段时间内可保持网络中有效地传输，从而大大提高了信道利用率。

CSMA 的基本原理是：站在发送数据之前，先监听信道上是否有别的站发送的载波信号。若有说明信道正忙；否则信道是空闲的。然后根据预定的策略决定：

(1) 若信道空闲，是否立即发送；

(2) 若信道忙，是否继续监听。

即使信道空闲，若立即发送仍然会发生冲突。一种情况是远端的站刚开始发送，载波信号尚未到达监听站，这时监听站若立即发送，就会和远端的站发生冲突；另一种情况是虽然暂时没有站发送，但碰巧两个站同时开始监听，如果它们都立即发送，也会发生冲突。所以，上面的控制策略的第(1)点就是想要避免这种虽然稀少、但仍可能发生的冲突。若信道忙时，如果坚持监听，发送的站一旦停止就可立即抢占信道，但是有可能几个站同时都在监听，同时都抢占信道，从而发生冲突。以上控制策略的第(2)点就是进一步优化监听算法，使得有些监听站或所有监听站都后退一段随机时间再监听，以避免冲突。

1. 监听算法

监听算法并不能完全避免发送冲突，但若对以上两种控制策略进行精心设计，则可以把冲突概率减到最小。据此，我们有以下三种监听算法(见图 6-12)。

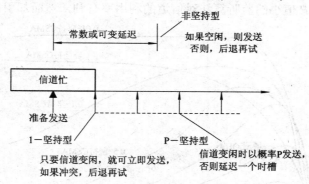

图 6-12　三种监听算法

1) 非坚持型监听算法

这种算法可描述如下：当一个站准备好帧，发送之前先监听信道：

(1) 若信道空闲，立即发送；否则转(2)；

(2) 若信道忙，则后退一个随机时间，重复(1)。

由于随机时延后退，从而减少了冲突的概率；然而，可能出现的问题是因为后退而使信道闲置一段时间，这使信道的利用率降低，而且增加了发送时延。

2）1—坚持型监听算法

这种算法可描述如下：当一个站准备好帧，发送之前先监听信道：

（1）若信道空闲，立即发送；

（2）若信道忙，继续监听，直到信道空闲后立即发送。

这种算法的优缺点与前一种正好相反：有利于抢占信道，减少信道空闲时间；但是多个站同时都在监听信道时必然发生冲突。

3）P—坚持型监听算法

这种算法汲取了以上两种算法的优点，但较为复杂。这种算法是：

（1）若信道空闲，以概率 P 发送，以概率 $(1-P)$ 延迟一个时间单位；一个时间单位等于网络传输时延 τ；

（2）若信道忙，继续监听直到信道空闲，转(1)；

（3）如果发送延迟一个时间单位 τ，则重复(1)。

困难的问题是决定概率 P 的值，P 的取值应在重负载下能使网络有效地工作。为了说明 P 的取值对网络性能的影响，我们假设有 n 个站正在等待发送，与此同时，有一个站正在发送。当这个站发送停止时，实际要发送的站数等于 nP。若 nP 大于 1，则必有多个站同时发送，这必然会发生冲突。这些站感觉到冲突后若重新发送，就会再一次发生冲突；更糟的是其他站还可能产生新帧，与这些未发出的帧竞争，更加剧了网上的冲突。极端情况下会使网络吞吐率下降到 0。若要避免这种灾难，对于某种 n 的峰值，nP 必须小于 1；然而若 P 值太小，发送站就要等待较长的时间，在轻负载的情况下，这意味着较大的发送时延，例如，只有一个站有帧要发送，若 $P=0.1$，则以上算法的第(1)步重复的平均次数为 $1/P=10$，也就是说这个站平均多等待 9 倍的时间单位 τ。

关于各种监听算法以及 ALOHA 算法中网络负载和信道利用率的关系曲线表示在图 6-13 中。可以看出，P 值小的监听算法对信道的利用率有利，然而却引入较大的发送时延。

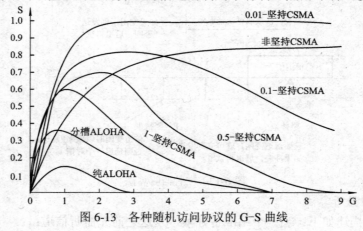

图 6-13　各种随机访问协议的 G-S 曲线

2. 冲突检测原理

载波监听只能减小冲突的概率，不能完全避免冲突。当两个帧发生冲突后，若继续发送，将会浪费网络带宽；如果帧比较长，对带宽的浪费就很可观了。为了进一步改进带宽的利用率，发送站应采取边发边听的冲突检测方法，即：

(1) 发送期间同时接收，并把接收的数据与站中存储的数据进行比较；

(2) 若比较结果一致，说明没有冲突，重复(1)；

(3) 若比较结果不一致，说明发生了冲突，应立即停止发送，并发送一个简短的干扰信(Jamming)，使所有站都停止发送；

(4) 发送 Jamming 信号后，等待一段随机长的时间，重新监听，再试着发送。

带冲突检测的监听算法把浪费带宽的时间减少到检测冲突的时间，对局域网来说这个时间是很短的。图 6-14 中画出了基带系统中检测冲突需要的最长时间，这个时间发生在网络中相距最远的两个站(A 和 D)之间。在 t_0 时刻 A 开始发送。假设经过一段时间 τ (网络最大传播时延)D 开始发送，D 立即就会检测到冲突，并很能快停止；但 A 仍然感觉不到冲突，并继续发送，再经过一段时间 τ，A 才会收到冲突信号，从而停止发送。可见在基带系统中检测冲突的最长时间是网络传播延迟的两倍，即 2τ，我们把这个时间叫做冲突窗口。

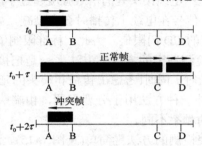

图 6-14　以太网中的冲突时间

与冲突窗口相关的参数是最小帧长。设想图 6-14 中的 A 站发送的帧较短，在 2τ 时间内已经发送完毕，这样 A 站在整个发送期间将检测不到冲突。为了避免这种情况，网络标准中根据设计的数据速率和最大网段长度规定了最小帧长 $L_{\min}$：

$$L_{\min} = 2R \times d/v \tag{6.5}$$

这里 R 是网络数据速率，d 为最大段长，v 是信号传播速度。有了最小帧长的限制，发送站必须对较短的帧增加填充位，使其等于最小帧长。接收站对收到的帧要检查长度，小于最小帧长的帧被认为是冲突碎片而丢弃。

3. 二进程指数后退算法

上文提到，检测到冲突发送干扰信号后退一段时间重新发送。后退时间的多少对网络的稳定工作有很大影响。特别在负载很重的情况下，为了避免很多站连续发生冲突，需要设计有效的后退算法。按照二进制指数后退算法，后退时延的取值范围与重发次数 n 形成二进制指数关系，或者说，随着重发次数 n 的增加，后退时延 t_ξ 的取值范围按 2 的指数增大。即：第一次试发送时 n 的值为 0，每冲突一次 n 的值加 1，并按下式计算后退时延

$$\begin{cases} \xi = \text{random}[0, 2^n] \\ t_\xi = \xi\tau \end{cases} \tag{6.6}$$

其中，第一式是在区间 $[0, 2^n]$ 中取一均匀分布的随机整数 ξ，第二式是计算出随机后退时延。为了避免无限制的重发，要对重发次数 n 进行限制，这种情况往往是信道故障引起的。通

常当 n 增加到某一最大值(例如 16)时，停止发送，并向上层协议报告发送错误。

当然，还可以有其他的后退算法，但二进制指数后退算法考虑了网络负载的变化情况。事实上，后退次数的多少往往与负载大小有关，二进制指数后退算法的优点正是把后退时延的平均取值与负载的大小联系起来了。

4. CSMA/CD 协议的实现

对于基带总线和宽带总线，CSMA/CD 的实现基本上是相同的，但也有一些差别。差别之一是载波监听的实现。对于基带系统，是采用检测电压脉冲序列。由于以太网上的编码采用 Manchester 编码，这种编码的特点是每比特中间都有电压跳变，监听站可以把这种跳变信号当作代表信道忙的载波信号。对于宽带系统，监听站接收 RF 载波以判断信道是否空闲。

差别之二是冲突检测的实现。对于基带系统，是把直流电压加到信号上来检测冲突的。每个站都测量总线上的直流电平，由于冲突而迭加的直流电平比单个站发出的信号强，所以 IEEE 802 标准规定：如果发送站电缆接头处的信号强度超过了单个站发送的最大信号强度，则说明检测到了冲突。然而，信号在电缆上传播时会有衰减，如果电缆太长，就会使冲突信号到达远端时的幅度小于规定的 CD 门限值。为此，标准限制了电缆长度(500 m 或 200 m)。

对于宽带系统，有几种检测冲突的方法。方法之一是把接收的数据与发送的数据逐位比较：当一个站向入径上发送时，同时(考虑了传播和端头的延迟后)从出径上接收数据，通过比较发现是否有冲突。另外一种方法用于分裂配置，由端头检查是否有破坏了的数据，这种数据的频率与正常数据的频率不同。

对于双绞线星型网，冲突检测的方法更简单(见图 6-15)。这种情况下，HUB 监视输入端的活动，若有两处以上的输入端出现信号，则认为发生冲突，并立即产生一个"冲突出现"的特殊信号 CP，向所有输出端广播。图 6-15(a)是无冲突的情况。在图 6-15(b)中连接 A 站的 IHUB 检测到了冲突，CP 信号被向上传到了 HHUB，并广播到所有的站。图 6-15(c)表示的是三方冲突的例子。

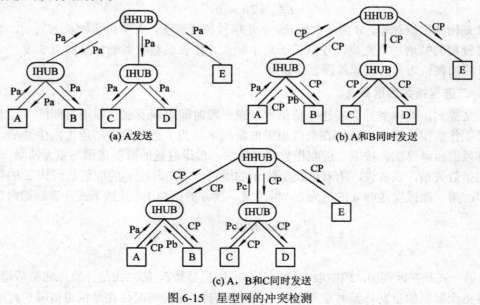

(a) A发送　　　(b) A和B同时发送

(c) A，B和C同时发送

图 6-15　星型网的冲突检测

6.4.3　CSMA/CD 协议的性能分析

下面我们分析传播延迟和数据速率对网络性能的影响。

吞吐率是单位时间内实际传送的比特数。假设网上的站都有数据要发送，没有竞争冲突，各站轮流发送数据，则传送一个长度为 L 的帧的周期为 t_p+t_f，参见图 6-16。

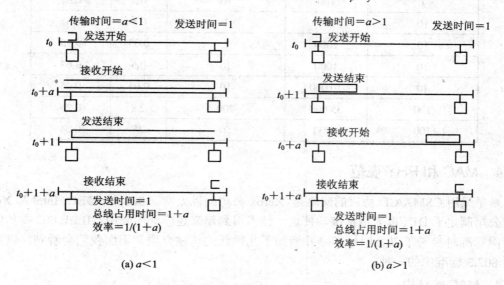

（a）$a<1$　　　　　　　　　　　　　　　（b）$a>1$

图 6-16　a 对网络利用率的影响

由此可得出最大吞吐率为

$$T = \frac{L}{t_p + t_f} = \frac{L}{d/v + L/R} \tag{6.7}$$

其中 d 表示网段长度，v 为信号在铜线中的传播速度(大约为光速的 65%～77%)，R 为网络提供的数据速率，或曰网络容量。

同时可得出网络利用率

$$E = \frac{T}{R} = \frac{L/R}{d/v + L/R} = \frac{t_f}{t_p + t_f}$$

利用 $a = t_p/t_f$ 得

$$E = \frac{1}{a+1} \tag{6.8}$$

这里假定是全双工信道，MAC 子层可以不要应答，而由 LLC 子层进行捎带应答。得出的结论是：a(或者 Rd 的乘积)越大，信道利用率越低。表 6-7 列出了 LAN 中 a 值的典型情况。可以看出，对于大的高速网络，利用率是很低的。所以在跨度大的城域网中，同时传送的不只是一个帧，这样才可以提高网络利用率。值得指出的是，以上分析假定没有竞争，没有开销，是最大吞率和最大效率。实际网络中发生的情况更差，详见下面的讨论。

表 6-7 *a* 值和网络利用率

数据速率/(Mb/s)	帧长	网络跨度/km	*a*	1/(1+*a*)
1	100	1	0.05	0.95
1	1000	10	0.05	0.95
1	100	10	0.5	0.67
10	100	1	0.5	0.67
10	1000	1	0.05	0.95
10	1000	10	0.5	0.67
10	10 000	10	0.05	0.95
100	35 000	200	2.8	0.26
100	1000	50	25	0.04

6.4.4 MAC 和 PHY 规范

最早采用 CSMA/CD 协议的网络是 Xerox 公司的以太网。1981 年, DEC、Intel 和 Xerox 三家公司制定了 DIX 以太网标准, 使这一技术得到越来越广泛的应用。IEEE 802 委员制定局域网标准时参考了以太网标准, 并增加了几种新的传输介质。下面我们会看到, 以太网只是 802.3 标准中的一种。

1. MAC 帧结构

802.3 的帧结构如图 6-17 所示。

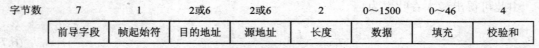

字节数	7	1	2或6	2或6	2	0~1500	0~46	4
	前导字段	帧起始符	目的地址	源地址	长度	数据	填充	校验和

图 6-17 802.3 的帧格式

每个帧以 7 个字节的前导字段开头, 其值为 10101010, 这种模式的曼彻斯特编码产生 10 MHz、持续 9.6 μs 的方波, 作为接收器的同步信号。帧起始符的代码为 10101011, 它标志着一个帧的开始。

帧内的源地址和目标地址可以是 6 字节或 2 字节长, 10 Mb/s 的基带网使用 6 字节地址。目标地址最高位为 0 时表示普通地址, 为 1 时表示组地址, 向一组站发送称为组播 (Multicast)。全 1 的目标地址是广播地址, 所有站都接收这种帧。次最高位(第 46 位)用于区分局部地址或全局地址, 局部地址仅在本地网络中有效, 全局地址由 IEEE 指定, 全世界没有全局地址相同的站。IEEE 为每个硬件制造商指定网卡(NIC)地址的前 3 个字节, 后 3 个字节由制造商自己编码。

长度字段说明数据字段的长度。数据字段可以为 0, 这时帧中不包含上层协议的数据。为了保证帧发送期间能检测到冲突, 802.3 规定最小帧为 64 字节, 这个帧长是指从目标地址到校验和的长度; 由于前导字段和帧起始符是物理层加上的, 所以不包括在帧长中, 也不参加帧校验。如果帧的长度不足 64 字节, 要加入最多 46 字节的填充位。

早期的 802.3 帧格式与 DIX 以太网不同, DIX 以太网用类型字段指示封装的上层协议, 而 IEEE 802.3 为了通过 LLC 实现向上复用, 因此用长度字段取代了类型字段。实际上, 这两种格式可以并存,两个字节可表示的数字值范围是 0~65 535,长度字段的最大值是 1500,因此 1501~65 535 之间的值都可以用来标识协议类型。事实上,这个字段的 1536~65 535(0x0600~0xFFFF)之间的值都被保留作为类型值,而 0~1500 则被用作长度的值。许多高层协议(例如 TCP/IP、IPX、DECnet 4)使用 DIX 以太网帧格式,而 IEEE 802.3/LLC 在 Apple Talk-2 和 NetBIOS 中得到应用。

IEEE 802.3x 工作组为了支持全双工操作,开发了流量控制算法,这使得帧格式出现了一些变化,新的 MAC 协议使用类型字段来区分 MAC 控制帧和其他类型的帧。IEEE 802.3x 在 1997 年 2 月成为正式标准,使得原来的"以太网使用类型字段而 IEEE 802.3 使用长度字段"的差别消失。

2．CSMA/CD 协议的实现

IEEE 802.3 采用 CSMA/CD 协议,这个协议的载波监听、冲突检测、冲突强化、二进指数后退等功能都由硬件实现。这些硬件逻辑电路包含在网卡中。网卡上的主要器件是以太网数据链路控制器 EDLC(Ethernet Data Link Controller),这个器件中有两套独立的系统,分别用于发送和接收,它的主要功能如图 6-18 所示。

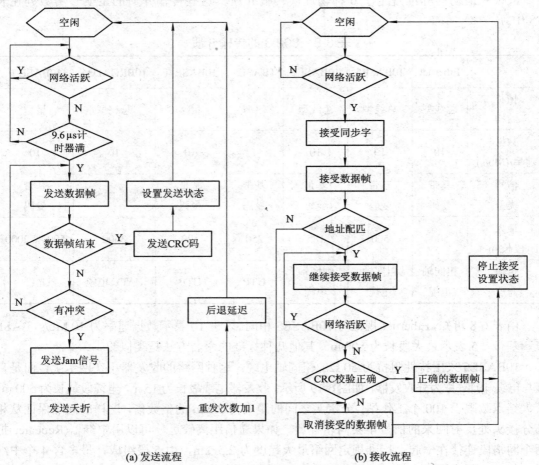

(a) 发送流程　　　　　　　　　　　　(b) 接收流程

图 6-18　EDLC 的工作流程

IEEE 802.3 使用 1—坚持型监听算法，因为这个算法可及时抢占信道，减少空闲期，同时实现也较简单。在监听到网络由活动变到安静后，并不能立即开始发送，还要等待一个最小帧间隔时间，只有在此期间网络持续平静，才能开始试发送。最小帧间隔时间规定为 9.6 μs。

在发送过程中继续监听。若检测到冲突，发送 8 个十六进制数的序列 55555555，这就是协议规定的阻塞信号。

接收站要对收到的帧进行校验，除 CRC 校验之外还要检查帧的长度。短于最小长度的帧被认为是冲突碎片而丢弃，帧长与数据长度不一致的帧以及长度不是整数字节的帧也被丢弃。

另外网卡上还有物理层的部分设备，例如 Manchester 编码器与译码器，存储网卡地址的 ROM，与传输介质连接的收发器，以及与主机总线的接口电路等。随着 VLSI 集成度的提高，网卡技术发展很快，网卡上的器件数量越来越少，功能越来越强。

3. 物理层规范

802.3 最初的标准规定了 6 种物理层传输介质，这些传输介质的主要参考数列在表 6-8 中。

表 6-8　802.3 的传输介质

	Ethernet	10BASE5	10BASE2	1BASE5	10BASE-T	10BROAD36	10BASE-F
拓扑结构	总线型	总线型	总线型	星型	星型	总线型	星型
数据速率/(Mb/s)	10	10	10	1	10	10	10
信号类型	基带曼码	基带曼码	基带曼码	基带曼码	基带曼码	宽带 DPSK	基带曼码
最大段长/m	500	500	185	250	100	3600	500 或 2000
传输介质	粗同轴电缆	粗同轴电缆	细同轴电缆	UTP	UTP	CATV 电缆	光纤

由表 6-8 可知，Ethernet 规范与 10BASE5 相同。这里 10 表示数据速率为 10 Mb/s，BASE 表示基带，5 表示最大段长为 500 m。其他几种标准的命名方法是类似的。

10BASE5 采用特性阻抗为 50 Ω 的粗同轴电缆。这种网络的收发器不在网卡上，而是直接与电缆相连，称为外收发器，如图 6-19 所示。收发器电缆最长为 15 m，电缆段最长为 500 m，最大结点数限于 100 个工作站；分接头之间的距离为 2.5 m 的整数倍，这样的间隔保证从相邻分接头处反射回来的信号不会同相叠加。如果通信距离较远，可以用中继器(Repeater)把两个网络段连接在一起。标准规定网络最大跨度为 2.5 km，由 5 段组成，最多含 4 个中继器，其中 3 段为同轴电缆，其余为链路段，不含工作站。

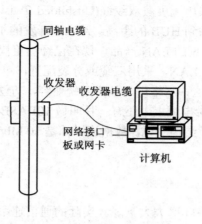

图 6-19　10BASE5 的收发器

10BASE2 标准可组成一种廉价网络，这是因为电缆较细，容易安装，收发器包含在工作站内的网卡上，使用 T 型连接器与 BNC 接头直接与电缆相连，如图 6-20 所示。由于数据速率相同，10BASE2 网段和 10BASE5 网段可用中继器混合连接。这两种标准的主要参数对比如表 6-9 所示。

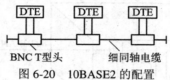

图 6-20　10BASE2 的配置

表 6-9　10BASE5 和 10BASE2 的标准参数

参　数	10BASE5	10BASE2
传输介质	同轴电缆(50 Ω)	同轴电缆(50 Ω)
信令技术	基带曼码	基带曼码
数据速率/Mb/s	10	10
最大段长/m	500	185
网络跨度/m	2500	1000
每段结点数	100	30
结点距离/m	2.5	0.5
电缆直径/mm	10	5
时槽/bit	512	512
帧间隔/μs	9.6	9.6
最大重传次数	16	16
最大后退时槽数	10	10
阻塞信号(Jam)长度/bit	32	32
最大帧长(八位组)	1518	1518
最小帧长(八位组)	64	64

1BASE5 和 10BASE-T 采用无屏蔽双绞线(Unshilded Twisted Pair)和星型拓扑结构。这两种网络的段长是指从工作站到 HUB 的距离。AT&T 开发的 1BASE5 网络叫做 StarLAN。10BASE-T 是早期市场上最常见的 LAN 产品，现在已经被更快的 100BASE-T 产品代替了。

10BROAD36 是一种宽带 LAN，采用双缆或分裂配置，单个网段的长度为 1800 m，最大端到端的距离是 3600 m。这种网络可与基带系统兼容，方法是把基带曼码经过差分相移键控(DPSK)调制后发送到宽带电缆上。还有一种叫做 10BASE-F 的网络，F 代表光纤介质，可用同步有源星型或无源星型结构实现，数据速率都是 10 Mb/s，网络长度分别为 500 m 和 2000 m。

6.4.5　交换式以太网

在重负载下，以太网的吞吐率大大下降。实际的通信速率比网络提供的带宽低得多，这是因为所有站竞争同一信道所引起的。使用交换技术可以改善这种情况。

交换式以太网的核心部件是交换机。图 6-21 表示一种早期的交换机结构，这种设备有一个高速底版，底版上有 4 至 32 个插槽，每个插槽可连接一块插入卡，卡上有 1 至 8 连接器，用于连接带有 10BASE-T 网卡的主机。

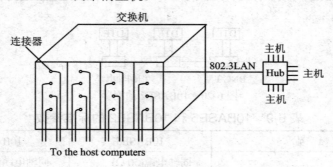

图 6-21　交换式以太网

连接器接收主机发来的帧，插入卡判断目标地址；如果目标站是同一卡上的主机，则把帧转发到相应的连接器端口，否则就转发给高速底板。底板根据专用的协议进一步转发，送达目标站。

当同一插入卡上有两个以上的站发送帧时就发生冲突。分解冲突的方法取决于插入卡的逻辑结构。一种方法是同一卡上的所有端口连接在一起形成一个冲突域，卡上的冲突分解方法与通常的 CSMA/CD 协议一样处理。这样一个卡上同时只能有一个站发送，但整个交换机中有多个插入卡，因而有多个站可同时发送。对整个网络的带宽提高的倍数等于插入卡的数量。

另外一种方法是把来自主机的输入由卡上的存储器缓冲，这种设计允许卡上同时有多个端口发送帧。对于存储的帧的处理方法仍然是适时转发，这样就不存在冲突了。这种技术可以把标准以太网的带宽提高一到两个数量级。

根据交换方式划分，交换机可分为下列三类：

(1) 存储转发式交换(Store and Forward)：交换机对输入的数据包先进行缓存、验证、碎片过滤，然后再进行转发。

(2) 直通式交换(Cut-through)：在输入端口扫描到目标地址后立即开始转发。这种交换方式比存储转发交换速度快。

(3) 碎片过滤式交换(Fragment Free)：在开始转发前先检查数据包的长度是否够 64 个字节，如果小于 64 字节，则丢弃之；如果大于等于 64 字节，则转发。

6.4.6　高速以太网

1. 快速以太网

1995 年 100 Mb/s 的快速以太网标准 IEEE 802.3u 正式颁布，这是基于 10BASE-T 和 10BASE-F 技术，在基本布线系统不变的情况下开发的高速局域网标准。快速以太网使用的传输介质如表 6-10 所示，其中多模光纤的芯线直径为 62.5 μm，包层直径为 125 μm，单模光线芯线直径为 8 μm，包层直径也是 125 μm。

表 6-10　快速以太网物理层规范

标　　准	传　输　介　质	特 性 阻 抗	最 大 段 长
100BASE-TX	2 对 5 类 UTP	100 Ω	100 m
	2 对 STP	150 Ω	
100BASE-FX	一对多模光纤 MMF	62.5/125 μm	2 km
	一对单模光纤 SMF	8/125 μm	40 km
100BASE-T4	4 对 3 类 UTP	100 Ω	100 m
100BASE-T2	2 对 3 类 UTP	100 Ω	100 m

快速以太网使用的集线器可以是共享型或交换型，也可以通过堆叠多个集线器来扩大端口数量。互相连接的集线器起到了中继的作用，扩大了网络的跨距。快速以太网使用的中继器分为两类，Ⅰ类中继器中包含了编码/译码功能，它的延迟比Ⅱ类中继器大，如图 6-22 所示。

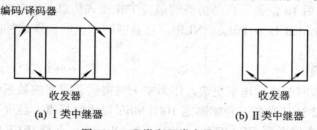

编码/译码器
收发器　　　　　　　　　　　收发器
(a) Ⅰ类中继器　　　　　　　　(b) Ⅱ类中继器
图 6-22　Ⅰ类和Ⅱ类中继器

与 10 Mb/s 以太网一样，快速以太网也要考虑冲突时槽和最小帧长问题。快速以太网的数据速率提高了 10 倍，而最小帧长没有变，所以冲突时槽缩小为 5.12 μs，我们有

$$\text{Slot} = \frac{2S}{0.7C} + 2t_{\text{phy}} \tag{6.9}$$

其中，S 表示网络的跨距；0.7C 是 0.7 倍光速；t_{phy} 是工作站物理层时延，由于进出发送站都会产生时延，所以取其 2 倍值，这个公式与(8.5)式只有微小差别。

按照(8.9)式，可得到计算快速以太网跨距的公式

$$S = 0.35C(\frac{L_{\min}}{R} - 2t_{\text{phy}}) \tag{6.10}$$

按照这个公式，结合表 6-10 中关于段长的规定，可以得到图 6-23 所示的各种连接方式。

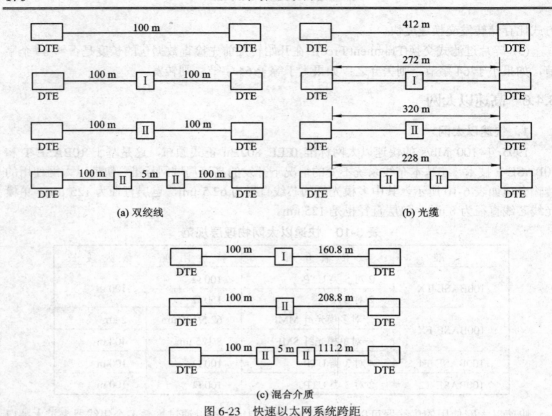

(a) 双绞线　　　　　　　　　　　　　　(b) 光缆

(c) 混合介质

图 6-23　快速以太网系统跨距

在 IEEE 802.3u 的补充条款中说明了 10 Mb/s 和 100 Mb/s 兼容的自动协商功能。当系统加电后网卡就开始发送快速链路脉冲(Fast Link Pulse，FLP)，它是 33 位二进制脉冲串，前 17 位为同步信号，后 16 位表示自动协商的最佳工作模式信息。原来的 10 Mb/s 网卡发出的是正常链路脉冲(Normal Link Pulse，NLP)，自适应网卡也能识别这种脉冲，从而决定适当的发送速率。

2．千兆以太网

1000 Mb/s 以太网的传输速率更快，作为主干网提供无阻塞的数据传输服务。1996 年 3 月 IEEE 成立了 802.3z 工作组，开始制定 1000 Mb/s 以太网标准。后来又成立了有 100 多家公司参加的千兆以太网联盟 GEA(Gibabit Ethernet Alliance)，支持 IEEE 802.3z 工作组的各项活动。1998 年 6 月公布的 IEEE 802.3z 和 1999 年 6 月公布的 IEEE 802.3ab 已经成为千兆以太网的正式标准。它规定了四种传输介质，如表 6-11 所示。

表 6-11　千兆以太网标准

标准	名称	电　缆	最大段长	特　点
IEEE 802.3z	1000Base-SX	光纤(短波 770～860 nm)	550 m	多模光纤(50，62.5 μm)
	1000Base-LX	光纤(长波 1270～1355 nm)	5000 m	单模(10 μm)或多模光纤(50，62.5 μm)
	1000Base-CX	2 对 STP	25 m	屏蔽双绞线，同一房间内的设备之间
IEEE 802.3ab	1000Base-T	4 对 UTP	100 m	5 类无屏蔽双绞线，8B/10B 编码

实现千兆数据速率需要采用新的数据处理技术。首先是最小帧长需要扩展，以便在半双工的情况下增加跨距。另外 802.3z 还定义了一种帧突发方式(frame bursting),使得一个站可以连续发送多个帧。最后物理层编码也采用了与 10 Mb/s 不同的编码方法，即 4B/5B 或 8B/9B 编码法。

千兆以太网标准可适用于已安装的综合布线基础之上，以保护用户的投资。

3. 万兆以太网

2002 年 6 月，IEEE 802.3ae 标准发布，支持 10Gb/s 的传输速率，其规定的几种传输介质如表 6-12 所示。传统以太网采用 CSMA/CD 协议，即带冲突检测的载波监听多路访问技术。与千兆以太网一样，万兆以太网基本应用于点到点线路，不再共享带宽，没有冲突检测，载波监听和多路访问技术也不再重要。千兆以太网和万兆以太网采用与传统以太网同样的帧结构。

表 6-12 IEEE 802.3ae 万兆以太网标准

名 称	电 缆	最大段长	特 点
10GBase-S(Short)	50 μm 的多模光纤	300 m	850 nm 串行
	62.5 μm 的多模光纤	65 m	
10GBase-L(Long)	单模光纤	10 km	1310 nm 串行
10GBase-E(Extended)	单模光纤	40 km	1550 nm 串行
10GBase-LX4	单模光纤	10 km	1310 nm
	50 μm 的多模光纤	300 m	4 × 2.5 Gb/s
	62.5 μm 的多模光纤	300 m	波分多路复用(WDM)

6.4.7 虚拟局域网

虚拟局域网(Virtual Local Area Network，VLAN)是根据管理功能、组织机构或应用类型对交换局域网进行分段而形成的逻辑网络。虚拟局域网与物理局域网具有同样的属性，然而其中的工作站可以不属于同一物理网段。任何交换端口都可以分配给某个 VLAN，属于同一个 VLAN 的所有端口构成一个广播域。每一个 VLAN 是一个逻辑网络，发往 VLAN 之外的分组必须通过路由器进行转发。图 6-24 显示了一个 VLAN 设计的实例，其中为每个部门定义了一个 VLAN，3 个 VLAN 分布在不同位置的 3 台交换机上。

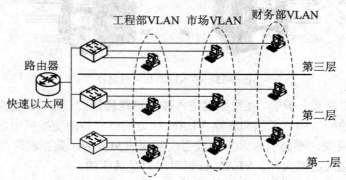

图 6-24 把交换局域网划分成 VLAN

在交换机上实现 VLAN，可以采用静态的或动态的方法：

(1) 静态分配 VLAN：为交换机的各个端口指定所属的 VLAN。这种基于端口的划分方法是把各个端口固定地分配给不同的VLAN，任何连接到交换机的设备都属于接入端口所在的 VLAN。

(2) 动态分配 VLAN：动态 VLAN 通过网络管理软件包来创建，可以根据设备的 MAC 地址、网络层协议、网络层地址、IP 广播域或管理策略来划分VLAN。根据 MAC 地址划分 VLAN 的方法应用最多，一般交换机都支持这种方法。无论一台设备连接到交换网络的任何地方，接入交换机根据设备的 MAC 地址就可以确定该设备的 VLAN 成员身份。这种方法使得用户可以在交换网络中改变接入位置，而仍能访问所属的 VLAN。但是当用户数量很多时，对每个用户设备分配 VLAN 的工作量是很大的管理负担。

把物理网络划分成 VLAN 的好处是：

(1) 控制网络流量：一个VLAN内部的通信(包括广播通信)不会转发到其他VLAN中去，从而有助于控制广播风暴，减小冲突域，提高网络带宽的利用率。

(2) 提高网络的安全性：可以通过配置 VLAN 之间的路由来提供广播过滤、安全和流量控制等功能。不同 VLAN 之间的通信受到限制，提高了企业网络的安全性。

(3) 灵活的网络管理：VLAN 机制使得工作组可以突破地理位置的限制而根据管理功能来划分。如果根据 MAC 地址划分 VLAN，用户可以在任何地方接入交换网络，实现移动办公。

在划分成 VLAN 的交换网络中，交换机端口之间的连接分为两种：接入链路连接(Access-Link Connection)和中继连接(Trunk Connection)。接入链路只能连接具有标准以太网卡的设备，也只能传送属于单个 VLAN 的数据包。任何连接到接入链路的设备都属于同一广播域，这意味着，如果有 10 个用户连接到一个集线器，而集线器被插入到交换机的接入链路端口，则这 10 个用户都属于该端口规定的 VLAN。

中继链路是在一条物理连接上生成多个逻辑连接，每个逻辑连接属于一个 VLAN，在进入中继端口时，交换机在数据包中加入 VLAN 标记。这样，在中继链路另一端的交换机就不仅根据目标地址、而且要根据数据包所属的 VLAN 进行转发决策。图 6-25 中用不同的颜色表示不同 VLAN 的帧，这些帧共享同一条中继链路。

图 6-25 接入链路和中继链路

为了与接入链路设备兼容，在数据包进入接入链路连接的设备时，交换机要删除 VLAN 标记，恢复原来的帧结构。添加和删除 VLAN 标记的过程是由交换机中的专用硬件自动实现的，处理速度很快，不会引入太大的延迟。从用户角度看，数据源产生标准的以太帧，目标接收的也是标准的以太帧，VLAN 标记对用户是透明的。

IEEE 802.11q 定义了 VLAN 帧标记的格式，在原来的以太帧中增加了 4 个字节的标记

(Tag)字段，如图 6-26 所示，其中标记控制信息(Tag Control Information，TCI)包含 Priority、CFI 和 VID 三部分，各个字段的含义参见表 6-13。

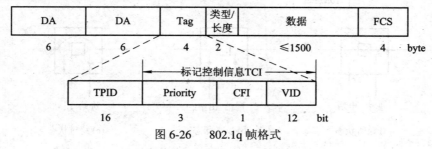

图 6-26　802.1q 帧格式

表 6-13　802.1q 帧标记

字段	长度/bit	意　义
TPID	16	标记协议标识符(Tag Protocol Identifier)，设定为 0x8100，表示该帧包含 802.1q 标记
Priority	3	提供 8 个优先级(由 802.1p 定义)。当有多个帧等待发送时，按优先级发送数据包
CFI	1	规范格式指示(Canonical Format Indicator)，"0" 表示以太网，"1" 表示 FDDI 和令牌环网。这一位在以太网与 FDDI 和令牌环网交换数据帧时使用
VID	12	VLAN 标识符(0~4095)，其中 VID 0 用于识别优先级，VID 4095 保留未用，所以最多可配置 4094 个 VLAN

6.5　令牌环网

最早的令牌环网是 1969 年贝尔实验室研制的 Newhall 环，后来 IBM 公司把这种技术用于局域网中，叫做 IBM 令牌环(Token-Ring)。IEEE 802.5 标准与 IBM Token-Ring 是兼容的，我们首先讨论这个标准的主要内容。

6.5.1　令牌环网的工作特点

实际上，令牌环并不是广播介质，而是用中继器(Repeater)把各个点到点线路链接起来，形成首尾相接的环路。由于发送的帧沿环路传播时能到达所有站，所以可以起到广播传送的作用。中继器是连接环网的主要设备，它的主要功能是把本站的数据发送到输出链路上，也可以把发送给本站的数据拷贝到站中。一般情况下，环上的数据帧由发送站回收，这种方案有两个好处：实现组播功能：当帧在环上循环一周时，可被多个站拷贝；允许自动应答：当帧经过目标站时，目标站可改变帧中的应答字段，从而无须返回专门的应答帧。

中继器有 3 种工作状态，如图 6-27 所示。在监听状态，中继器把输入链路接收的数据转发到输出链路上，中间有 1 bit 延迟。监听状态的功能是：

(1) 扫描经过的比特流，发现数据帧中的地址字段或者识别令牌帧；

(2) 在转发的同时把发给本站的帧拷贝到站中；

(3) 必要时修改帧中的某些字段，例如可改变帧中的应答位。

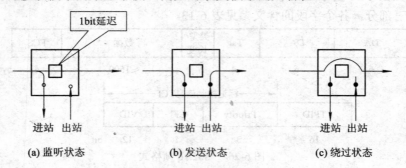

(a) 监听状态　　(b) 发送状态　　(c) 绕过状态

图 6-27　中继器的工作状态

当中继器连接的站得到令牌并有数据要发送时，中继器转入发送状态。在这种状态，中继器从本地站接收数据，并转发到输出链路上。同时还可能有数据从输入链路进来，这时有两种情况需区别对待：

(1) 当环的比特长度小于帧长时，进来的数据可能是正在发送的帧的前半部分，这时中继器从输入链路吸收数据进入本站，由站中的逻辑检查应答字段。

(2) 有些情况下，环上可能有多个帧，输入链路进来的不是本站发送的帧。中继器把这些帧送入本站进行缓冲，待发完本站的帧后再发送出去。

当本地站不工作时，中继器处于绕过状态，这时 1 bit 的延迟从环中除去，本地站与环网断开。

令牌是一种特殊的帧，它在环上循环移动。当一个站得到令牌并有数据发送时就留下令牌，发出数据帧。数据帧在沿环传输的过程中被目标站拷贝，最后到达原发送站被回收。同时发送站可检查返回帧中的应答字段，如果确认目标站已正确接收就放出令牌，让下游站获得发送机会。这个工作过程表示在图 6-28 中。

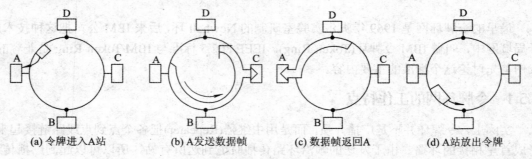

(a) 令牌进入A站　　(b) A发送数据帧　　(c) 数据帧返回A　　(d) A站放出令牌

图 6-28　令牌环工作原理

6.5.2　令牌环的 MAC 协议

1. MAC 帧结构

IEEE 802.5 的 MAC 帧格式如图 6-29 所示。可以看出，令牌只包含 SD、AC 和 ED 三个字节，是一种特殊的 MAC 帧。下面解释这些字段的含义。

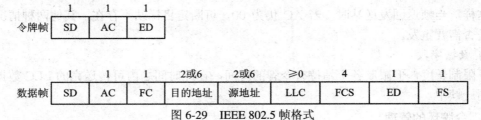

图 6-29　IEEE 802.5 帧格式

1) 帧边界

令牌环网使用差分曼彻斯特编码，这种代码无论是"0"或"1"比特，中间都有电平跳变。表示帧开始的 SD=JK0JK000，表示帧结束的 ED = JK1JK1IE，J 和 K 是没有电平跳变的非数据比特，J 保持高电平，K 保持低电平。以这两种特殊符号表示帧的开始和结束，这种方法称为物理符号成帧法。同样，I 是中间位，可区分中间帧和最后一帧；E 是差错位，发送站置 0，传递过程中任意站检测到差错时可以将其置 1。

2) 寻址与校验

寻址与校验和 802.3 相同，FCS 校验的范围是从 FC 字段到 LLC 数据字段，因为 AC 字段和 FS 字段中的某些位在传送过程中可能改变，故不参加校验。

3) 访问控制

AC 字段的编码为 PPPTMRRR，其中 3 位 P 表示优先级，环上的各种帧可分为 8 种优先级(PPP = 000~111)；3 位 R 是预约位，工作站用 R 位预约具有特定优先级的令牌；T 位是令牌位，T=0 表示令牌帧，T = 1 表示其他帧；M 位是监控位，它的作用后面解释。

4) 帧控制字段

FC 字段编码为 FFZZZZZZ，用于表示帧的类型：FF = 00 时为 MAC 控制帧，FF = 01 表示数据帧；6 个 Z 比特表示各种不同的控制帧，表 6-14 中列出几种主要的控制帧。

表 6-14　802.5 定义的 MAC 控制帧

FC 字段编码 FFZZZZZZ	MAC 帧名称	意　义
00000000	Duplicate Address Test (DAT)	测试地址是否相重
00000010	Beacon (BCN)	确定断点位置
00000011	Claim Token (CTN)	发布令牌，试图成为监控站
00000100	Purge (PRG)	重新初始化
00000101	Active Monitor Present (AMP)	监控站存在
00000110	Standby Monitor Present (SMP)	备用监控站存在

5) 帧状态

帧状态字段的编码为 ACrrACrr，其中 r 比特没有使用，AC 用于应答，两个 AC 是为了可靠。具体规定是：

(1) 发送站置 AC = 00；

(2) 目标站识别出了该帧，但校验出错时置 AC = 10；

(3) 目标站正确接收时置 AC = 11。

这样，当帧返回发送站时，若 AC 仍为 00，可断定目标站不存在，其他两种情况用于确定是否需要重发。

6）数据字段

不限制长度，但限制各个站持有令牌的时间，在此时间之内可传送完的 LLC 数据都可装入同一帧中。

2．令牌环的管理

令牌环网采用了部分集中控制的管理方案，环的主要管理功能由监控站(Monitor)执行。监控站是由所有站选举出来的，当一个监控站失效时，其他站还可再选举另一个新的监控站。监控站的作用如下：

(1) 保证不丢失令牌。如果持有令牌的站失效，令牌就会丢失。监控站有一个定时器，放出令牌时把定时器设置为最长无令牌时间(即每个站都截留令牌并发送最长数据帧的总时间)，然后时间递减，若到减零时还未返回令牌就废弃到达的数据帧，放出新令牌。

(2) 清除无主帧。若发送站在数据帧返回前失效，则该帧无人回收，成为在环上连续循环的无主帧。识别无主帧要用到 AC 字段中的监控位 M。发送站置 M 为 0，经过监控站时重置为 1。如果 M 为 1 的帧再一次回到监控站，则被监控站回收，并放出新令牌。

(3) 保持环路的最小时延。环路总时延包括传输介质延迟和每个站 1 bit 时延。如果环网长度较短，活动的工作站很少，则总时延可能小于 24 bit 时延。只有保证环路时延大于令牌的 24 bit 时延，环网才能正常工作。监控站随时测量环路总时延，若小于 24 bit，就插入额外的时延，使令牌能在环上转动起来。

(4) 回收无效帧。监控站监视环上流动的帧，发现格式错或校验出错的帧，并把这些帧从环中取走，并放出新令牌。

3．令牌环的初始化和故障恢复

如果把连接环网的中继器集在一起，就形成了如图 6-30 所示的环网集线器，或者叫做线路中心。连接环网的中继器内部有旁路开关，站不工作时开关闭合，站被旁路了，当站加电时，开关打开，站就插入环中。

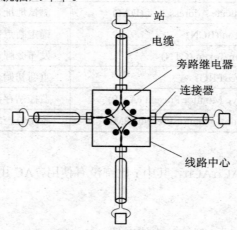

图 6-30 环网线路中心的工作原理

站入环后首先要测试环中是否有地址相同的站，并把自己的地址通知其下游邻站，这个过程叫做环的初始化。这里要用到两种 MAC 控制帧。

站首先发出 DAT 帧，并在目标地址字段写入自己的地址。若环内有相同地址的站，会把帧状态字节的 A 比特置 1，当帧返回后可据此判断是否有地址相同的站。若发现有相同的站，则把继电器开关转为旁路状态，并报告网络管理层；若没有地址相同的站，则发送 SMP 帧，声明自己已插入环中。环上的其他站收到 AC 为 00 的 SMP 帧，就认为是上游邻站发来的，这时要记住上游邻站的地址(即 SWP 帧中的 SA 字段)，并将 AC 置为 11。上游站地址在环网管理中是有用的。

当网络正常工作时监控站不断发送 AMP 帧，别的站看到有 AMP 帧经过就认为监控站存在。当其他站在一定时间内没有检测到 AMP 帧时就要选举产生一个新的监控站。这时各个站先后发送 CTN 帧，并检查收到的 CTN 帧中的源地址 SA，可能有三种情况：

(1) SA 等于本站地址，说明本站发出的 CTN 帧已绕环一周，自己成为监控站；

(2) SA 小于本地地址，不理睬这种帧，继续发送自己的 CTN 帧；

(3) SA 大于本站地址，停止发送 CTN 帧，改为发送 SMP 帧。

显然竞争的结果是地址值最大的站成为新的监控站。

当站在一段时间内没有收到任何信息时，可假定上游邻站已失效，环中出现断点。这时可向失效的站发送 BCN 帧，促使其关闭旁路继电器开关，以便从失效中恢复。当多个站点失效时，可能需要报告网络管理层，甚至需要人工干预。

最后我们把以上两种网络的特点作一对比，表示在表 6-15 中。

表 6-15　各种局域网的比较

类别	IEEE 802.3	IEEE 802.5
协议的复杂性	分解冲突复杂	令牌环的维护复杂
介质访问方法的确定性	不确定	确定
优先级	无	有
分散控制	是	监控站、线路集中器
支持多信道	不	不
模拟技术	CD 用	完全数字化
数据速率	10 Mb/s	4 或 16 Mb/s
帧长限制	64～1518 字节	无限制，令牌持有时间为 10 ms
线路长度限制	2.5 km(4 个中继器)	无
通信介质	双绞线，基带同轴电缆	无屏蔽双绞线，同轴电缆，光纤
可靠性	好	断环是弱点
轻负载性能	无延迟	有延迟
重负载性能	降低信道利用率	好
安装技术	简单、带电入站	较复杂
使用广泛性	广泛	越来越少
适用场合	中等负载下(OA)	重负载，实时性好

6.5.3 光纤环网 FDDI

美国国家标准学会(ANSI)X3T9.5 委员会制定的光纤环网标准叫做光纤分布数据接口 FDDI(Fiber Destributed Data Interface)。这个标准使用了和 802.5 类似的令牌环协议。但由于用光纤作为传输介质，数据速率可达到 100 Mb/s，环路长度可扩展到 200 km，连接的站点数据达到 1000 个。

光纤环网可用在办公室环境，提供高速高可靠性的传输服务，也可以作为主干网用在校园网中，连接分布在不同建筑物和不同场地的多种局域网，图 6-31 是 FDDI 作为骨干网的例子。

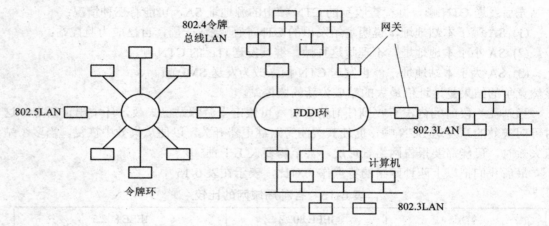

图 6-31　FDDI 环作为连接 LAN 骨干网

FDDI 在 1990 年代曾经使用广泛，当时很多校园都用 FDDI 作为骨干网，近年来被快速以太网代替了，但是 802.17 工作组还在研发应用于城域网的光纤环网技术。

6.6 局 域 网 互 连

局域网通过网桥互连。IEEE 802 标准中有两种关于网桥的规范：一种是 802.1d 定义的透明网桥，另一种是 802.5 标准中定义的源路由网桥。本节首先介绍网桥协议的体系结构，然后分别介绍两种 IEEE 802 网桥的原理。

6.6.1 网桥协议的体系结构

在 IEEE 802 体系结构中，站地址是由 MAC 子层协议说明的，网桥在 MAC 子层起中继作用。图 6-32 表示了由一个网桥连接两个 LAN 的情况，这两个 LAN 运行相同的 MAC 和 LLC 协议。当 MAC 帧的目标地址和源地址属于不同的 LAN 时，该帧被网桥捕获、暂时缓冲，然后传送到另一个 LAN；当两个站之间有通信时，两个站中的对等 LLC 实体之间就有对话，但是网桥不需要知道 LLC 地址，网桥只是传输 MAC 帧。

图 6-32(b)表示网桥传输的数据帧。数据由 LLC 用户提供，LLC 实体对用户数据附加上帧头后传送给本地的 MAC 实体，MAC 实体再加上 MAC 帧头和帧尾，从而形成 MAC 帧。

由于 MAC 帧头中包含了目标站地址，所以网桥可以识别 MAC 帧的传输方向。网桥并不剥掉 MAC 帧头和帧尾，它只是把 MAC 帧完整地传送到目标 LAN，当 MAC 帧到达目标 LAN 后才可能被目标站捕获。

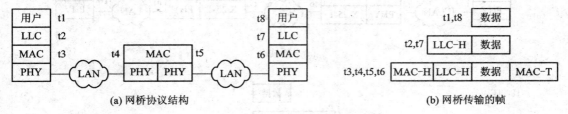

(a) 网桥协议结构　　　　　　　　(b) 网桥传输的帧

图 6-32　用网桥连接两个 LAN

MAC 中继桥的概念并不限于用一个网桥连接两个邻近的 LAN。如果两个 LAN 相距较远，可以用两个网桥分别连接一个 LAN，两个网桥之间再用通信线路相连。图 6-33 表示两个网桥之间用点对点链路连接的情况，当一个网桥捕获了目标地址为远端 LAN 的帧时，就加上链路层(例如，HDLC)的帧头和帧尾，并把它发送到远端的另一个网桥，目标网桥剥掉链路层字段使其恢复为原来的 MAC 帧，这样，MAC 帧可最后到达目标站。

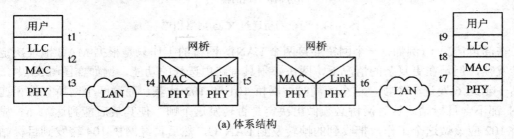

(a) 体系结构

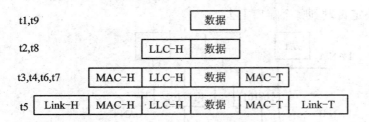

(b) 网桥传送的帧

图 6-33　远程网桥通过点对点线路相连

两个远程网桥之间的通信设施也可以是其他网络，例如广域分组交换网，如图 6-34 所示。在这种情况下网桥仍然是起到 MAC 帧中继的作用，但它的结构更复杂。假定两个网桥之间是通过 X.25 虚电路连接，并且两个端系统之间建立了直接的逻辑关系，没有其他 LLC 实体，这样，X.25 分组层工作于 802 LLC 层之下。为了使 MAC 帧能完整地在两个端系统之间传送，源端网桥接收到 MAC 帧后，要给它附加上 X.25 分组头和 X.25 数据链路层的帧头和帧尾，然后发送给直接相连的 DCE，这种 X.25 数据链路帧在广域网中传播，到达目标网桥并剥掉 X.25 字段，恢复为原来的 MAC 帧，然后发送给目标站。

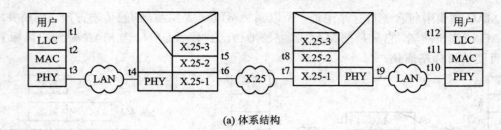

(a) 体系结构

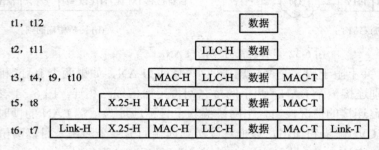

(b) 网桥传送的帧

图 6-34 两个网桥通过 X.25 网络相连

在简单情况下(例如，一个网桥连接两个 LAN)，网桥的工作只是根据 MAC 地址决定是否转发帧，但是在更复杂的情况下，网桥必须具有路由选择的功能。例如在图 6-35 中，假定站 1 给站 6 发送一个帧，这个帧同时被网桥 101 和 102 捕获，而这两个网桥直接相连的 LAN 都不含目标站。这时网桥必须做出决定是否转发这个帧，使其最后能到达站 6。显然网桥 102 应该做这个工作，把收到的帧转发到 LAN C，然后再经网桥 104 转发到目标站。可见网桥要有做出路由决策的能力，特别是当一个网桥连接两个以上的网络时，不但要决定是否转发，还要决定转发到哪个端口上去。

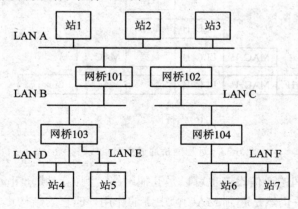

图 6-35 由网桥互连的多个 LAN

网桥的路由选择算法可能很复杂。在图 6-36 中，网桥 105 直接连接 LAN A 和 LAN E，从而构成了从 LAN A 到 LAN E 之间的冗余通路。如果站 1 向站 5 发送一个帧，该帧既可以经网桥 101 和网桥 103 到达站 5，也可以只经过网桥 105 直接到达站 5，在实际通信过程中，可以根据网络的交通情况决定传输路线。另外，当网络配置改变时(例如网桥 105 失效)，网桥的路由选择算法也要随之应变。考虑了这些因素后，网桥的路由选择功能就与网络层的路由选择功能类似了，在最复杂的情况下，所有网络层的路由技术在网桥中都能用得上。当然，一般由网桥互连局域网的情况，远没有广域网中的网络层复杂，所以有必要研究更适合于网桥的路由技术。

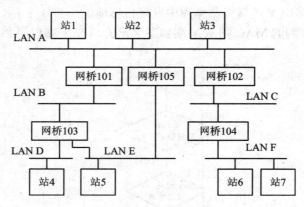

图 6-36 有冗余通路的互连

为了对网桥的路由选择提供支持，MAC 层地址最好是分为两部分：网络地址部分(标识互连网中唯一的 LAN)和站地址部分(标识某 LAN 中唯一的工作站)。IEEE 802.5 标准建议：16 位的 MAC 地址应分成 7 位的 LAN 编号和 8 位的工作站编号，而 48 位的 MAC 地址应分成 14 位的 LAN 编号和 32 位的工作站编号，其余比特用于区分组地址/单地址，以及局部地址/全局地址。

在网桥中使用的路由选择技术可以是固定路由技术。像网络层使用的那样，每个网桥中存储一张固定路由表，网桥根据目标站地址，查表选取转发的方向，选取的原则可以是某种既定的最短通路算法。当然，在网络配置改变时路由表要重新计算。

固定式路由策略适合小型和配置稳定的互联网络。除此之外，IEEE 802 委员会开发了两种路由策略规范：IEEE 802.1d 标准是基于生成树算法的，可实现透明网桥；伴随 IEEE 802.5 标准的是源路由网桥规范，下面分别介绍这两种网桥标准。

6.6.2 生成树网桥

生成树(Spanning Tree)网桥是一种完全透明的网桥，这种网桥插入电缆后就可自动完成路由选择的功能，无需由用户装入路由表或设置参数，网桥的功能是自己学习获得的。以下从帧转发、地址学习和环路分解三个方面讲述这种网桥的工作原理。

1. 帧转发

网桥为了能够决定是否转发一个帧，必须为每个转发端口保存一个转发数据库，数据库中保存着必须通过该端口转发的所有站的地址。我们可以通过图 6-35 说明这种转发机制。图 6-35 中的网桥 102 把所有互连网中的站分为两类，分别对应它的两个端口：在 LAN A、B、D 和 E 上的站在网桥 102 的 LAN A 端口一边，这些站的地址列在一个数据库中；在 LAN C 和 F 中的站在网桥 102 的 LAN C 端口一边，这些站的地址列在另一个数据库中。当网桥收到一个帧时，就可以根据目标地址和这两个数据库的内容决定是否把它从一个端口转发到另一个端口。作为一般情况，我们假定网桥从端口 X 收到一个 MAC 帧，则它按以下算法进行路由决策(见图 6-37)：

(1) 查找除 X 端口之外的其他转发数据库；

(2) 如果没有发现目标地址，则丢弃帧；

(3) 如果在某个端口 Y 的转发数据库中发现目标地址，并且 Y 端口没有阻塞(阻塞的原因下面讲述)，则把收到的 MAC 帧从 Y 端口发送出去，若 Y 端口阻塞，则丢弃该帧。

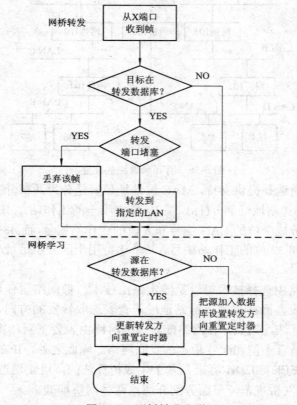

图 6-37　网桥转发和学习

2. 地址学习

以上转发方案假定网桥已经装入了转发数据库。如果采用静态路由策略，转发信息可以预先装入网桥，然而还有一种更有效的自动学习机制，可以使网桥从无到有地自行决定每一个站的转发方向。获取转发信息的一种简单方案利用了 MAC 帧中的源地址字段，下面简述这种学习机制。

如果一个 MAC 帧从某个端口到达网桥，显然它的源工作站处于网桥的入口 LAN 一边，从帧的源地址字段可以知道该站的地址，于是网桥就据此更新相应端口的转发数据库。为了应付网格拓扑结构的改变，转发数据库的每一数据项(站地址)都配备一个定时器，当一个新的数据项加入数据库时，定时器复位；如果定时器超时，则数据项被删除，从而相应传播方向的信息失效。每当接收到一个 MAC 帧时，网桥就取出源地址字段并查看该地址是否在数据库中，如果已在数据库中，则对应的定时器复位，在方向改变时可能还要更新该数据项；如果地址不在数据库中，则生成一个新的数据项并置位其定时器。

以上讨论假定在数据库中直接存储站地址。如果采用两级地址结构(LAN 编号.站编号)，则数据库中只需存储 LAN 地址部分就可以了，这样可以节省网桥的存储空间。

3. 环路分解——生成树算法

以上讨论的学习算法适用于互联网为树型拓扑结构的情况，即网络中没有环路，任意两个站之间只有唯一通路，当互联网络中出现环路时这种方法就失效了。我们通过图 6-38 说明问题是怎样产生的。假设在时刻 t_0 站 A 向站 B 发送了一个帧，每一个网桥都捕获了这个帧并且在各自的数据库中把站 A 地址记录在 LAN X 一边，随之把该帧发往 LAN Y，在稍后某个时刻 t_1 或 t_2(可能不相等)网桥 a 和 b 又收到了源地址为 A、目标地址为 B 的 MAC 帧，但这一次是从 LAN Y 的方向传来的，这时两个网桥又要更新各自的转发数据库，把站 A 的地址记在 LAN Y 一边。

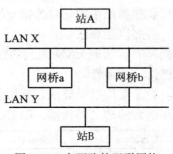

图 6-38　有环路的互联网络

可见由环路引起的循环转发破坏了网桥的数据库，使得网桥无法获得正确的转发信息。克服这个问题的思路就是要设法消除环路，从而避免出现互相转发的情况。幸好，图论中有一种提取连通图生成树的简单算法，可以用于互联网络消除其中的环路。在互联网络中，每一个 LAN 对应于连通图的一个顶点，而每一个网桥则对应于连通图的一个边，删去连通图的一个边等价于移去一个网桥，凡是构成回路的网桥都可以逐个移去，最后得到的生成树不含回路，但又不改变网络的连通性。我们需要一种算法，使得各个网桥之间通过交换信息自动阻塞一些传输端口，从而破坏所有的环路并推导出互联网络的生成树。这种算法应该是动态的，即当网络拓扑结构改变时，网桥能觉察到这种变化，并随即导出新的生成树。我们假定：

(1) 每一个网桥有唯一的 MAC 地址和唯一的优先级，地址和优先级构成网桥的标识符；

(2) 有一个特殊的地址用于标识所有网桥；

(3) 网桥的每一个端口有唯一的标识符，该标识符只在网桥内部有效。

另外我们要建立以下概念：

(1) 根桥：即作为生成树树根的网桥，例如可选择地址值最小的网桥作为根桥。

(2) 通路费用：为网桥的每一个端口指定一个通路费用，该费用表示通过那个端口向其连接的 LAN 传送一个帧的费用。两个站之间的通路可能要经过多个网桥，这些网桥的有关端口的费用相加就构成了两站之间的通路的费用。例如，假定沿路每个网桥端口的费用为 1，则两个站之间通路的费用就是经过的网桥数。另外也可以把网桥端口的通路费用与有关 LAN 的通信速率联系起来(一般为反比关系)。

(3) 根通路：每一个网桥通向根桥的、费用最小的通路。

(4) 根端口：每一个网桥与根通路相连接的端口。

(5) 指定桥：每一个 LAN 有一个指定桥，这是在该 LAN 上提供最小费用根通路的网桥。

(6) 指定端口：每一个 LAN 的指定桥连接 LAN 的端口为指定端口。对于直接连接根桥的 LAN，根桥就是指定桥，该 LAN 连接根桥的端口即为指定端口。

根据以上建立的概念，生成树算法可采用下面的步骤：

(1) 确定一个根桥；

(2) 确定其他网桥的根端口；

(3) 对每一个 LAN 确定一个唯一的指定桥和指定端口，如果有两个以上网桥的根通路费用相同，则选择优先级最高的网桥作为指定桥；如果指定桥有多个端口连接 LAN，则选取标识符值最小的端口为指定端口。

按照以上算法，直接连接两个 LAN 的网桥中只能有一个作为指定桥，其他都删除掉。这就排除了两个 LAN 之间的任何环路。同理，以上算法也排除了多个 LAN 之间的环路，但保持了连通性。

为了实现以上算法，网桥之间要交换信息，这种信息以网桥协议数据单元 BPDU 的形式在所有网桥之间传播。BPDU 的格式参见图 6-39。

Protocol ID (2)	Version (1)	Type (1)	Flags (1)	Rood BID (8)	Root Path (4)
Sender BID (8)	Port ID (2)	M-Age (2)	Max Age (2)	Hello (2)	FD (2 Byte)

图 6-39　网桥协议数据单元

其中的各个字段解释如下：

● Protocol ID——恒为 0；

● Version——恒为 0；

● Type——BPDU 分为两种类型：配置 BPDU 和 TCN(Topology Change Notifications) BPDU；

● Flags——表示活动拓扑中的变化，包含在 TCN 中；

● Root BID——根网桥的 ID。在会聚后的网络中，所有配置 BPDU 中的 Root BID 都相同，由网桥的优先级和 MAC 地址两部分组成；

● Root Path——通向有根网桥的费用；

● Sender BID——发送 BPDU 的网桥 ID；

● Port ID——唯一的端口 ID；

● Message Age——记录根网桥生成 BPDU 的时间；

● Max Age——保存 BPDU 的最长时间，也反映了拓扑变化通知中的网桥表生存时间；

● Hello Time——指周期性配置 BPDU 间隔时间；

● Forward Delay——用于监听(Listening)和学习(Learning)状态的时间。

在最初建立生成树时最主要的信息是：

● 发出 BPDU 的网桥的标识符及其端口标识符；

● 认为可作为根桥的网桥标识符；

● 该网桥的根通路费用。

开始时每个网桥都声明自己是根桥并把以上信息广播给所有与它相连的 LAN，在每一个 LAN 上只有一个地址值最小的标识符，该网桥可坚持自己的声明，其他网桥则放弃声明，并根据收到的信息确定其根端口，重新计算根通路费用。当这种 BPDU 在整个互联网络中传播时所有网桥可最终确定一个根桥，其他网桥据此计算自己的根端口和根通路，在同一个 LAN 上连接的各个网桥还需要根据各自的根通路费用确定唯一的指定桥和指定端口。显然这个过程要求在网桥之间多次交换信息，自认为是根桥的那个网桥不断广播自己的声明，例如在图 6-40(a)的互连网络中通过交换 BPDU 导出生成树的过程简述如下：

(1) 与 LAN 2 相连的三个网桥 1、3 和 4 选出网桥 1 为根桥，网桥 3 把它与 LAN 2 相连的端口确定为根端口(根通路费用为 10)。类似地，网桥 4 把它与 LAN 2 相连的端口确定为根端口(根通路费用为 5)。

(2) 与 LAN 1 相连的三个网桥 1、2 和 5 也选出网桥 1 为根桥，网桥 2 和 5 相应地确定其根通路费用和根端口。

(3) 与 LAN 5 相连的三个网桥通过比较各自的根通路费用的优先级选出网桥 4 为指定网桥，其根端口为指定端口。

其他计算过程从略。最后导出的生成树如图 6-40(b)所示。只有指定桥的指定端口可转发信息，其他网桥的端口都必须阻塞起来。在生成树建立起来以后，网桥之间还必须周期地交换 BPDU，以适应网络拓扑、通路费用以及优先级改变的情况。

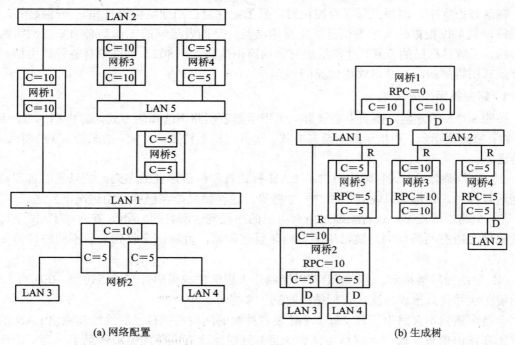

(a) 网络配置　　　　　　　　　　　　　　　　　　(b) 生成树

图 6-40　互联网络的生成树

6.6.3　源路由网桥

生成树网桥的优点是易于安装，无须人工输入路由信息，但是这种网桥只利用了互联网络拓扑结构的一个子集，没有最佳地利用带宽，所以 802.5 标准中给出了另一种网桥路由策略——源路由网桥。源路由网桥的核心思想是由帧的发送者显式地指明路由信息，路由信息由网桥地址和 LAN 标识符的序列组成，包含在帧头中，每个收到帧的网桥根据帧头中的地址信息可以知道自己是否在转发路径中，并可以确定转发的方向。例如在图 6-41 中，假设站 X 向站 Y 发送一个帧，该帧的旅行路线可以是 LAN 1、网桥 B1、LAN 3 和网桥 B3，也可以是 LAN 1、网桥 B2、LAN 4 和网桥 B4，如果源站 X 选择了第一条路径，并把这个路由信息放在帧头中，则网桥 B1 和 B3 都参与转发过程，反之网桥 B2 和 B4 负责把该帧送到目标站 Y。

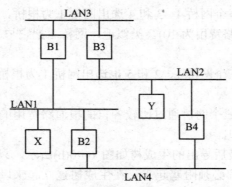

图 6-41　互联网络的例

在这种方案中，网桥无须保存路由表，只需记住自己的地址标识符和它所连接的 LAN 标识符，就可以根据帧头中的信息做出路由决策。然而发送帧的工作站必须知道网络的拓扑结构，了解目标站的位置，才能给出有效的路由信息。在 802.5 标准中有各种路由指示和寻址模式用以解决源站获取路由信息的问题。

1. 路由指示

按照 802.5 的方案，帧头中必须有一个指示器表明路由选择的方式。路由指示有四种：

(1) 空路由指示：不指示路由选择方式。所有网桥不转发这种帧，故只能在同一个 LAN 中传送。

(2) 非广播指示：这种帧中包含了 LAN 标识符和网桥地址的序列。帧只能沿着预定路径到达目标站，目标站只收到该帧的一个拷贝，这种帧只能在已知路由情况下发送。

(3) 全路广播指示：这种帧通过所有可能的路径到达所有的 LAN，在有些 LAN 上可能多次出现。所有网桥都向远离源端的方向转发这种帧，目标站会收到来自不同路径的多个拷贝。

(4) 单路径广播指示：这种帧沿着以源结点为根的生成树向叶子结点传播，在所有 LAN 上出现一次并且只出现一次，目标站只收到一个拷贝。

全路广播帧不含路由信息，每一个转发这种帧的网桥都把自己的地址和输出 LAN 的标识符加在路由信息字段中，这样当帧到达目标站时就含有完整的路由信息了。为了防止循环转发，网桥要检查路由信息字段，如果该字段中含有网桥连接的 LAN，则不要把该帧再转发到这个 LAN 上去。

单路径广播帧需要生成树的支持，生成树可以像上一小节那样自动产生生成树，也可由手工输入配置生成树。只有在生成树中的网桥才参与这种帧的转发，因而只有一个拷贝到达目标站。与全路广播帧类似，这种帧的路由信息也是由沿路各网桥自动加上去的。

源站可以利用后两种帧发现目标站的地址。例如源站向目标站发送一个全路广播帧，目标站以非广播帧响应并且对每一条路径来的拷贝都给出一个回答，这样源站就知道了到达目标站的各种路径，可选取一种作为路由信息；另外源站也可以向目标站发送单路径广播帧，目标站以全路广播帧响应，这样源站也可以知道到达目标的所有路径。

2. 寻址模式

路由指示和 MAC 寻址模式有一定的关系。寻址模式有三种：

(1) 单播地址：指明唯一的目标地址；

(2) 组播地址：指明一组工作站的地址；

(3) 广播地址：表示所有站。

从用户的角度看，由网桥互连的所有局域网应该像单个网络一样，所以以上三种寻址方式应在整个互连网络范围内有效。当 MAC 帧的目标地址为以上三种寻址模式时，与四种路由指示结合可产生不同的接收效果，这些效果表示在表 6-16 中。

表 6-16　不同寻址模式和路由指示组合的接收效果

寻址模式	路 由 指 示			
	空路由	非广播	全路广播	单路径广播
单地址	同一 LAN 上的目标站	不在同一 LAN 上的目标站	在任何 LAN 上的目标站	在任何 LAN 上的目标站
组地址	同一 LAN 上的一组站	互联网中指定路径的一组站	互联网中的一组站	互联网中的一组站
广播地址	同一 LAN 上的所有站	互联网中指定路径上的所有站	互联网中的所有站	互联网中的所有站

从表 6-16 看出，如果不说明路由信息，则帧只能在源站所在的 LAN 内传播；如果说明了路由信息，则帧可沿预定路径到达沿路各站。在两种广播方式中，互联网中的任何站都会收到帧，但若是用于探询到达目标站的路径，则只有目标给予响应。全路广播方式可能产生大量的重复帧，从而引起所谓"帧爆炸"问题；单路径广播产生的重复帧少得多，但需要生成树的支持。

6.7　城　域　网

城域网比局域网的传输距离远，能够覆盖整个城市范围。城域网作为开放型的综合平台，要求能够提供分组传输的数据、语音、图像、视频等多媒体综合业务。城域网要比局域网有更大的传输容量，更高的传输效率，还要有多种接入手段，以满足不同用户的需要。这一节讨论城域网的组网技术。

6.7.1　城域以太网

以太网技术的成熟和广泛应用推动了以太网向城域网领域扩展。但是，传统的以太网协议是为小范围的局域网开发的，在应用于更大范围的城域网时存在下面一些局限性。

首先是传输效率不高。在局域网中采用的广播通信方式要求发送站占用全部带宽，同时以太网的竞争发送机制要求把传输距离限制在较小的范围内。城域网通常可达上百千米的传输距离，这种情况下必然造成部分带宽的浪费。

其次是局域网应付通信故障的机制不完善，没有故障隔离和自愈能力。在服务范围扩大到整个城市范围时，网络故障的影响不可忽视，自动故障隔离和快速网络自愈变得很重要。

还有，局域网不能提供服务质量保证。城域网用户的需求是多种多样的，日益发展的多媒体业务要求提供有保障的服务质量(QoS)。

最后是局域网的管理机制不完善。对于大的城域网，要求简单易行的 OA&M(Operation Administrition and Management)功能。

城域以太网论坛(Metro Ethernet Forum，MEF)是由网络设备制造商和网络运营商组成的非盈利组织，专门从事城域以太网的标准化工作。MEF 的承载以太网(Carrier Ethernet)技术规范提出了以下几种业务类型：

(1) 以太网专用线(Ethernet Private Line，EPL)：在一对用户以太网之间建立固定速率的点对点专线连接。

(2) 以太网虚拟专线(Ethernet Virtual Private Line，EVPL)：在一对用户以太网之间通过第三层技术提供点对点的虚拟以太网连接，支持承诺的信息速率(CIR)、峰值信息速率(PIR)和突发式通信。

(3) 以太局域网服务(E-LAN services)：由运营商建立一个城域以太网，在用户以太网之间提供多点对多点的第二层连接，任意两个用户以太网之间都可以通过城域以太网通信。

其中,第三种技术被认为是最有前途的解决方案。提供 E-LAN 服务的基本技术是 802.1q 的 VLAN 帧标记。我们假定，各个用户的以太网称为 C-网，运营商建立的城域以太网称为 S-网，如果不同 C-网中的用户要进行通信，以太帧在进入用户网络接口(User-Network Interface，UNI)时被插入一个 S-VID(Server Provider-VLAN ID)字段，用于标识 S-网中的传输服务，而用户的 VLAN 帧标记(C-VID)则保持不变，当以太帧到达目标 C-网时，S-VID 字段被删除，如图 6-42 所示，这样就解决了两个用户以太网之间透明的数据传输问题。这种技术定义在 IEEE802.1ad 的运营商网桥协议(Provider Bridge Protocol)中，被称为 Q-in-Q 技术。

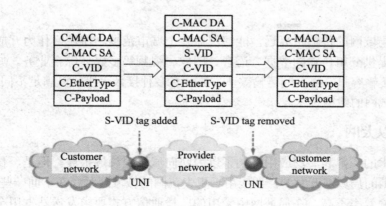

图 6-42　802.1ad 的帧格式

Q-in-Q 实际上是把用户 VLAN 嵌套在城域以太网的 VLAN 中传送，由于其简单性和有效性而得到电信运营商的青睐。但是这样以来，所有用户的 MAC 地址在城域以太网中都是可见的, 任何 C-网的改变都会影响到 S-网的配置, 增加了管理的难度, 而且 S-VID 字段只有 12 位, 只能标识 4096 个不同的传输服务, 网络的可扩展性也受到限制。从用户角度看, 网络用户的 MAC 地址都暴露在整个城域以太网中, 使得网络的安全性受到威胁。

为了解决上述问题, IEEE 802.1ah 标准提出了运营商主干网桥(Provider Backbone Bridge, PBB)协议。所谓主干网桥就是运营商网络边界的网桥, 通过 PBB 对用户以太帧再封装一层运营商的 MAC 帧头, 添加主干网目标地址和源地址(B-DA, B-SA)、主干网 VLAN 标识(B-VID)、以及服务标识(I-SID)等字段, 如图 6-43 所示。由于用户以太帧被封装在主干网以太帧中, 所以这种技术被称为 MAC-in-MAC 技术。

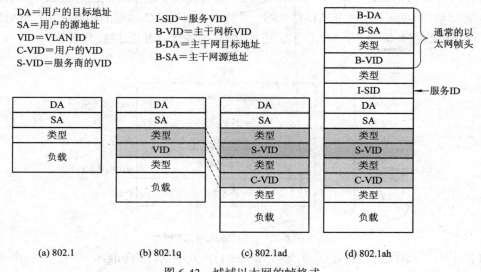

图 6-43 城域以太网的帧格式

按照 802.1ah 协议, 主干网与用户网具有不同的地址空间。主干网的核心交换机只处理通常的以太网帧头, 仅主干网边界交换机才具有 PBB 功能。这样, 用户网和主干网被 PBB 隔离, 使得扁平式的以太网变成了层次化结构, 简化了网络管理, 保证了网络安全。802.1ah 协议规定的服务标识(I-SID)字段为 24 位, 可以区分 1600 万种不同的服务, 使得网络的扩展性得以提升, 由于采用了二层技术, 没有复杂的信令机制, 因此设备成本和维护成本较低, 被认为是城域以太网的最终解决方案。IEEE 802.1ah 标准正在完善中。

按照图 6-43 的封装层次, 组成的城域以太网如图 6-44 所示。

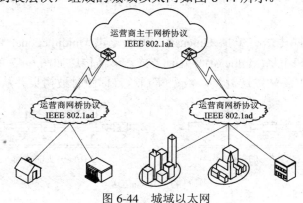

图 6-44 城域以太网

6.7.2 弹性分组环

弹性分组环(Resilient Packet Ring，RPR)是的一种采用环型拓扑的城域网技术。2004 年公布的 IEEE 802.17 标准定义了 RPR 的介质访问控制方法、物理层接口以及层管理参数，并提出了用于环路检测和配置、失效恢复、以及带宽管理的一系列协议。802.17 标准也定义了环网与各种物理层的接口和系统管理信息库。RPR 支持的数据速率可达 10 Gb/s。

1. 体系结构

RPR 的体系结构如图 6-45 所示。MAC 服务接口提供上层协议的服务原语；MAC 控制子层控制 MAC 数据通路，维护 MAC 状态，并协调各种 MAC 功能的相互作用；MAC 数据通路子层提供数据传输功能；MAC 子层通过 PHY 服务接口发送/接收分组。

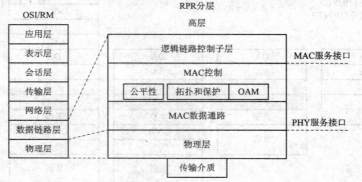

图 6-45　PRP 体系结构

RPR 采用了双环结构，由内层的环 1(ringlet 1)和外层的环 0(ringlet 0)组成，每个环都是单方向传送，如图 6-46 所示，相邻工作站之间的跨距(span)包含传送方向相反的两条链路(link)。如果 X 站接收 Y 站发出的分组，则 X 是 Y 的下游站，而 Y 是 X 的上游站。RPR 支持多达 255 个工作站，最大环周长为 2000 km。

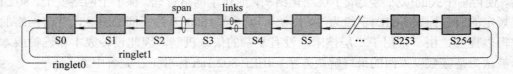

图 6-46　PRP 拓扑结构

2. 数据传送

工作站之间的数据传送有单播(Unicast)、单向泛洪(Unidirectional flooding)、双向泛洪(Bidirectional flooding)和组播(Multicast)等几种方式。单播传送如图 6-47 所示，发送站可以利用环 1 或环 0 向它的下游站发送分组，数据帧到达目标站时被拷贝并从环上剥离(strip)。

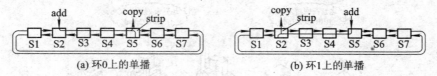

(a) 环0上的单播　　　　　　　　(b) 环1上的单播

图 6-47　单播传送

　　泛洪传播(flooding)是由一个站向多个目标站发送分组。单向泛洪有两种方式：数据帧中有一个 ttl(time to live)字段，发送站将其初始值设置为目标站数，分组每经过一站，ttl 减 1，ttl 为 0 时到达最后一个接收站，分组被拷贝并被剥离，如图 6-48(a)所示；另外一种泛洪方式是分组返回发送站时被剥离，如图 6-48(b)所示。

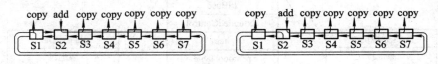

(a) ttl为0时删除　　　　　　　　　　　(b) 返回发送站删除

图 6-48　单向泛洪传播

　　双向泛洪要利用两个环同时传播，在两个方向发送的分组中设置不同的 ttl 值，当分组达到最后一个目标站时被拷贝并剥离，如图 6-49(a)所示。如果环上有一个分裂点(leave point)，这时形成了开放环，如图 6-49(b)中的垂直虚线所示，这种情况下，发送站要根据分裂点的位置设置两个不同的 ttl 的值。

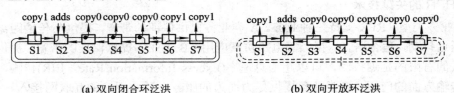

(a) 双向闭合环泛洪　　　　　　　　　　(b) 双向开放环泛洪

图 6-49　双向泛洪传播

　　组播分组可以利用单向或双向泛洪方式发送，组播成员由分组头中的目标地址字段指定。

3. 基本帧格式

　　PRP 中传送的分组有数据帧、控制帧、公平帧和闲置帧等多种格式。基本帧格式如图 6-50 所示。如果传送以太帧，则把以太帧中的目标地址和源地址拷贝到 da 和 sa 字段，把 protocolType 字段设置为以太帧的标识，并把以太帧中的服务数据单元和 CRC 检查和拷贝到 serviceDataUnit 和 fcs 字段，参见图 6-51。

1	ttl	到达目标的跳步数(time to live)
1	baseControl	帧类型，服务类，基线控制
6	da	目标地址(48 bit)
6	sa	源地址
1	ttlBase	ttl初始值
1	ExtendedControl	扩展的洪泛和一致性检查
2	hec	帧头的CRC检查和(16 bit)
2	protocolType	封装的协议类型
n	serviceDataUnit	上层协议的服务数据单元
4	fcs	协议类型和服务数据单元的CRC检查和(32 bit)

图 6-50　PRP 基本帧格式

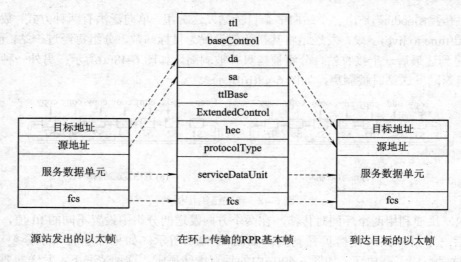

源站发出的以太帧　　　　在环上传输的RPR基本帧　　　　到达目标的以太帧

图 6-51　以太帧在 RPR 环上的传播

4. RPR 的关键技术

(1) 业务类型：RPR 支持三种业务。A 类业务提供保证的带宽，提供与传输距离无关的很小的延迟抖动，适合语音、视频等电路仿真应用；B 类业务提供保证的带宽，提供与传输距离相关的有限的延迟抖动，可以超信息速率(Excess Information Rate，EIR)传输，适合企业数据传输方面的应用；C 类业务提供尽力而为的服务，适合用户的互联网接入。

(2) 空间复用：RPR 的空间复用协议(Spatial Reuse Protocol，SRP)提供了寻址、读取分组、管理带宽和传播控制信息等功能。在 RPR 环上，数据帧被目标站从环上剥离，而不是像其他环网那样返回源结点后被剥离，这样就使得多个结点分成多段线路同时传输数据，充分利用了整个环路的带宽。例如环上依次有 A、B、C、D 4 个结点，分组经过 A 结点到达 B 结点被剥离，另外的分组可以从 B 结点插入，并经 C 传送到 D 结点，从而有效地利用了环上 A 到 D 之间的带宽。

(3) 拓扑发现：RPR 拓扑发现是一种周期性活动，也可以由某个需要知道拓扑结构的结点发起。在拓扑发现过程中，拓扑发现分组经过的结点把自己的标识符加入到分组中的标识符队列，产生一个新的拓扑发现分组，这样就形成了拓扑识别的累积效应。通过拓扑发现，结点可以选择最佳的插入点，使得源结点到达目的结点的跳步数最小。

(4) 公平算法：公平算法是一种保证环上所有站点公平地分配带宽的机制。如果一个结点发生阻塞，它就会在相反的环上向上游结点发送一个公平帧，上游站点收到这个公平帧时就调整自己的发送速率使其不超过公平速率。一般来说，接收到公平帧的站点会根据具体情况作出两种反应：若当前结点阻塞，它就在自己的当前速率和收到的公平速率之间选择一个最小值，并发布给上游结点；若当前结点不阻塞，就不采取任何行动。

(5) 环自愈保护：当 RPR 环中出现严重故障或者发生光纤中断后，中断处的两个站点就会发出的控制帧，沿光纤方向通知各个结点，正要发送数据的站点接收到这个消息后，立即把要发送的数据倒换到另一个方向的光纤上。一般来说，在环保护切换时，要按照业务流的不同服务等级、根据相同目标一起倒换原则、依次向反向光纤倒换业务。RPR 和 SDH 一样，能保证业务的倒换时间小于 50 ms。

习　题

1. 10 Mb/s 的 802.3 局域网的波特率是多少？

2. 试比较 IEEE 802.3 和 802.5 两种局域网的主要特点。

3. 以太网的监听算法有哪几种？各有什么优缺点？

4. 以太网协议中使用了二进制指数后退算法，这个算法的特点是什么？

5. 使用 CSMA/CD 协议的局域网，数据速率为 1 Gb/s，网段长 1 km，信号传播速度为 200 m/μs，最小帧长是多少？

6. 在令牌环网中，如果目标站接收数据帧后将其删除，另外发送应答帧，这种工作方式对系统功能有什么影响？

7. 当数据速率为 5 Mb/s，信号传播速度为 200 m/μs 时，令牌环接口中 1 bit 的延迟相当于多少米电缆？

8. 基带总线上有相距 1 km 的两个站，数据速率为 1 Mb/s，帧长 100 bit 信号传播速度为 200 m/μs，假定每个站平均每秒钟产生 1000 个帧，按照 ALOHA 协议，如果一个站在时刻 t 开始发送 1 个帧，那么发生冲突的概率是多少？对分槽的 ALOHA 协议，重复上面的计算。

9. 一个 1 km 长、数据速率为 10 Mb/s 的 CSMA/CD 局域网，信号传播速度为 200 m/μs，数据帧长为 256 bit，其中包含 32 bit 的帧头、校验和以及其他开销，传输成功后的第一个比特槽留给接收站扑获信道，以发送一个 32 bit 的应答帧，假定没有冲突，不计开销，有效数据速率是多少？

10. 一个 1 km 长、数据速率为 10 Mb/s、负载相当重的令牌环网，信号传播速度为 200 μs，环上有 50 个等距离的站，数据帧长为 256 bit，其中包含 32 bit 的额外开销，应答包含在数据帧中，令牌长 8 bit，此环网的有效数据速率是多少？

11. 分槽环是另外一种环网介质控制技术。环上有若干固定长度的时槽在连续循环运转，每个时槽中有一个比特指示时槽是否空闲，请求发送的站等到空闲时槽来到时把空标志变为忙标志，并插入要发送的数据，当数据帧返回后再由原发站重新改为空时槽。试比较分槽环和令牌环的优缺点。

12. 分槽环长 10 km，数据速率 10 Mb/s，环上有 500 个中继器，每个中继器产生 1 bit 时延，每个时槽包含 1 个源地址字节，一个目标地址字节，两个数据字节和 5 个控制比特，问环上可容纳多少个时槽？

13. 下图表示一个局域网的互连拓扑，方框中的数字是网桥ID，用字母来区分不同的网段。按照 IEEE 802.1d 协议，画出由该网络形成的生成树，哪个网桥成为根桥？哪些网桥端口成为根端口？

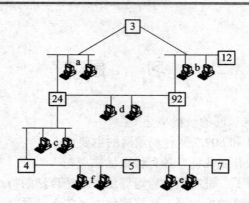

14. 有 4 个局域网 L1~L4 和 6 个网桥 B1~B6 ，网络拓扑如下：B1 和 B2 之间通过 L1 和 L2 并联，L2 和 L3 通过 B3 连通，L1 和 L3 通过 B4 连通，L3 和 L4 通过 B5 连通，L2 和 L4 通过 B6 连通，主机 H1 和 H2 分别连接在 L1 和 L3 上，H1 要和 H2 通信。

(1) 画出互连拓扑结构；

(2) 若网桥为透明网桥，其中的转发表都是空的，求生成树；

(3) 若网桥为源路由网桥，那么在广播发现帧的过程中，在 L2~L4 中发现帧各通过几次？

15. 大型局域网通常划分为 3 个层次：核心层、汇聚层和接入层，每一层都有着特定的作用，如下图所示。

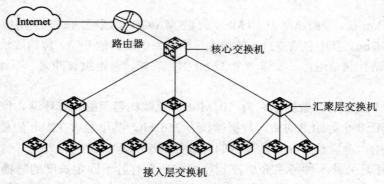

根据自己的理解，说明下面的功能应该属于哪一层？

(1) 为终端用户提供接入服务；

(2) 实施与安全、流量和路由相关的管理策略；

(3) 实现用户访问控制；

(4) 组成园区网的主干线路，实现 VLAN 中继、负载均衡等功能来缓解通信瓶颈。

第7章 TCP/IP 协议与互联网

多个网络互连组成范围更大的网络叫做互联网(Internet)。由于各种网络使用的技术不同，所以要实现网络之间的互连互通还要解决一系列新的问题。例如各种网络可能有不同的寻址方案、不同的分组长度、不同的超时控制机制、不同的差错恢复方法、不同的路由选择技术以及不同的用户访问控制协议等。另外，各种网络提供的服务也可能不同，有的是面向连接的，有的是无连接的。网络互连技术就是要在不改变原有网络体系结构的前提下，把一些异构型的网络互相连接构成统一的通信系统，实现更大范围的资源共享。本章首先概括介绍各种网络互连设备，然后讨论网络互连的基本原理和关键技术，最后介绍国际互联网(Internet)协议及其提供的网络服务。

7.1　网络互连设备

组成互联网的各个网络叫做子网，用于连接子网的设备叫做中间系统 IS(Intermediate System)，它的作用是协调各个网络的工作，使得跨网络的通信得以实现。中间系统可以是一个单独的设备，也可以是一个网络。这一节介绍各种网络互连设备的工作原理。

网络互连设备可以根据它们工作的协议层进行分类：中继器工作于物理层，网桥和交换机工作于数据链路层，路由器工作于网络层，而网关则工作于网络层以上的协议层。这种根据 OSI 协议层的分类只是概念上的，而实际的网络互连产品可能是几种功能的组合，从而可以提供更复杂的网络互连服务。

7.1.1　中继器

由于传输线路噪音的影响，承载信息的电磁信号只能传输有限的距离。例如在 802.3 的 10BASE5 标准中，收发器芯片的驱动能力只有 500 m。虽然 MAC 协议的定时特性(τ 值的大小)允许电缆长达 2.5 km，但是单个电缆段却不允许做得那么长。在线路中间插入放大器的办法是不可取的，因为伴随信号的噪音也被放大了。在这种情况下用中继器(Repeater)连接两个网段可以延长信号的传输距离。中继器的功能是对接收信号进行再生和发送，中继器不解释也不改变接收到的数字信息，它只是从接收信号中分离出数据，然后重新构造它并转发出去。再生信号与接收信号完全相同并可以沿着另外的网段传输到远端。中继器的概念和工作原理表示在图 7-1 中。

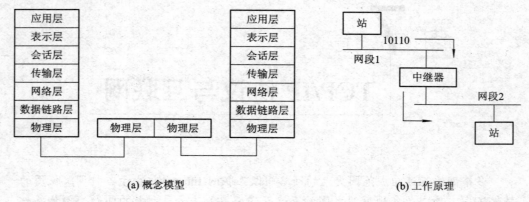

(a) 概念模型　　　　　　　　　　　　　　　　(b) 工作原理

图 7-1　中继器

　　理论上说，可以用中继器把网络延长到任意长的传输距离，然而在很多网络中都限制了一对工作站之间加入中继器的数目，例如在以太网中最多可以使用四个中继器，即网络最多由五个网段组成。

　　中继器工作于物理层，只是起到扩展传输距离的作用，对高层协议是透明的。实际上，通过中继器连接起来的网络相当于用一条更长的电缆组成的更大的网络。中继器也能把不同传输介质(例如 10BASE5 和 10BASE2)的网络连在一起，用在数据链路层以上相同的局域网的互连中。这种设备安装简单，使用方便，并能保持原来的传输速度。

　　集线器的工作原理基本上与中继器相同。简单地说，集线器就是一个多端口中继器，它把一个端口上收到的数据广播发送到所有其他端口上。

7.1.2　网桥

　　类似于中继器，网桥(Bridge)也用于连接两个局域网段，但它工作于数据链路层。网桥要分析帧地址字段，以决定是否把收到的帧转发到另一个网段上，网桥的概念模型和工作原理表示在图 7-2 中。

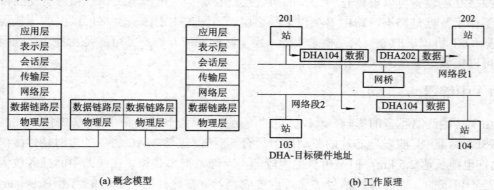

(a) 概念模型　　　　　　　　　　　　　　　　(b) 工作原理

图 7-2　网桥

　　在图 7-2(b)中，用 DHA 表示目标的硬件地址，网桥检查帧的源地址和目标地址，如果目标地址和源地址不在同一个网段上，就把帧转发到另一个网段上；若两个地址在同一个网段上，则不转发，所以网桥能起到过滤帧的作用。网桥的过滤特性很有用，当一个网络由于负载很重而性能下降时可以用网桥把它分成两段，并使得段间的通信量保持最小。例如把分布在两层楼上的网络分成每层一个网段，段中间用网桥相连，这种配置可以缓解网络通信繁忙的程度，提高通信效率。同时由于网桥的隔离作用，一个网段上的故障不会影响到另外一个网段，从而提高了网络的可靠性。

网桥可用于运行相同高层协议的设备互连，采用不同高层协议的网络不能通过网桥互相通信。另外，网桥也能连接不同传输介质的网络，例如可实现同轴电缆以太网与双绞线以太网之间的互连，或是以太网与令牌环网之间的互连。确切地说，网桥工作于 MAC 子层，只要两个网络 MAC 子层以上的协议相同，就可以用网桥互连。

以太网中广泛使用的交换机(Switch)是一种多端口网桥，每一个端口都可以连接一个局域网，关于交换机的详细的工作原理请参考第八章中的有关内容。

7.1.3 路由器

路由器(Router)的概念模型和工作原理表示在图 7-3 中，可以看出，路由器工作于网络层。通常把网络层地址叫做逻辑地址，把数据链路层地址叫做物理地址。物理地址通常是由硬件制造商指定的，例如每一块以太网卡都有一个 48 位的站地址，这种地址由 IEEE 管理(给每个网卡制造商指定唯一的前三个字节值)，任何两个网卡不会有相同的物理地址；逻辑地址是由网络管理员在组网配置时指定的，这种地址可以按照网络的组织结构以及每个工作站的用途灵活设置，而且可以根据需要改变。逻辑地址也叫软件地址，用于网络层寻址。例如在图 7-3(b)中，以太网 A 中硬件地址为 101 的工作站的软件地址为 A.05，这种用"点记号"表示地址的方法既标识了工作站所在的网络，也标识了网络中唯一的工作站。

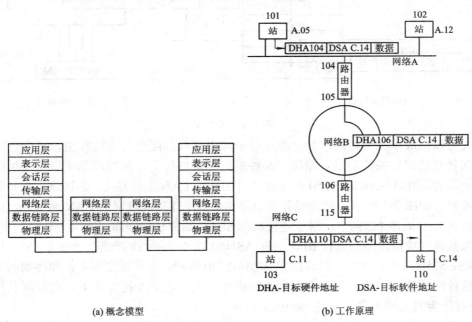

(a) 概念模型   (b) 工作原理

图 7-3 路由器

路由器根据网络逻辑地址在互连的子网之间传递分组。一个子网可能对应于一个物理网段，也可能对应于几个物理网段。路由器适合于连接复杂的大型网络，它工作于网络层，因而可以用于连接下面三层执行不同协议的网络，协议的转换由路由器完成，从而消除了网络层协议之间的差别。通过路由器连接的子网在网络层之上必须执行相同的协议才能互相通信。路由器如何协调网络协议之间的差别，如何进行路由选择以及如何在通信子网之间转发分组，将在本章后续内容中详细讨论。

由于路由器工作于网络层，它处理的信息量比网桥要多，因而处理速度比网桥慢。但路由器的互连能力更强，可以执行复杂的路由选择算法。在具体的网络互连中，采用路由器还是采用网桥，取决于网络管理的需要和具体的网络环境。

有的网桥制造商在网桥上增加了一些智能设备，从而可以进行复杂的路由选择，这种互连设备叫做路由桥(Routing Bridge)。路由桥虽然能够运行路由选择算法，甚至能够根据安全性要求决定是否转发数据帧，但由于它不涉及第三层协议，所以还是属于工作在数据链路层的网桥设备，它不能像路由器那样用于连接复杂的广域网。

7.1.4 网关

网关(Gateway)是最复杂的网络互连设备，用于连接网络层之上执行不同协议的子网，组成异构型的互连网络。网关能对互不兼容的高层协议进行转换，例如在图 7-4 中，使用 NetWare 的 PC 工作站和 SNA 网络互连，两者不仅硬件不同，而且整个体系结构和使用的协议栈都不同。为了实现异构型设备之间的通信，网关要对不同的传输层、会话层、表示层和应用层协议进行翻译和变换。

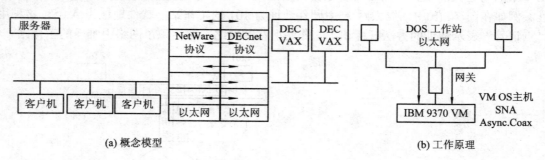

(a) 概念模型 (b) 工作原理

图 7-4 网关

网关可以做成单独的箱级产品，也可以做成电路板并配合网关软件用以增强已有的设备，使其具有协议转换的功能。箱级产品性能好但价格昂贵，板级产品可以是专用的也可以是非专用的。例如 NetWare 5250 网关软件可加载到 LAN 工作站上，这样该工作站就成为网关服务器，如图 7-5 所示。网关服务器中除安装用于连接局域网的 LAN 网卡外，还必须安装一块 Novell 同步 PC 网卡，用于连接远程 SDLC 数据传输线路。在网关软件的支持下，网关服务器通过通信线路与远程 IBM 主机(AS/400 或 System/3X)相连。如果 LAN 工作站运行 NetWare 5250 工作站软件，就可以仿真 IBM5250 终端，也可以实现主机和终端间的文件传递。这种网关软件提供专用和非专用两种操作方式。在非专用方式下，运行网关软件的 PC 机既可作为网关服务器，又是 NetWare 5250 工作站。

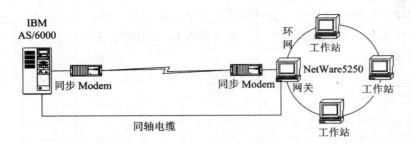

图 7-5　NetWare 网关

由于工作复杂，因而用网关互连网络时效率比较低，而且透明性不好，往往用于针对某种特殊用途的专用连接。

最后，值得一提的是人们的习惯用语有些模糊不清，并不像以上根据网络协议层的概念明确划分各种网络互连设备。有时并不区分路由器和网关，而把在网络层及其以上进行协议转换的互连设备统称为网关。另外各种网络产品提供的互连服务多种多样，因此很难单纯按名称来识别某种产品的功能。有了以上按照协议层分类的概念，对了解各种互连设备的功能无疑是有益的。

7.2　域名和地址

7.2.1　网际互连

多个网络通过网关互相连接的情况类似于分组交换网内部的组织结构，图 7-6 是分组交换网和互联网类比的例子。在互联网中的网关 G_1、G_2 和 G_3 分别对应于分组交换网中的交换结点 S_1、S_2 和 S_3，而互联网中的子网 N_1、N_2 和 N_3 分别对应于分组交换网中的传输链路 T_1、T_2 和 T_3。网关起到了分组交换的作用，通过与它相连的网络把分组从源端 H_1 传送到目标端 H_2。

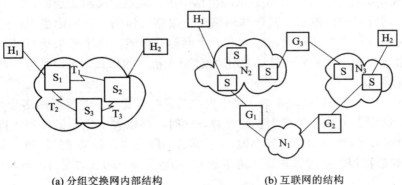

(a) 分组交换网内部结构　　　　　　　(b) 互联网的结构

图 7-6　互联网和网络的对比

图 7-7 中给出了利用 IP 协议把数据报从 X.25 分组交换网中的主机 A 传送到局域网中的主机 B 的操作过程。路由器连接两个子网并执行协议的转换操作，在主机 A 中，TCP 送来的数据经过 IP 协议包装成网际数据报，其 IP 头中包含着主机 B 的网络地址。网际数据报

在 X.25 网络中传播时经过多个交换结点，最后到达路由器。路由器首先把 X.25 分组向上层递交，剥去帧头和帧尾，暴露出 IP 头，然后根据 IP 头中的地址把数据报下载到局域网中，最后传送到主机 B。

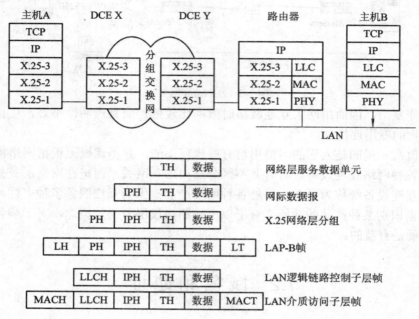

TH-传输头; IPH-IP头; PH-X.25分组头; LH-LAP B帧头; LT-LAP B帧尾;
LLCH-LAN LLC帧头; MACH-LAN MAC帧头; MACT-LAN MAC帧尾

图 7-7　网际协议的操作过程举例

　　更一般的情况是中间要经过多个路由器，每个路由器都根据 IP 头中的网络地址决定转发的方向。当转发的下一个网络的最大分组长度小于当前的数据报长度时，路由器必须将数据报分段，形成多个短数据报，然后按一定的顺序把它们转发出去。在目标端，短数据报经过 IP 协议实体排序，并组装成原来的数据字段，最后提交给上层协议。

　　实际上，网际协议要解决的问题与网络层协议是类似的。在网际层提供路由信息的手段仍然是路由表，每个站或路由器中都有一个网际路由表，每个表项指明了与一个目标网络对应的路由器地址。网际地址通常采用"网络•主机"的形式，可以区分子网的地址编码和主机的地址编码。

　　图 7-8 表示了一个实际的路由表。路由表中的目标栏记录的是目标网络号，而不是主机的网络地址，这样大大减少了路由表的行数。同时，路由表中也不记录到达目标的延迟时间，而代之以跳步数(经过的路由器个数)。根据这个路由表，如果 R3 收到一个目标地址为 50.117.102.3 的数据报，则可以转发到路由器 R2 地址为 40.0.0.2 的端口，再通过 R4 转发到 50.0.0.0 网络中。

　　路由表可以是静态的或动态的，静态路由表也提供可选的第二和第三最佳路由，动态路由表在应付网络失效和拥塞方面更加灵活。在国际互联网中，当一个路由器关机时，与该路由器相邻的路由器和主机都会发出路由状态报告，使别的路由器或主机修改它们的路由表。对拥塞路段也可以同样处理。在互联网环境下，各个子网(可能是远程网或局域网)

的容量差别很大,更容易发生拥塞,因而更要发挥动态路由的优势。

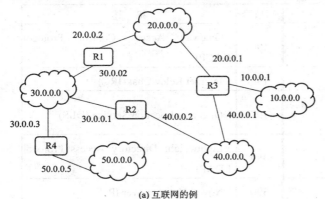

目标主机网络号	转发路径	跳步数
10.0.0.0	直接转发	0
20.0.0.0	直接转发	0
30.0.0.0	20.0.0.2	1
30.0.0.0	40.0.0.2	1
40.0.0.0	直接转发	0
50.0.0.0	40.0.0.2	2

(a) 互联网的例   (b) R3的路由表

图 7-8　互联网中的路由表

更复杂的路由表还可支持安全和优先级服务,例如从安全角度考虑,有的网络不适宜处理某些数据,则路由表包含的控制信息可以使得敏感数据不会转发到不安全的网络中去。

另外一种路由技术是源路由法,即源端在数据报中列出要经过的一系列路由器。这种方法也可以提供安全服务。

路由记录服务是一种与路由选择有关的特殊服务。数据报经过的每一个路由器都把自己的地址加入其中,这样,目标端就可以知道该数据报的旅行轨迹,在进行网络测试或查错时会用到这种服务。

7.2.2　域名系统

在 Internet 中,一个网络应用的地址可表示为"网络地址·主机地址·端口地址"。TCP/IP 网络中的大多数公共应用进程都有专用的端口号,这些端口号是由 IANA(Internet Assigned Numbers Authority)指定的,其值小于 1024,而用户进程的端口号一般大于 1024。表 7-1 列出了主要的专用端口号,许多网络操作系统保护这些端口号,限制用户进程使用它。

表 7-1　固定分配的专用端口号

端口号	描　述	端口号	描　述
1	TCP Port Service Multiplexer (TCPMUX)	118	SQL Services
5	Remote Job Entry (RJE),远程作业	119	Newsgroup (NNTP)
7	ECHO,回声	137	NetBIOS Name Service
18	Message Send Protocol (MSP),报文发送协议	139	NetBIOS Datagram Service
20	FTP－Data,文件传输协议	143	Interim Mail Access Protocol (IMAP)
21	FTP－Control,文件传输协议	150	NetBIOS Session Service
22	SSH Remote Login Protocol,远程登陆	156	SQL Server
23	Telnet,远程登陆	161	SNMP,简单网络管理协议
25	Simple Mail Transfer Protocol (SMTP)	179	Border Gateway Protocol (BGP),边界网关协议

端口号	描　述	端口号	描　述
29	MSG ICP	190	Gateway Access Control Protocol (GACP)
37	Time	194	Internet Relay Chat (IRC)
42	Host Name Server (Nameserver)，主机名字服务	197	Directory Location Service (DLS)
43	WhoIs	389	Lightweight Directory Access Protocol (LDAP)
49	Login Host Protocol (Login)	396	Novell Netware over IP
53	Domain Name System (DNS)，域名系统	443	HTTPS
69	Trivial File Transfer Protocol (TFTP)	444	Simple Network Paging Protocol (SNPP)
70	Gopher Services	445	Microsoft-DS
79	Finger	458	Apple QuickTime
80	HTTP 超文本传输协议	546	DHCP Client，动态主机配置协议，客户端
103	X.400 Standard，电子邮件标准	547	DHCP Server，动态主机配置协议，服务器端
108	SNA Gateway Access Server	563	SNEWS
109	POP2	569	MSN
110	POP3	1080	Socks
115	Simple File Transfer Protocol (SFTP)		

网络用户希望用名字来标识主机，有意义的名字可以表示主机的账号、工作性质、所属的地域或组织等，从而便于记忆和使用。Internet 的域名系统 DNS(Domain Name System)就是为这种需要而开发的。

DNS 的逻辑结构是一个分层的域名树，Internet 网络信息中心(Internet Network Information Center，InterNIC)管理域名树的根，称为根域。根域没有名称，用圆点"."表示，是域名空间的最高级别。在 DNS 的名称中，有时在末尾附加一个"."，就是表示根域，但它经常是省略的。DNS 服务器可以自动补上结尾的圆点，也可以处理结尾带圆点的域名。

根域下面是顶级域(Top-Level Domains，TLD)，分为国家顶级域(country code Top Level Domain，ccTLD)和通用顶级域(generic Top Level Domain，gTLD)。国家顶级域名包含 243 个国家和地区代码，例如 cn 代表中国，uk 代表英国等。最初的通用顶级域有 7 个(参见表 7-2)，这些顶级域名原来主要供美国使用，随着 Internet 的发展，com、org 和 net 成为全世界通用的顶级域名，这就是所谓的国际域名，而 edu、gov 和 mil 则限于美国使用。

表 7-2 通用顶级域名

COM	商业机构等盈利性组织
EDU	教育机构学术组织，国家科研中心等
GOV	美国非军事性的政府机关
MIL	美国的军事组织
NET	网络信息中心(NIC)和网络操作中心(BIC)等
ORG	非盈利性组织，例如技术支持小组、计算机用户小组等
INT	国际组织

负责互联网域名注册的服务商 ICANN 于 2000 年 11 月决定，从 2001 年开始使用 7 个新的国际顶级域名：biz(商业机构)、info(网络公司)、name(个人网站)、pro(医生和律师等职业人员)、aero(航空运输业专用)、coop(商业合作社专用)和 museum(博物馆专用)，其中前 4 个是非限制性域名，后 3 个限于专门的行业使用，受有关行业组织的管理。

2008 年 6 月，ICANN 在巴黎年会上通过了个性化域名方案，最早将于 2009 年开始出现以公司名字为结尾的域名，例如 ibm、hp、qq 等。可以认为，这些域名的所有者在某种意义上就是一个域名注册机构，今后将会有无穷多的国际域名。

顶级域下面是二级域，这是正式注册给组织和个人的唯一名称，例如 www.microsoft.com 中的 microsoft 就是微软注册的域名。

在二级域之下，组织机构还可以划分子域，使其各个分支部门都获得一个专用的名称标识，例如 www.sales.microsoft.com 中的 sales 是微软销售部门的子域名称。划分子域的工作可以一直延续下去，直到满足组织机构的管理需要为止。但是标准规定，一个域名的长度通常不超过 63 个字符，最多不能超过 255 个字符。

DNS 标准还规定，域名中只能使用 ASCII 字符集的有限子集，包括 26 个英文字母(不区分大小写)和 10 个数字，以及连字符“-”，并且连字符不能作为子域名的第一个和最后一个字母。后来的标准对字符集有所扩大。

各个子域由地区网络信息中心(NIC)管理。图 7-9 是 CNNIC 管理的 CN 下的域名树系统，其中第二级子域名 AC 为中科院系统的机构，EDU 为教育系统的院校和科研单位，GO 为政府机关，CO 为商业机构，OR 为民间组织和协会，BJ 为北京地区，SH 为上海地区，ZJ 为浙江地区等。

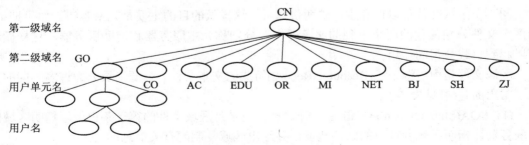

图 7-9 CN 域名下的域名树

特别需要指出的是域名与网络地址是两个不同的概念。虽然大多数连网的主机不但有一个唯一的网络地址，也有一个域名，但是也有的主机没有网络地址，只有域名。这种机器用电话线连接到一个有 IP 地址的主机上(电子邮件网关)，通过拨号方式访问 IP 主机，只能发送和接收电子邮件。另一方面，高级的域名可能包括几个网络，但域名树的结构不一定与网络结构相对应。还有一种情况是同一个子网中的主机可能属于不同的子域，虽然这种情况对 C 类网络很少见。

7.2.3 域名服务器

域名到 IP 地址的变换由 DNS 服务器实现。一般子网中都有一个域名服务器管理本地子网所连接的主机，也为外来的访问提供 DNS 服务。这种服务采用典型的客户机/服务器访问方式：客户机把主机域名发送给服务器，服务器返回对应的 IP 地址，有时被询问的服务器不包含查询的主机记录，服务器会根据 DNS 协议提供进一步查询的信息。

所有的顶级域被委托给不同的根服务器进行管理。国家域名的根服务器由各个国家的网络信息中心运营，而国际域名则由 13 个根服务器提供服务，其中 1 个为主根服务器与 9 个辅根服务器放置在美国，另外 3 个辅根服务器分别放置在英国、瑞典和日本。中国有 3 个国际域名的镜像服务器，可以加快中国境内的用户访问 .com 和 .net 中的资源。

1. 区域

DNS 域名树的一个连续部分被称为区域 (zone)，图 7-10 显示出划分区域的例子，这里有 3 个区域：

- north.nwtraders.com
- sales.north.nwtraders.com
- support.north.nwtraders.com

其中区域 north.nwtraders.com 包含 north.nwtraders.com 和 training.north.nwtraders.com 两个相邻的子域。

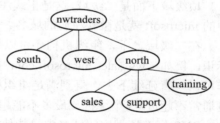

图 7-10 DNS 的区域

这里要区别两个不同的概念，通常说的"域"是 DNS 域名树中的一个结点，可以把域名树中相邻的一些结点的配置信息保存在一个文件中，这就是区域文件。所以域是名字空间的一部分，而区域是一个存储的概念，是存储空间的一部分。

2. 资源记录

同一个区域文件可以保存主、辅两份拷贝，这样做的目的主要是冗余容错。如果把主、辅两个文件分别保存的两个单独的服务器中，分别称为主服务器和辅助服务器，这样做还可以起到负载分担的作用。

区域文件是由资源记录(Resource Record)组成的文本文件。资源记录分为许多不同的类型，常用的是(参见表 7-3)：

(1) SOA(Start Of Authoritative)：开始授权记录是区域文件的第一条记录，指明区域的主服务器，指明区域管理员的邮件地址，并给出区域复制的有关信息：

- 序列号：当区域文件改变时，序列号要增加，辅助服务器把自己的序列号与主服务器的序列号比较，以确定是否需要更新数据；

● 刷新间隔：辅助服务器更新数据的时间间隔(秒)；

● 重试间隔：当辅助服务器不能连接主服务器进行更新时，必须每隔一定时间重新试图连接；

● 有效期：如果辅助服务器不能更新自己的区域文件，超过有效期后就不再提供查询服务；

● 生命期(TTL)：资源记录在其他名字服务器缓存中保存的最少有效时间。

(2) A(Address)：地址记录表示主机名到 IP 地址的映射。

(3) PTR(Pointer)：指针记录是 IP 地址到主机名的映射。

(4) NS(Name Server)：给出区域的授权服务器。

(5) MX(Mail eXchanger)：定义了区域的邮件服务器及其优先级(指示搜索顺序)。

(6) CNAME：为正式主机名(canonical name)定义了一个别名(alias)。

表 7-3 资 源 记 录

记录类型	说 明	示 例
开始授权 (SOA)	指明区域主服务器 (primary nameserver) 指明区域管理员的邮件地址及区域复制信息： 序列号 刷新间隔 重试间隔 有效期 TTL	区域 microsoft.com 的主服务器为 ns1.microsoft.com 2003080800　;serial number 172800　;refresh=2d 900　　　;retry=15m 1209600;expire=2w 3600　　;default TTL=1h
地址(A)	最常用的资源记录 把主机名解析为 IP 地址	compuer1.microsoft.com 被解析为 10.1.1.4
指针(PTR)	用于反向查询的资源记录 把 IP 地址解析为主机名	10.1.1.4 被解析为 compuer1.microsoft.com
名字服务器 (NS)	为一个域指定了授权服务器 该域的所有子域也被委派给这个服务器	域 microsoft.com 的授权服务器为 ns2.microsoft.com
邮件服务器 (MX)	指明区域的 SMTP 服务器	区域 microsoft.com 的邮件服务器为 mail.microsoft.com
别名 (CNAME)	指定主机的别名 把主机名解析为另一个主机名	www.microsoft.com 的别名为 webserver12.microsoft.com

3. 域名查询

DNS 服务器可以实现正反两个方向的查询，正向查询是检查地址记录(A)，把名字解析为 IP 地址，反向查询是检查指针记录(PTR)，把 IP 地址解析为主机名。

每个 DNS 服务器中有一个高速缓存区(cache)，每次查询出来的主机名及对应的 IP 地址都会记录到高速缓存区中，下一次查询时，服务器先查找高速缓存，以加速查询速度，如果高速缓存查询不成功，再向其他服务器发送查询请求。

DNS 客户端都配置了一个或多个 DNS 服务器的地址，无论是静态或动态配置的，这些 DNS 服务器都是用户所在域的授权服务器，而用户主机则是该域的成员。当用户在浏览器地址栏键入一个域名时，客户端就可以向本地的 DNS 服务器发出查询请求。查询过程分为两种查询方式：

(1) 递归查询：当用户发出查询请求时，本地服务器要进行递归查询。这种查询方式要求服务器彻底地进行名字解析，并返回最后的结果——IP 地址或错误信息。如果查询请求在本地服务器中不能完成，那么服务器就根据它的配置向域名树中的上级服务器进行查询，在最坏的情况下可能要查询到根服务器。每次查询返回的结果如果是其他名字服务器的 IP 地址，则本地服务器要把查询请求发送给这些服务器做进一步的查询。

(2) 迭代查询：服务器与服务器之间的查询采用迭代的方式进行，发出查询请求的服务器得到的响应可能不是目标的IP 地址，而是对其他服务器的引用(名字和地址)，那么本地服务器就要访问被引用的服务器，做进一步的查询。如此反复多次，每次都更接近目标的授权服务器，直至得到最后的结果——目标的 IP 地址或错误信息。

7.2.4 地址分解协议

IP 地址是分配给主机的逻辑地址，在互联网中表示唯一的主机。似乎有了 IP 地址寻址问题就解决了，其实不然，还必须考虑主机的物理地址。

由于互连的各个子网可能属于不同的组织，运行不同的协议(异构性)，因而可能采用不同的编址方法。任何子网中的主机至少都有一个在子网内部唯一的地址，这种地址都是在子网建立时一次性指定的，甚至可能是与网络硬件相关的，我们把这个地址叫做主机的物理地址或硬件地址。

物理地址和逻辑地址的区别可以从两个角度看：从网络互连的角度看，逻辑地址在整个互连网络中有效，而物理地址只是在子网内部有效；从网络协议分层的角度看，逻辑地址由 Internet 层使用，而物理地址由子网访问子层(具体地说就是数据链路层)使用。

由于有两种主机地址，因而需要一种映像关系把这两种地址对应起来。在 Internet 中用地址分解协议(Address Resolution Protocol，ARP)来实现逻辑地址到物理地址映像。ARP 分组的格式如图 7-11 所示，各字段的含义解释如下：

- 硬件类型：网络接口硬件的类型，对以太网此值为 1。
- 协议类型：发送方使用的协议，0800H 表示 IP 协议。
- 硬件地址长度：对以太网，地址长度为 6 字节。
- 协议地址长度：对 IP 协议，地址长度为 4 字节。
- 操作类型：
1——ARP 请求；

2——ARP 响应；

3——RARP 请求；

4——RARP 响应。

硬件类型		协议类型
硬件地址长度	协议地址长度	操作类型
发送结点硬件地址		
发送结点协议地址		
目标结点硬件地址		
目标结点协议地址		

图 7-11　ARP/RARP 分组格式

通常 Internet 应用程序把要发送的报文交给 IP 协议，IP 当然知道接收方的逻辑地址(否则就不能通信了)，但不一定知道接收方的物理地址。在把 IP 分组向下传送给本地数据链路实体之前可以用两种方法得到目标物理地址：

(1) 查本地内存中的 ARP 地址映像表，其逻辑结构如表 7-4 所示。可以看出这是 IP 地址和以太网地址的对照表。

(2) 如果 ARP 表查不到，就广播一个 ARP 请求分组，这种分组经过路由器进一步转发，可以到达所有连网的主机。它的含义是："如果你的 IP 地址是这个分组中的目标结点协议地址，请回答你的物理地址是什么。"收到该分组的主机一方面可以用分组中的两个源地址更新自己的 ARP 地址映像表，一方面用自己的 IP 地址与目标结点协议地址字段比较，若相符则发回一个 ARP 响应分组，向发送方报告自己的硬件地址，若不相符则不予回答。

表 7-4　ARP 地址映像表的例

IP 地址	以太网地址
130.130.87.1	08 00 39 00 29 D4
129.129.52.3	08 00 5A 21 17 22
192.192.30.5	08 00 10 99 A1 44

所谓代理 ARP(Proxy ARP)就是路由器"假装"目标主机来回答 ARP 请求，所以源主机必须先把数据帧发给路由器，再由路由器转发给目标主机。这种技术不需要配置默认网关，也不需要配置路由信息，就可以实现子网之间的通信。

用于说明代理 ARP 的例子如图 7-12 所示，设子网 A 上的主机 A (172.16.10.100)需要与子网 B 上的主机 D (172.16.20.200)通信。图中的主机 A 有一个 16 位的子网掩码，这意味着主机 A 认为它直接连接到网络 172.16.0.0，当主机 A 需要与它直接连接的设备通信时，它就向目标发送一个 ARP 请求。主机 A 需要主机 D 的 MAC 地址时，它在子网 A 上广播的 ARP 请求分组是

发送者的 MAC 地址	发送者的 IP 地址	目标的 MAC 地址	目标的 IP 地址
00-00-0c-94-36-aa	172.16.10.100	00-00-00-00-00-00	172.16.20.200

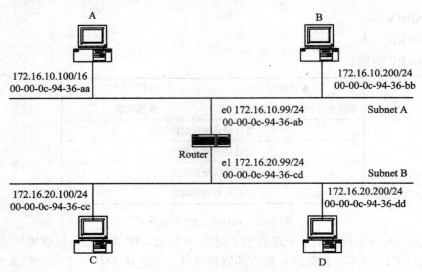

图 7-12 代理 ARP 的例

这个请求的含义是要求主机 D (172.16.20.200)回答它的 MAC 地址。ARP 请求分组被包装在以太帧中，其源地址是 A 的 MAC 地址，而目标地址是广播地址(FFFF.FFFF.FFFF)。由于路由器不转发广播帧，所以这个 ARP 请求只能在子网 A 中传播，到不了主机 D。如果路由器知道目标地址(172.16.20.200)在另外一个子网中，它就以自己的 MAC 地址回答主机 A，路由器发送的应答分组是

发送者的 MAC 地址	发送者的 IP 地址	目标的 MAC 地址	目标的 IP 地址
00-00-0c-94-36-ab	172.16.20.200	00-00-0c-94-36-aa	172.16.10.100

这个应答分组包装在以太帧中，以路由器的 MAC 地址为源地址，以主机 A 的 MAC 地址为目标地址，ARP 应答帧是单播传送的。在接收到 ARP 应答后，主机 A 就更新它的 ARP 表

IP Address	MAC Address
172.16.20.200	00-00-0c-94-36-ab

此后主机 A 就把所有发送给主机 D(172.16.20.200)的分组发送给 MAC 地址为 00-00-0c-94-36-ab 的主机，这就是路由器的网卡地址。

通过这种方式，子网 A 中的 ARP 映像表都把路由器的 MAC 地址当作子网 B 中主机的 MAC 地址。例如主机 A 的 ARP 映像表如下所示：

IP Address	MAC Address
172.16.20.200	00-00-0c-94-36-ab
172.16.20.100	00-00-0c-94-36-ab
172.16.10.99	00-00-0c-94-36-ab
172.16.10.200	00-00-0c-94-36-bb

多个 IP 地址被映像到一个 MAC 地址这一事实正是代理 ARP 的标志。

RARP(Reverse Address Resolution Protocol)是反向 ARP 协议，即由硬件地址查找逻辑地址。通常主机的 IP 地址保存在硬盘上，机器关电时也不会丢失，系统启动时自动读入内存

中；但是无盘工作站无法保存 IP 地址，它的 IP 地址由 RARP 服务器保存。当无盘工作站启动时，广播一个 RARP 请求分组，把自己的硬件地址同时写入发送方和接收方的硬件地址字段中。RARP 服务器接收这个请求，并填写目标 IP 地址字段，把操作字段改为 RARP 响应分组，送回请求的主机。

7.2.5 动态主机配置协议

在大型网络中，如果采用固定 IP 地址分配方案，那么管理成千上万个主机地址要耗费大量的人工，而且容易出错，容易产生地址冲突或者合法用户的网络地址被非法盗用，这时采用动态主机配置协议管理用户地址是常用的解决方案。

动态主机配置协议(Dynamic Host Configuration Protocol，DHCP)用于在大型网络中为客户机自动分配 IP 地址及有关网络参数(默认网关和 DNS 服务器地址等)。使用 DHCP 服务器可以节省网络配置工作量，便于进行网络管理，有效地避免网络地址冲突，还能解决 IP 地址资源不足的问题，特别对于使用笔记本计算机的移动用户，从一个子网移动到另一个子网时，就不需要手工更换 IP 地址了。

DHCP 使用了 BOOTP 协议的报文格式。BOOTP 只有 Request(请求)和 Replay(响应)两种报文，DHCP 在此基础上定义了 8 种语义不同的报文，实现了更加复杂的交互过程。DHCP 的报文格式如图 7-13 所示。

op (1)	htype (1)	hlen (1)	hops (1)
xid (4)			
secs (2)		flags (2)	
ciaddr (4)			
yiaddr (4)			
siaddr (4)			
giaddr (4)			
chaddr (16)			
sname (64)			
file (128)			
options (variable)			

图 7-13 DHCP 报文格式

对 DHCP 报文中的字段解释如下：

- op：操作码，指明报文类型，1=BOOT Request，2=BOOT Replay
- htype：硬件地址类型，1=Ethernet
- hlen：硬件地址长度
- hops：跳数，由客户端设置为 0
- xid：事务标识(Transaction ID)，由客户机指定的一个随机数，用于识别请求报文对应的响应报文
- secs：客户端获取 IP 地址消耗的时间(秒)

- flags：标志字段的最左位设置为 1(表示广播)，其余位为 0(保留未用)
- ciaddr：客户端 IP 地址
- yiaddr：你的 IP 地址
- siaddr：服务器 IP 地址
- giaddr：中继代理的 IP 地址
- chaddr：客户端硬件地址
- sname：服务器名(任选)
- file：Boot 文件名
- options：可变长的任选参数字段，可扩展，主要内容有：

  requested IP address

  IP address lease time

  use 'file'/'sname' fields

  DHCP message type

  parameter request list

  message

  client identifier

  vendor class identifier

  server identifier

DHCP 使用 UDP 作为传输协议，服务器端口是 67，客户机端口是 68。客户机在没有分配地址之前，把自己的 IP 地址设置为 0.0.0.0，给服务器采用广播方式发送报文，即目标 IP 地址设置为 255.255.255.255。客户机和服务器进行网络地址分配和释放的交互过程如下：

(1) 客户机在本地子网中广播一个 DHCPDISCOVER 报文，其中包含了想要获取的网络地址和租约期(任选项)，BOOTP 中继代理可以把这个报文转发到不在同一子网中的 DHCP 服务器。图 7-14 给出了一个客户机发出的 DHCPDICOVER 报文的主要内容。

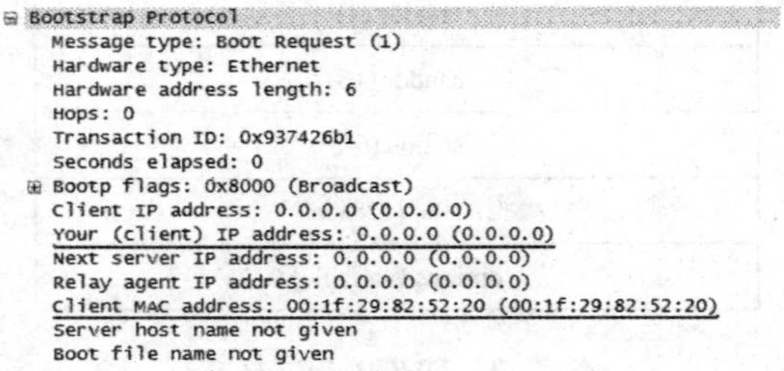

```
⊟ Bootstrap Protocol
    Message type: Boot Request (1)
    Hardware type: Ethernet
    Hardware address length: 6
    Hops: 0
    Transaction ID: 0x937426b1
    Seconds elapsed: 0
  ⊞ Bootp flags: 0x8000 (Broadcast)
    Client IP address: 0.0.0.0 (0.0.0.0)
    Your (client) IP address: 0.0.0.0 (0.0.0.0)
    Next server IP address: 0.0.0.0 (0.0.0.0)
    Relay agent IP address: 0.0.0.0 (0.0.0.0)
    Client MAC address: 00:1f:29:82:52:20 (00:1f:29:82:52:20)
    Server host name not given
    Boot file name not given
```

图 7-14   DHCPDICOVER 报文

(2) 收到广播包的每一个服务器都以 DHCPOFFER 报文响应之，其中的 yiaddr 字段包含了可提供的网络地址，服务器并不保留这个地址，只是在交互过程的最后阶段才检查被分配的网络地址是否已经在使用。

(3) 客户机可能接收到一个或多个服务器的响应报文，客户机只选择其中一个服务器的配置参数，然后广播 DHCPREQUEST 报文，其中的 server identifier 字段指示了它选择的服务器，requested IP address 选项被设置为 DHCPOFFER 报文中 yiaddr 字段的值。DHCPREQUEST 应该被广播到所有接收过 DHCPDISCOVER 的服务器。

(4) 没有被选择的服务器把接收到的 DHCPREQUEST 当作一个拒绝通知。被选择的服务器则发送 DHCPACK 报文，其中包含了分配给客户机的配置参数，client identifier(或 chaddr)字段和被授予的网络地址构成了客户机租约期的专用标识。如果被选择的服务器不能满足 DHCPREQUEST 提出的请求(例如请求的地址已经被分配)，则以 DHCPNAK 响应之。

(5) 客户机接收到了 DHCPACK 报文后就进行实际的网络配置。如果客户机发现得到的网络地址已经在用，则发送 DHCPDECLINE 报文，重启配置过程。在重新配置之前要等待10 s，以避免由于循环而引起过多的网络流量。如果客户机收到 DHCPNAK 报文，也要重启配置过程。

(6) 客户机如果要废弃租约，则向服务器发送 DHCPRELEASE 报文。客户机用 client identifier(或 chaddr)字段和 DHCPRELEASE 报文中的网络地址来标识要废弃的租约。

图 7-15 是客户机与服务器交互过程的图形表示。

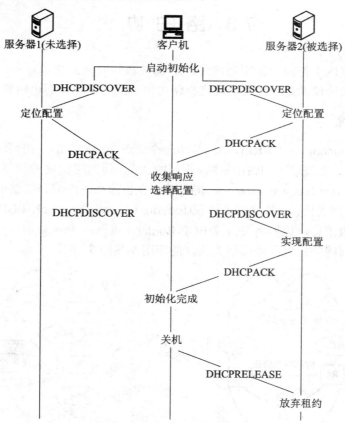

图 7-15　DHCP 客户机与服务器的交互过程

DHCP 的租约周期就是 IP 地址的有效期。租约周期可长可短，取决于用户的上网环境和工作性质。当客户机重新启动或租约期达到 50% 时，客户机向提供租约的服务器发送 DHCPREQUEST 报文，提出更新租约的请求，如果 DHCP 服务器接收到更新请求，它就给客户机发送 DHCPACK 报文，其中包含新租约的持续时间和需要更新的参数；如果客户机续订租约失败，则在租约期到达 87.5% 时客户机进入重新申请租约的状态，它向网络上所有服务器广播 DHCPDISCOVER 报文，以便更新现有的地址租约。

　　DHCP 的作用域是服务器可分配的 IP 地址范围。DHCP 服务器应该至少配置一个作用域，各作用域的地址范围不能重叠。另外还有一些地址是保留的，保留的 IP 地址用于提供特定服务的计算机，必须把保留的 IP 地址与客户机的 MAC 地址进行绑定。如果 DHCP 服务器的硬件配置较低，地址缓冲池不能太大，可提供的 IP 地址就较少，要让较多的客户机轮换使用较少的 IP 地址，则必须使用较短的租约期。

　　自动专用 IP 地址(Automatic Private IP Address，APIPA)是当客户机无法从 DHCP 服务器中获得 IP 地址时自动配置的地址。IANA(Internet Assigned Numbers Authority)为 APIPA 保留了一个 B 类地址块 169.254.0.0～169.254.255.255，当网络中的 DHCP 服务器失效，或者由于网络故障而找不到 DHCP 服务器时，这个功能开始生效，使得客户机可以在一个小型局域网中运行，与其他自动或手工获得 APIPA 地址的计算机进行通信。

7.3　路　由　协　议

　　在早期的互联网中把路由器叫做网关。IP 网关执行复杂的路由算法，需要大量而及时的路由信息，网关协议就是在网关之间交换路由信息的协议，因而也叫做路由协议。

7.3.1　自治系统

　　自治系统(Autonomous System，AS)是由一个管理部门控制的一组网络，在 AS 内部采用相同的路由技术，实现统一的路由策略，不同的 AS 采用的路由技术和路由策略可以不同。内部网关协议(Interior Gateway Protocol，IGP)用于在自治系统内部交换路由信息，例如 RIP、OSPF 等都是内部网关协议。外部网关协议(Exterior Gateway Protocol，EGP)用于在两个自治系统之间交换路由信息，边界网关协议 BGP(Border Gateway Protocol)是现在广泛使用的外部网关协议。内部网关协议和外部网关协议的应用参见图 7-16。

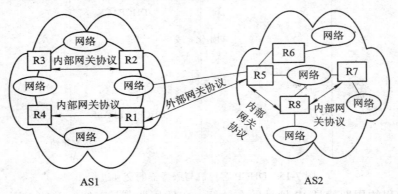

图 7-16　内部网关协议和外部网关协议

　　自治系统用 16 位号码来标识，因特网地址授权机构(Internet Assigned Numbers Authority，IANA)指定了各个地区的注册机构负责 AS 号码的分配，例如亚太区属于 AP-NIC(admin@apnic.net)管理。就像网络地址分为公网地址和私网地址一样，AS 号码也分为公用的和私有的。如果一个网络要连接到 Internet 主干网，通过运行 BGP 协议从 Internet

获取路由信息，那么就必须向 IANA 的地区注册机构申请公用号码；如果只是把一个组织的内部网络划分为不同的自治系统，则可以使用自己定义的 AS 号码。

IANA 规定，64512～65534 为专用号码，而号码 0、54272～64511 和 65535 都是 IANA 私有的号码，在其他网络环境中不能使用。由于 AS 号码消耗很快，所以 2007 年 5 月发布的 RFC 4893 引入了 32 位的 AS 号码。新号码可以表示为 x.y 形式，x 和 y 都是 16 位二进制数，0.y 表示老号码，1.y 和 65535.65535 是保留的，其余号码用于分配。另外，RFC 5396 还提出了用文字作为 AS 标识的方案。

引入自治系统的概念可以控制互联网中路由信息的传播范围，例如可以选择把哪个路由器信息发布给其他自治系统，也可以控制从其他自治系统中接受哪些路由器发布的信息。

7.3.2　外部网关协议

早期有一个外部网关协议叫做 EGP，最新的外部网关协议叫做 BGP(Border Gateway Protocol)。BGP 4 已经广泛地应用于不同 ISP 的网络之间，成为事实上的 Internet 外部路由协议标准。

BGP 4 是一种动态路由发现协议，支持无类别域间路由 CIDR。BGP 的主要功能是控制路由策略，例如是否愿意转发过路的分组等。BGP 的四种报文表示在表 7-5 中，这些报文通过 TCP(179 端口)连接传送。

表 7-5　BGP 的 4 种报文

报文类型	功能描述
打开(Open)	建立邻居关系
更新(Update)	发送新的路由信息
保持活动状态(Keepalive)	对 Open 的应答/周期性地确认邻居关系
通告(Notification)	报告检测到的错误

在 BGP 中用上述四种报文可实现以下三个功能过程：

(1) 建立邻居关系。位于不同自治系统中的两个路由器首先要建立邻居关系，然后才能周期性地交换路由信息。建立邻居关系的过程是由一个路由器发送 Open 报文，另一个路由器若愿意接受请求则以 Keepalive 报文应答。至于路由器如何知道对方的 IP 地址，协议中没有规定，可以由管理人员在配置时提供。Open 报文中包含发送者的 IP 地址及其所属自治系统的标识，另外还有一个保持时间参数，即定期交换信息的时间间隔。接收者把 Open 报文中的保持时间与自己的保持时间计数器比较，选取其中的较小者，这就是一次交换信息保持有效的最长时间。建立邻居关系的一对路由器以选定的周期交换路由信息。

(2) 邻居可到达性。这个过程维护邻居关系的有效性，通过周期性地互相发送 Keepalive 报文，双方都知道对方的活动状态。

(3) 网络可到达性。每个路由器维护一个数据库，记录着它可到达的所有子网。当情况有变化时用更新报文把最新消息及时地传送给其他 BGP 路由器。Update 报文包含两类信息：一类是要作废的路由器列表，另一类是新增路由的属性信息。前者列出了已经关机或失效的一些路由器，接收者应把有关内容从本地数据库中删除。后者包含以下三种信息：

● 网络层可到达信息(NLRI)是发送路由器可到达的子网地址列表。

● 经过的自治系统(AS_Path)是数据报旅行路途上经过的自治系统的标识,主要用于通信策略控制。收到这个信息的路由器可以自主决定是否选择某条通路,例如机密报文不能进入某些自治系统,或者由于线路拥塞而决定不选择某条通路。

● 下一跳(Next-Hop)是指下一步转发的边界路由器的 IP 地址,可以是发送者的地址,也可以是另外的边界路由器的地址。例如在图 7-16 中,R1 告诉 R5,通过 R2 也可以到达 AS1。虽然 R2 没有实现 BGP,也没有与 R5 建立邻居关系,但是 R1 通过 IGP 知道了与 R2 有关的路由信息。

BGP 4 的报文格式如图 7-17 所示。所有 BGP 报文都有 19 个字节的固定长度头部,其中包括 16 个字节的标记(用于认证和同步)、2 个字节的报文长度和 1 个字节的类型字段。

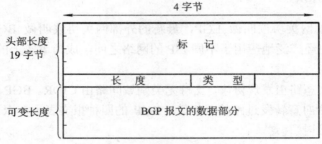

图 7-17　BGP 报文格式

图 7-18 表示 BGP 更新报文的数据部分,其中部分字段解释如下:

● 不可用的路由长度(unfeasible routes length):表示回收字段的长度;

● 回收的路由(withdrawn routes):包含了从服务中撤消的路由的 IP 地址前缀列表;

● 通路属性(path attributes),包含了与网络层可到达性信息字段中的 IP 地址前缀相关联的属性列表,例如路由信息的来源、路由优先级、实施路由聚合的 BGP 实体、以及在路由聚合时丢失的路由信息等。

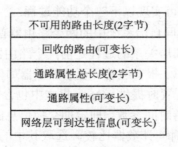

图 7-18　路由更新报文

7.3.3　内部网关协议

网关协议也叫做路由协议(routing protocol),是路由器之间实现路由信息共享的一种机制,它允许路由器之间通过交换路由信息维护各自的路由表。IP 协议是根据路由表进行分组转发的协议,按照业内的说法,应该叫做被路由的协议(routed protocol)。

常用内部路由协议包括路由信息协议(Routing Information Protocol,RIP)、开放最短路径优先协议(Open Shortest Path First,OSPF)、中间系统到中间系统的协议(Intermediate

System to Intermediate System，IS-IS)、内部网关路由协议(Interior Gateway Routing Protocol，IGRP)和增强的 IGRP 协议(Enhanced IGTRP，EIGRP)等，最后两种是思科公司的专利协议。

1. 路由信息协议

RIP 的原型最早出现在 UNIX Berkley 4.3 BSD 中，它采用 Bellman-Ford 的距离矢量路由算法，用于在 ARPAnet 中计算最佳路由，现在的 RIP 作为内部网关协议运行在基于 TCP/IP 的网络中。RIP 适用于小型网络，因为它允许的跳步数不超过 15 步。

1) RIPv1

RIP 分为两个版本，RIPv1(RFC 1058，1988)是早期的路由协议，现在仍然广泛使用。RIPv1 使用本地广播地址 255.255.255.255 发布路由信息，默认的路由更新周期为 30 s，持有时间(Hold-Down Time)为 180 s。也就是说，RIP 路由器每 30 s 向所有邻居发送一次路由更新报文，如果在 180 s 之内没有从某个邻居接收到路由更新报文，则认为该邻居已经不存在了。这时如果从其他邻居收到了有关同一目标的路由更新报文，则用新的路由信息替换已失效的路由表项，否则，对应的路由表项被删除。

RIP 以跳步计数(hop count)来度量路由费用，显然这不是最好的度量标准。例如，若有两条到达同一目标的连接，一条是经过两跳的 10 M 以太网连接，另一条是经过一跳的 64 K WAN 连接，则 RIP 会选取 WAN 连接作为最佳路由。在 RIP 协议中，15 跳是最大跳数，16 跳是不可到达网络，经过 16 跳的任何分组将被路由器丢弃。

RIPv1 是有类别的协议(classful protocol)，这意味着配置 RIPv1 时必须使用 A、B 或 C 类 IP 地址和子网掩码，例如不能把子网掩码 255.255.255.0 用于 B 类网络 172.16.0.0。

对于同一目标，RIP 路由表项中最多可以有 6 条等费用的通路，虽然默认是 4 条。RIP 可以实现等费用通路的负载均衡(equal-cost load balancing)，这种机制提供了链路冗余功能，以对付可能出现的连接失效，但是 RIP 不支持不等费用通路的负载均衡，这种功能出现在后来的 IGRP 和 EIGRP 中。

2) RIPv2

RIPv2 是增强了的 RIP 协议，定义在 RFC 1721 和 RFC 1722(1994)中。RIPv2 基本上还是一个距离矢量路由协议，但是有三方面的改进。首先是它使用组播而不是广播来传播路由更新报文，并且采用了触发更新(triggered update)机制来加速路由收敛，即出现路由变化时立即向邻居发送路由更新报文，而不必等待更新周期是否到达。其次是 RIPv2 是一个无类别的协议(classless protocol)，可以使用可变长子网掩码(VLSM)，也支持无类别域间路由(CIDR)，这些功能使得网络的设计更具伸缩性。第三个增强是 RIPv2 支持认证，使用经过散列的口令字来限制路由更新信息的传播。其他方面的特性与第一版相同，例如以跳步计数来度量路由费用，允许的最大跳步数为 15 等。

3) 路由收敛和水平分割

距离矢量法算法要求相邻的路由器之间周期性地交换路由表，并通过逐步交换把路由信息扩散到网络中所有的路由器。这种逐步交换过程如果不加以限制，将会形成路由环路(Routing Loops)，使得各个路由器无法就网络的可到达性取得一致。

例如在图 7-19 中，路由器 R1、R2、R3 的路由表已经收敛，每个路由表的后两项是通过交换路由信息学习到的。如果在某一时刻，网络 10.4.0.0 发生故障，R3 检测到故障，并通过接口 S0 把故障通知给 R2；然而，如果 R2 在收到 R3 的故障通知前将其路由表发送到

R3，则 R3 会认为通过 R2 可以访问 10.4.0.0，并据此将路由表中第二条记录修改为(10.4.0.0，S0，2)。这样一来，路由器 R1、R2、R3 都认为通过其他的路由器存在一条通往 10.4.0.0 的路径，结果导致目标地址为 10.4.0.0 的数据包在三个路由器之间来回传递，从而形成路由环路。

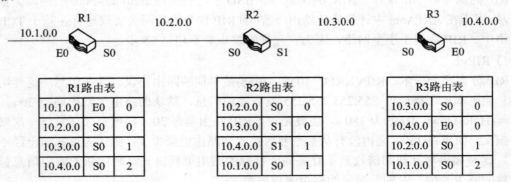

图 7-19　路由表的内容

解决路由环路问题可以采用水平分割法(Split Horizon)。这种方法规定，路由器必须有选择地将路由表中的信息发送给邻居，而不是发送整个路由表，具体地说，一条路由信息不会被发送给该信息的来源。可以对图 7-19 中 R2 的路由表项将加上一些注释，如图 7-20 所示，可以看出，每一条路由信息都不会通过其来源接口向回发送，这样就可以避免环路的产生。

R2 路由表			
10.2.0.0	S0	0	不发送给R1
10.3.0.0	S1	0	不发送给R3
10.4.0.0	S1	1	不发送给R3
10.1.0.0	S0	1	不发送给R1

图 7-20　路由信息选择发送

简单的水平分割方案是："不能把从邻居学习到的路由发送给那个邻居"；带有反向毒化的水平分割方案(Split Horizon with Poisoned Reverse)是："把从邻居学习到的路由费用设置为无限大，并立即发送给那个邻居"。采用反向毒化的方案更安全一些，它可以立即中断环路；相反，简单水平分割方案则必须等待一个更新周期才能中断环路的形成过程。

另外，前面提到的触发更新技术也能加快路由收敛，如果触发更新足够及时，路由器 R3 在接收 R2 的更新报文之前把网络 10.4.0.0 的故障告诉 R2，则也可以防止环路的形成。

4) RIP报文格式

RIPv2 报文封装在 UDP 数据报中发送，占用端口号 520，报文格式如图 7-21 所示。

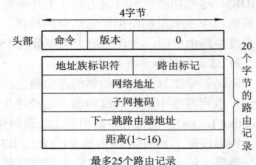

图 7-21　RIPv2 报文格式

报文包含 4 个字节的报头，然后是若干个路由记录。RIP 报文最多可携带 25 个路由记录，每个路由记录 20 个字节，其中的各个字段解释如下：

- 命令：用于区分请求和响应报文。
- 版本：可以是 RIP 第一版或第二版，两种版本同一报文格式。
- 地址族标识符：对于 IP 协议，该字段为 2。
- 路由标记：用于区别内部或外部路由，用 16 位的 AS 编号来区分从其他自治系统学习到的路由。
- 网络地址：表示目标 IP 地址。
- 子网掩码：对于 RIPv2，该字段是对应网络地址的子网掩码；对于 RIPv1，该字段是 0，因为 RIPv1 默认使用 A、B、C 类地址掩码。
- 下一跳路由器地址：表示下一跳的地址。
- 距离：表示到达目标的跳步数。

2. OSPF 协议

OSPF(RFC 2328，1998)是一种链路状态协议，用于在自治内部的路由器之间交换路由信息。OSPF 具有支持大型网络、占用网络资源少、路由收敛快等优点，在目前的网络配置中占有很重要的地位。

距离矢量协议发布自己的路由表，交换的路由信息量很大。链路状态协议与之不同，它是从各个路由器收集链路状态信息，构造网络拓扑结构图，使用 Dijkstra 的最短通路优先算法(Shortest Path First，SPF)计算到达各个目标的最佳路由。

链路状态协议与距离矢量协议发布路由信息的方式也不同，距离矢量协议是周期性地发布路由信息，而链路状态协议是在网络拓扑发生变化时才发布路由信息，而且 OSPF 采用 TCP 连接发送报文，每个报文都要求应答，因而通信更加可靠。

为了适应大型网络配置的需要，OSPF 协议引入了"分层路由"的概念。如果网络规模很大，则路由器要学习的路由信息很多，对网络资源的消耗很大，所以典型的链路状态协议都把网络划分成较小的区域(Area)，从而限制了路由信息传播的范围。每个区域就如同一个独立的网络，区域内的路由器只保存该区域的链路状态信息，使得路由器的链路状态数据库可以保持合理的大小，路由计算的时间和报文数量都不会太大。OSPF 主干网负责在各个区域之间传播路由信息。

图 7-22 表示一个划分成 3 个区域的 OSPF 网络的例子，其中的路由器 4、5、6、10、11 和 12 组成主干网。如果区域 3 中的主机 H1 要向区域 2 中的主机 H2 发送数据，则先发送给 R13，由它转发给 R12，再转发给 R11，R11 沿主干网转发给 R10，然后通过区域 2 内的路由器 R9 和 R7 到达主机 H2。

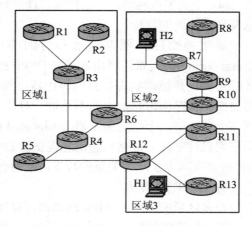

图 7-22　OSPF 的分区

主干网本身也是 OSPF 区域，称为区域 0(Area 0)，主干网的拓扑结构对所有的跨区域的路由器都是可见的。

1) OSPF区域

每个 OSPF 区域被指定了一个 32 bit 的区域标识符，可以用点分十进制表示，例如主干区域的标识符可表示为 0.0.0.0。OSPF 的区域分为以下 5 种，不同类型的区域对由自治系统外部传入的路由信息的处理方式不同。

(1) 标准区域：标准区域可以接收任何链路更新信息和路由汇总信息。

(2) 主干区域：主干区域是连接各个区域的传输网络，其他区域都通过主干区域交换路由信息。主干区域拥有标准区域的所有性质。

(3) 存根区域：不接受本地自治系统以外的路由信息，对自治系统以外的目标采用默认路由 0.0.0.0。

(4) 完全存根区域：不接受自治系统以外的路由信息，也不接受自治系统内其他区域的路由汇总信息，发送到本地区域外的报文使用默认路由 0.0.0.0。完全存根区域是 Cisco 定义的，是非标准的。

(5) 不完全存根区域(NSAA)：类似于存根区域，但是允许接收以类型 7 的链路状态公告发送的外部路由信息。

2) OSPF网络类型

网络的物理连接和拓扑结构不同，交换路由信息的方式就不同。OSPF 将路由器连接的物理网络划分为四种类型：

(1) 点对点网络：例如一对路由器用 64 kb 的串行线路连接，就属于点对点网络，在这种网络中，两个路由器可以直接交换路由信息。

(2) 广播多址网络：以太网或者其他具有共享介质的局域网都属于这种网络。在这种网络中，一条路由信息可以广播给所有的路由器。

(3) 非广播多址网络(Non-Broadcast Multi-Access，NBMA)：例如 X.25 分组交换网就属于这种网络，在这种网络中可以通过组播方式发布路由信息。

(4) 点到多点网络：可以把非广播网络当作多条点对点网络来使用，从而把一条路由信息发送到不同的目标。

如果两个路由器都通过各自的接口连接到一个共同的网络上，则它们是邻居(Neighboring)的关系，路由器通过 OSPF 的 Hello 协议来发现邻居。路由器可以在其邻居中选择需要交换链路状态信息的路由器，与之建立毗邻关系(Adjacency)。并不是每一对邻居都需要交换路由信息，因而不是每一对邻居都要建立毗邻关系。在一个广播网络或 NBMA 网络中要选举一个指定路由器(Designated Router，DR)，其他的路由器都与 DR 建立毗邻关系，把自己掌握的链路状态信息提交给 DR，由 DR 代表这个网络向外界发布。可以看出，DR 的存在减少了毗邻关系的数量，从而也减少了向外发布的路由信息量。

3) OSPF 路由器

在多区域网络中，OSPF 路由器可以按不同的功能划分为以下四种：

(1) 内部路由器：所有接口在同一区域内的路由器，只维护一个链路状态数据库。

(2) 主干路由器：具有连接主干区域接口的路由器。

(3) 区域边界路由器(ABR)：连接多个区域的路由器，一般作为一个区域的出口。ABR

为每一个连接的区域建立一个链路状态数据库，负责将所连接区域的路由摘要信息发送到主干区域，而主干区域上的 ABR 则负责将这些信息发送给各个区域。

(4) 自治系统边界路由器(ASBR)：至少拥有一个连接外部自治系统接口的路由器，负责将外部非 OSPF 网络的路由信息传入 OSPF 网络。

4) 链路状态公告

OSPF 路由器之间通过链路状态公告(Link State Advertisment，LSA)交换网络拓扑信息，LSA 中包含连接的接口、链路的度量值(Metric)等信息。LSA 有几种不同类型的报文，参见表 7-6。

表 7-6　LSA 类型

类型	名　称	发 送 者	传 播 范 围	描　述
1	路由器 LSA	任意 OSPF 路由器	区域内	路由器在区域内连接的链路状态
2	网络 LSA	DR	区域内	指定路由器 DR 在区域内连接的各个路由器
3	网络汇总 LSA	ABR	主干区域	ABR 连接的本地区域中的链路状态
4	ASBR 汇总 LSA	ABR	主干区域	自治系统边界路由器(ASBR)的可到达性
5	外部 LSA	ASBR	除存根区之外的其他区域	自治系统之外的路由信息
6	组播 LSA			用于建立组播分发树
7	NSSA LSA	连接到 NSSA 的 ASBR	不完全存根区 (Not-So-Stub-Area)	到达自治系统之外的目标的路由 可以由 ABR 转换为类型 5 的 LSA

5) OSPF 报文

表 7-7 列出了 OSPF 的 5 种报文，这些报文通过 TCP 连接传送。OSPF 路由器启动后以固定的时间间隔泛洪传播 Hello 报文，采用目标地址 224.0.0.5 代表所有的 OSPF 路由器，在点对点网络上每 10 s 发送一次，在 NBMA 网络中每 30 s 发送一次。管理 Hello 报文交换的规则称为 Hello 协议。Hello 协议用于发现邻居，建立毗邻关系，还用于选举区域内的指定路由器 DR 和备份指定路由器 BDR。

表 7-7　OSPF 的 5 种报文类型

类型	报 文 类 型	功 能 描 述
1	Hello	用于发现相邻的路由器
2	数据库描述 DBD(DataBase Description)	表示发送者的链路状态数据库内容
3	链路状态请求 LSR(Link-State Request)	向对方请求链路状态信息
4	链路状态更新 LSU(Link-State Update)	向邻居路由器发送链路状态通告
5	链路状态应答 LSAck(Link-State Acknowledgement)	对链路状态更新报文的应答

在正常情况下，区域内的路由器与本区域的 DR 和 BDR 通过互相发送数据库描述报文 (DBD)交换链路状态信息。路由器把收到的链路状态信息与自己的链路状态数据库进行比较，如果发现接收到了不在本地数据库中的链路信息，则向其邻居发送链路状态请求报文 LSR，要求传送有关该链路的完整更新信息。接收到 LSR 的路由器用链路状态更新 LSU 报文响应，其中包含了有关的链路状态通告 LSA。LSAck 用于对 LSU 进行确认。

OSPF 报文格式如图 7-23 所示。报文头的各个字段解释如下：

- 版本：OSPF 版本 1 已废弃，现在使用的是版本 2。
- 类型：如表 7-7 所示。
- 分组长度：整个 OSPF 报文的长度。
- 路由器 ID：利用路由器环路接口(Loopback)的 IP 地址作为路由器的标识，如果没有环路接口 IP 地址，则选择最大的接口 IP 地址作为路由器标识。
- 区域 ID：在多区域网络中，每一个区域指定一个区域 ID。
- 认证类型：OSPF 支持不同的认证方法，对组播地址 224.0.0.5 发送的 Hello 分组要经过认证才能被接受。

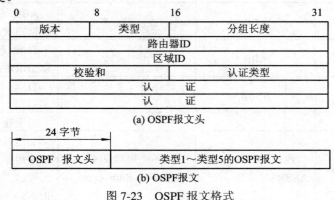

图 7-23   OSPF 报文格式

6) OSPF的优缺点

链路状态协议的优点是：

(1) 链路状态协议使用了分层的网络结构，减小了 LSA 的传播范围，同时也减小了网络拓扑变化时影响所有路由器的可能性。与之相反，距离矢量网络是扁平结构，网络某一部分出现的变化会影响到网络中的所有路由器。这种情况在链路状态网络中不会出现，例如在 OSPF 协议中，一个分区内部的拓扑变化不会影响其他分区。

(2) 链路状态协议使用组播来共享路由信息，并且发布的是增量式的更新消息。一旦所有的链路状态路由器开始工作并了解了网络拓扑结构之后，只是在网络拓扑出现变化时才发出更新报文，这使得网络带宽的利用和资源消耗更有效。

(3) 链路状态协议支持无类别的路由和路由汇总功能，可以使用 VLSM 和 CIDR 技术。路由汇总使得发布的路由信息更少，一条汇总路由失效，意味着其中的所有子网都失效了，如果只是其中的部分链路失效，则不会影响汇总路由的状态，也不会影响网络中很多路由器。路由汇总还使得链路状态数据库减小，从而减少了运行 SPF 算法和更新路由表需要的 CPU 周期，也减少了路由器中的存储需求。

(4) 使用 SPF 算法不会在路由表中出现环路，而这是距离矢量路由协议难以处理的问题。

链路状态协议也有一个明显的缺点，它比距离矢量协议对 CPU 和存储器的要求更高。链路状态协议需要维护更多的存储表：邻居表、路由表和链路状态数据库等。当网络中出现变化时，路由器要更新链路状态数据库，运行 SPF 算法，建立最小生成树，并重建路由表，这需要耗费很多 CPU 周期来完成诸如计算新的路由度量、与当前的路由表项进行比较等操作。如果在链路状态网络中出现了一条连续翻转(Flapping)的路由，特别若是以 10～15 s 的周期连续翻转时，这种情况将是灾难性的，会使许多路由器的 CPU 因不堪重负而崩溃。

7.3.4　核心网关协议

Internet 中有一个主干网，所有的自治系统都连接到主干网上。这样，Internet 的总体结构可表示为图 7-24 的形式，分为主干网和外围部分，后者包含所有的自治系统。

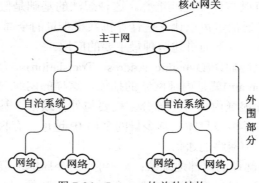

图 7-24　Internet 的总体结构

主干网中的网关叫核心网关。核心网关之间交换路由信息时使用核心网关协议 GGP(Gateway-to-Gateway Protocol)。这里要区分 EGP 和 GGP，EGP 用于两个不同自治系统之间的网关交换路由信息，而 GGP 是主干网中的网关协议。因为主干网中的核心网关是由 InterNOC 直接控制的，所以 GGP 更具有专用性。当一个核心网关加入主干网时，用 GGP 协议向邻机广播发送路由信息，各邻机更新路由表，并进一步传播新的路由信息。

网关交换的路由信息与 EGP 协议类似，指明网关连接哪些网络，距离是多少，距离也是以中间网关个数计数的。GGP 协议的报文格式也与 EGP 类似，报文分为四类：

(1) 路由更新报文：发送路由更新信息；
(2) 应答报文：对路由更新报文的应答，分肯定/否定两种；
(3) 测试报文：测试相邻网关是否存在；
(4) 网络接口状态报文：测试本地网络连接的状态。

7.4　路由器技术

互联网发展过程中还有许多问题需要解决，问题之一是随着网络互连规模的扩大和信息流量的增加，路由器逐渐成为网络通信的瓶颈。自从 1980 年以来，路由器以其高度的灵活性和安全性在局域网分隔和广域网互连中得到了广泛应用，然而路由器是无连接的设备，它对每个数据报独立地进行路由选择，哪怕是同一对主机之间的通信，都要对各个数据包单独处理，这样的开销使得路由器的吞吐率相对于交换机大为降低。解决这个问题的方法已经提出了许多种，都可归纳为第三层交换技术，我们随后将介绍这些技术。

互联网面临的另外一个问题是 IP 地址短缺问题。解决这个问题有所谓长期的或短期的两种解决方案。长期的解决方案就是使用具有更大地址空间的 IPv6 协议，短期的解决方案有网络地址翻译 NAT(Network Address Translators)和无类别的域间路由 CIDR(Classless Inter-Domain Routing)技术等，这些技术都是在现有的 IPv4 路由器中实现的。

7.4.1 NAT 技术

NAT 技术主要解决 IP 地址短缺问题，最初提出的建议是在子网内部使用局部地址，而在子网外部使用少量的全局地址，通过路由器进行内部和外部地址的转换。局部地址是在子网内部独立编址的，可以与外部地址重叠。这种想法的基础是假定在任何时候子网中只有少数计算机需要与外部通信，可以让这些计算机共享少量的全局 IP 地址。后来根据这种技术又开发出其他一些应用，下面讲述两种最主要的应用。

第一种应用是动态地址翻译(Dynamic Address Translation)。为此首先引入存根域的概念，所谓存根域(Stub Domain)就是内部网络的抽象，这样的网络只处理源和目标都在子网内部的通信。任何时候存根域内只有一部分主机要与外界通信，甚至还有许多主机可能从不与外界通信，所以整个存根域只需共享少量的全局 IP 地址。存根域有一个边界路由器，由它来处理域内主机与外部网络的通信。

我们假定：m—需要翻译的内部地址数；n—可用的全局地址数(NAT 地址)。当 m:n 翻译满足条件(m≥1 and m≥n)时，可以把一个大的地址空间映像到一个小的地址空间。所有 NAT 地址放在一个缓冲区中，并在存根域的边界路由器中建立一个局部地址和全局地址的动态映像表，如图 7-25 所示。这个图显示的是把所有 B 类网络 138.201.0.0 中的 IP 地址翻译成 C 类网络 178.201.112.0 中的 IP 地址。这种 NAT 地址重用有如下特点：

(1) 只要缓冲区中存在尚未使用的C类地址,任何从内向外的连接请求都可以得到响应,并且在边界路由器的动态 NAT 表中为之建立一个映像表项；

(2) 如果内部主机的映像存在，就可以利用它建立连接；

(3) 从外部访问内部主机是有条件的，即动态 NAT 表中必须存在该主机的映像。

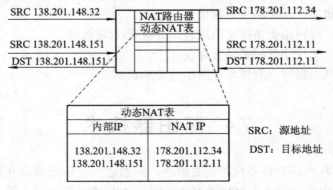

图 7-25 动态网络地址翻译

动态地址翻译的好处是节约了全局 IP 地址，而且不需要改变子网内部的任何配置，只需在边界路由器中设置一个动态地址变换表就可以工作了。

　　另外一种特殊的 NAT 应用是 m:1 翻译，这种技术也叫做伪装(Masquerading)，因为用一个路由器的 IP 地址可以把子网中所有主机的 IP 地址都隐蔽起来。如果子网中有多个主机同时都要通信，那么还要对接口号进行翻译，所以这种技术更经常被称为网络地址和端口翻译(Network Address Port Translation，NAPT)。在很多 NAPT 实现中，专门保留一部分端口号给伪装使用，叫做伪装端口号。图 7-26 中的 NAT 路由器中有一个伪装表，通过这个表对端口号进行翻译，从而隐藏了内部网络 138.201.0.0 中的所有主机。可以看出，这种方法有如下特点：

　　(1) 出口分组的源地址被路由器的外部 IP 地址所代替，出口分组的源端口号被一个未使用的伪装端口号所代替；

　　(2) 如果进来的分组的目标地址是本地路由器的 IP 地址，而目标端口号是路由器的伪装端口号，则 NAT 路由器就检查该分组是否为当前的一个伪装会话，并试图通过伪装表对 IP 地址和端口号进行翻译。

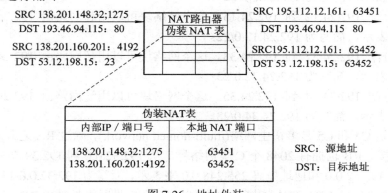

图 7-26　地址伪装

　　伪装技术可以作为一种安全手段使用，借以限制外部网络对内部主机的访问。另外，还可以用这种技术实现虚拟主机和虚拟路由，以便达到负载均衡和提高可靠性的目的。

7.4.2　CIDR 技术

　　CIDR 技术解决路由缩放问题。所谓路由缩放问题有两层含义：其一是对于大多数中等规模的组织没有适合的地址空间，这样的组织一般拥有几千台主机，C 类网络太小，只有254 个地址，B 类网络太大，有 65 000 多个地址，A 类网络就更不用说了，况且 A 类和 B 类地址快要分配完了；其二是路由表增长太快，如果所有的 C 类网络号都在路由表中占一行，这样的路由表太大了，其查找速度将无法达到满意的程度。CIDR 技术就是解决这两个问题的，它可以把若干个 C 类网络分配给一个用户，并且在路由表中只占一行，这是一种将大块的地址空间合并为少量路由信息的策略。

　　为了说明 CIDR 的原理，让我们假定网络服务提供商 RA 有一个由 2048 个 C 类网络组成的地址块，网络号从 192.24.0.0 到 192.31.255.0，这种地址块叫做超网(Supernet)。对于这个地址块的路由信息可以用网络号 192.24.0.0 和地址掩码 255.248.0.0 来表示，简写为192.24.0.0/13。

　　我们再假定 RA 连接 6 个用户：

　　● 用户 C1 最多需要 2048 个地址，即 8 个 C 类网络；

- 用户 C2 最多需要 4096 个地址，即 16 个 C 类网络；
- 用户 C3 最多需要 1024 个地址，即 4 个 C 类网络；
- 用户 C4 最多需要 1024 个地址，即 4 个 C 类网络；
- 用户 C5 最多需要 512 个地址，即 2 个 C 类网络；
- 用户 C6 最多需要 512 个地址，即 2 个 C 类网络。

假定 RA 对 6 个用户的地址分配如下：

- C1：分配 192.24.0 到 192.24.7。这个网络块可以用超网路由 192.24.0.0 和掩码 255.255.248.0 表示，简写为 192.24.0.0/21；
- C2：分配 192.24.16 到 192.24.31。这个网络块可以用超网路由 192.24.16.0 和掩码 255.255.240.0 表示，简写为 192.24.16.0/20；
- C3：分配 192.24.8 到 192.24.11。这个网络块可以用超网路由 192.24.8.0 和掩码 255.255.252.0 表示，简写为 192.24.8.0/22；
- C4：分配 192.24.12 到 192.24.15。这个网络块可以用超网路由 192.24.12.0 和掩码 255.255.252.0 表示，简写为 192.24.12.0/22；
- C5：分配 192.24.32 到 192.24.33。这个网络块可以用超网路由 192.24.32.0 和掩码 255.255.254.0 表示，简写为 192.24.32.0/23；
- C6：分配 192.24.34 到 192.24.35。这个网络块可以用超网路由 192.24.34.0 和掩码 255.255.254.0 表示，简写为 192.24.34.0/23。

我们还假定 C4 和 C5 是多宿主网络(multi-homed network)，除过 RA 之外还与网络服务供应商 RB 连接。RB 也拥有 2048 个 C 类网络号，从 192.32.0.0 到 192.39.255.0，这个超网可以用网络号 192.32.0.0 和地址掩码 255.248.0.0 来表示，简写为 192.32.0.0/13。另外还有一个 C7 用户，原来连接 RB，现在连接 RA，所以 C7 的 C 类网络号是由 RB 赋予的：

- C7：分配 192.32.0 到 192.32.15。这个网络块可以用超网路由 192.32.0 和掩码 255.255.240.0 表示，简写为 192.32.0.0/20。

对于多宿主网络，我们假定 C4 的主路由是 RA，而次路由是 RB；C5 的主路由是 RB，而次路由是 RA。另外我们也假定 RA 和 RB 通过主干网 BB 连接在一起。这个连接表示在图 7-27 中。

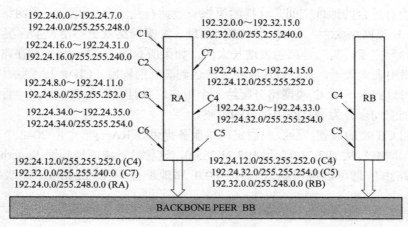

图 7-27　CIDR 的例

路由发布遵循"最大匹配"的原则，要包含所有可以到达的主机地址。据此 RA 向 BB 发布的路由信息包括它拥有的网络地址块 192.24.0.0/13 和 C7 的地址块 192.24.12.0/22。由于 C4 是多宿主网络并且主路由通过 RA，所以 C4 的路由要专门发布。C5 也是多宿主网络，但是主路由是 RB，所以 RA 不发布它的路由信息。总之 RA 向 BB 发布的路由信息是：

　　　　192.24.12.0/255.255.252.0 primary　　　　(C4 的地址块)
　　　　192.32.0.0/255.255.240.0 primary　　　　(C7 的地址块)
　　　　192.24.0.0/255.248.0.0 primary　　　　　(RA 的地址块)

RB 发布的信息包括 C4 和 C5，以及它自己的地址块，RB 向 BB 发布的路由信息是：

　　　　192.24.12.0/255.255.252.0 secondary　　　(C4 的地址块)
　　　　192.24.32.0/255.255.254.0 primary　　　　(C5 的地址块)
　　　　192.32.0.0/255.248.0.0 primary　　　　　(RB 的地址块)

7.4.3　第三层交换技术

所谓第三层交换是指利用第二层交换的高带宽和低延迟优势尽快地传送网络层分组的技术。交换与路由不同，前者用硬件实现，速度快；而后者由软件实现，速度慢。三层交换机的工作原理可以概括为：一次路由，多次交换。就是说，当三层交换机第一次收到一个数据包时必须通过路由功能寻找转发端口，同时记住目标 MAC 地址和源 MAC 地址，以及其他有关信息，当再次收到目标地址和源地址相同的帧时就直接进行交换了，不再调用路由功能。所以三层交换机不但具有路由功能，而且比通常的路由器转发得更快。

IETF 开发的多协议标记交换 MPLS(Multiprotocol Label Switching，RFC3031)把第二层的链路状态信息(带宽、延迟、利用率等)集成到第三层的协议数据单元中，从而简化和改进了第三层分组的交换过程。理论上，MPLS 支持任何第二层和第三层协议，MPLS 包头的位置界于第二层和第三层之间，可称为第 2.5 层，标准格式如图 7-28 所示。MPLS 可以承载的报文通常是 IP 包，当然也可以直接承载以太帧、AAL5 包、甚至 ATM 信元等。可以承载 MPLS 的第二层协议可以是 PPP、以太帧、ATM 和帧中继等，参见图 7-29。

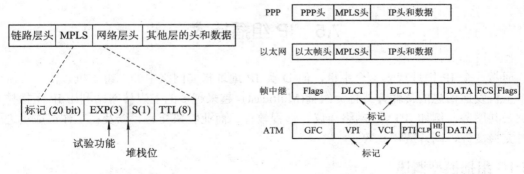

图 7-28　MPLS 标记的标准格式　　　　　　图 7-29　MPLS 包头的位置

当分组进入 MPLS 网络时，标记边缘路由器(Label Edge Router，LER)就为其加上一个标记，这种标记不仅包含了路由表项中的信息(目标地址、带宽、延迟等)，而且还引用了 IP 头中的源地址字段、传输层端口号、服务质量等。这种分类一旦建立，分组就被指定到对应的标记交换通路(Label Switch Path，LSP)中，标记交换路由器(Label Switch Router，LSR)将根据标记来处置分组，不再经过第 3 层转发，从而加快了网络的传输速度。

MPLS 可以把多个通信流汇聚成为一个转发等价类(Forward Equivalent Class，FEC)。LER 根据目标地址和端口号把分组指派到一个等价类中，在 LSR 中只需根据等价类标记查找标记信息库(Label Information Base，LIB)，确定下一跳的转发地址。这样使得协议更具伸缩性。

MPLS 标记具有局部性，一个标记只是在一定的传输域中有效。在图 7-30 中，有 A、B、C 三个传输域和两层路由；在 A 域和 C 域内，IP 包的标记栈只有一层标记 L1，而在 B 域内，IP 包的标记栈中有两层标记 L1 和 L2。LSR4 收到来自 LSR3 的数据包后，将 L1 层的标记换成目标 LSR7 的路由值，同时在标记栈增加一层标记 L2，称做入栈。在 B 域内，只需根据标记栈的最上层 L2 标记进行交换即可，LSR7 收到来自 LSR6 的数据包后，应首先将数据包最上层的 L2 标记弹出，其下层 L1 标记变成最上层标记，称做出栈，然后在 C 域中进行路由处理。

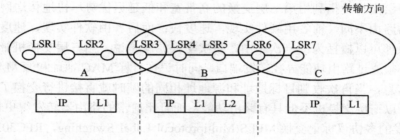

图 7-30　多层标记的例

MPLS 转发处理简单，提供显式路由，能进行业务规划，提供 QoS 保障，提供多种分类粒度，用一种转发方式实现各种业务的转发。与 IP over ATM 技术相比，MPLS 则具有可扩展性强、兼容性好、易于管理等优点。但是，如何寻找最短路径，如何管理每条 LSP 的 QoS 特性等技术问题还在讨论之中。

7.5　IP 组播技术

通常一个 IP 地址代表一个主机，但 D 类 IP 地址指向网络中的一组主机。由一个源向一组主机发送信息的传输方式称为组播(Multicast)。越来越多的多媒体网站利用 IP 组播技术提供公共服务，例如 IPTV、网络会议、远程教育、商业股票交易、以及在工作组成员之间实时交换文件、图片或消息等。

7.5.1　组播模型概述

局域网中有一类 MAC 地址是组播地址，局域网又是广播式通信网络，在局域网中实现组播是轻而易举的事情。但是在互联网中实现组播却不是如此简单，这主要是基于下面的理由：

(1) 不能用广播的方式向所有组成员发送分组，因为广播数据包只能在同一子网内传输，路由器会封锁本地子网的边界，禁止跨子网的广播通信。

（2）即使采用广播方式在同一子网中发送组播数据包，也会产生冗余的流量，浪费网络带宽，影响非组播成员之间的通信。

（3）如果采用单播方式向所有组播成员逐个发送分组，也会产生多余的分组，特别是在接近源站的链路上要多次传送仅仅是目标地址不同的多个分组。

组播技术克服了上述方法的缺点。每一个组播组被指定了一个 D 类地址作为组标识符。组播源利用组地址作为目标地址来发送分组，组播成员向网络发出通知，声明它期望加入的组的地址。例如，如果某个内容与组地址 239.1.1.1 有关，则组播源发送的数据报的目标地址就是 239.1.1.1，而期望接收这个内容的主机就请求加入这个组。IGMP(Internet Group Management Protocol)协议用于支持接收者加入或离开组播组。一旦有接收者加入了一个组，就要为这个组在网络中构建一个组播分布树，用于生成和维护组播树的协议有许多种，例如独立组播协议 PIM(Protocol Independent Multicast)等。

在 IP 组播模式下，组播源无须知道所有的组成员，组播树的构建是由接收者驱动的，是由最接近接收者的网络结点完成的，这样建立的组播树可以扩展到很大的范围。有人形容 IP 组播模型是：你在一端注入分组，网络正好可以把分组提交给任何需要的接收者。

组播成员可以来自不同的物理网络。组播技术的有效性在于，在把一个组播分组提交给所有组播成员时，只有与该组有关的中间结点可以复制分组，在通往各个组成员的网络链路上只传送分组一个拷贝。所以利用组播技术可以提高网络传输的效率，减少主干网拥塞的可能性。实现 IP 组播的前提是组播源和组成员之间的下层网络必须支持组播，包括下面的支持功能：

- 主机的 TCP/IP 实现支持 IP 组播；
- 主机的网络接口支持组播；
- 需要一个组管理协议，使得主机能够自由地加入或离开组播组；
- IP 地址分配策略能够将第三层组播地址映射到第二层 MAC 地址；
- 主机中的应用软件应支持 IP 组播功能；
- 所有介于组播源和组成员之间的中间结点都支持组播路由协议。

IP 组播技术已经得到了软硬件厂商的广泛支持，现在生产的以太网卡、路由器、常用的网络操作系统等都支持 IP 组播功能。对于网络中不支持 IP 组播的老式路由器可以采用 IP 隧道技术作为过渡方案。

7.5.2　组播地址

1. IP 组播地址分类

IPv4 的 D 类地址是组播地址，用作一个组的标识符，其地址范围是 224.0.0.0～239.255.255.255。按照约定，D 类地址被划分为三类：

（1）224.0.0.0～224.0.0.255：保留地址，用于路由协议或其他下层拓扑发现协议、以及维护管理协议等。例如 224.0.0.1 代表本地子网中的所有主机，224.0.0.2 代表本地子网中的所有路由器，224.0.0.5 代表所有 OSPF 路由器，224.0.0.5 代表所有 RIP 2 路由器，224.0.0.12 代表 DHCP 服务器或中继代理，224.0.0.13 代表所有支持 PIM 的路由器等。

（2）224.0.1.0～238.255.255.255：用于全球范围的组播地址分配，可以把这个范围的 D 类地址动态地分配给一个组播组，当一个组播会话停止时，其地址被回收，以后还可以分配给新出现的组播组。

● 239.0.0.0～239.255.255.255：在管理权限范围内使用的组播地址，限制了组播的范围，可以在本地子网中作为组播地址使用。

2. 以太网组播地址

有两种组播地址：一种是 IP 组播地址，另一种是以太网组播地址。IP 组播地址在互联网中标识一个组，把 IP 组播数据报封装到以太帧中时要把 IP 组播地址映像到以太网的 MAC 地址，其映像方式是把 IP 地址的低 23 位拷贝到 MAC 地址的低 23 位，如图 7-31 所示。

为了避免使用 ARP 协议进行地址分解，IANA 保留了一个以太网地址块 0x0100.5E00.0000 用于映射 IP 组播地址，其中第一个字节的最低位是 I/G(Individual/Group) 比特，应设置为"1"，以表示以太网组播，所以 MAC 组播地址的范围是 0x0100.5E00.0000～0x0100.5E7F.FFFF。

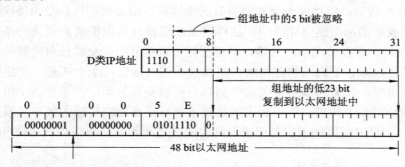

第1字节中的最低比特置1表示组播

图 7-31　组播地址与 MAC 地址的映射

按照这种地址映像方式，IP 地址的 5 位被忽略，因而造成了 32 个不同的组播地址对应于同一 MAC 地址，产生地址重叠现象。例如，考虑表 7-8 所示的两个 D 类地址，由于最后的 23 位是相同的，所以会被映像为同一 MAC 地址 0x0100.5E1A.0A05。

表 7-8　组播地址重叠的例

十进制表示	二进制表示	十六进制表示
224. 26.10.5	11100000.00011010.00001010.00000101	0x E0.1A.0A.05
236.154.10.5	11101100.10011010.00001010.00000101	0x EC.9A.0A.05

虽然从数学上说，可能有 32 个 IP 组播地址会产生重叠，但是在现实中却是很少发生的，即使不幸出现了地址重叠情况，其影响就是有的站收到了不期望接收的组播分组，这比所有站都收到了组播分组的情况要好得多。在组播系统设计时要尽量要避免多个 IP 组播地址对应同一 MAC 地址的情况出现，同时，用户在收到组播以太帧时，要通过软件检查 IP 源地址字段，以确定是否为期望接收的组播源的地址。

7.5.3　因特网组管理协议

IGMP(Internet Group Management Protocol)是在 IPv4 环境中提供组管理的协议，参加组播的主机和路由器利用 IGMP 交换组播成员资格信息，以支持主机加入或离开组播组。在 IPv6 环境中，组管理协议已经合并到 ICMPv6 协议中，不再需要单独的组管理协议。

1. IGMP 报文

RFC 3376 定义了 IGMPv3 成员资格询问和报告报文，也定义了组记录的格式，如图 7-32 所示。IGMP 报文封装在 IP 数据报中传输。

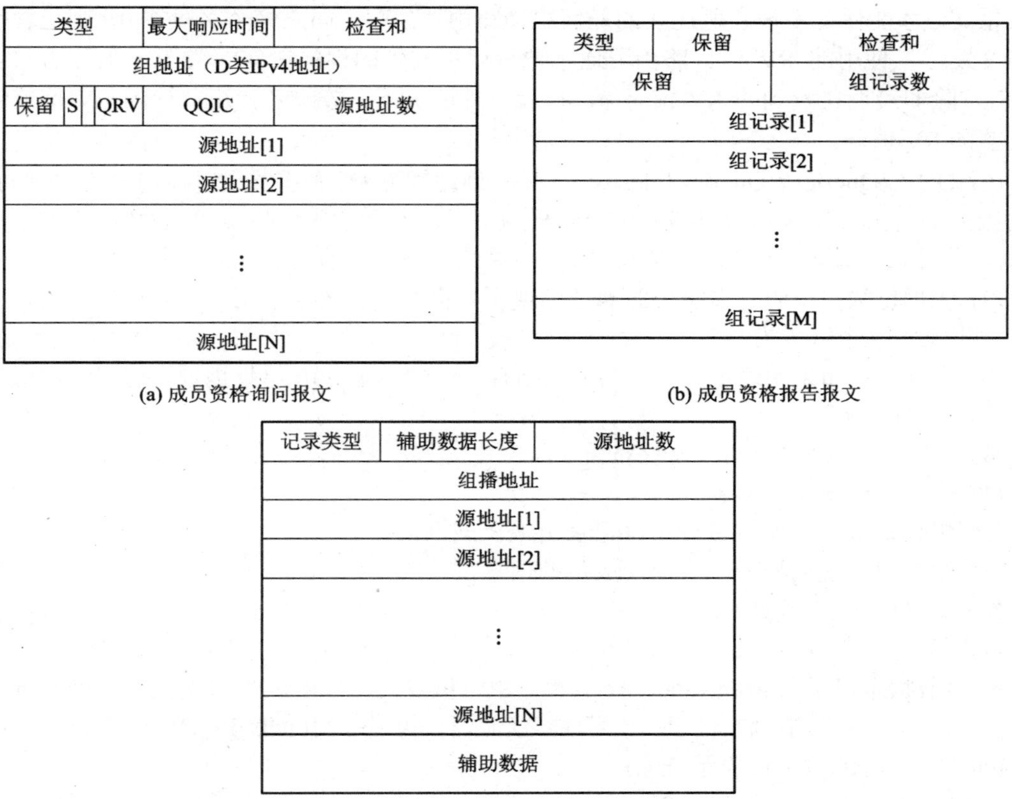

类型	最大响应时间	检查和
组地址（D类IPv4地址）		

保留	S	QRV	QQIC	源地址数

源地址[1]

源地址[2]

⋮

源地址[N]

(a) 成员资格询问报文

类型	保留	检查和
保留		组记录数

组记录[1]

组记录[2]

⋮

组记录[M]

(b) 成员资格报告报文

记录类型	辅助数据长度	源地址数

组播地址

源地址[1]

源地址[2]

⋮

源地址[N]

辅助数据

(c) 组记录

图 7-32　IGMPv3 报文

成员资格询问报文由组播路由器发出，分为三种子类型：

(1) 通用询问：路由器用于了解在它连接的网络上有哪些组的成员。

(2) 组专用询问：路由器用于了解在它连接的网络上一个具体的组是否有成员。

(3) 组和源专用询问：路由器用于了解它所连接的主机是否愿意加入一个特定的组。

成员资格询问报文中的字段解释如下：

(1) 类型：说明报文的类型。

● 0x11：成员资格询问；

● 0x12：第一版的成员资格报告；

● 0x16：第二版的成员资格报告；

● 0x17：组离开报告；

● 0x22：第三版的成员资格报告。

(2) 最大响应时间：说明对询问报文的响应时间的最大值，单位是 1/10 s。

(3) 组地址：对于通用询问，这个字段为 0，对于另外两种询问，这个字段是一个组地址。

(4) S 标志：置 1 时表示"抑制路由器"(Suppress Router)，即禁止接收询问的组播路由器在监听询问期间进行正常的定时器更新。

(5) QRV(Querier's Robustness Variable)：健壮性变量 RV 表示一个主机应该重发多少次报告报文，才能保证不被它所连接的任何组播路由器忽略。如果这个字段非 0，则包含了询问报文发送者使用的 RV 值。路由器通常把最近接收到的询问报文中的 RV 值作为自己的 RV 值，除非最近接收到的 RV 值是 0，在后一种情况下，接收者使用默认的 RV 值或者静态配置的 RV 值。

(6) QQIC(Querier's Querier Interval Code)：询问间隔 QI 表示发送组播询问的定时间隔。不是当前询问报文发送者的组播路由器要采用最近接收到的询问报文中的 QI 值作为自己的 QI 值，除非最近接收到的 QI 值是 0，在后一种情况下，接收者使用默认的 QI 值。

(7) 源地址数：说明有多少个源地址出现在该报文中，仅用于源和组专用的询问，在其他询问报文中这个字段为 0。

(8) 源地址：如果源地址数字段为 N，则有 N 个 32 位的 IP 单播地址，这些组播源指向同一个组播组。

成员资格报告报文中的字段解释如下：

(1) 类型：已如上面的解释；

(2) 组记录数：说明有多少个组记录出现在该报告报文中；

(3) 组记录：说明属于一个组的成员的信息。

组记录的格式解释如下：

(1) 记录类型：组记录分为以下几种。

● 当前状态记录(Current-State Record)：由主机发送，以响应当前接收到的询问报文，说明接口当前的接收状态，可能有两种状态 MODE_IS_INCLUDE(表示接受)MODE_IS_EXCLUDE(表示排除)。

● 过滤模式改变记录(Filter-Mode-Change Record)：表示过滤模式由 INCLUDE 改变到 EXCLUDE，或者由 EXCLUDE 改变到 INCLUDE。

● 源列表改变记录(Source-List-Change Record)：表示增加新的源列表(ALLOW_NEW_SOURCES)或排除老的源列表(BLOCK_OLD_SOURCES)。

(2) 辅助数据长度：用 32 位的字的个数来表示辅助数据的长度。

(3) 源地址数：源地址的个数。

(4) 组播地址：该报告所属的组播组的地址。

(5) 源地址：如果源地址数是 N，则有 N 个 32 位的 IP 单播地址。

(6) 辅助数据：属于当前记录的附加数据，目前还没有定义辅助数据的值。

2. IGMP 操作

参加组播的主机要使本地 LAN 中的所有主机和路由器都知道它是某个组的成员。IGMPv3 中引入了主机过滤能力，主机可以利用这种方式通知网络，它期望接收某些特殊的源发送的分组(INCLUDE 模式)，或者它期望接收除过某些特殊的源之外的所有其他源发出的分组(EXCLUDE 模式)。为了加入一个组，主机要发送成员资格报告报文，其中的组播地址字段包含了它要加入的组地址，封装这个 IGMP 报文的 IP 数据报的目标地址字段也使用同样的组地址。于是，这个组的所有成员主机都会接收到这个分组，从而都知道了新加入的组成员。本地

LAN 中的路由器必须监听所有的 IP 组播地址，以便接收所有组成员的报告报文。

为了维护一个当前活动的组播地址列表，组播路由器要周期性地发送 IGMP 通用询问报文，封装在以 224.0.0.1(所有主机)为目标地址的 IP 数据报中。仍然希望保持一个或多个组成员身份的主机必须读取这种数据报，并且对其保持成员身份的组回答一个报告报文。

在以上描述的过程中，组播路由器无须知道组播组中的每一个主机的地址，对于一个组播组，它只需要知道至少有一个组播成员处于活动状态就可以了。因而，接收到询问报文的每个组成员可以设置一个具有随机时延的计时器，任何主机在了解到本组中已经有其他主机声明了成员身份后将不再做出响应，如果没有看到其他主机的报告，并且计时器已经超时，则这个主机就要发出一个报告报文。利用这种机制，每个组只有一个成员对组播路由器的询问返回报告报文。

当主机要离开一个组时，它向所有路由器(224.0.0.2)发送一个组离开报告，其中的记录类型为 EXCLUDE、源地址列表为空，其含义是该组所有的组播源都被排除。图 7-33 表示主机要离开组 239.1.1.1，当一个路由器收到这样的报告时，它要确定该组是否还有其他的员存在，这时可以利用组和源专用的询问报文。

组离开报告 →	0x17	保留	检查和	
一个组记录	保留		组记录数＝1	
	记录类型＝EXCLUDE	辅助数据长度＝0	源地址数＝0	
	组播地址＝239.1.1.1			

源地址列表为空

图 7-33　组离开报告距离

一个支持组播的主机可能不是任何组的成员，也可能已经加入了某个组，成为该组的成员。当主机加入了一个组后，它可能处于活动状态，或处于闲置状态，这两个状态之间的区别是：是否运行该组的报告延迟计时器。主机的状态转换表示在图 7-34 中。

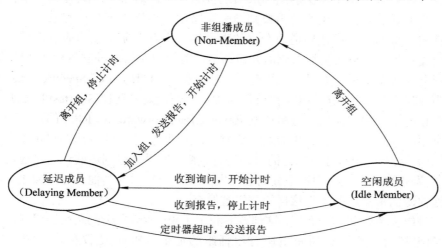

图 7-34　组播主机的状态转换图

7.5.4　组播路由协议

建立组播树是实现组播传输的关键技术,图 7-35(a)表示一个网络的实际配置,图 7-35(b)表示利用组播路由协议生成的组播树,这是以组播源为树根的最小生成树(Spanning Tree),沿着这个树从根到叶的方向可以把组播分组传输到所有的组成员用户,而分组在每段链路上只出现一次。

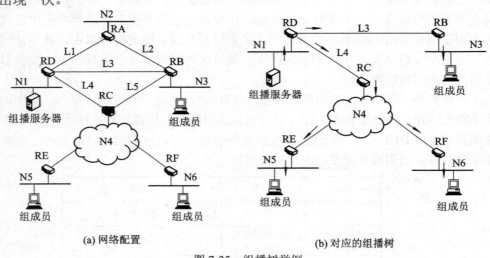

(a) 网络配置　　　　　　　　　　　　(b) 对应的组播树

图 7-35　组播树举例

1. 组播树

建立组播树要使用组播路由协议。下面讲述的路由协议属于组播内部网关协议(MIGP),目前已经提出了多种 MIGP 的建议,包括 DVMRP、MOSPF、CBT、PIM-DM 和 PIM-SM 等。组播外部网关协议(MEGP)还在研发之中,尚没有具体的应用。

组播地址标识一个会话,而不是一个具体的主机。组播路由器应该互相交换有关组播会话的信息,使得各个路由器了解组播成员的分布情况。对于一个具体的组播会话,即使路由器没有任何成员,但它也可能需要知道哪些路由器连接着该会话的成员。如果路由器加入了组播树,那么它就应该知道,在它的哪个端口上存在哪个组的成员,并为之生成相应的组播分支;当一个组成员加入或离开组播会话时,要对组播分支进行嫁接或修剪。

组播树分为源专用树和共享分布树两种。所谓源专用树(Source-Specific Tree)是以每一个组播源为根建立最小生成树,PIM 协议把这种树叫做最短通路树(Shortest Path Tree,SPT)。在组播树中使用了一种称为反向通路转发(Reverse Path Forwarding,RPF)的技术来防止组播分组在网络中循环转发。按照 RPF 规则,在接收到由源 S 向组 G 发送的组播报文后,路由器必须(利用单播路由表)对分组到达的链路进行判断,如果分组到达的链路是通向组播源的最短通路(称为 RPF 通路),则这个分组被转发到属于分布树的其他端口;如果分组到达的链路不是通向源的最短通路,则这样的分组被抛弃。

另外一种组播树是共享分布树。这种方案利用了由(一个或多个)路由器组成的分布中心来生成一颗组播树,由这棵树负责所有组播组的通信。PIM 协议称这种树为约会点树(Rendezvous Point Tree,RPT),意为无论哪个组播源发送的数据,都先要约会到这一点,然后再沿着共享分布树流向各个接收者，需要接收组播通信流的主机都必须加入共享分布树。

组播通信的固有特性就是贪婪地消耗带宽，所以需要限制组播树的扩展范围。可以利用 IP 数据报头中的 TTL 字段来限制组播树生长的高度，路由器只转发其 TTL 字段大于端口配置的 TTL 门限的组播数据报。另外一种限制组播会话伸展范围的方法是使用特殊的组播地址，例如 RFC 2365 建议，地址块 239.255.0.0/16 用于本地网络，地址块 239.192.0.0/14 用于组织管理的范围等。

2. 密集模式路由协议

密集模式路由协议(Dense Mode Routing Protocols)假定组播成员密集地分布在整个网络中，而且网络有足够的带宽，容许周期性地通过泛洪传播来建立和维护分布树。典型的密集环境是局域网，这种网络中有大量的组播客户机，需要经常地接收组播信息。密集模式路由协议向局域网中到处发布分组，除非被告知不能再向前转发，然后修剪掉不存在组成员的部分。密集模式路由协议包括距离矢量组播路由协议(Distance Vector Multicast Routing，DVMRP)、组播开放最短路径优先协议(Multicast Open Shortest Path First，MOSPF)，以及密集模式的独立组播协议(Protocol Independent Multicast-Dense Mode，PIM-DM)等。

PIM 引入了协议无关的概念，它可以使用任何单播路由协议(OSPF, IS-IS, BGP)建立的路由表来实现反向通路转发(RPF)检查，这是它与其他组播路由协议的主要区别。

RFC 3973 建议，为了保证 PIM-DM 协议正常工作，每一个 PIM-DM 路由器都要维护一个树信息库(Tree Information Base，TIB)，其中保存着各个组播树的工作状态，利用这些状态可以建立一个组播转发表，以实现组播数据报的正确转发。

组播转发表以地址对(S，G)作为索引，其中 S 表示组播源的单播地址，G 表示组播会话的 D 类地址。每一个表项还包含与(S，G)相关的定时器、以及路由和状态信息，一旦定时器超时，其他信息也被丢弃。

为了说明 PIM-DM 协议的工作过程，我们用图 7-36 所示的数据结构表示组播转发表中的有关信息。对于一个组播组(S，G)，路由器从输入端口(Incoming Interface)接收流量，向通向目标的输出端口转发流量，各个输出端口组成一个输出端口表(Outgoing Interface List，OIL)。当组播会话开始和结束时，组播树会动态地改变，组播转发表项也要随之改变。

(源地址S, 组地址G)	Incoming Interface	Outgoing Interface List
(192.168.1.1, 239.1.1.1)	P1/0/0	P1/0/1, P1/0/3
(192.168.1.2, 239.1.1.2)	P2/1/0	P2/1/1, P2/1/4, P2/1/5

图 7-36　组播转发表

当路由器收到由源 S 向组播组 G 发送的组播分组后，首先查找组播转发表：

● 如果存在对应的(S，G)表项，且分组到达的端口与 Incoming Interface 一致，则向 OIL 中的所有端口转发分组；

● 如果存在对应的(S，G)表项，但分组到达的端口与 Incoming Interface 不一致，则对此分组进行 RPF 检查。如果检查通过，则将 Incoming Interface 修改为分组到达的端口，然后向 OIL 中的所有端口转发分组；

● 如果不存在对应的(S，G)表项，则对分组进行 RPF 检查。如果检查通过，则向除分组到达端口之外的所有其他端口进行转发，并创建相应的(S，G)表项；否则丢弃分组。

构建最短通路树的过程是反复泛洪-修剪的过程。当组播源 S 开始向组播组 G 发送数据时，组播分组被泛洪到网络中的所有区域。这时，当一个路由器接收到组播数据报后，首先通过单播路由表进行 RPF 检查：

● 如果 RPF 检查通过，则创建一个(S，G)表项，然后将数据向所有下游的 PIM-DM 路由器转发，这个过程称为泛洪(Flooding)；如果 RPF 检查未通过，则将报文丢弃。这一过程继续下去，所有的 PIM-DM 路由器的各个端口上都会创建(S，G)表项。

● 如果下游结点没有组播成员，则向上游结点发送修剪消息(Prune)。上游结点收到修剪消息后，相应端口的表项(S，G)就转入"剪断"状态。修剪过程持续到 PIM-DM 中仅剩下必要的分支，这样就建立了一颗以组播源 S 为根的最短通路树 SPT。

● 当一个组播分支处于"剪断"状态时，它不再向下游结点转发组播分组，但这种状态是有一定生命周期的，生命周期超时后，数据又沿着被剪掉的分支向下转发。这种机制使得在路由器端口中反复建立和删除(S，G)表项。

● 当新的组播用户出现在一个被剪断的区域时，该用户通过 IGMP 报文申请加入组播组 G，与新成员最接近的路由器向上游结点发送嫁接消息(Graft)，这个消息逐跳向组播源 S 方向传递，沿途的中间结点给出的响应就是恢复先前被剪断的分支到"转发"状态。

先是广播数据报，然后剪掉不需要的分支，这一过程被称为泛洪-修剪循环，这是所有密集模式协议中使用的关键技术。

3. 稀疏模式路由协议

稀疏模式路由协议(Sparse Mode Routing Protocols)适用于带宽小、组播成员分布稀疏的互联网络。在这种网络中，泛洪传输会引起网络阻塞，所以要使用其他技术来建立组播树。CBT(Core-Based Trees)协议建立了一颗为所有组播会话服务的组播树，而稀疏模式的独立组播协议 PIM-SM(Protocol Independent Multicast Sparse Mode)既可以为每个组播组建立一个以约会点为树根的共享树，也可以为每个组播源建立一颗最短通路树。

PIM-SM(RFC 4601)支持由接收者申请组成员关系的传统的 IP 组播模型，其工作机制的要点简单介绍如下。

(1) 邻居发现：各路由器之间互相发送 Hello 消息以实现邻居发现，这一点与 PIM-DM 相同。

(2) 选举 DR：通过 Hello 消息可以为共享网络(如 Ethernet)选举一个指定路由器(Designated Router，DR)。无论是组播源 S 所在的网络，还是与接收者连接的网络，只要网络为共享介质，则需要选举 DR。分布式选举算法按照 Hello 消息携带的优先级最高或 IP 地址最大来确定 DR。

DR 是本地网段中唯一的组播信息转发者，接收者一侧的 DR 向约会点(Rendezvous Point，RP)发送加入消息(Join)；源侧的 DR 向 RP 发送注册消息(Register)。

(3) 约会点发现：约会点通常是 PIM-SM 区域中的核心路由器。在小型网络中，组播信息量少，全网络只需要一个 RP 就行了，这时可以在 SM 区域内各路由器中静态指定 RP。但更多的情况是 PIM-SM 网络规模很大，通过 RP 转发的组播信息量巨大，为了缓解 RP 的通信负担，不同组播组应对应不同的 RP，这时要通过自举机制动态选举 RP。

(4) 约会点树的生成和维护：如果接收者要加入一个组播组 G，则通过 IGMP 报文通知与其直接相连的叶子路由器。叶子路由器掌握组播组 G 的成员信息，它会朝着 RP 方向往上游结点发送加入消息 Join。从叶子路由器到 RP 之间途经的每个路由器都在转发表中生成 (*，G)表项，其中*表示任意源地址，这些路由器就形成了共享分布树 RPT(Rendezvous Point Tree)的一个分支。RPT 以 RP 为根结点，以接收者为叶子结点，当组播源 S 发来的 G 组报文到达 RP 时，就会沿着 RPT 树传送到叶子路由器，进而到达接收者。

当某个接收者退出组播组 G 时，接收者一侧 DR 会沿着 RPT 树朝 RP 方向发送修剪消息 Prune。上游路由器接收到该修剪消息后，在其输出端口列表中删除连接下游路由器的端口，并检查其他端口的下游结点是否还存在 G 组的成员，如果没有则继续向上游转发修剪消息。

(5) 组播源注册：为了向 RP 通知组播源 S 的存在，当组播源 S 向组播组 G 发送第一个组播分组时，与组播源 S 直接相连的路由器就将该报文封装成注册报文 Register，并单播给对应的 RP。RP 接收到来自组播源 S 的注册消息后，一方面将组播分组沿着 RPT 树转发到接收者；另一方面朝着组播源 S 方向逐跳转发(S，G)加入消息 Jion，从而使得 RP 和 S 之间的所有路由器都生成了(S，G)表项，这些沿途经过的路由器就形成了 SPT 树的一个分支。源 SPT 树以组播源 S 为根，以 RP 为目的地。

组播源 S 发出的组播分组沿着已经建立好的 SPT 树到达 RP 后，由 RP 将分组沿着 RPT 共享树进行转发。同时，RP 向组播源直连的路由器单播发送注册停止报文，注册过程结束。

(6) RPT 向 SPT 的切换：在一个 RPT 树中，当接近组播用户的"最后一跳路由器"发现组播组 G 的报文速率达到一定的阈值时，就通过单播路由表找到通向源 S 的下一跳路由器，向其发送(S，G)加入消息，这个消息经过一串路由器达到离组播源 S 最近的路由器，沿途各个路由器都建立了(S，G)表项，从而形成了 SPT 树的一个分支。随后，"最后一跳路由器"向 RP 逐跳发送修剪消息，RP 也利用类似的过程剪断与源 S 的联系，这时 RPT 树就完全切换到了 SPT 树。通过这种方式建立 SPT 树，比密集模式的通信开销要小得多。

PIM 除过有密集模式和稀疏模式之外，还有一种双向 PIM 协议(Bi-Directional PIM，BIDIR-PIM)，这是密集模式和稀疏模式的混合方式。所有的 PIM 协议共享相同的控制报文。PIM 控制报文封装在 IP 数据报中传送，可以组播给所有的 PIM 路由器，也可以单播到特殊的目标。

7.6　IP QoS 技术

因特网提供尽力而为(Best-Effort)的服务，这是它取得巨大成功的主要原因之一。但是由于因特网对服务质量(QoS)不做任何承诺，所以对于各种多媒体应用不能提供必要的支持，这些新业务要求 IP 网络提供新的服务方式。

IETF 成立了专门的工作组，一直从事 IP QoS 标准的开发。首先是在 1994 年提出了集成服务体系结构 ISA(Integrated Service Architecture，RFC1633)，继而又在 1998 年定义了区分服务 DiffServ(Differentiated Service，RFC 2475)技术规范。另外，前面讲到的 MPLS 技术提供了显式路由功能，因而增强了在 IP 网络中实施流量工程的能力，这也是骨干网业务中最容易实现的一种 QoS 机制。

7.6.1 集成服务

IETF 集成服务(IntServ)工作组根据服务质量的不同，把 Internet 服务分成了三种类型：

(1) 保证质量的服务(Guranteed Services)：对带宽、时延、抖动和丢包率提供定量的保证；

(2) 受控负载的服务(Controlled-load Services)：提供一种类似于网络欠载情况下的服务，这是一种定性的指标；

(3) 尽力而为的服务(Best-Effort)：这是 Internet 提供的一般服务，基本上无任何质量保证。

IntServ 主要解决的问题是在发生拥塞时如何共享可用的带宽，为保证质量的服务提供必要的支持。在基于 IP 的互联网中，可用的拥塞控制和 QoS 工具是很有限的，路由器只能采用两种机制：路由选择算法和分组丢弃策略，但这些手段并不足以支持保证质量的服务。IntServ 提议通过以下四种手段来提供 QoS 传输机制：

(1) 准入控制：IntServ 对一个新的 QoS 通信流要进行资源预约。如果网络中的路由器确定没有足够的资源来保证所请求的 QoS，则这个通信流就不会进入网络。

(2) 路由选择算法：可以基于许多不同的 QoS 参数(而不仅仅是最小时延)来进行路由选择。

(3) 排队规则：考虑不同通信流的不同需求而采用有效的排队规则。

(4) 丢弃策略：在缓冲区耗尽而新的分组来到时要决定丢弃哪些分组以支持 QoS 传输。

为了实现 QoS 传输，必须对现有的路由器进行改造，使其在传统的存储-转发功能之外，还能够提供资源预约、准入控制、队列管理、以及分组调度等高级功能。图 7-37 画出了 ISA 路由器的基本框图，对其主要部件解释如下：

(1) 资源预约协议(Resource Reservation Protocol，RSVP)：按照通信流的 QoS 需求在网络中传送资源预约信令。RSVP 要把带宽、时延、抖动、丢包率等参数通知通路上的所有转发设备，以便建立端到端的 QoS 保障。如果通信流的 QoS 请求得到满足，则 RSVP 还要更新路由器中的数据库，以便及时反映网络通信资源的分配情况。

(2) 准入控制(Admission Control)：当一个新的通信流成功地实现资源预约后就进入通信阶段，这时路由器要监视通信流的行为是否违反了网络与用户达成的合约，以决定是否允许新的分组进入网络。

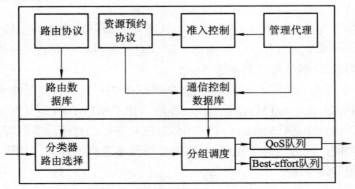

图 7-37　实现集成服务的路由器

(3) 管理代理：其作用是修改通信控制数据库，以改变准入控制的策略。

(4) 分类器(Classifier)：根据预置的规则对进入路由器的分组进行分类。分类的标准可能是源地址、目标地址、上层协议类型、源端口号、目标端口号等；分组经过分类以后进入不同的队列等待调度器的转发服务。

(5) 分组调度器(Scheduler)：其作用是根据预订的调度算法对分类后的分组进行排队，可以使用先来先服务的算法，或者更复杂的"公平"算法，例如 WFQ(Weighted Fair Queueing)算法考虑了每个通信流的分组数量，越忙的队列分配越多的容量，而又不完全关闭流量偏少的队列(参见图 7-38)。调度器根据分组的类别、通信控制数据库的内容，以及输出端口的活动历史选择被丢弃的分组，决定分组被转发的优先顺序。

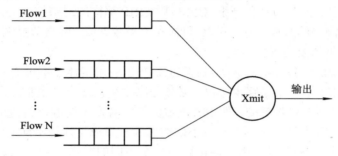

图 7-38　WFQ 排队算法

尽管 IntServ 能提供 QoS 保证，但经过几年的研究和发展，其中的问题也逐步显现。RSVP和 IntServ 在 Internet 网络应用中还存在着下面的缺陷：

(1) IntServ 要维护大量的状态信息，状态信息数量与通信流的数量成正比，这需要在路由器中占用很大的存储空间，因而这种模型不具有扩展性；

(2) 对路由器的要求很高，所有的路由器必须实现 RSVP、准入控制、通信流分类和分组调度等功能；

(3) IntServ 服务不适合于生存期短的数据流，因为对生存期短的数据流来说，资源预约所占的开销太大，降低了网络利用率；

(4) 许多应用需要某种形式的 QoS，但是无法使用 IntServ 模型来表达 QoS 请求；

(5) 必要的控制和价格机制(如访问控制、认证、计费等)正处于研发阶段，目前还无法付诸实用。

7.6.2　资源预约

所谓资源预约就是由接收方向数据流入路径上的各个路由器预约资源，以保证为特定会话提供需要的服务质量(QoS)。对于单播数据流，通信双方可以通过协商确定某次会话的QoS 需求，如果由于网络超载而不能提供需要的服务质量，则可考虑是否降低 QoS 需求来维持会话继续进行。对于组播数据流，各个接收方可以根据自己的处理能力预约需要的服务质量，例如有的终端只能处理低分辨率的图像，就可以预约较少的资源；有的终端可以处理高分辨率的图像，就可以预约较多的资源。通信子网中的路由器分析端结点的资源预约请求，并为特定的会话数据流保留所需的资源(缓冲区和带宽)。

如果资源预约成功，在数据传送阶段，路由器必须维持一种"软状态"。事实上，在面向连接的网络中，沿着一条固定路由的交换节点中维护的路由信息是由"硬状态"表示的，直到这条路由被显式地释放，这些状态信息才会被删除。然而在无连接的 IP 网络中，特定的数据流只对应用层有意义，网络层实体对各个数据报单独处理，它是看不见这种数据流的，因此不可能在网络层交换节点中为特定数据流维持同样的"硬状态"信息。退而求其次的办法是由接收端结点发送一种特殊分组，定期地刷新对应特定数据流的状态信息，如果在预订的时间点没有收到刷新信息，路由器就认为该路由状态失效了。为了与前一种路由状态信息相区分，我们把这种路由状态称为"软状态"。

RFC 2205(Sept. 1997)定义了资源预约协议 RSVP(Resource reSerVation Protocol)功能规范第一版。RSVP 是一个传输层通信协议，用于为 Internet 中的集成服务(IntServ)预约资源。RSVP 并不传输应用数据，而是相当于 ICMP 或者 RIP 那样的网络控制协议。RSVP 提供了由接收者发起的资源预约过程，适用于 IP 组播和单播数据流。网络节点(路由器)通过 RSVP 来为应用数据流提供需要的服务质量。

RSVP 定义了应用实体预约资源的过程，也说明了应用实体在不再需要已预约的资源时如何放弃它们。RSVP 本身不是路由协议，必须与路由协议配合，才能在预订的路径上进行资源预约。RSVP 是面向接收者的，即由数据流的接收者发出资源预约请求，并维护已预约资源的软状态。RSVP 提供的预约方式有不同的选项，形成了几种不同的预约风格，例如，预约的资源可以由特定发送者专用，也可以由多个不同的发送者共享。如果预约的资源由多个上游发送者发出的数据流共享，则形成了一个共享管道，其尺寸应与所有接收者中资源需求量最大的相等，而与使用这个管道的发送者数量无关，这种风格的预约请求向上游传播，到达所有发送主机。共享式预约适合于多个数据源不可能同时发送的组播业务。分组话音传输(电话会议)就是这种应用的例子，这种情况下，有限数目的发言者轮流说话，每个接收者都可以发出这样的资源预约请求，其带宽等于一个发送者数据流所需带宽的两倍，以备有两个人抢着说话。另一方面，为一个发送者专用的资源预约风格则适合接收视频广播信号。

RSVP 的两个主要概念是流规约和过滤器规约。

1. 流规约

RSVP 预约资源的对象是数据流。数据流(或者流 flow)由目标地址、协议标识符和(任选)目标端口号来表示。在多协议标记交换(MPLS)网络中，流被定义为标记交换通路(LSP)。对于每一个数据流，RSVP 要提出一个称为流规约(Flowspec)的服务质量需求，RSVP 从主机向路由器传送流规约，沿着一条通路的各个路由器通过分析流规约来决定是否接受这个请求，如果可能则为其预留资源。流规约由 3 部分组成：服务类别、通信量说明 TSpec(对数据流的描述)和预约说明 RSpec(定义了期望的 QoS)。ISA 服务模型不同，对应的 Tspec 和 Rspec 也不同，下面以 ISA 中的受控负载服务(Controlled-load Services)为例解释 TSpec 的格式和应用。

对于受控负载的服务，ISA 采用了一种令牌桶机制来调节数据流速率。这种令牌桶方案表示在图 7-39 中，到达路由器的分组要经过调节器的管控，输出数据速率可变，但是受到令牌补充速率的限制。

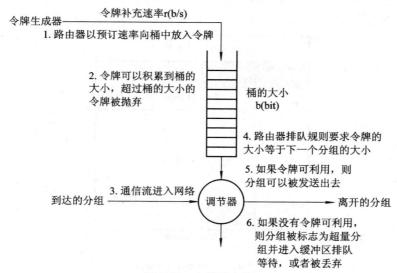

图 7-39　令牌桶方案

对应于以上管控方案，RSVP 提供的 TSpec 对象的数据结构如图 7-40 所示，除过前 3 个字的报文头之外，下面的 5 个字分别说明了令牌补充速率 r、令牌桶大小 b、峰值数据速率 P、最小管控单元 m 和最大分组长度 M 等参数。

0(a)	保留		7(b)
1(c)	0	保留	6(d)
127(e)		0(f)	5(g)
令牌补充速率r			
令牌桶大小b			
峰值数据速率P			
最小管控单元m			
最大分组长度M			

(a)—版本号(0)
(b)—报文总长度
(c)—服务编号 (Controlled-Load)
(d)—受控负载的数据长度
(e)—参数ID，127表示令牌桶TSpec
(f)—参数标志 flags (none set)
(g)—参数长度

图 7-40　用于受控负载服务的 TSpec

路由器中的受控负载服务模块在会话建立时生成通信流的管控对象 TSpec，并且要求通信流在整个通信期间(T)必须服从规定的令牌桶参数，发送的数据流量不得超过 rT+b。为了方便，记账系统可以把小于最小管控单元的分组按照大小为 m 的分组来统计。到达路由器的分组，如果超过了 rT+b 界限，则被认为是非合宜的(nonconformant)。另外，如果分组的长度大于链路限制的 MTU，也被认为是非合宜的。

如果出现了非合宜的分组，则网络节点按照下列方式操作：

(1) 必须继续提供合约规定的服务质量，使得受控的负载流不会受到超量通信流的影响。

(2) 应该防止超量的受控负载流对尽力而为服务通信流产生不公平地影响。

(3) 如果有足够的可用资源，则尝试把超量的受控负载流按照尽力而为的方式进行转发。

2. 过滤器规约

过滤器(Filterspec)规约定义了一组受流规约影响的分组，由发送者的 IP 地址和端口组成，如图 7-41 所示。

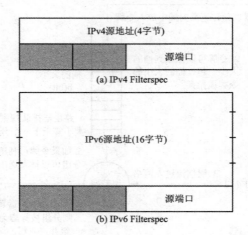

(a) IPv4 Filterspec

(b) IPv6 Filterspec

图 7-41　过滤器 Filterspec

RSVP 资源预约过程完成后，路由器按照过滤器规约来识别属于一个会话的数据流，并对识别出的数据流按照流规约提供需要的服务质量，如图 7-42 所示。

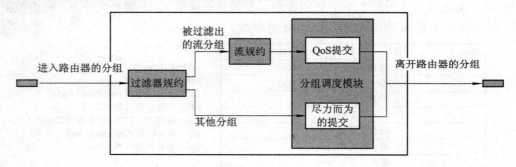

图 7-42　路由器对分组的调度

ITU-T 的 H.323 建议是一种多媒体通信标准，适用于不能保证服务质量的分组网络，例如 IP 网或以太局域网等，H.232 建议推荐利用 RSVP 来满足实时视频和音频流的 QoS 需求。许多 IT 公司(例如 Inter、Microsoft 和 Netscape 等)都支持 H.323 标准。

会话发起协议 SIP(Session Initiation Protocol)是由 IETF 定义多媒体通信协议(RFC 2543 March 1999)，这是一个基于 IP 的应用层控制协议，也是在传输层利用 RSVP 进行资源预约。网络上的 IP 电话就是基于 SIP 协议设计的，可以扩展成融文本、视频会议于一体的交互式网络多媒体系统，由于它较多地利用了 PC 资源，所以大多数功能可通过软件实现。

7.6.3　区分服务

区分服务(DiffServ)放弃了在通信流沿路结点上进行资源预约的机制，它将具有相同特性的若干业务流汇聚起来，为整个汇聚流提供服务，而不是面向单个业务流来提供服务。DiffServ 的关键技术介绍如下：

(1) 每个 IP 分组都要根据其 QoS 需求打上一个标记，这种标记称为 DS 码点(DS Code

Point，DSCP)，可以利用 IPv4 协议头中的服务类型(Type of Service)字段，或者 IPv6 协议头中的通信类别(Traffic Class)字段来实现，这样就维持了现有的 IP 分组格式不变。

(2) 在使用 DiffServ 服务之前，服务提供者与用户之间先要建立一个服务等级约定(Service Level Agreement，SLA)。这样，在各个应用中就不再需要类似的机制，从而可以保持现有的应用不变。

(3) Internet 中能实现区分服务的连续区域被称为 DS 域(DS Domain)，在一个 DS 域中，服务提供策略(Service Provisioning Policies)和逐跳行为(Per-Hop Behavior，PHB)都是一致的。PHB 是(外部观察到的)DS 结点对一个分组的转发行为。

(4) 具有相同 DSCP 的分组的集合称为行为聚集(Behavior Aggriate，BA)，一个 BA 中的所有分组都按照同一 PHB 进行转发。

(5) 通信调节协议(Traffic Conditioning Agreement，TCA)说明了分组分类和通信调节的规则，分类器用这些规则对分组进行筛选和分类。

(6) DiffServ 提供了内在的通信流汇聚机制，DS 域的边缘路由器对输入流进行分类，并为每一类指定一个相同的 DSCP，同一类别的通信流在 DS 域内将按照相同的 PHB 进行转发。

(7) DS 域的内部路由器根据 DSCP 的值和设定的逐跳行为(PHB)对分组进行调度和转发。

DS 工作组定义了 DSCP 与 PHB 的映射关系(参见表 7-9)，同时也允许因特网服务提供商(ISP)自行定义具有本地意义的映射关系。

表 7-9　DSCP 与 PHB 的映射关系

DSCP	PHB	说　明
000000	BE	尽力而为的服务，不保证 QoS 需求
001XXX	AF1	4 种保证转发服务的 QoS 介于 EF 和 BE 之间。可以为每一种 AF 服务指定 3 种不同的丢弃优先级，总共可以组成 12 种不同的 AF 聚集
010XXX	AF2	
011XXX	AF3	
100XXX	AF4	
101110	EF	绝对保证 QoS 的服务

DSCP 的值占用 IP 头中 ToS 字段的前 6 位(两位未用)，3 位用于定义转发优先级，3 位用于定义丢弃优先级。如果 6 位全 0，则表示 Best-Effort 服务，不提供任何 QoS 保障，如表 7-9 的第 1 行所示。

表 7-9 的第 2～5 行都是保证转发(Assured Forwarding，AF)的服务。这类服务为 IP 分组提供 4 种不同的转发特征，对应 4 种不同数量的转发资源(比如缓冲区和带宽等)，并且为每个分组指派不同的丢弃优先级(见表 7-10)。AF 类逐跳行为(PHB)的共同特点是，允许在总流量不超过预设速率的前提下以更大的可能性来转发分组。

表 7-9 的第 6 行表示加速转发(Expedited Forwarding，EF)服务，其 DSCP 值为 101110。EF 提供 DS 域内端到端的 QoS 保证，其特点是低延迟、低抖动、低丢包率、并且保证带宽不受其他 PHB 流量的影响，与传统的租用专线类似。

表 7-10　AF 服务的优先级

丢弃优先级	AF1	AF2	AF3	AF4
低	001010	010010	011010	100010
中	001100	010100	011100	100100
高	001110	010110	011110	100110

图 7-43 表示互联网划分为 DS 域的情况，DS 域的边缘路由器包含了 PHB 转发机制，也包含了更复杂的通信调节功能，这样就简化了内部路由器的负担。边缘结点的功能也可以由连接 DS 域的主机来提供，以管理本地系统中的应用。

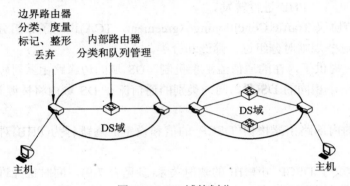

图 7-43　DS 域的划分

图 7-44 表示通信调节功能的操作原理，其中的分类子功能的作用是根据 DSCP 把分组划分为不同的行为聚集 BA，也可以根据 IP 头中的其他字段进行更复杂的分类；度量子功能是对提交的通信流进行测量，以确定其是否遵循预置的服务等级约定 SLA；标记子功能是对通信流打上需要的标记，特别对超过预置特征(Profile)的分组要给予优先丢弃的标记；整形子功能可以对某些分组进行必要的延迟，以确保给定类的通信流不会超过其预置特征说明的速率；最后，丢弃子功能是对于超流量的分组选择性地丢弃。

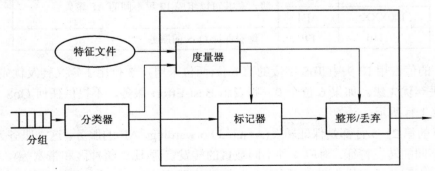

图 7-44　DS 通信调节功能

与 IntServ 相比，DiffServ 定义了一个相对简单而粒度较粗的控制系统，DiffServ 为整个汇聚流提供服务，具有可扩展性，能够在大型网络上提供 QoS 保障。

7.6.4　流量工程

流量工程(Traffic Engineering，TE)是优化网络资源配置的技术，是利用网络基础设施提供最佳服务的工具和方法，无论网络设备和传输线路处于正常或是部分失效状态，利用流量工程技术都可以提供最佳的网络服务。流量工程是对网络规划和网络工程的补充措施，使得现有的网络资源可以充分发挥它的效益。

1. 基于 MPLS 的流量工程

在早期的核心网络中，流量工程是通过路由量度实现的，即对每条链路指定一个量度值，两点之间的路由是按照预订策略计算量度值后确定的。随着网络规模的扩大，网络结构越来越复杂，路由量度越来越难于实现了。利用 MPLS，可以把面向连接技术与 IP 路由结合起来，提供更多的手段对网络资源进行优化配置，提供更好的 QoS 保障和更多的业务类型，这样就形成了基于 MPLS 的流量工程。

基于 MPLS 的流量工程(MPLS TE)由下面四种机制实现：

(1) 信息分发：流量工程需要关于网络拓扑的详细信息，以及网络负载的动态信息，这可以通过扩展现有的 IGP 来实现。在路由协议发布的网络公告中，应该包含链路的属性(链路带宽、带宽利用率、带宽预约值等)，并且通过泛洪算法把链路状态信息发布到 ISP 路由域中的所有路由器。每一个标记交换路由器 LSR 都要维护一个专用的流量工程数据库(TED)，记载网络链路属性和拓扑结构信息。

(2) 通路选择：LSR 通过 TED 和用户配置的管理信息可以建立显式路由。MPLS 传输域入口处的标记边缘路由器(LER)可以列出 LSP 中的所有 LSR 来建立严格的显式路由，也可以只列出部分 LSR 来建立松散的显式路由。

(3) 信令协议：LSP 的建立依赖于新的信令控制协议，其作用是在通路建立过程中传递和发布标记与 LSP 状态的绑定信息。

(4) 分组转发：一旦通路建立，LSR 就通过标记转发机制来传送分组。

通过以上功能，可以实现许多以前难于实现的新业务。显式路由(Explicit Route，ER)可以把网络流量引导到特定的通路上，以实现网络负载的均衡分布。如果网络中有 VoIP，也有数据通路，则两者会竞争资源，所以 VoIP 要给予较高的优先级，优先级分为两种，建立优先级和保持优先级。当一个通路建立时，以其建立优先级与已建立的通路的保持优先级进行比较，如果建立优先级大于保持优先级，则已建立的通路的网络资源将被后来者抢占。在链路失效情况下，现有的内部网关协议需要几十秒时间才能恢复。快速重路由功能在通路建立过程中通过信令系统建立了备份路由，在链路发生故障时能够及时进行切换，所以可以对重要业务的连续性进行保护。这种保护分为端到端的通路保护和本地保护，后者又进一步分为链路保护和结点保护。这些都需要新的信令控制协议来提供支持。

MPLS 原来定义的标记分发协议(LDP)是 MPLS 网络的信令控制协议,用于 LSR 之间交换标记与 FEC 绑定信息，以便建立和维护 LSP。LDP 是将网络层路由信息直接映射到数据链路层的交换路径，从而建立和维护 LSP 的一系列消息和过程。对等的 LSR 实体之间通过 LDP 消息发现邻居、建立会话、分发标记、并报告链路状态和检测异常事件的发生。但是 LDP 只能根据路由表来建立虚连接，并没有平衡流量的功能，这是它的局限性。

为了支持流量工程, MPLS 引入了新的标记分发协议。所谓基于约束的路由标记分发协议 CR-LDP(Constraint-based Routing LDP)是 LDP 的扩展, 仍然采用标准的 LDP 消息格式, 与 LDP 共享 TCP 连接。但是 CR-LDP 可以在标记请求信息中包含结点列表, 从而在 MPLS 网络中建立一条显式路由, CR-LDP 也允许在标记请求消息中设置流量参数(峰值速率、承诺速率和突发特性等), 从而为 LSP 提供 QoS 支持。CR-LDP 还能携带路由着色等约束参数, 用来标识一个链路的性能, 例如是否支持 VoIP 等。

集成服务中定义的资源预约协议(RSVP)用于为通信流请求 QoS 资源, 并且建立和维护通路状态。RSVP-TE 是 RSVP 协议的扩展, 能够实现流量工程所需要的各种功能。在 RSVP-TE 实现中将 RSVP 的作用对象从通信流转变为 FEC, 从而降低了控制的粒度, 同时也提高了网络的可扩展性。RSVP-TE 能够支持建立和维护 LSP 的附加功能, 如按需下游标记分发、显式路由、带宽预约、资源抢占、LSP 隧道的跟踪、诊断和重路由等功能。

2. MPLS 支持的 DiffServ

IETF 提出了用 MPLS 支持 DiffServ 的方法(RFC 3270), 能够把 DiffServ 的一个或多个 BA 映射到 MPLS 的一条 LSP 上, 然后根据 BA 的 PHB 来转发 LSP 上的流量。

要将 BA 映射到 LSP, 就要在 MPLS 包头中携带 BA 信息(即 DSCP)。可以把一类具有相同队列处理要求和调度行为、但丢弃优先级不同的 PHB 定义为一个 PHB 调度类(PHB Scheduling Class, PSC), 这样就可以在 MPLS 包头中表示分组所属的 PSC, 以及分组的丢弃优先级。

IETF 将 LSP 分为两类:

(1) E-LSP(EXP-Inferred-PSC LSP): 用 MPLS 包头的 EXP 字段把多个 BA 指派到一条 LSP 上, 例如 AF1 有三种不同的丢弃优先级, 属于三个不同的 BA, 则可以把这三种 AF1 指派到同一条 LSP 上。由于 EXP 只有 3 位, 所以最多只能表示 8 种不同的 BA。当超过 8 种 BA 时, 要联合使用 MPLS 包头的标记字段和 EXP 字段, 这就是 L-LSP。

(2) L-LSP(Label-Only-Inferred-PSC LSP): 把一条 LSP 指派给一个 BA, 但是划分成多个不同的丢弃优先级, 用 MPLS 包头中的标记字段来区分不同的调度策略, 用 EXP 字段表示不同的丢弃优先级。

由于 MPLS 设备要在每一跳中交换标记值, 因此管理标记与 DSCP 的映射比较困难。E-LSP 比 L-LSP 更容易控制, 因为可以预先确定每个分组的 EXP 与 DSCP 之间的映射关系。

7.7 Internet 应用

Internet 的进程/应用层提供了丰富的分布式应用协议, 可以满足诸如办公自动化、信息传输、远程文件访问、分布式资源共享和网络管理等各方面的需要。这一节简要介绍 Internet 的几种标准化了的应用协议 Telnet、FTP、SMTP 和 SNMP 等, 这些应用协议都是由 TCP 或 UDP 支持的。与 ISO/RM 不同, Internet 应用协议不需要表示层和会话层的支持, 应用协议本身包含了有关的功能。

7.7.1　远程登录协议

远程登录(Telnet)是 ARPAnet 最早的应用之一，这个协议提供了访问远程主机的功能，使本地用户可以通过 TCP 连接登录在远程主机上，像使用本地主机一样使用远程主机的资源；即使本地终端与远程主机具有异构性时，也不影响它们之间的相互操作。

终端与主机之间的异构性表现在对键盘字符的解释不同，例如 PC 键盘与 IBM 大型机的键盘可能相差很大，使用不同的回车换行符，不同的中断健等。为了使异构性的机器之间能够互操作，Telnet 定义了网络虚拟终端 NVT(Network Virtual Terminal)。NVT 代码包括标准的 7 单位 ASCII 字符集和 Telnet 命令集。这些字符和命令提供了本地终端和远程主机之间的网络接口。

Telnet 采用客户机/服务器工作方式，用户终端运行 Telnet 客户程序，远程主机运行 Telnet 服务器程序，客户机与服务器程序之间执行 Telnet NVT 协议，而在两端则分别执行各自的操作系统功能，如图 7-45 所示。

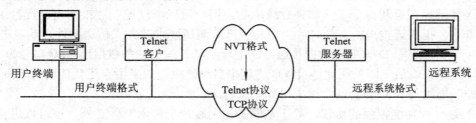

图 7-45　Telnet 客户机/服务器概念模型

Telnet 提供了一种机制，允许客户机和服务器协商双方都能接受的操作选项，并提供一组标准选项用于迅速建立需要的 TCP 连接。另外，Telnet 对称地对待连接的两端，并不是专门固定一端为客户端，另一端为服务器端，而是允许连接的任一端与客户机程序相连，另一端与服务器程序相连。

Telnet 服务器可以应付多个并发的连接。通常，Telnet 服务进程等待新的连接，并为每一个连接请求产生一个新的进程。当远程终端用户调用Telnet 服务时，终端机器上就产生一个客户程序，客户程序与服务器的固定端口(23)建立 TCP 连接，实现 Telnet 服务。客户程序接收用户终端的键盘输入，并发送给服务器，同时服务器送回字符，通过客户机软件的转换显示在用户终端上。用户就是通过这样的方式来发送 Telnet 命令，调用服务器主机的资源完成计算任务。例如，当用户在 PC 机上键入命令行"telnet alpha"时，则会从 Internet 上收到一个叫做 alpha 的主机的登录提示符，在提示符的指示下再键入用户名和口令字就可以使用 alpha 机器的资源了；如果从 alpha 机器上退出，PC 机又回到本地操作系统控制之下了。

7.7.2　文件传输协议

文件传输协议 FTP(File Transfer Protocol)也是 Internet 最早的应用层协议。这个协议用于主机间传送文件，主机类型可以相同，也可以不同，还可以传送不同类型的文件，例如二进制文件，或文本文件等。

图 7-46 给出了 FTP 客户机/服务器模型。客户机与服务器之间建立两条 TCP 连接，一

条用于传送控制信息，一条用于传送文件内容。FTP的控制连接使用了 Telnet 协议，主要是利用 Telnet 提供的简单的身份认证系统，供远程系统鉴别 FTP 用户的合法性。

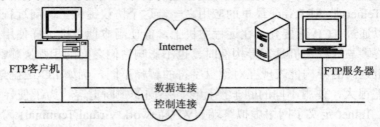

图 7-46　FTP 的客户机/服务器概念模型

　　FTP 服务器软件的具体实现依赖于操作系统。一般情况是，在服务器一侧运行后台进程 S，等待出现在 FTP 专用端口(21)上的连接请求。当某个客户机向这个专用端口请求建立连接时，进程 S 便激活一个新的 FTP 控制进程 N，处理进来的连接请求，然后 S 进程返回，等待其他客户机访问。进程 N 通过控制连接与客户机进行通信，要求客户在进行文件传送之前输入登录标识符和口令字。如果登录成功，用户可以通过控制连接列出远程目录，设置传送方式，指明要传送的文件名。当用户获准按照所要求的方式传送文件之后，进程 N 激活另一个辅助进程 D 来处理数据传送，D 进程主动开通第二条数据连接(端口号为 20)，并在文件传送完成后立即关闭此连接，D 进程也自动结束。如果用户还要传送另一个文件，再通过控制连接与 N 进程会话，请求另外一次传送。

　　FTP 是一种功能很强的协议，除了从服务器向客户机传送文件之外，还可以进行第三方传送。这时客户机必须分别开通同两个主机(比如 A 和 B)之间的控制连接。如果客户机获准从 A 机传出文件和向 B 机传入文件，则 A 服务器程序就建立一条到 B 服务器程序的数据连接。客户机保持文件传送的控制权，但不参与数据传送。

　　所谓匿名 FTP 是这样一种功能：用户通过控制连接登录时采用专门的用户标识符 "anonymous"，并把自己的电子邮件地址作为口令输入，这样可以从网上提供匿名 FTP 服务的服务器下载文件。Internet 中有很多匿名 FTP 服务器，提供一些免费软件或有关 Internet 的电子文档。

　　FTP 提供的命令十分丰富，包括文件传送、文件管理、目录管理、连接管理等一般文件系统具有的操作功能，还可以用 help 命令查阅各种命令的使用方法。

7.7.3　超文本传输协议

　　WWW(World Wide Web)服务是由分布在 Internet 中的成千上万个超文本文档链接成的网络信息系统，这种系统采用统一的资源定位器和精彩鲜艳的声音图文用户界面，可以方便地浏览网上的信息和利用各种网络服务。WWW 已成为网民不可缺少的信息查询工具。

　　WWW 服务是欧洲核子研究中心 CERN(the European Center for Nuclear Research)开发的，最初是为了参与核物理实验的科学家之间通过网络交流研究报告、装置蓝图、图画、照片和其他文档而设计的一种网络通信工具。1989 年 3 月，物理学家 Tim Berners-Lee 提出初步的研究报告，18 个月后有了初始的系统原型。1993 年 2 月发布了第一个图形浏览器 Mosaic，它的作者 Marc Andreesen 在 NCSA(National Center for Supercomputing Applications) 成立了网景通信公司(Netscape Communications)，并开始提供 Web 服务器访问。今天，主要的数据库厂商(例如 Sybase，Oracle 等)都支持 Web 服务器，流行的操作系统都有自己的 Web 浏览器，WWW 几乎成了 Internet 的同义语。Web 技术还被用于构造企业内部网(Intranet)。

　　Web 技术是一种综合性网络应用技术，关系到网络信息的表示、组织、定位、传输、显示以及客户和服务器之间的交互作用等。通常把文字信息组织成线性的 ASCII 文本文件，而 Web 上的信息组织是非线性的超文本文件(Hypertext)。简单地说，超文本可以通过超链接(Hyperlink)指向网络上的其他信息资源，超文本互相链接成网状结构，使得人们可以通过链接追索到与当前结点相关的信息。这种信息浏览方法正是人们习惯的联想式、跳跃式的思维方式的反映。更具体地说，一个超文本文件叫做一个网页(WebPage)，网页中包含指向有关网页的指针(超链接)。如果用户选择了某一个指针，则有关的网页就显示出来。超链接指向的网页可能在本地，也可能在网上别的地方。

　　Web 上的信息不仅是超文本文件，还可以是语音、图形、图像、动画等，就像通常的多媒体信息一样，这里有一个对应的名称叫超媒体(Hypermedia)。超媒体包括了超文本，也可以用超链接连结起来，形成超媒体文档。超媒体文档的显示、搜索、传输功能全都由浏览器(Browser)实现。现在基于命令行的浏览器已经过时了，声像图形结合的浏览器得到了广泛的应用，例如 Netscape 的 Navigator 和微软的 Internet Explorer 等。

　　运行 Web 浏览器的计算机要直接连接 Internet 或者通过拨号线路连接到 Internet 主机上，因为浏览器要取得用户要求的网页必须先与网页所在的服务器建立 TCP 连接。WWW 的运行方式也是客户机/服务器方式。Web 服务器的专用端口(80)时刻监视进来的连接请求，建立连接后用超文本传输协议 HTTP(Hyper Text Transfer Protocol)和用户进行交互作用。一个简单的 WWW 模型表示在图 7-47 中。

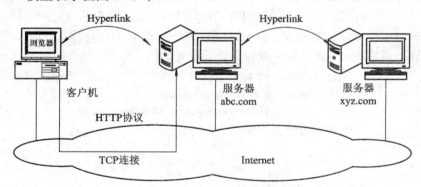

图 7-47　简单的 WWW 模型

　　HTTP 是为分布式超文本信息系统设计的一个协议。这个协议简单有效而且功能强大，可以传送多媒体信息，可适用于面向对象的作用，是 Web 技术中的核心协议。HTTP 协议的特点是建立一次连接，只处理一个请求，发回一个应答，然后连接就释放了，所以被认为是无状态的协议，即不能记录以前的操作状态，因而也不能根据以前操作的结果连续操作。这样做固然有其不方便之处，但主要的好处是提高了协议的效率。

　　浏览器通过统一资源定位器 URL(Uniform Resource Locators)对信息进行寻址。URL 由 3 部分组成，指出了用户要求的网页的名字，网页所在的主机的名字，以及访问网页的协议。例如：

　　　　http://www.w3.org/welcone.html

是一个 URL，其中 http 是协议名称，www.w3.org 是服务器主机名，welcome.html 是网页文件名。

如果用户选择了一个要访问的网页，则浏览器和 Web 服务器的交互过程如下：

(1) 浏览器接收 URL；

(2) 浏览器通过 DNS 服务器查找 www.w3.org 的 IP 地址；

(3) DNS 给出 IP 地址 18.23.0.32；

(4) 浏览器与主机(18.23.0.32)的端口 80 建立 TCP 连接；

(5) 浏览器发出请求 GET/welcome.html 文件；

(6) www.w3.org 服务器发送 welcome.html 文件；

(7) 释放 TCP 连接；

(8) 浏览器显示 welcome.html 文件。

其中第(5)步的 "GET" 是 HTTP 协议提供的少数操作方法中的一种，其含义是读一个网页。常用的还有 HEAD(读网页头信息)和 POST(把消息加到指定的网页上)等。另外，要说明的是很多浏览器不但支持 HTTP 协议，还支持 FTP，Telnet，Gopher 等，使用方法与 HTTP 完全一样。

超文本标记语言 HTML(Hyper Text Markup Language)是制作网页的语言，就像编辑程序一样，HTML 可以编辑出图文并茂、彩色丰富的网页，但这种编辑不是像 Microsoft Word 那样的 "所见即所得" 的编辑方式，而是像 "华光" 排版程序一样，在正文中加入一些排版命令。

HTML 中的命令叫做 "标记"(tag)，就像编辑们在稿件中画的排版标记一样，这就是超文本文标记语言的来由。HTML 的标记用一对尖括号表示，例如<HEAD>和</HEAD>分别表示网页头部的开始和结束，而<BODY>和</BODY>则分别表示网页主体的开始和结束。图 7-48 是一个简单网页的例，其中的<TITLE>和</TITLE>之间的部分是网页的主题，主题并不显示，有时用于标识网页的窗口。<H1>和</H1>表示第 1 层标题，HTML 允许最多设置 6 层小标题。最后，<P>表示前一段结束和下段开始。

〈TITLE〉简单网页的例〈/TITLE〉

〈H1〉Welcome　to Xi'an Home Page</H1>

We are so happy that you have chosen to visit this Home page<P>

You can find all the information you may need.

(a) HTML文件

Welcome to Xi'an Home Page

We are so happy that you have chosen to visit this Home Page

You can find all the information you may need

(b) 显示的网页

图 7-48　简单网页的例

最重要的是 HTML 可以建立超链接，指向 Web 中的其他信息资源。这个功能是由标记<A>和</A>实现的的。例如：

<A HREF="http：//www.nasa.gov">NASA'S home page</A>

定义了一个超链接。网页中会显示一行：

NASA'S home page

如果用户选择了这一行，则浏览器根据 URL 中的

http: //www.nasa.gov

寻找对应的网页并显示在屏幕上。HTML 还能处理表格、图像等多种形式的信息，它的强大描述力能使屏幕表现丰富多彩。

用 Java 语言写的小程序(applets)嵌入在 HTML 文件中，可以使网页活动起来，用来设计动态的广告、卡通动画片和瞬息变换的股票交易大屏幕等。Java 语言的简单性、可移植性、分布性、安全性和面向对象的特点使的它成为网络时代的宠儿。

与 WWW 有关的另一个重要协议是公共网关接口 CGI(Common Gateway Interface)。当 Web 用户要使用某种数据库系统时可以写一个 CGI 程序(叫做脚本 script)，作为 Web 与数据库服务器之间的接口。这种脚本程序使用户可通过浏览器与数据库服务器交互作用，使得在线购物、远程交易等实时数据库访问很容易实现。CGI 脚本程序跨越了不同服务器的界限，可运行在任何数据库管理系统上。

7.7.4　P2P 应用模型

以上介绍的网络应用(文件传输、电子邮件、网页浏览等)都采用了 C/S 或 B/S 模式。近年来又兴起了一种叫做 P2P(Peer-To-Peer)的应用模式。在这种模式中，没有客户机和服务器的区别，每一个主机既是客户机，又是服务器，它们的角色是对等的，所以 P2P 是一种对等通信的网络模型。

其实 P2P 并不是什么新概念，在互联网初创时期，P2P 就出现在 1969 年发表的 RFC 1 文档中，ARPAnet 最初被想象成像电话网那样的端到端的对等通信系统。在后来发展的各种 C/S 应用中也有 P2P 的影子，例如在 SMTP 邮件系统中，邮件传输代理(Mail Transfer Agents) 就是 P2P 通信模型的体现。Web 技术发明人 Tim Berners-Lee 描述的 WWW Editor/Brower 就是一种 P2P 网络模型，他认为，每一个网络用户都可以参与 Web 页面的编辑，通过超链接提供自己贡献的内容，这种思想今天被网民们命名为 Web 2.0，成为网上热议的话题，像维基(wikipedia)那样的 P2P 应用则在互联网上大行其道。

1. BitTorrent 协议

按照广义的解释，P2P 模型是泛指各种没有中心服务器的网络体系结构。我们特别把完全没有服务中心，也没有路由中心的网络称为"纯"P2P 网络。事实上，还有大量的网络属于混合型 P2P 系统。在这种系统中，有一个管理用户信息的索引服务器，任何用户的信息请求都是首先发送给索引服务器，再在索引服务器的引导下与其他对等方建立网络连接。各个客户端都保存着一部分信息资源，并把本地存储的信息告诉索引服务器，准备向其他客户端提供下载服务。BitTorrent 是最早出现的 P2P 文件共享协议，下面以这个协议为例介绍 P2P 网络的工作原理。

我们首先定义，BitTorrent 客户端是运行 BitTorrent 协议的程序，网络中的对等方(peer) 是一个运行客户端实例的计算机。为了共享一个文件，首先由一个用户生成一个流文件(例如 Myfile.torrent)，其中包含共享文件的元数据；另外，还需要一个叫做跟踪器(tracker)的计算机，它的任务是协调文件的分发。需要下载文件的对等方首先要取得有关的流文件，并连接到跟踪计算机，以便了解从哪儿可以下载到一小段文件。BitTorrent 与 Web 浏览器不同，前者是在许多不同的 TCP 端口上各自请求一小段数据，而后者是在一个 TCP 端口上执行整个 HTTP GET 操作。另外，BitTorrent 下载是随机的，实行稀有者优先(rarest-first)下载的原则，而 HTTP 是完全按顺序下载的。

这些差别使得 BitTorrent 具备了低费用、高冗余的内容提供机制，而且能够抗拒带宽滥用和服务器过载引起的系统崩溃。然而这一切也是有代价的，开始时下载很慢，需要一定的时间才能达到全速下载，这是因为需要时间来建立足够多的有效连接，也需要时间才能使用户接收到足够多的数据，从而变成有效的上传者。典型的 BitTorrent 下载是逐渐地提升速度，并且在下载完成时又逐渐下降速度，这些特点与 HTTP 服务器下载是完全相反的。

2. 生成和发布流文件

数据文件的发布者把文件划分成一些大小相等的数据块，块的大小通常是 64 KB～4 MB，对每一个数据块采用 SHA-1 哈希算法计算一个检查和，并记录在流文件中。如果数据块大于 512 KB，将会减小流文件的大小，但是却降低了协议的效率。当一个用户接收到一个数据块时要用检查和进行校验，以保证没有错误。提供完整文件的对等方叫做种子，提供共享文件初始拷贝的种子叫做初始种子。

包含在流文件中信息依赖于 BitTorrent 协议的版本，流文件中的声明部分(announce)说明了跟踪器的 URL，信息部分(info)包含了文件名、文件长度、数据块长度、以及每一个数据块的哈希值(用于验证数据块的完整性)。

流文件通常发布在网站上，并且在跟踪器中进行了注册，跟踪器维持一个当前参与的用户列表。在没有跟踪器的纯 P2P 系统中，每一个活动的对等方都是一个跟踪器。Azureus 最先实现了没有跟踪器的 BitTorrent 客户端，提出了分布式哈希表(Distributed Hash Table，DHT)的概念。后来 Mainline 也实现了一种 DHT，但是与 Azureu 的 DHT 不兼容，现在常用的 P2P 系统，例如 μTorrent、rTorrent、BitComet、BitSpirit 等都与 Mainline 的 DHT 是兼容的。

3. 文件下载和共享

用户通过浏览网页找到感兴趣的流文件，在 BitTorrent 客户端打开它，这时就可以找到拥有共享文件资源的对等方，一段一段地下载文件中的数据。

客户端采用了各种机制来优化下载和上传，例如，可以随机地下载一个数据片，这样可以增加数据交换的机会，但这只是在两个对等方拥有不同的数据片时才是可行的。

这种数据交换的效果很大程度上依赖于用户采用什么策略来决定"向谁发送"。客户端通常喜欢采用的策略是"以牙还牙、针锋相对"(tit for tat)，即谁给我上传，我就给谁发送，这样可以鼓励公平交易。但是，严格的策略常常会导致次优的结果，例如，初加入的对等方没有数据与别人交换，因而不能接收任何数据；或者由于两个建立了有效连接的对等方都处于初始交换阶段，所以也无法交换数据。为了应付这类问题，BitTorrent 客户端程序采用了一种叫做"解除窒息"的机制，即客户端保留一部分带宽随时向一个随机的对等方发送数据，以此来发现真正的对等方，并使其加入到传送的人群中来。

4. Kademlia 算法

第一代 P2P 网络(例如 Napster)依赖于中心跟踪器来实现共享资源的查找，这种方法没有摆脱 C/S 模式中单点失效的缺陷。第二代 P2P 网络(例如 Gnutella)采用了泛洪搜索法，用户把自己的数据请求泛洪发送到整个网络中，从而尽可能多地发现拥有共享数据的对等方，这种方法的缺点是泛洪传播会产生大量的通信流，从而造成了网络带宽的浪费。

　　第三代 P2P 网络使用了分布式哈希表来查找网络中的共享文件，我们把这种网络称为结构化的 P2P 网络，而把以前的 P2P 网络称为非结构化的 P2P 网络。结构化的 P2P 网络采用了一个全局有效而又分散存储的路由表，可以保证任何结点的搜索请求都能被路由到拥有期望内容的对等方，即使在内容极端稀少的情况下也是如此。

　　已经提出了多种分布式哈希表的解决方案，比较典型的有 CAN、CHORD、Tapestry、Pastry、Kademlia 和 Viceroy 等，而 Kademlia 协议则是其中最为简洁实用的一种，当前主流的 P2P 软件大多采用它作为辅助检索协议，如 eMule、BitComet、BitSpirit 和 Azureus 等。

　　Kademlia 是纽约大学的 Petar. Maymounkov 和 David Mazieres 在 2002 年发表的分布式哈希表算法，运行 Kademlia 协议的网络称为 Kad 网络。在这种网络中，每个结点都有一个随机生成的 160 比特的标识符(ID)，两个结点 x 和 y 之间的距离 d 定义为它们的 ID 按位异或(XOR)的结果：

　　　　$d(x,y) = x \oplus y$

这样定义的距离满足欧几里德距离的属性：

　　　　$d(x, x) = 0$

　　　　$d(x, y) > 0, \quad \text{if } x \neq y$

　　　　$\forall x, y : d(x, y) = d(y, x)$

　　　　$d(x, y) + d(y, z) \geqslant d(x, z)$，因为 $d(x, y) \oplus d(y, z) = d(x, z)$

　　Kad 网络中的所有结点都被当作一颗二叉树的叶子结点，结点 ID 值的最短前缀唯一地确定了结点在树上的位置。每一个结点都维护一颗本地的二叉树，用以表示自己与其他结点的距离，二叉树的生成规则是：

　　(1) 最高层的子树由整颗树中不包含自己的另一半子树组成；

　　(2) 下一层子树由剩下的部分不包含自己的另一半子树组成。

依此类推，直到分割完整颗树。图 7-49 表示 ID 为 0011 的结点构建的子树。

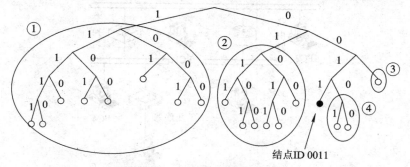

结点 ID 0011

图 7-49　Kad 网络中的树结构

　　Kad 网络中的 DHT 是分散地存储在各个结点中的一张大表，该表的每一项由两部分组成：一部分是某个数据块的哈希值，称为键(Key)；另一部分是拥有该数据块的主机的值(Value)，用一个三元组(IP 地址，UDP 端口，目标结点 ID)表示。每一个结点只存储离自己最近的一些结点的信息，也就是说，每个结点对自己附近的情况非常了解，随着距离的增大，了解的程度逐渐降低。

　　可以证明，在具有 n 个结点的 Kad 网络中查找一个目标结点，需要的最大搜索次数为 O(log(n))。这正是 Kad 网络的效率之所在，也是 Kademlia 算法在各种 P2P 网络中被广泛采用的原因。图 7-50 表示结点 0011 找到结点 1110 的过程，第一步先找到结点 101，第二步找到结点 1101，第三步找到结点 11110，第四步终于找到了结点 1110。这其中，只有第一步查询的结点 101 是结点 0011 已经知道的，其他结点都是上一步查询返回的更接近目标的结点。

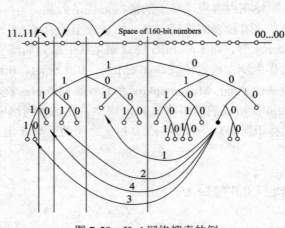

图 7-50　Kad 网络搜索的例

习　题

1. 列出四种用于网络互连的设备，以及它们工作的 OSI 协议层。
2. 为什么中继器不适合于连接 MAC 协议不同的网络？
3. 在什么情况下适合用网桥作为互连设备？什么情况下适合用路由器作为互连设备？
4. 某网络连接如下图所示，主机 PC1 发出一个广播帧，哪个主机无法收到该广播消息？

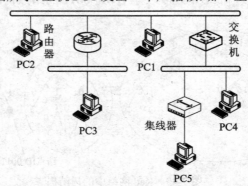

5. 网际互连和网络内部路由是否有关系？为什么？
6. 生成树算法适合于采用路由器的网际互连吗？
7. 一个传输层报文由 1500 bit 数据和 160 bit 的头部组成，这个报文进入网络层时加上了 160 bit 的 IP 头，然后通过两个网络，每个网络层又加上了 24 bit 的头部，如果目标网络的分组长度最大为 800 bit，那么有多少比特(包括头部)被提交给目标站的网络层实体？
8. 如果要把一个 IP 数据报分段，哪些字段要拷贝到每一个段头中，哪些字段只保留在第一个段头中？

9. IP 数据报长度为 1024 字节，当通过一个最大分组长度为 128 字节的 X.25 网时要被分成若干段，那么分成多少段合适？如果考虑 X.25 和 IP 分组的开销而不计低层的开销，则传输的效率是多少？

10. 如果采用 IP 协议进行网络互连，为了解决由于广域网和局域网不匹配引起的问题，应该给中间系统增加什么功能？

11. 假定要用单个站把一个局域网连接到 X.25 广域网上，这个站作为 X.25 网络的 DTE，那么还要在站上增加什么逻辑功能，才能允许局域网中的站访问 X.25 网络？

12. 设有下面四条路由：172.18.129.0/24、172.18.130.0/24、172.18.132.0/24 和 172.18.133.0/24，如果进行路由汇聚，能覆盖这四条路由的地址是什么？

13. 网络 122.21.136.0/24 和 122.21.143.0/24 经过路由汇聚，得到的网络地址是什么？

14. 某用户分配的网络地址块为 192.24.0.0～192.24.7.0，经路由汇聚后的地址是什么？其中可以分配的主机地址有多少？

15. 使用 CIDR 技术把四个 C 类网络 220.117.12.0/24、220.117.13.0/24、220.117.14.0/24 和 220.117.15.0/24 汇聚成一个超网，该超网的地址是什么？

16. 自动专用 IP 地址 APIPA 的地址范围是什么？什么情况下使用 APIPA？

17. BGP 协议的三个主要功能是什么？BGP 是如何实现这些功能的？

18. 内部网关协议 RIP 有什么优点？为什么说 RIP 只适合小型网络？有哪些方法可以克服 RIP 协议产生的路由环路问题？

19. OSPF 协议适用于四种网络，下面的选项中，属于广播多址网络(Broadcast Multi-Access)的是哪个？属于非广播多址网络(None Broadcast Multi-Access)的是哪个？

(1) 以太网；

(2) PPP 网路；

(3) 帧中继网络；

(4) RARP 网络。

20. 在广播网络中，OSPF 协议要选出一个指定路由器(DR)，DR 的作用有哪些？

21. 可以把 DHCP 用户划分为租约期长、中、短和默认路由等不同类别进行管理，那么，对于移动用户、固定用户、远程访问用户、服务器主机等应该分别划分到哪一类？这样做的目的是什么？

22. 把内部的大地址空间映像到外部的小地址空间的动态地址翻译是怎样工作的，这样做有什么好处？

23. IP 组播地址与以太网 MAC 组播地址之间如何映像？这样做会产生什么问题？如何解决？

24. 假设令牌桶的大小为 B 个字节，令牌补充速率为 R 字节/秒，分组到达的最大速率为 M 字节/秒。

(1) 推导出求最大速率时突发长度 S(秒)的公式。

(2) 假设 B = 250 KB，R = 2 Mb/s，M = 25 Mb/s，则 S 的值为多少秒？

25. 如果有多条费用相等的通路可以到达同一目标，则 OSPF 可以平均地向各条通路分发通信量，这种功能叫做负载均衡。对于 TCP 协议，负载均衡会带来什么影响？

第8章

无线通信网

无线通信网包括面向语音通信的移动电话系统和面向数据传输的无线局域网和无线广域网。随着无线通信技术的发展，计算机网络正在由固定通信系统向移动通信系统发展，传统的移动电话网也向语音和数据综合传输的移动通信网转变，二者的融合使得 Internet 变得无所不在、更加便捷和实用。本章概述移动电话网的发展历程，并详细讲述无线局域网的体系结构和实用技术，最后展望了第三代和第四代移动通信网的发展方向。

8.1 移 动 通 信

移动电话是最方便的个人通信工具。从第一代(1G)到第三代(3G)移动通信系统都是针对话音通信设计的，只有未来的 4G 才可能与 Internet 无缝地集成。但是在 2G 和 3G 时代，由于笔记本电脑的迅速普及，通过移动电话网访问 Internet 已经成为许多用户的选择。这一节介绍移动通信系统的基础知识。

8.1.1 蜂窝通信系统

1978 年，美国贝尔实验室开发了先进移动电话系统(Advanced Mobile Phone System，AMPS)，这是第一个真正意义上的具有随时随地通信能力的大容量移动通信系统。AMPS 采用模拟制式的频分双工(Frequency Division Duplex，FDD)技术，用一对频率向一个电话连接分别提供上行和下行信道。AMPS 采用蜂窝技术解决了公用移动通信系统所面临的大容量要求与频谱资源限制的矛盾。到了 20 世纪 80 年代中期，欧洲和日本都建立了自己的移动通信网络，这些系统都被称为第一代蜂窝移动电话系统。

蜂窝网络把一个地理区域划分成若干个称为蜂窝的小区(Cell)，因此移动电话也叫做蜂窝电话(Cellular Phone)。在模拟移动电话系统中，一个话音连接要占用一个单独的频率，如果把通信网络覆盖的地区划分成一个一个的小区，则在不同小区之间就可以实现频率复用。在图 8-1 中，一个基站覆盖的小区用一个字母来代表，在一个小区内可以用一组频率提供一组用户进行通话，相邻小区不能使用相同的通信频率，同一字母(例如 A)代表的小区可以使用同样的通信频率。从图中可以看出，使用同样频率的小区之间有两个频率不同的小区作为分隔，要增加通信频率的复用程度，可以把小区划分得更小，这样一来，有限的频率资源就可以容纳更多的用户通话了。

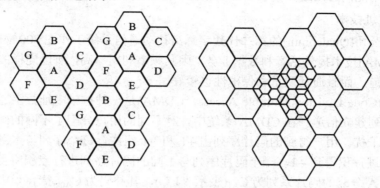

图 8-1 蜂窝通信系统的频率复用

当用户移动到一个小区的边沿时，电话信号的衰减程度提醒相邻的基站进行切换(handoff)操作，正在通话的用户就自动切换到另一个小区的频段继续通话。切换过程是通过移动电话交换局 MTSO 在相邻的两个基站之间进行的，不需要电话用户的干预。

8.1.2 第二代移动通信系统

第二代移动通信系统是数字蜂窝电话，在世界不同的地方采用了不同的数字调制方式。原来的中国移动采用了欧洲电信的 GSM(Global System for Mobile)制式，联通公司则引入了美国高通公司的码分多址(CDMA)系统。

1. 全球移动通信系统 GSM

GSM 系统工作在 900/1800 MHz 频段，无线接口采用 TDMA 技术，提供话音和数据业务。图 8-2 画出了工作在 900 MHz 频段的 GSM 系统的频带利用情况。

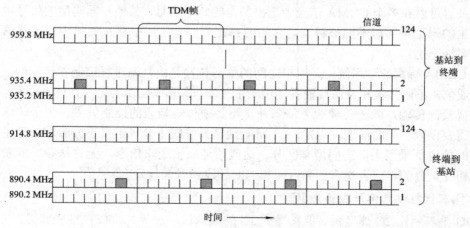

图 8-2 GSM 的 TDMA 系统

图 8-2 中的每一行表示一个带宽为 200 kHz 的单工信道，GSM 系统有 124 对这样的单工信道(上行链路 890～915 MHz，下行链路 935～960 MHz)，每一个信道采用时分多路(TDMA)方式可支持 8 个用户会话，在一个蜂窝小区中同时通话的用户数为 $124 \times 8 = 992$。

为同一用户指定的上行链路与下行链路之间相差 3 个时槽，如图中的阴影部分所示，这是因为终端设备不能同时发送和接收，需要留出一定时间在上下行信道之间进行切换。

2. 码分多址技术

美国高通公司(Qualcomm)的第二代数字蜂窝移动通信系统工作在 800 MHz 频段，采用码分多址(CDMA)技术提供话音和数据业务，因其频率利用率高，所以同样的频率可以提供更多的话音信道，而且通话质量和保密性也较好。

码分多址(Code Division Multiple Access，CDMA)是一种扩频多址数字通信技术，通过独特的代码序列建立信道。在 CDMA 系统中，对不同的用户分配了不同的码片序列，使得彼此不会造成干扰。用户得到的码片序列由 +1 和 −1 组成，每个序列与本身进行点积得到 +1，与补码点进行积得到 −1，一个码片序列与不同的码片序列进行点积将得到 0(正交性)。例如，对用户 A 分配的码片系列为 C_{A1}(表示"1")，其补码为 C_{A0}(表示"0")：

$$C_{A1} = (-1,\ -1,\ -1,\ -1)$$
$$C_{A0} = (+1,\ +1,\ +1,\ +1)$$

对用户 B 分配的码片序列为 C_{B1}(表示"1")，其补码为 C_{B0}(表示"0")：

$$C_{B1} = (+1,\ -1,\ +1,\ -1)$$
$$C_{B0} = (-1,\ +1,\ -1,\ +1)$$

则计算点积如下：

$$C_{A1} \cdot C_{A1} = (-1,\ -1,\ -1,\ -1) \cdot (-1,\ -1,\ -1,\ -1)/4 = +1$$
$$C_{A1} \cdot C_{A0} = (-1,\ -1,\ -1,\ -1) \cdot (+1,\ +1,\ +1,\ +1)/4 = -1$$
$$C_{A1} \cdot C_{B1} = (-1,\ -1,\ -1,\ -1) \cdot (+1,\ -1,\ +1,\ -1)/4 = 0$$
$$C_{A1} \cdot C_{B0} = (-1,\ -1,\ -1,\ -1) \cdot (-1,\ +1,\ -1,\ +1)/4 = 0$$

在码分多址通信系统中，不同用户传输的信号不是用频率或时隙来区分，而是使用不同的码片序列来区分的。如果从频域或时域来观察，多个 CDMA 信号是互相重叠的。接收机用相关器可以在多个 CDMA 信号中选出预定的码型信号，其他不同码型的信号由于和接收机产生的码型不同而不能被解调，它们的存在类似于信道中存在的噪声和干扰信号，通常称为多址干扰。

在 CDMA 蜂窝通信系统中，用户之间的信息传输是由基站进行控制和转发的。为了实现双工通信，正向传输和反向传输各使用一个频率，即所谓的频分双工(FDD)技术。无论正向传输或反向传输，除去传输业务信息外，还必须传输相应的控制信息。为了传送不同的信息，需要设置不同的信道，但是，CDMA 通信系统既不分频道又不分时隙，无论传输何种信息的信道都采用不同的码型来区分。这些信道属于逻辑信道，无论从频域或者时域来看都是相互重叠的，或者说它们都占用相同的频段和时间片。

3. 第二代移动通信升级版 2.5G

2.5G 是表示比 2G 速度快、但又慢于 3G 的通信技术规范。2.5G 系统能够提供 3G 系统中拥有的一些功能，例如分组交换业务，也能共享 2G 时代开发出来的 TDMA 或 CDMA 网络。常见的 2.5G 系统是通用分组无线业务 GPRS (General Packet Radio Service)。GPRS 分组网络重叠在 GSM 网络之上，利用 GSM 网络中未使用的 TDMA 信道，为用户提供中等速度的移动数据业务。

GPRS 是基于分组交换的技术，也就是说多个用户可以共享带宽，每个用户只有在传输数据时才会占用信道，所有的可用带宽可以立即分配给当前发送数据的用户，适合于像 Web 浏览、E-mail 收发和即时消息那样的共享带宽的间歇性数据传输业务。通常，GPRS 系统是按交换的字节数计费，而不是像电路交换系统那样按连接时间计费。GPRS 系统支持 IP 协议和 PPP 协议，理论上的分组交换速度大约是 170 kb/s，而实际速度只有 30～70 kb/s。

对 GPRS 的射频部分进行改进的技术方案称为增强数据速率的 GSM 演进(Enhanced Data rates for GSM Evolution，EDGE)。EDGE 又称为增强型 GPRS(EGPRS)，可以工作在已经部署 GPRS 的网络上，只需要对手机和基站设备做一些简单的升级。EDGE 被认为是 2.75G 技术，采用 8PSK 的调制方式代替了 GSM 使用的高斯最小移位键控(GMSK)调制方式，使得一个码元可以表示 3 bit 信息，理论上说，EDGE 提供的数据速率是 GSM 系统的 3 倍。2003 年 EDGE 被引入北美的 GSM 网络，支持从 20～200 kb/s 的高速数据传输，最大数据速率取决于同时分配到的 TDMA 帧的时隙的多少。

8.1.3　第三代移动通信系统

1985 年，ITU 提出了对第三代移动通信标准的要求，1996 年正式命名为 IMT-2000(International Mobile Telecommunications-2000)，其中的 2000 有三层含义：

(1) 使用的频段在 2000 MHz 附近；

(2) 通信速率约为 2000 kb/s(即 2 Mb/s)；

(3) 预期在 2000 年推广商用。

1999 年 ITU 批准了五个 IMT-2000 的无线电接口，这五个标准是：

(1) IMT-DS(Direct Spread)：即 W-CDMA，属于频分双工模式，在日本和欧洲制定的 UMTS 系统中使用。

(2) IMT-MC(Multi-Carrier)：即 CDMA-2000，属于频分双工模式，是第二代 CDMA 系统的继承者。

(3) IMT-TC(Time-Code)：这一标准是中国提出的 TD-SCDMA，属于时分双工模式。

(4) IMT-SC(Single Carrier)：也称为 EDGE，是一种 2.75G 技术。

(5) IMT-FT(Frequency Time)：也称为 DECT。

2007 年 10 月 19 日，ITU 会议批准移动 WiMAX 作为第 6 个 3G 标准，称为 IMT-2000 OFDMA TDD WMAN，即无线城域网技术。

第三代数字蜂窝通信系统提供第二代蜂窝通信系统提供的所有业务类型，并支持移动多媒体业务。在高速车辆行驶时支持 144 kb/s 的数据速率，步行和慢速移动环境下支持 384 kb/s 的数据速率，室内静止环境下支持 2 Mb/s 的高速数据传输，并保证可靠的服务质量。

在 3G 网络广泛部署的同时，已开始研发第四代(4G)移动通信系统。高速分组接入(High Speed Packet Access，HSPA)是 W-CDMA 第一个向 4G 进化的技术，继 HSPA 之后的高速上行分组接入(High Speed Uplink Packet Access，HSUPA)是一种被称为 3.75G 的技术，在 5 MHz 的载波上数据速率可达 10～15 Mb/s，如采用 MIMO 技术，还可以达到 28 Mb/s。

4G 的传输速率应该到达 100 Mb/s，可以把蓝牙个域网、无线局域网(Wi-Fi)和 3G 技术等结合在一起，组成无缝的通信解决方案。不同的无线通信系统对数据传输速度和移动性的支持各不相同，如图 8-3 所示。

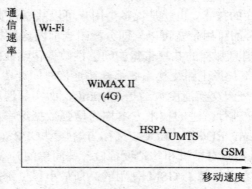

图 8-3　通信速率和移动性

8.2　无线局域网

8.2.1　WLAN 的基本概念

　　无线局域网(Wireless Local Area Networks，WLAN)技术分为两大阵营：IEEE 802.11 标准体系和欧洲邮电委员会(CEPT)制定的 HIPERLAN(High Performance Radio LAN)标准体系。IEEE 802.11 标准是由面向数据的计算机局域网发展而来的，网络采用无连接的协议，目前市场上的大部分产品都是根据这个标准开发的；与之对抗的 HIPERLAN-2 标准是则基于连接的无线局域网，致力于面向语音的蜂窝电话，这个网络标准正在审定之中。

　　IEEE 802.11 标准的制定始于 1987 年，当初是在 802.4 L 小组作为令牌总线的一部分来研究的，其主要目的是用作工厂设备的通信和控制设施。1990 年，IEEE 802.11 小组正式独立出来，专门从事制定 WLAN 的物理层和 MAC 层标准的工作。1997 年颁布的 IEEE 802.11 标准运行在 2.4 GHz 的 ISM(Industrial Scientific and Medical)频段，采用扩频通信技术，支持 1 Mb/s 和 2 Mb/s 数据速率。随后又出现了两个新的标准，1998 年推出的 IEEE 802.11b 标准也是运行在 ISM 频段，采用 CCK(Complementary Code Keying)技术，支持 11 Mb/s 的数据速率；1999 年推出的 IEEE 802.11a 标准运行在 U-NII(Unlicensed National Information Infrastructure)频段，采用 OFDM 调制技术，支持最高达 54 Mb/s 的数据速率。2003 年推出的 IEEE 802.11g 标准运行在 ISM 频段，与 IEEE 802.11b 兼容，数据速率提高到 54 Mb/s。早期的 WLAN 标准主要有四种，如表 8-1 所示。

表 8-1　IEEE 802.11 标准

名称	发布时间	工作频段	调制技术	数据速率
802.11	1997 年	2.4 GHz ISM 频段	DB/SK	1 Mb/s
			DQPSK	2 Mb/s
802.11b	1998 年	2.4 GHz ISM 频段	CCK	5.5 Mb/s，11 Mb/s
802.11a	1999 年	5 GHz U-NII 频段	OFDM	54 Mb/s
802.11g	2003 年	2.4 GHz ISM 频段	OFDM	54 Mb/s

IEEE 802.11 定义了两种无线网络的拓扑结构，一种是基础设施网络(Infrastructure Networking)，另一种是特殊网络(Ad hoc Networking)，见图 8-4。在基础设施网络中，无线终端通过接入点(Access Point，AP)访问骨干网设备，接入点如同一个网桥，它负责在 802.11 和 802.3 MAC 协议之间进行转换。一个接入点覆盖的区域叫做一个基本服务区(Basic Service Area，BSA)，接入点控制的所有终端组成一个基本服务集(Basic Service Set，BSS)。把多个基本服务集互相连接就形成了分布式系统(Distributed System，DS)。DS 支持的所有服务叫做扩展服务集(Extended Service Set，ESS)，它由两个以上 BSS 组成，见图 8-5。

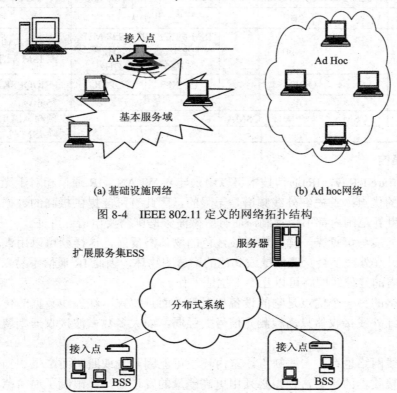

(a) 基础设施网络　　　　　　　　　(b) Ad hoc网络

图 8-4　IEEE 802.11 定义的网络拓扑结构

图 8-5　IEEE 802.11 定义的分布式系统

Ad hoc 网络是一种点对点连接，不需要有线网络和接入点的支持，终端设备之间通过无线网卡可以直接通信。这种拓扑结构适合在移动情况下快速部署网络。802.11 支持单跳的 Ad hoc 网络，当一个无线终端接入时首先寻找来自 AP 或其他终端的信标信号，如果找到了信标，则 AP 或其他终端就宣布新的终端加入了网络；如果没有检测到信标，该终端就自行宣布存在于网络之中。还有一种多跳的 Ad hoc 网络，无线终端用接力的方法与相距很远的终端进行对等通信，下面我们将详细介绍这种技术。

8.2.2　WLAN 通信技术

无线网可以按照使用的通信技术分类。现有的无线网主要使用 3 种通信技术：红外线、扩展频谱和窄带微波技术。表 8-2 对这 3 种技术进行了比较，下面分别讨论这 3 种技术的主要特点。

表 8-2 无线 LAN 传输技术的比较

	红外线		扩展频谱		无线电
	散射红外线	定向红外光束	频率跳动	直接序列	窄带微波
数据速率/Mb/s	1～4	10	1～3	2～20	5～10
移动特性	固定/移动	与 LOS 固定	移动		固定/移动
范围(ft)	50～200	80	100～300	100～800	40～130
可监测性	可忽略		几乎无		有一些
波长/频率	λ: 850～950 nm		ISM 频带：902～928 MHz 2.4～2.4835 GHz 5.725～5.875 GHz		18.825～19.025 GHz 或 ISM 频带
调制技术	OOK		GFSK	QPSK	FSK/QPSK
辐射能量	NA		<1 W		25 mW
访问方法	CSMA	令牌环，CSMA	CSMA		预约 ALOHA，CSMA
需许可证否	否		否		除 ISM 外都要

1. 红外通信

红外线(Infrared Ray，IR)通信技术可以用来建立 WLAN。IR 通信相对于无线电微波通信有一些重要的优点：首先红外线频谱是无限的，因此有可能提供极高的数据速率；其次红外线频谱在世界范围内都不受管制，而有些微波频谱则需要申请许可证。

另外，红外线与可见光一样，可以被浅色的物体漫反射，这样就可以用天花板反射来覆盖整间房间。红外线不会穿透墙壁或其他的不透明物体，因此 IR 通信不易入侵，安装在大楼各个房间内的红外线网络可以互不干扰地工作。

红外线网络的另一个优点是它的设备相对简单而且便宜。红外线数据的传输基本上是用强度调制，红外线接收器只需检测光信号的强弱，而大多数微波接收器则要检测信号的频率或相位。

然而红外线网络也存在一些缺点。室内环境可能因阳光或照明而产生相当强的光线，这将成为红外接收器的噪音，使得必须用更高能量的发送器，并限制了通信范围。很大的传输能量会消耗过多的电能，并对眼睛造成不良影响。

IR 通信分为三种技术，如下所示。

1) 定向红外光束

定向红外光束可以用于点对点链路。在这种通信方式中，传输的范围取决于发射的强度与光束集中的程度。定向光束 IR 链路可以长达几千米，因而可以连接几座大楼的网络，每幢大楼的路由器或网桥在视距范围内通过 IR 收发器互相连接。点对点 IR 链路的室内应用是建立令牌环网，各个 IR 收发器链接形成回路，每个收发器支持一个终端或由集线器连接的一组终端，集线器充当网桥功能。

2) 全方向广播红外线

全向广播网络包含一个基站，典型情况下基站置于天花板上，它看得见 LAN 中的所有终端。基站上的发射器向各个方向广播信号，所有终端的 IR 收发器都用定位光束瞄准天花板上的基站，可以接收基站发出的信号，或向基站发送信号。

3) 漫反射红外线

在这种配置中，所有的发射器都集中瞄准天花板上的一点。红外线射到天花板上后被全方位地漫反射回来，并被房间内所有的接收器接收。

漫反射 WLAN 采用线性编码的基带传输模式。基带脉冲调制技术一般分为脉冲幅度调制(PAM)、脉冲位置调制(PPM)和脉冲宽度调制(PDM)。顾名思义，在这三种调制方式中，信息分别包含在脉冲信号的幅度、位置和持续时间里。由于无线信道受距离的影响导致脉冲幅度变化很大，所以很少使用 PAM，而 PPM 和 PDM 则成为较好的候选技术。

图 8-6 表示 PPM 技术的一种应用。数据 1 和 0 都用 3 个窄脉冲表示，但是 1 被编码在比特的起始位置，而 0 被编码在中间位置。使用窄脉冲有利于减少发送的功率，但是增加了带宽。

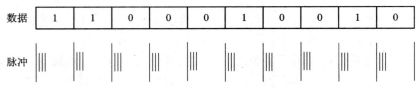

图 8-6　PPM 的应用

IEEE 802.11 规定采用 PPM 技术作为漫反射 IR 介质的物理层标准，使用的波长为 850～950 nm，数据速率分为 1 Mb/s 和 2 Mb/s 两种。在 1 Mb/s 的方案中采用 16 PPM，即脉冲信号占用 16 个位置之一，一个脉冲信号表示 4 比特信息，如图 8-7(a)所示。802.11 标准规定脉冲宽度为 250 ns，则 $16 \times 250 = 4$ μs，可见 4 μs 发送 4 比特，即数据速率为 1 Mb/s。对于 2 Mb/s 的网络，则规定用 4 个位置来表示 2 比特的信息，如图 8-7(b)所示。

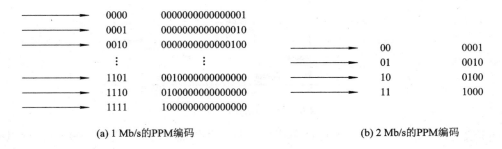

(a) 1 Mb/s的PPM编码　　　　　　　　　　　　　　　　(b) 2 Mb/s的PPM编码

图 8-7　IEEE 802.11 规定的 PPM 调制技术

2．扩展频谱通信

扩展频谱通信技术起源于军事通信网络，其主要想法是将信号散布到更宽的带宽上以减少发生阻塞和干扰的机会。早期的扩频方式是频率跳动扩展频谱(Frequency-Hopping Spread Spectrum，FHSS)，更新的版本是直接序列扩展频谱(Direct Sequence Spread Spectrum，DSSS)，这两种技术在 IEEE 802.11 定义的 WLAN 中都有应用。

图 8-8 表示了各种扩展频谱系统的共同特点。输入数据首先进入信道编码器，产生一个接近某中央频谱的较窄带宽的模拟信号，再用一个伪随机序列对这个信号进行调制。调制的结果是大大拓宽了信号的带宽，即扩展了频谱。在接收端，使用同样的伪随机序列来恢复原来的信号，最后再进入信道解码器来恢复数据。

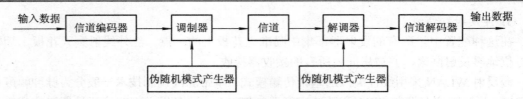

图 8-8　扩展频谱通信系统的模型

伪随机序列由一个使用初值(称为种子 seed)的算法产生。算法是确定的，因此产生的数字序列并不是统计随机的，但如果算法设计得好，得到的序列能够通过各种随机性测试，这就是被叫做伪随机序列的原因。重要的是除非你知道算法与种子，否则预测序列是不可能的，因此只有与发送器共享一个伪随机序列的接收器才能成功地对信号进行解码。

1) 频率跳动扩频

在这种扩频方案中，信号按照看似随机的无线电频谱发送，每一个分组都采用不同的频率传输。在所谓的快跳频系统中，每一跳只传送很短的分组。甚至在军事上使用的快跳频系统中，传输一比特信息要用到很多比特。接收器与发送器同步地跳动，因而可以正确地接收信息。监听的入侵者只能收到一些无法理解的信号，干扰信号也只能破坏一部分传输的信息。图 8-9 是用跳频模式传输分组的例子。10 个分组分别用 f_3、f_4、f_6、f_2、f_1、f_4、f_8、f_9、f_3 等 9 个不同的频点发送。

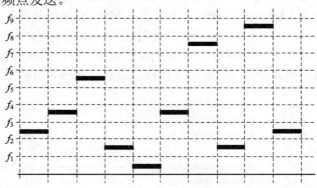

图 8-9　频率跳动信号的例子

在定义无线局域网的 IEEE 802.11 标准中，每一跳的最长时间规定为 400 ms，分组的最大长度为 30 ms。如果一个分组受到窄带干扰的破坏，可以在 400 ms 后的下一跳以不同的频率重新发送。与分组的最大长度相比，400 ms 是一个合理的延迟。802.11 标准还规定，FHSS 使用的频点间隔为 1 MHz，如果一个频点由于信号衰落而传输出错，那么 400 ms 后以不同频率重发的数据将会成功地传送。这就是 FHSS 这种通信方式抗干扰和抗信号衰落的优点。

2) 直接序列扩频

在这种扩频方案中，信号源中的每一比特用称为码片的 N 个比特来传输，这个过程在扩展器中进行。然后把所有的码片用传统的数字调制器发送出去。在接收端，收到的码片解调后被送到一个相关器，自相关函数的尖峰用于检测发送的比特。好的随机码相关函数具有非常高的尖峰/旁瓣比，如图 8-10 所示。数字系统的带宽与其所采用的脉冲信号的持续时间成反比，在 DSSS 系统中，由于发射的码片只占数据比特的 $1/N$，所以 DSSS 信号的带宽是原来数据带宽的 N 倍。

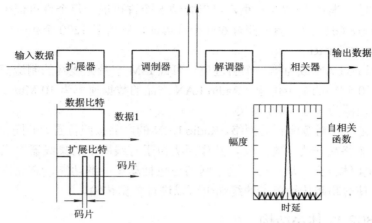

图 8-10 DSSS 的频谱扩展器和自相关检测器

图 8-11 所示的直接序列扩展频谱技术是将信息流和伪随机位流相异或。如果信息是 1，它将把伪随机码置反后传输；如果信息位是 0，伪随机码不变，照原样传输。经过异或的码与原来伪随机码有相同的频谱，所以它比原来的信息流有更宽的带宽。在本例中，每位输入数据被变成 4 位信号位。

输入数据	1	0	1	1	0	1	0	0
伪随机位	1001	0110	1001	0100	1010	1100	1011	0110
传输信号	0110	0110	0110	1011	1010	0011	1011	0110

接收信号	0110	0110	0110	1011	1010	0011	1011	0110
伪随机位	1001	0110	1001	0100	1010	1100	1011	0110
传输数据	1	0	1	1	0	1	0	0

图 8-11 直接序列扩展频谱的例

世界各国都划出一些无线频段，用于工业、科学研究和微波医疗方面。应用这些频段无需许可证，只要低于一定的发射功率(一般为 1 W)即可自由使用。美国有 3 个 ISM 频段(902～928 MHz、2400～2483.5 MHz、5725～5850 MHz)，2.4 GHz 为各国共同的 ISM 频段。频谱越高，潜在的带宽也越大，另外，还要考虑可能出现的干扰。有些设备(例如无绳电话、无线麦克、业余电台等)的工作频率为 900 MHz。还有些设备运行在 2.4 GHz 上，典型的例子就是微波炉，它使用久了会泄露更多的射线。目前看来，在 5.8 GHz 频带上还没有什么竞争，但是频谱越高，设备的价格就越贵。

3．窄带微波通信

窄带微波(Narrowband Microwave)是指使用微波无线电频带(RF)进行数据传输，其带宽刚好能容纳传输信号。以前，所有的窄带微波无线网产品都需要申请许可证，现在已经出现了 ISM 频带内的窄带微波无线网产品。

1) 申请许可证的窄带RF

用于声音、数据和视频传输的微波无线电频率需要通过许可证进行协调，以确保在同一地理区域中的各个系统之间不会相互干扰。在美国，由联邦通信委员会(FCC)来管理许可证。每个地理区域的半径为 17.5 英里，可以容纳 5 个许可证，每个许可证覆盖两个频率。Mototrola 公司在 18 GHz 的范围内拥有 600 个许可证，覆盖了 1200 个频带。

2) 免许可证的窄带RF

1995 年，Radio LAN 成为第一个引进免许可证 ISM 窄带无线网的制造商。这一频谱可以用于低功率(≤0.5 W)的窄带传输。Radio LAN 产品的数据速率为 10 Mb/s，使用 5.8 GHz 频带，有效覆盖范围为 150～300 英尺。

Radio LAN 是一种对等配置的网络。Radio LAN 的产品按照位置、干扰和信号强度等参数自动地选择一个终端作为动态主管，其作用类似于有线网中的集线器。当情况变化时，作为动态主管的实体也会自动改变。这个网络还包括动态中继功能，它允许每个终端像转发器一样工作，使得超越传输范围的终端也可以进行数据传输。

8.2.3　IEEE 802.11 体系结构

802.11WLAN 的协议栈参见图 8-12。MAC 层分为 MAC 子层和 MAC 管理子层。MAC 子层负责访问控制和分组拆装，MAC 管理子层负责 ESS 漫游、电源管理和登记过程中的关联管理。物理层分为物理层会聚协议(Physical Layer Convergence Protocol，PLCP)、物理介质相关(Physical Medium Dependent，PMD)子层和 PHY 管理子层。PLCP 主要进行载波监听和物理层分组的建立，PMD 用于传输信号的调制和编码，而 PHY 管理子层负责选择物理信道和调谐。另外 IEEE 802.11 还定义了站管理功能，用于协调物理层和 MAC 层之间的交互作用。下面分别解释各个子层的功能。

数据链路层	LLC		站管理
	MAC	MAC管理	
物理层PHY	PLCP	PHY管理	
	PMD		

图 8-12　WLAN 协议模型

1. 物理层

IEEE 802.11 定义了三种 PLCP 帧格式来对应三种不同的 PMD 子层通信技术。

(1) FHSS: 对应于 FHSS 通信的 PLCP 帧格式如图 8-13 所示。SYNC 是 0 和 1 的序列，共 80 比特作为同步信号；SFD 的比特模式为 0000110010111101，用作帧的起始符；PLW 代表帧长度，共 12 位，所以帧最大长度可以达到 4096 字节。PSF 是分组信令字段，用来标识不同的数据速率，起始数据速率为 1 Mb/s，以 0.5 的步长递增，PSF = 0000 时代表数据速率为 1 Mb/s，PSF 为其他数值时则在起始速率的基础上增加一定倍数的步长。例如 PSF = 0010，则 $1\ \mathrm{Mb/s} + 0.5\ \mathrm{Mb/s} \times 2 = 2\ \mathrm{Mb/s}$，若 PSF = 1111，则 $1\ \mathrm{Mb/s} + 0.5\ \mathrm{Mb/s} \times 15 = 8.5\ \mathrm{Mb/s}$。16 位的 CRC 是为了保护 PLCP 头部所加的，它能纠正 2 bit 错误。MPDU 代表 MAC 协议数据单元。

SYNC(80)	SFD(16)	PLW(12)	PSF(4)	CRC(16)	MPDU(≤4096字节)

图 8-13　用于 FHSS 方式的 PLCP 帧

在 2.402～2.480 GHz 之间的 ISM 频带中分布着 78 个 1 MHz 的信道，PMD 层可以采用以下 3 种跳频模式之一，每种跳频模式在 26 个频点上跳跃：

(0，3，6，9，12，15，18，…，60，63，66，69，72，75)

(1，4，7，10，13，16，19，…，61，64，67，70，73，76)

(2，5，8，11，14，17，20，…，62，65，68，71，74，77)

具体采用哪一种跳频模式由 PHY 管理子层决定。3 种跳频点可以提供 3 个 BSS 在同一小区中共存。IEEE 802.11 还规定，跳跃速率为 2.5 跳/秒，推荐的发送功率为 100 mW。

(2) DSSS：图 8-14 表示采用 DSSS 通信时的帧格式，与前一种不同的字段解释如下：SFD 字段的比特模式为 1111001110100000；Signal 字段表示数据速率，步长为 100 kb/s，比 FHSS 精确 5 倍，例如 Signal 字段 = 00001010 时，10 × 100 kb/s = 1 Mb/s，Signal 字段 = 00010100 时，20 × 100 kb/s = 2 Mb/s；Service 字段保留未用；Length 字段指 MPDU 的长度，单位为微秒(μs)。

SYNC(128)	SFD(16)	Signal(8)	Service(8)	Length(16)	FCS(8)	MPDU

图 8-14 用于 DSSS 方式的 PLCP 帧

图 8-15 是 IEEE 802.11 采用的直接系列扩频信号，每个数据比特被编码为 11 位的 Barker 码，图中采用的序列为[1，1，1，−1，−1，−1，1，−1，−1，1，−1]。码片速率为 11 Mc/s，占用的带宽为 26 MHz，数据速率为 1 Mb/s 和 2 Mb/s 时分别采用差分二进制相移键控(DB/SK)和差分四相相移键控(DQPSK)，即一个码元分别代表 1 bit 或 2 bit 数据。

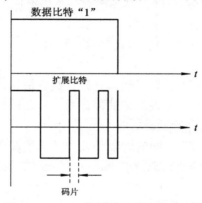

图 8-15 DSSS 的数据比特和扩展比特

ISM 的 2.4 GHz 频段划分成 11 个互相覆盖的信道，其中心频率间隔为 5 MHz，如图 8-16 所示。接入点 AP 可根据干扰信号的分布在 5 个频段中选择一个最有利的频段。推荐的发送功率为 1 mW。

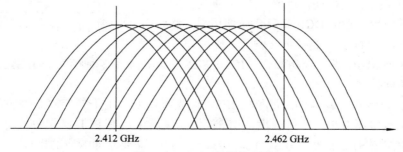

图 8-16 DSSS 的覆盖频段

(3) DFIR：图 8-17 表示采用漫反射红外线(Diffused IR，DFIR)时的 PLCP 帧格式。DFIR

的 SYNC 比 FHSS 和 DSSS 的都短，因为采用光敏二极管检测信号不需要复杂的同步过程。Data rate 字段 = 000，表示 1 Mb/s，Data rate 字段 = 001，表示 2 Mb/s。DCLA 是直流电平调节字段，通过发送 32 个时隙的脉冲序列来确定接收信号的电平。MPDU 的长度不超过 2500 字节。

SYNC(57-73)	SFD(4)	Data rate(3)	DCLA(32)	Length(16)	FCS(16)	MPDU

图 8-17　用于 DFIR 方式的 PLCP 帧

2. MAC 子层

MAC 子层的功能是提供访问控制机制，定义了三种访问控制机制：CSMA/CA 支持竞争访问，RTS/CTS 和点协调功能支持无竞争的访问。

1) CSMA/CA 协议

CSMA/CA 类似于 802.3 的 CSMA/CD 协议，这种访问控制机制叫做载波监听多路访问/冲突避免协议。在无线网中进行冲突检测是有困难的。例如两个站由于距离过大或者中间障碍物的分隔从而检测不到冲突，但是位于它们之间的第三个站可能会检测到冲突，这就是所谓隐蔽终端问题。采用冲突避免的办法可以解决隐蔽终端的问题。802.11 定义了一个帧间隔(Inter Frame Spacing，IFS)时间。另外还有一个后退计数器，它的初始值是随机设置的，递减计数直到 0。基本的操作过程是：

(1) 如果一个站有数据要发送并且监听到信道忙，则产生一个随机数设置自己的后退计数器并坚持监听。

(2) 听到信道空闲后等待 IFS 时间，然后开始计数。最先计数完的站可以开始发送。

(3) 其他站在听到有新的站开始发送后暂停计数，在新的站发送完成后再等待一个 IFS 时间继续计数，直到计数完成开始发送。

分析这个算法发现，两次 IFS 之间的间隔是各个站竞争发送到时间。这个算法对参与竞争的站是公平的，基本上是按先来先服务的顺序获得发送的机会。

2) 分布式协调功能

802.11 MAC 层定义的分布式协调功能(Distributed Coordination Function，DCF)利用了 CSMA/CA 协议，在此基础上又定义了点协调功能(Point Coordination Function，PCF)，参见图 8-18。DCF 是数据传输的基本方式，作用于信道竞争期，PCF 工作于非竞争期。两者总是交替出现，先由 DCF 竞争介质使用权，然后进入非竞争期，由 PCF 控制数据传输。

图 8-18　MAC 层功能模型

为了使各种 MAC 操作互相配合，IEEE 802.11 推荐使用 3 种帧间隔(IFS)，以便提供基于优先级的访问控制：

(1) DIFS(分布式协调 IFS)：最长的 IFS，优先级最低，用于异步帧竞争访问的时延。

(2) PIFS(点协调 IFS)：中等长度的 IFS，优先级居中，在 PCF 操作中使用。

(3) SIFS(短 IFS)：最短的 IFS，优先级最高，用于需要立即响应的操作。

DIFS 用在前面介绍的 CSMA/CA 协议中，只要 MAC 层有数据要发送，就监听信道是否空闲。如果信道空闲，等待 DIFS 时段后开始发送；如果信道忙，就继续监听并采用前面介绍的后退算法等待，直到可以发送为止。

IEEE 802.11 还定义了带有应答帧(ACK)的 CSMA/CA。图 8-19 表示的是 AP 和终端之间使用带有应答帧的 CSMA/CA 进行通信的例子。AP 收到一个数据帧后等待 SIFS 再发送一个应答帧 ACK。由于 SIFS 比 DIFS 小得多，所以其他终端在 AP 的应答帧传送完成后才能开始新的竞争过程。

SIFS 也用在 RTS/CTS 机制中，如图 8-20 所示。源终端先发送一个"请求发送"帧 RTS，其中包含源地址、目标地址和准备发送的数据帧的长度。目标终端收到 RTS 后等待一个 SIFS 时间，然后发送"允许发送"帧 CTS。源终端收到 CTS 后再等待 SIFS 时间，就可以发送数据帧了。目标终端收到数据帧后也等待 SIFS，发回应答。其他终端发现 RTS/CTS 后就设置一个网络分配矢量(Network Allocation Vector，NAV)信号，该信号的存在说明信道忙，所有终端不得争用信道。

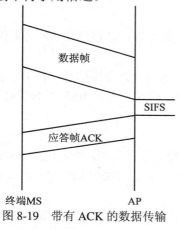

图 8-19　带有 ACK 的数据传输

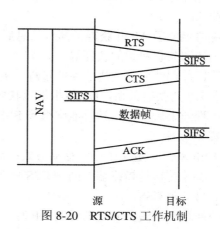

图 8-20　RTS/CTS 工作机制

3) 点协调功能

PCF 是在 DCF 之上实现的一个可选功能。所谓点协调就是由 AP 集中轮询所有终端，为其提供无竞争的服务，这种机制适用于时间敏感的操作。轮询过程中使用 PIFS 作为帧间隔时间。由于 PIFS 比 DIFS 小，所以点协调能够优先 CSMA/CA 获得信道，并把所有的异步帧都推后传送。

在极端情况下，考虑下面的网络配置：对时间敏感的帧都由点协调功能控制发送，其他异步帧都用 CSMA/CA 协议竞争信道。点协调功能可以循环地向所有配置为轮询的终端发送轮询信号，被轮询的终端可以延迟 SIFS 发回响应。点协调功能如果收到响应，就延迟 PIFS 重新轮询。如果在预期的时间内没有收到响应，点协调功能再向下一个终端发出轮询信号。

如果上述规则得以实现，点协调功能就可以用连续轮询的方式排除所有的异步帧。为了防止这种情况的发生，802.11 又定义了一个称为超级帧的时间间隔。在此时段的开始部分，由点协调功能向所有配置成轮询的终端发出轮询。随后在超级帧余下的时间允许异步帧竞争信道。

3. MAC 管理子层

MAC 管理子层的功能是实现登记过程、ESS 漫游、安全管理和电源管理等功能。

WLAN 是开放系统，各站点共享传输介质，而且通信站具有移动性，因此，必须解决信息的同步、漫游、保密和节能问题。

1) 登记过程

信标是一种管理帧，由 AP 定期发送，用于进行时间同步。信标还用来识别 AP 和网络，其中包含基站 ID、时间戳、睡眠模式和电源管理等信息。

为了得到 WLAN 提供的服务，终端在进入 WLAN 区域时，必须进行同步搜索以定位 AP，并获取相关信息。同步方式有主动扫描和被动扫描两种。所谓主动扫描就是终端在预定的各个频道上连续扫描，发射探试请求帧，并等待各个 AP 回答的响应帧；收到各 AP 的响应帧后，工作站将对各个帧中的相关部分进行比较以确定最佳 AP。

终端获得同步的另一种方法是被动扫描。如果终端已在 BSS 区域，那么它可以收到各个 AP 周期性发射的信标帧，因为帧中含有同步信息，所以工作站在对各帧进行比较后，确定最佳 AP。

终端定位了 AP 并获得了同步信息后就开始了认证过程，认证过程包括 AP 对工作站身份的确认和共享密钥的认证等。

认证过程结束后就进入关联过程，关联过程包括：终端和 AP 交换信息，在 DS 中建立终端和 AP 的映射关系，DS 将根据该映射关系来实现相同 BSS 及不同 BSS 间的信息传送。关联过程结束后，工作站就能够得到 BSS 提供的服务了。

2) 移动方式

IEEE 802.11 定义了三种移动方式：无转移方式是指终端是固定的，或者仅在 BSA 内部移动；BSS 转移是指终端在同一 ESS 内部的多个 BSS 之间移动；ESS 转移是指从一个 ESS 移动到另一个 ESS。

当终端开始漫游并逐渐远离 AP 时，它对 AP 的接收信号将变坏，这时终端启动扫描功能重新定位 AP，一旦定位了新的 AP，工作站随即向新 AP 发送重新连接请求，新 AP 将该终端的重新连接请求通知分布系统(DS)，DS 随即更改该工作站与 AP 的映射关系，并通知原来的 AP 不再与该工作站关联。然后，新 AP 向该终端发射重新连接响应。至此，完成漫游过程。如果工作站没有收到重新连接响应，它将重启扫描功能，定位其他 AP，重复上述过程，直到连接上新的 AP。

3) 安全管理

无线传输介质使得所有符合协议要求的无线系统均可在信号覆盖范围内收到传输中的数据包，为了达到和有线网络同等的安全性能，IEEE 802.11 采取了认证和加密措施。

认证程序控制 WLAN 接入的能力，这一过程被所有无线终端用来建立合法的身份标志，如果 AP 和工作站之间无法完成相互认证，那么它们就不能建立有效的连接。IEEE 802.11 协议支持多个不同的认证过程，并且允许对认证方案进行扩充。

IEEE 802.11 提供了有线等效保密(Wired Equivalent Privacy，WEP)技术，又称无线加密协议(Wireless Encryption Protocol)。WEP 包括共享密钥认证和数据加密两个过程，前者使得没有正确密钥的用户无法访问网络，而后者则要求所有数据都必须用密文传输。

认证过程采用了标准的询问/响应方式，AP 运用共享密钥对 128 字节的随机序列进行加密后作为询问帧发给用户，用户将收到的询问帧解密后以明文形式响应；AP 将收到的明文与原始随机序列进行比较，如果两者一致，则认证通过。有关 WLAN 的安全问题，将在下一小节进一步论述。

4) 电源管理

IEEE 802.11 允许空闲站处于睡眠状态，在同步时钟的控制下周期性地唤醒处于睡眠态的空闲站，由 AP 发送的信标帧中的 TIM(业务指示表)指示是否有数据暂存于 AP，若有，则向 AP 发探询帧，并从 AP 接收数据，然后进入睡眠态；若无，则立即进入睡眠态。

8.2.4　移动 Ad Hoc 网络

IEEE 802.11 标准定义的 Ad Hoc 网络是由无线移动结点组成的对等网，无须网络基础设施的支持，能够根据通信环境的变化实现动态重构，提供基于多跳无线连接的分组数据传输服务。在这种网络中，每一个结点既是主机，又是路由器，它们之间相互转发分组，形成一种自组织的 MANET(Mobile Ad Hoc Network)网络，如图 8-21 所示。

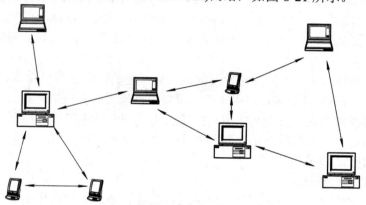

图 8-21　MANET 网络

"Ad Hoc"是拉丁语，具有"即兴，临时"的意思。MANET 网络的部署非常便捷和灵活，因而在战场网络、传感器网络、灾难现场和车辆通信等方面有广泛应用。但是由于无线移动通信的特殊性，这种网络协议的研发具有巨大的挑战性。

与传统的有线网络相比，MANET 有如下特点：

(1) 网络拓扑结构是动态变化的，由于无线终端的频繁移动，可能导致结点之间的相互位置和连接关系难以维持稳定。

(2) 无线信道提供的带宽较小，而信号衰落和噪声干扰的影响却很大。由于各个终端信号覆盖范围的差别，或者地形地物的影响，还可能存在单向信道。

(3) 无线终端携带的电源能量有限，应采用最节能的工作方式，因而要尽量减小网络通信开销，并根据通信距离的变化随时调整发射功率。

(4) 由于无线链路的开放性，容易招致网络窃听、欺骗、拒绝服务等恶意攻击的威胁，所以需要特别的安全防护措施。

无线移动自组织网络中还有一种特殊的现象，这就是隐蔽终端和暴露终端问题。参见图 8-22，如果结点 A 向结点 B 发送数据，则由于结点 C 检测不到 A 发出的载波信号，它若试图发送，就可能干扰结点 B

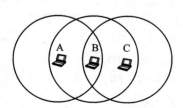

图 8-22　隐蔽终端和暴露终端

的接收。所以对 A 来说，C 是隐蔽终端。另一方面，如果结点 B 要向结点 A 发送数据，它检测到结点 C 正在发送，就可能暂缓发送过程。但实际上 C 发出的载波不会影响 A 的接收，在这种情况下，结点 C 就是暴露终端。这些问题不但会影响数据链路层的工作状态，也会对路由信息的及时交换以及网络重构过程造成不利影响。

　　路由算法是 MANET 网络中重要的组成部分，由于上述特殊性，传统有线网络的路由协议不能直接应用于 MANET。IETF 于 1997 年成立了 MANET 工作组，其主要工作是开发和改进 MANET 路由规范，使其能够支持包含上百个路由器的自组织网络，并在此基础上开发支持其他功能的路由协议，例如支持节能、安全、组播、QoS 和 IPv6 的路由协议。MANET工作组也负责对相关的协议和安全产品进行实际测试。

1. MANET 中的路由协议

　　Ad Hoc 网络是自组织自配置的多跳无线网络，由于结点的移动性，其拓扑结构是动态变化的。与蜂窝通信网不同，Ad Hoc 网络不能利用基站来广播路由信息，目标结点可能移出源结点的覆盖范围，所以必须不断维护到达目标的路径。在 Ad Hoc 网络中，必须考虑非对称链路的存在，设法减少路由开销，还要及时更新路由表，以适应网络拓扑结构的动态变化，这些问题使得 MANET 路由协议的设计要考虑的因素更多更复杂。

　　已经提出了各种 MANET 路由协议，可以根据采用的路由策略和适应的网络结构对其进行分类。根据路由策略可分为表驱动的路由协议和源路由协议；根据网络结构可以划分为扁平的路由协议、分层的路由协议和基于地理信息的路由协议。表驱动路由和源路由都是扁平的路由协议。

1) 扁平的路由协议

　　这一类路由协议的特点是，参与路由过程的各个结点所起的作用都相同。根据设计原理，扁平的路由协议还可进一步划分为先验式(表驱动)路由和反应式(按需分配)路由，前者大部分是基于链路状态算法的，而后者主要是基于距离矢量算法的。

● 先验式/表驱动路由

　　先验式(proactive)路由是表驱动型协议，通过周期地交换路由信息，每个结点可以保存完整的网络拓扑结构图，因而可以主动确定网络布局，当结点需要传输数据时，这种协议可以很快找到路由方向，适合于时间关键的应用。这种协议的缺点是，由于结点的移动性，路由表中的链路信息很快就会过时，链路的生命周期非常短，因而路由开销较大。

　　先验式路由协议适合于结点移动性较小，而数据传输频繁的网络。先验式路由协议的例子有：

　　(1) 优化的链路状态协议(Optimized Link State Routing，OLSR)：该协议对传统的链路状态算法进行了改进，用多点中继机制压缩了链路状态信息的的大小，减少了链路状态信息的传播范围，由于是链路状态协议，所以在稳定状态下不会出现路由环路。

　　(2) 基于反向链路转发的拓扑传播协议(Topology Dissemination Based on Reverse-Path Forwarding，TBRPF)：每个结点根据缓存中的局部拓扑信息，利用改进的 Dijkstra 算法计算出最短路由。TBRPF利用有区别的(differential)HELLO 报文实现邻居发现过程，只报告状态改变了的邻居结点，使得路由信息比一般的 OSPF 协议大为减小。

　　(3) 鱼眼状态路由协议(Fish-eye State Routing，FSR)：这是一种链路状态协议，引入了多级的"范围"(scope)来减少路由更新的开销。离源结点越近(范围小)，交换路由信息的频率越高，离源结点越远(范围大)，交换路由信息的频率越低。

(4) 目标排序的距离矢量协议(Destination-Sequenced Distance Vector，DSDV)：这是由传统的 Bellman-Ford 算法改进的距离矢量路由协议，利用序列号机制解决了路由环路问题，详见下面的分析。

● 反应式/按需分配路由

按需分配的路由协议提供了可伸缩的路由解决方案。其主要思想是，移动结点只是在需要通信时才发送路由请求分组，以此来减少路由开销。大多数按需分配的路由协议都有一个路由发现过程，这时需要把路由发现请求洪泛到整个网络中去，以发现到达目标的最佳路由，所以可能会引起一定的通信延迟。这类路由协议的例子有：

(1) 动态源路由协议(Dynamic Source Routing，DSR)：这种协议包含路由发现和路由维护两种机制。使用源路由排除了出现环路的可能性，同时在路由信息的转发过程中，中间结点可以把路由信息缓存起来，供以后使用。协议操作完全是按需分配的，这样就减少了路由开销。

(2) 临时排序的路由算法(Temporally Ordered Routing Algorithm，TORA)：这个协议利用了反向路由算法，为每一个目标建立一张有向无循环图(Directed Acyclic Graph，DAG)，并且引入了高度的概念，数据分组总是从较高的结点流向较低的结点。TORA 并不强调最短路径的重要性，为了降低路由开销，有时可采用次优路由来传输数据分组。

(3) 按需分配的距离矢量协议(Ad hoc On-Demand Distance Vector，AODV)：这是一种距离矢量协议，利用类似于 DSDV 的序列号机制解决了路由环路问题，但它只是在需要传送信息时才发送路由请求，从而减少了路由开销，详见下面的解释。

2) 分层的路由协议

实际应用中出现了越来越大的 Ad Hoc 网络。有研究显示，在战场网络和灾难现场应用中，通信结点数可能超过100，同时发送的源结点数可能超过 40，源和目标结点之间的跳步数可能超过 10 个。当网络规模扩大时，扁平路由协议产生的路由开销迅速增大，先验式路由会由于周期性交换路链路状态信息而消耗太多的带宽，即使反应式路由，也会由于越来越长的数据通路需要频繁维护而产生过多的控制开销。在这种情况下，采用分层的方案是一种较好的选择。下面四种分层的路由协议，采用不同的解决方案把路由结点划分成各种可管理的层次。

(1) 集群头网关交换路由协议(Clusterhead Gateway Switch Routing Protocol，CGSR)：移动结点聚集成不同的集群(cluster)，每一个集群选举出一个群集头，传送数据的结点只与所在的集群头通信，处于不同集群之间的网关结点负责群集头之间的数据交换。这个协议利用了类似于 DSDV 的距离矢量算法来交换路由信息。

(2) 分层的链路状态协议(Hierarchical State Routing，HSR)：这种层次化的链路状态协议把网络结点组织成一些分层的群，每一群中有三类结点：群首结点、网关结点和群内结点，每一个结点都有一个层次标识(HID)，用于确定分组传送的路径，发送结点沿着层次结构把数据分组向上层传送，直至最后到达目标结点。

(3) 区域路由协议(Zone Routing Protocol，ZRP)：每一个结点属于一个半径为 ρ 的区域(zone)，ρ 是以跳步数计算的，例如 $\rho = 2$，表示跳步数不超过两步的所有结点属于同一区域。

在区域内部使用先验式路由协议 IARP(IntrA-zone Routing Protocol)交换路由信息,在区域之间采用反应式路由协议 IERP(IntEr-zone Routing Protocol)发现新的路由。

(4) 界标路由协议(Landmark Routing Protocol,LANMAR):这个协议把主机划分为不同的逻辑组(group),每一组动态地选举出一个界标,链路状态信息的交换在界标之间进行,这样就减少了路由开销。

3) 地理信息路由协议

如果参照 GPS 或其他固定坐标系统来确定移动结点的地理位置,则可以利用地理坐标信息来设计 Ad Hoc 路由协议,这使得搜索目标结点的过程更加直接和有效。这种协议要求所有结点都必须及时地访问地理坐标系统,在 GPS 技术日益发达的今天,这已经不是很重要的技术障碍了。这种协议的例子有:

(1) 地理寻址路由协议(Geographic Addressing and Routing,GeoCast):这种系统由三种部件构成:地理路由器、地理结点和地理主机。地理路由器(GeoRouters)能够自动检测网络接口的类型,可以手工配置成分层的网络路由,其作用是服务于它所管理的多边形区域,负责把地理报文从发送器传送到接收器。每一个子网中至少要有一个地理结点(GeoNodes),其作用是暂时存储进入的地理信息,并在预订的生命周期内将其组播到所在的子网中。每一个移动结点中都有一个称为地理主机(GeoHosts)的守护进程,其作用是把地理信息的可用性通知所有的客户进程。主机利用这些地理信息进行数据传输。

(2) 距离路由作用算法(Distance Routing Effect Algorithm for Mobility,DREAM):这是一种定向洪泛的路由协议。每个结点根据 GPS 获得自己的地理位置信息,并且可以获得其他结点的地理坐标。当需要发送数据时,源结点按照一定的角度把数据分组洪泛给所有相距一跳的邻近结点,每个中间结点都依此方式转发,直至到达目标结点。

(3) 贪心边界无状态路由协议(Greedy Perimeter Stateless Routing,GPSR):这是一种不需要路由表的无状态协议,GPSR 结点只维护邻近结点的位置信息,结点可以采用两种方式转发分组。所谓的贪心转发方式是指,源结点首先选择一个邻近结点把数据发送出去,然后这一过程中在后续结点中重复进行,直至达到目标结点。另外一种转发方式是边界转发,在不能找到邻近结点时,尽量把数据分组发送到本地区域的边界,以求尽快到达目标。

2. DSDV 协议

DSDV 协议是由 Perkins 和 P. Bhagwat 于 1994 年提出的一种基于 Bellman-Ford 算法的表驱动路由方案,对后来的协议设计有很大影响。DSDV 的路由表如图 8-23 所示,表项中包含的各个字段解释如下:

(1) Destination:目标结点的 IP 地址。

(2) Next Hop:转发地址。

(3) Hops/Metric:度量值通常以跳步计数。

(4) Sequence Number:序列号的形式为"主机名_NNN",每个结点维护自己的序列号,从 000 开始,当结点发送新的路由公告时对其序列号加 2,所以序列号通常是偶数。路由表中的序列号字段是由目标结点发送来的,并且只能由目标结点改变,唯一的例外情况是,本地结点发现一条路由失效时,将目标结点的序列号加 1,使其成为奇数。

(5) Install Time:表示路由表项创建的时间,用于删除过期表项。每一个路由表项都有对应的生存时间，如果在生存时间内未被更新过，则该表项被自动删除。

(6) Stable Data：指向一个包含路由稳定信息的列表，该表由目标地址、最近定制时间 (last setting time)和平均定制时间(average setting time)3 个字段组成。

Destination 目标地址	Next Hop 下一跳地址	Hops/Metric 跳步数	Sequence Number 序列号	Install Time 安装时间	Stable Data 稳定数据

图 8-23　DSDV 路由表项

DSDV 结点周期性地广播路由公告，但是在出现新链路或者老链路断开时立即触发链路公告。链路公告有两种形式：一种是广播全部路由表项，称为完全更新，这种方法需要多个分组来传送路由信息，开销比较大；另一种是只发送最近改变了的路由表项，叫做递增式更新，这种方式可以把路由信息包含在一个分组中发送，产生的开销比较小。

当一个结点接收到邻居结点发送的路由公告时，根据下列规则进行路由更新。对应于某个目标的路由表项，如果收到的序列号比路由表中已有的序列号更大，则更新现有的路由表项；如果收到的序列号和现有的序列号相同，但度量值更小，则也要更新现有的路由表项；否则放弃收到的路由更新公告，维持现有的路由表项不变。

这种机制可以排除路由环路现象。这是因为如果以目标结点为根，建立一颗到达各个源结点的最小生成树，由于序列号是由目标结点改变并发出的，当序列号沿着各个树枝向下传播时，上游结点中的序列号总是不小于当前结点中的序列号，而下游结点中的序列号总是不大于当前结点中的序列号。

DSDV 要解决的另外一个问题是路由波动问题。参见图 8-24，假设结点 A 先收到了从邻居结点 B 发来的路由更新报文<D 5 D_100>，其含义是 B 到达 D 的距离是 5，D 的序列号是 100，则 A 更新了它的路由表项，并且立即发布了路由更新公告。但很快 A 又收到了从邻居结点 C 发来的路由更新报文<D 4 D_100>，其中的序列号相同，但距离更小，所以 A 又要更新路由表项，并且又要发布路由更新公告。当许多结点毫无规律地发布路由更公告时，这种波动现象就会出现，产生了很大的路由开销。

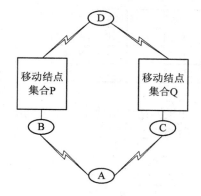

图 8-24　路由波动的例

为了解决这个问题，DSDV 采用平均定制时间 (Average Setting Time，AST)来决定发布路由公告的时间间隔，AST 表示对应目标结点更新路由的平均时间间隔，而最近定制时间(Last Setting Time，LST)则是最近一次更新路由的时间间隔。第 n 次的平均定制时间是最近定制时间与前 $n-1$ 次的平均定制时间的加权平均值，即

$$\text{AST}_n = \frac{2\text{LST} + \text{AST}_{n-1}}{3}$$

显然，越是最近的定制时间对平均定制时间的贡献越大，为了减少路由波动，结点可以等待两倍的 AST_n 时间再发送路由公告。

下面举例说明 DSDV 协议的操作情况。假设有图 8-25 所示的网络，3 个移动结点建立了无线连接，则各个结点的路由表如图 8-25 所示。

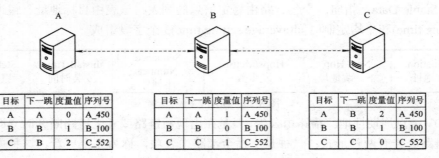

图 8-25　网络拓扑和路由表

如果结点 B 修改了它的序列号，并发送路由公告，则结点 A 和 C 中相应的路由表项就要修改，如图 8-26 所示。

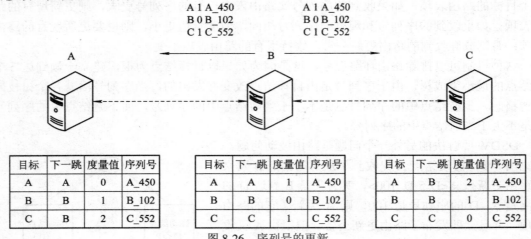

图 8-26　序列号的更新

如果网络中出现了新的移动结点 D，则 D 广播它的序列号，结点 C 就要更新它的路由表，如图 8-27 所示。

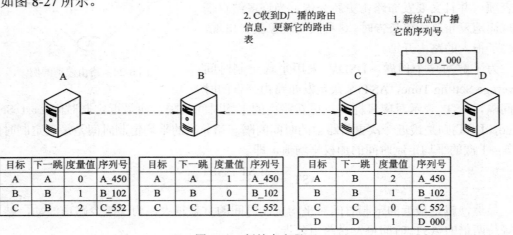

图 8-27　新结点出现

然后，结点 C 发布路由公告，结点 B 都修改了它们的路由表，如图 8-28 所示。

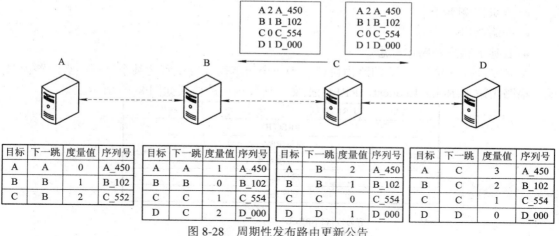

图 8-28　周期性发布路由更新公告

如果结点 D 移出 C 的覆盖范围，则 C 和 D 之间的无线连接就断开了，C 一旦检测到这种情况，则立即触发路由更新过程，如图 8-29 所示。

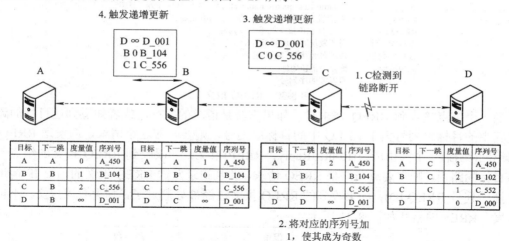

图 8-29　连接断开时触发路由更新

3. AODV 协议

AODV 是一种距离矢量协议，它适合于快速变化的 Ad Hoc 网络环境，用于路由信息交换的处理时间和存储器开销较小。AODV 是一种实用的协议，RFC 3561(2003)定义了 AODV 的协议规范。

AODV 采用了类似于 DSDV 的序列号机制，用以排除一般距离矢量协议可能引起的路由环路问题。AODV 的路由表项由下列字段组成：

- 目标 IP 地址；
- 目标子网掩码；
- 目标序列号；
- 下一跳 IP 地址；
- 路由表项的生命周期；

- 度量值/跳步数；
- 网络接口；
- 其他的状态和路由标志。

AODV 是一种按需分配的路由协议，当一个结点需要发现到达某个目标结点的路由时就广播路由请求(Route Request，RREQ)报文，这种报文的格式如图 8-30 所示。

类型	J	R	G	D	U	保留	跳步数
RREQ ID							
目标IP地址							
目标序列号							
源IP地址							
源序列号							

类型	置为1，表示RREQ
J	Join 标志，用于组播
R	Repair标志，用于组播
G	Gratuitous标志，带有G标志的报文必须转发到目标结点
D	Destination-only标志，只有目标才能响应这种请求
U	Unknown sequence number标志，表明目标序列号未知
跳步数	从原发方到处理该请求的结点的跳步数
RREQ ID	用于标识该报文的唯一序列号
目标IP地址	需要发现路由的目标地址
目标序列号	最近曾经接收到的目标序列号
源IP地址	原发方的IP地址
源序列号	原发方的序列号

图 8-30　RREQ 报文

当一个结点接收到 RREQ 请求时，如果它就是请求的目标，或者知道到达目标的路由并且其中的目标序列号大于 RREQ 中的目标序列号，则要响应这个请求，向发送 RREQ 的结点返回(单播)一个路由应答(Route Reply，RREP)报文；如果收到 RREQ 报文的结点不知道该目标的路由，则它要重新广播 RREQ 请求，并且记录发送 RREQ 报文的结点 IP 地址及其广播序列号(RREQ ID)；如果收到的 RREQ 报文已经被处理过了，则丢弃该报文，不再进行转发。RREP 的格式如图 8-31 所示。

类型	R	A	保留	前缀长度	跳步数
RREQ ID					
目标IP地址					
目标序列号					
源IP地址					
生命周期					

类型	置为2，表示RREP
R	Repair标志，用于组播
A	Ack标志，表明该报文需要确认
前缀长度	如果非0，这5位定义了一个地址前缀的长度
跳步数	从原发方到目标结点的跳步数
目标IP地址	需要发现路由的目标地址
目标序列号	最近接收到的目标序列号
源IP地址	原发方的IP地址
生命周期	以微秒计数的生命周期

图 8-31　RREP 报文

当 RREP 报文中的前缀长度非 0 时，这 5 位定义了一个地址前缀的长度，该地址前缀与目标 IP 地址共同确定了一个子网。作为子网路由器，发送 RREP 报文的结点必须保存有关该子网的全部路由信息，而不仅是单个目标结点的路由信息。如果传送 RREP 报文的链路是不可靠的，或者是单向链路，则 RREP 中 A 标志置 1，这种报文的接收者必须返回一个应答报文 RREP-ACK。

如果监控下一跳链路状态的结点发现链路中断，则设置该路由为无效，并发出路由错误(Route Error，RERR)报文，通知其他结点，这个目标已经不可到达了；收到 RERR 报文的源结点如果还要继续通信，则需重新发现路由。RERR 报文的格式如图 8-32 所示。

类型	N	保留	不可到达的目标数
不可到达的目标IP地址（1）			
不可到达的目标序列号（1）			
另外的不可到达的目标IP地址			
另外的不可到达的目标序列号			

类型　　　置为3，表示RERR
N　　　　非删除标志，通知上游结点不得删除该路由，等待修复

图 8-32　RERR 报文

AODV 协议也适用于组播网络。当一个结点希望加入组播组时，它就发送 J 标志置 1 的 RREQ 请求，其中的目标 IP 地址设置为组地址。接收到这种请求的结点如果是组播树成员，并且保存的目标序列号比 RREQ 中的目标序列号更大，则要回答一个 RREP 分组。在 RREP 返回源结点的过程中，转发该报文的结点要设置它们组播路由表中的指针，当源结点收到 RREP 报文时，它就选取序列号更大并且跳步数更小的路由。在路由发现过程结束后，源结点向其选择的下一跳结点单播一个组播活动(Multicast Activation，MACT)报文，其作用是激活选择的组播路由，没有收到 MACT 报文的结点则删除组播路由指针。如果一个还不是组播树成员的结点收到了 MACT 报文，则也要跟踪 RREP 报告的最佳路由，并且向它的下一跳结点单播 MACT，直到连接到了一个组播树的成员结点为止。

8.2.5　IEEE 802.11 的新进展

无线局域网面临着两个主要问题，一是增强安全性，二是提高数据速率；前者对无线网比有线网更加重要，也更难以解决。近年来在这些方面的研发都有了新的进展，对无线局域网的广泛应用做出了很大贡献。

1. WLAN 的安全

在无线局域网中可以采用下列安全措施。

1) SSID访问控制

在无线局域网中，可以对各个无线接入点(AP)设置不同的 SSID(Service Set Identifier)，用户主机必须具有相同的 SSID 才能访问 AP。可以认为，SSID 是一种简单的口令，可以实现一定程度的访问控制功能。

SSID 是一个字符串，最多由 32 个字符组成。一般的无线路由器都提供"允许 SSID 广播"功能，被广播出去的 SSID 会出现在用户搜索到的可用网络列表中。值得注意的是，同

一厂商生产的无线路由器(或 AP)都使用了相同的 SSID,为了保护自己的网络不被非法接入,应修改成个性化的 SSID 名字。也可以禁用 SSID 广播,这样,无线网络仍然可以使用,但是不会出现在其他人搜索到的可用网络列表中。

2) 物理地址过滤

另外一种访问控制方法是 MAC 地址过滤。每个无线网卡都有唯一的 MAC 地址,可以在无线路由器中维护一组允许访问的 MAC 地址列表,用于实现物理地址过滤功能。这个方案要求无线路由器中的 MAC 地址列表必须经常更新,用户数量多时维护工作量很大;更重要的是,MAC 地址可以伪造,所以这也是级别比较低的认证功能。

3) 有线等效保密(WEP)

有线等效保密(Wired Equivalent Privacy,WEP)是 IEEE 802.11 标准的一部分,其设计目的是提供与有线局域网等价的机密性。WEP 使用 RC4 协议进行加密,并使用 CRC-32 校验保证数据的正确性。

RC4 是一种流加密技术,其加密过程是对同样长度的密钥流与报文进行"异或"运算,从而计算出密文。为了安全,要求密钥流不能重复使用。在 WEP 中使用了每次都不同的初始向量 IV(Initialization Vector)与用户指定的固定字符串来生成变化的密钥流。

最初的 WEP 标准使用 24 bit 的初始向量,加上 40 bit 的字符串,构成 64 bit 的 WEP 密钥。后来美国政府放宽了出口密钥长度的限制,允许使用 104 bit 的字符串,加上 24 bit 的初始向量,构成 128 bit 的 WEP 密钥。通常的情况是,用户指定 26 个十六进制数的字符串($4\times26 = 104$ bit),再加上系统给出的 24 bit IV,就构成了 128 bit 的 WEP 密钥。然而 24 bit 的 IV 并没有长到足以保证不会出现重复,事实上,只要网络足够忙碌,在很短的时间内就会耗尽可用的 IV 而使其出现重复,这样 WEP 密钥也就重复了。

密钥长度还不是 WEP 安全性的主要缺陷,破解较长的密钥当然需要捕获较多的数据包,但是有某些主动式攻击可以激发足够多的流量。WEP 还有其他缺陷,包括 IV 雷同的可能性以及编造的数据包等,对这些攻击采用长一点的密钥根本没有用。

2001 年 8 月,Fluhrer 等发表了针对 WEP 密码的分析文章(Weaknesses in the Key Scheduling Algorithm of RC4),他们利用 RC4 加解密原理和初始向量的特点,在网络上偷听几个小时之后,就可以把 RC4 密钥破解出来。

2003 年 5 月,N Cam-Winget 等分析了 WEP 的安全缺陷,在名为"Security flaws in 802.11 data link protocols"的文章中写出这样的话:"在实际场所实验的结果显示,只要有合适的仪器,就可以在一英里之外或更远的地方偷听由 WEP 保护的网络。"

WEP 虽然有这些漏洞,但也足以阻止非专业人士的窥探了。

4) WPA

Wi-Fi(Wireless Fidelity)是无线通信技术的商标,由 Wi-Fi 联盟(Wi-Fi Alliance)所持有,使用在经过认证的 IEEE 802.11 产品上,其目的是改善基于 IEEE 802.11 标准的网络产品之间的兼容性。

无线网络中的安全问题从暴露到最终解决经历了相当长的时间。这期间,Wi-Fi 联盟的厂商们迫不及待地以 802.11i 草案的一个子集为蓝图制定了称为 WPA(Wi-Fi Protected Access)的安全认证方案,以便在市场上及时推出新的无线网络产品。

在 WPA 的设计中包含了认证、加密和数据完整性校验三个组成部分。首先是 WPA 使用了 802.1x 协议对用户的 MAC 地址进行认证；其次是 WEP 增大了密钥和初始向量的长度，以 128 bit 的密钥和 48 位的初始向量 (IV) 用于 RC4 加密；WPA 还采用了可以动态改变密钥的临时密钥完整性协议 TKIP(Temporary Key Integrity Protocol)，以更频繁地变换密钥来减少安全风险；最后，WPA 强化了数据完整性保护。WEP 使用的循环冗余校验方法具有先天性缺陷，在不知道 WEP 密钥的情况下，要篡改分组和对应的 CRC 也是可能的。WPA 使用报文完整性编码来检测伪造的数据包，并且在报文认证码中包含有帧计数器，还可以防止重放攻击。

在 IEEE 802.11i 标准发布后，Wi-Fi 联盟就按照新的安全标准对无线产品进行认证，并且把这种认证方案称为 WPA2。

5) IEEE 802.11i

2004 年 6 月正式生效的 IEEE 802.11i 标准是对 WEP 的改进，为 WLAN 提供了新的安全技术。IEEE 802.11i 标准包含了以下三方面的安全部件：

(1) 临时密钥完整性协议 TKIP 是一个短期的解决方案，仍然使用 RC4 加密方法，但是弥补了 WEP 的安全缺陷。TKIP 把密钥交换过程中分解出来的组临时密钥 GTK 作为基础密钥，为每个报文生成一个新的加密密钥，通过这种方式改进了数据报文完整性和可信任性。TKIP 可用于老的 802.11 设备，但是需要升级原来的驱动程序。

(2) 重新制定了新的加密协议，称为 CBC-MAC 协议的计时器模式(Counter Mode with CBC-MAC Protocol，CCMP)。这是基于高级加密标准 AES(Advanced Encryption Standard) 的加密方法。AES 是一种对称的块加密技术，使用 128 比特的密钥，提供比 RC4 更强的加密性能，由于 AES 算法要求的计算强度比 RC4 大，所以需要新的硬件支持。有的驱动器采用软件实现 CCMP。

(3) 无论使用 TKIP 或 CCMP 进行加密，身份认证都是必要的。802.1x 是一种基于端口的身份认证协议。当无线工作站与 AP 关联后，是否可以使用 AP 的服务要取决于 802.1x 的认证结果，如果认证通过，则 AP 为无线工作站打开一个逻辑端口。这种认证方案要求无线工作站安装 802.1x 客户端软件，无线访问点要内嵌 802.1x 认证代理，同时它还可以作为 Radius 客户端，将用户认证信息转发给 Radius 服务器。

可扩展的认证协议 EAP(Extensible Authentication Protocol)是一种专门用于认证的传输协议，而不是认证方法本身，或者说 EAP 是一种认证框架，用于支持多种认证方法。EAP 直接运行在数据链路层，例如 PPP 或 IEEE 802 网络，而不需要 IP 支持。一些常用的认证机制简述如下：

(1) EAP-MD5：该认证机制要求传送用户名和口令字，并用 MD5 进行加密，这种方法类似于 PPP 的 CHAP 协议，由于不能抗拒字典攻击，也不能提供相互认证和密钥导出机制，因而在无线网中很少采用。

(2) Lightweight EAP (LEAP)：轻量级 EAP 要求把用户名和口令字发送给 Radius 认证服务器，这是 Cisco 公司的专利协议，被认为不是很安全。

(3) EAP-TLS：该认证机制利用传输层安全协议 TLS 来传送认证报文，用户和服务器都需要 X.509 证书，这种方法可以提供双向认证(RFC2716)。

(4) EAP-TTLS：该认证机制为认证数据建立一个加密的 TLS 隧道，在 TLS 隧道中也可以使用其他认证方法。这是 Funk Software 和 Meetinghouse 开发的认证方案。

(5) Protected EAP(PEAP)：与前一种方法一样，该认证机制也是利用加密的 TLS 隧道来传输认证报文。对于 EAP-TTLS 和 PEAP，用户的数字证书都是任选的，但服务器的数字证书是必要的。这是 Microsoft、Cisco 和 RSA 安全公司开发的认证方案。

此外，802.11i 还提供了一种任选的加密方案 WARP(Wireless Robust Authentication Protocol)。WARP 原来是为 802.11i 制定的基于 AES 的加密协议，但是由于知识产权的纠纷，后来就被 CCMP 代替了。支持 WARP 是任选的，但是支持 CCMP 是强制的。

802.11i 还实现了一种动态密钥交换和管理体制。用户通过认证后从认证服务器得到一个主密钥 MK(Master Key)，然后经过一系列的推导过程，用户与 AP 之间会生成一对组瞬时密钥 GTK(Group Transient Key)，用于组播和广播通信。实际通信过程中的数据加密密钥则是根据每包一密(per-packet key construction)的方案由 GTK 生成的新密钥。

对于小型办公室和家庭应用，可以使用预共享密钥 PSK(Pre-Shared Key)的方案，这样就可以省去 802.1x 认证和密钥交换过程了。256 bit 的 PSK 由给定的口令字生成，用作上述密钥管理体制中的主密钥 MK，整个网络可以共享同一个 PSK，也可以每个用户专用一个 PSK，这样更安全。

2．WLAN 的传输速率

自从 1997 年 IEEE 802.11 标准实施以来，先后有二十几个标准出台，其中 802.11a、802.11b 和 802.11g 采用了不同的通信技术，使得数据传输速率不断提升，但是与有线网络相比，仍然存在一定差距。随着 2009 年 9 月 11 日 IEEE 802.11n 标准的正式发布，这一差距正在缩小，有望使得一些杀手级的应用能够在 WLAN 平台上畅行无阻。

802.11n 可以将 WLAN 的传输速率由目前 802.11a/802.11g 的 54 Mb/s 提高到 300 Mb/s，甚至 600 Mb/s。这个成就主要得益于 MIMO 与 OFDM 技术的结合。应用先进的无线通信技术，不但提高了传输速率，也极大地提升了传输质量。

正交频分复用(Orthogonal Frequency Division Multiplexing，OFDM)是一种多载波调制(Multi Carrier Modulation，MCM)技术。其主要思想是：将信道划分成若干个正交子信道，将高速数据信号转换成并行的低速子数据流，并将各个子数据流交织编码，调制到正交的子信道上进行传输，在接收端采用相关技术可以将正交信号再行分开。这种传输方式减少了子信道之间的相互干扰，使信道均衡变得相对容易。OFDM 具有较高的频谱利用率，并且在抵抗多径效应、频率选择性衰减和窄带干扰上具有明显的优势。

实现 OFDM 技术需要数字处理功能强大的计算设备。20 世纪 80 年代，数字集成电路的迅猛发展使得快速傅立叶变换(FFT)的实现变得相对容易，OFDM 逐步走向了高速数字移动通信领域。今天，OFDM 广泛用于各种数字通信系统中，例如移动无线 FM 信道、数字用户线路系统(xDSL)、数字音频广播(DAB)、数字视频广播(DVB)和 HDTV 地面传播系统，以及无线城域网和第三代移动通信(3G)系统中。

为了进一步提高带宽利用率，802.11n 还引入了多入多出(Multiple Input Multiple Output，MIMO)技术。MIMO 是通过多径无线信道实现的，传输的信息流经过空时编码(Space Time Block Code，STBC)形成 N 个子信息流，由 N 个天线发射出去，经空间信道传输后由 M 个接收天线接收。多天线接收机利用先进的空时编码处理能力对数据流进行分离和解码，从而实现最佳的处理结果。无线 MIMO 系统可以极大地提高频谱利用率，采用 MIMO 技术的 WLAN 在室内环境下的频谱效率可以达到 20~40 b/s/Hz，而使用传统无线通信技术的移动蜂窝系统的频谱效率仅为 1~5 b/s/Hz，即使在点到点的固定微波系统中也只有 10~12 b/s/Hz。应用 MIMO 的 WLAN 也能与已有的 WLAN 标准兼容。

802.11n 采用的智能天线技术还扩大了覆盖范围，通过多组独立天线组成的天线阵列，可以动态调整波束，保证 WLAN 用户能接收到稳定的信号，并减少其他信号的干扰。

802.11n 还采用了一种软件无线电技术。在一个可编程的硬件平台上，不同系统的基站和终端都可以通过不同的软件实现互连互通。这使得 802.11n 不但能实现向前兼容，而且还可以实现 WLAN 与第三代无线广域网(3G)互连互通。

8.3 无线个人网

IEEE 802.15 工作组负责制定无线个人网(Wireless Personal Area Network，WPAN)的技术规范。这是一种小范围的无线通信系统，覆盖半径仅 10 m 左右，可用来代替电脑、手机、PDA、数码相机等智能设备的通信电缆，或者构成无线传感器网络和智能家庭网络等。WPAN 并不是一种与无线局域网(WLAN)竞争的技术，WLAN 可替代有线局域网，而 WPAN 无须基础网络连接的支持，只能提供少量小型设备之间的低速率连接。

IEEE 802.15 工作组划分成四个任务组，分别制定适合不同应用环境的技术标准。802.15.1 采用了蓝牙技术规范，这是最早实现的面向低速率应用的 WPAN 标准，主要开发工作由蓝牙特别兴趣组(SIG)来做，其研究成果由 IEEE LAN/MAN 标准委员会颁布为正式标准。

802.15.2 对蓝牙网络与 802.11b 网络之间的共存提出了建议。这两种网络都采用了免许可证的 2.4 GHz 频段，它们之间会产生通信干扰，要在共享环境中协同工作，必须采用 802.15.2 提出的交替无线介质访问(AWMA)和分组通信仲裁(PTA)方案。

802.15.3 把目标瞄准了低复杂性、低价格、低功耗的消费类电子设备，为其提供至少 20 Mb/s 的高速无线连接。2003 年 8 月批准的 IEEE 802.15.3 采用 64-QAM 调制，数据速率高达 55 Mb/s，适合于短时间内传送大量的多媒体文件。

在人手可及的范围内，多个电子设备可以组成一个无线 Ad Hoc 网络，802.15 把这种网络叫做 piconet，通常翻译为微微网。802.15.3 给出的 piconet 网络模型如图 8-33 所示。这种网络的特点是，各个电子设备(DEV)可以独立地互相通信，其中一个设备可以作为通信控制的协调器 PNC(Piconet Coordinator)，负责网络定时和向 DEV 发放令牌(beacon)，获得令牌的 DEV 才可以发送通信请求。PNC 还具有管理 QoS 需求和调节电源功耗的功能。IEEE 802.15.3 定义了微微网的介质访问控制协议和物理层技术规范，适合于多媒体文件传输的需求。

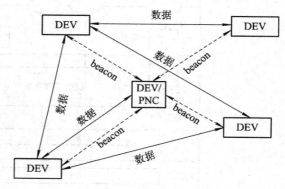

图 8-33 piconet 网络模型

与 802.15.3 相反，802.15.4 则瞄准了速率更低、距离更近的无线个人网。802.15.4 标准适合于固定的、手持的、或移动的电子设备，这些设备的特点是使用电池供电，电池寿命可以长达几年时间，通信速率可以低至 9.6 kb/s，从而实现低成本的无线通信。802.15.4 标准的研发工作主要由 ZigBee 联盟来做。所谓 ZigBee 是指蜜蜂跳的"之"字形舞蹈，蜜蜂用跳舞来传递信息，告诉同伴蜜源的位置。"ZigBee"形象地表达了通过网络结点之间互相传递，将信息从一个结点传输到远处另外一个结点的通信方式。

目前比较实用的是 IEEE 802.15.1 和 802.15.4 两个标准，下面就这两个标准展开讨论。

8.3.1 蓝牙技术

公元 10 世纪时的丹麦国王 Harald Blåtand Gormsson(958～986/987)史称蓝牙王，因为他爱吃蓝草莓，牙齿变成了蓝色。出身海盗家庭的哈拉尔德一世统一了丹麦、挪威和瑞典，建立了强大的维京王国。

1998 年 5 月，爱立信、IBM、Intel、东芝和诺基亚等 5 家公司联合推出了一种近距离无线数据通信技术，其目的被确定为实现不同工业领域之间的协调工作，例如可以实现计算机、无线手机和汽车电话之间的数据传输。行业组织人员用哈拉尔德国王的外号来命名这项新技术，取其"统一"的含义，这样就诞生了"蓝牙"(Bluetooth)这一极具表现力的名字。后来成立的蓝牙技术特别兴趣组织(SIG)负责技术开发和通信协议的制定，2001 年，蓝牙 1.1 版被颁布为 IEEE 802.15.1 标准。同一年，加盟蓝牙 SIG 的成员公司超过 2000 家。

1. 核心系统体系结构

根据 IEEE 802.15.1-2005 版描述的 MAC 和 PHY 技术规范，蓝牙核心系统的体系结构如图 8-34 所示，这个模型与 OSI/RM 的差别比较大。

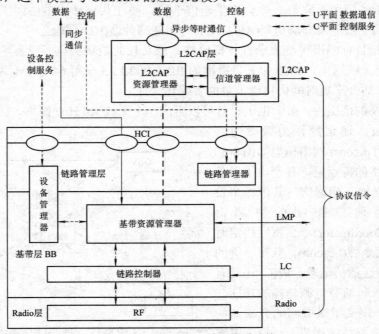

图 8-34　蓝牙核心系统体系结构

最下面的 Radio 层相当于 OSI 的物理层，其中的 RF 模块采用 2.4 GHz 的 ISM 频段实现跳频通信(FHSS)，信号速率为 1 兆波特，数据速率为 1 Mb/s。

在多个设备共享同一物理信道时，各个设备必须由一个公共时钟同步，并调整到同样的跳频模式，提供同步参照点的设备叫做主设备，其他设备则是从设备。以这种方式取得同步的一组设备构成一个微微网，这是蓝牙技术的基本组网模式。

微微网中的设备采用的具体跳频模式是由设备地址字段指明的算法和主设备的时钟共同决定的。基本的跳频模式包含由伪随机序列控制的 79 个频率，通过排除干扰频率的自适应技术可以改进通信效率，并实现与其他 ISM 频段设备的共存。

物理信道被划分为时槽，数据被包装成分组，每个分组占用一个时槽，如果情况允许的话，一系列连续的时槽可以分配给单个分组使用。一对收发设备之间可以用时分多路(TTD)方式实现全双工通信。

物理信道之上是各种链路和信道层及其有关的协议。以物理信道为基础，向上依次形成的信道层次为：物理信道、物理链路、逻辑传输、逻辑链路和 L2CAP(Logical Link Control and Adaptation Protocol)信道，如图 8-35 所示。

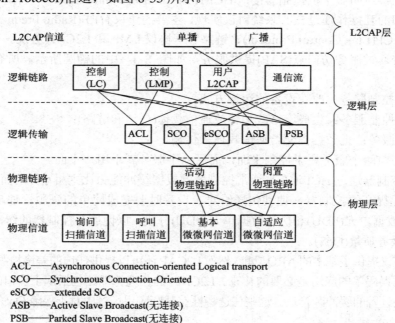

ACL——Asynchronous Connection-oriented Logical transport
SCO——Synchronous Connection-Oriented
eSCO——extended SCO
ASB——Active Slave Broadcast(无连接)
PSB——Parked Slave Broadcast(无连接)

图 8-35　传输体系结构实体及其层次

在物理信道的基础上，两个设备之间可以形成一条物理链路。但是微微网的通信模式规定，只能在一个从设备和主设备之间生成物理链路，两个从设备之间不能形成物理链路。

一条物理链路可以支持多条逻辑链路，只有逻辑链路才可以进行单播同步通信、异步等时通信，或者广播通信。多条逻辑链路上的通信流可以多路复用到一条物理链路上，这是由资源管理功能进行调度的。

不同的逻辑链路用于支持不同的应用需求。逻辑链路的特性由与其相关联的逻辑传输决定，换言之，所谓逻辑传输实际上是逻辑链路传输特性的形式表现。不同的逻辑传输在流量控制、应答和重传机制、序列号编码，以及调度行为等方面有所区别。

　　逻辑传输是通过处于活动状态的物理链路来实现的，而不同的逻辑传输能够支持不同类型的逻辑链路。异步面向连接的逻辑传输 ACL 用来传送管理信令，而同步面向连接的逻辑传输 SCO 用于传送 64 kb/s 的 PCM 话音。具有其他特性的逻辑传输用来支持各种单播的和广播的、可靠的和不可靠的、分组的和不分组的数据流。

　　基带层和物理层的控制协议叫做链路管理协议 LMP(Link Manager Protocol)，链路管理功能利用 LMP 来控制设备的运行，并提供底层设施(PHY 和 BB)的管理服务。LMP 通过逻辑链路传输。每个处于活动状态的设备都具有一个默认的 ACL 用于支持 LMP 信令的传送，默认的 ACL 是当设备加入微微网时随即产生的，需要时可以动态生成一条逻辑传输来传送同步数据流。

　　逻辑链路控制和自适应协议 L2CAP 是对应用和服务的基于信道的抽象。L2CAP 对应用数据进行分段和重装配，并实现共享逻辑链路的复用。提交给 L2CAP 的应用数据可以在任何支持 L2CAP 的逻辑链路上传输。

　　核心系统只包含四个低层功能及其有关的协议。最下面的三层通常被组合成一个子系统，构成了蓝牙控制器，而上面的 L2CAP 以及更高层的服务都运行在主机中。蓝牙控制器与高层之间的接口叫做主机控制器接口 HCI(Host Controller Interface)。

　　设备之间的互操作通过核心系统协议实现，主要的协议有 RF(Radio Frequency)协议、链路控制协议 LCP(Link Control Protocol)、链路管理协议 LMP 和 L2CAP 协议。

　　核心系统通过服务访问点(SAP)提供服务，如图 8-34 中的椭圆所示。所有的服务分为三类：

　　(1) 设备控制服务：改变设备的运行方式；

　　(2) 传输控制服务：生成、修改和释放通信载体(信道和链路)；

　　(3) 数据服务：把数据提交给通信载体来传输。

　　通常认为前两个服务属于控制平面，而后一个服务属于用户平面。

　　主机和控制器通过 HCI 通信。通常控制器的数据缓冲能力比主机小，因而 L2CAP 在把协议数据单元提交给控制器，使其传送给对等设备时要完成简单的资源管理功能，包括对 L2CAP 服务数据单元(SDU)和协议数据单元(PDU)分段，以便适合控制器的缓冲区管理，并保证需要的服务质量(QoS)。

　　基带层协议提供了基本的 ARQ 功能，然而 L2CAP 还可以提供任选的差错检测和重传功能，这对于要求低误码率的应用是必要的补充。L2CAP 的任选特性还包括基于窗口的流量控制功能，用于接收设备的缓冲区管理。这些任选特性在某些应用场景中对于保障 QoS 是必须的。

2. 核心功能模块

　　图 8-34 中表示的核心功能模块如下：

　　(1) 信道管理器：负责生成、管理和释放用于传输应用数据流的 L2CAP 信道。信道管理器利用 L2CAP 协议与远方的对等设备交互作用，生成 L2CAP 信道，并将其端点连接到适当的实体。信道管理器还与本地的 LM 交互作用，必要时生成新的逻辑链路，并配置这些逻辑链路以提供需要的 QoS 服务。

　　(2) L2CAP 资源管理器：把 L2CAP 协议数据单元分段，并按照一定的顺序提交给基带层，而且还要进行信道调度，以保证承诺一定 QoS 的 L2CAP 信道不会被物理信道(由于资源耗尽)所拒绝。这个功能是必要的，因为体系结构模型并不保证控制器具有无限的缓冲区，也不保证HCI管道具有无限的带宽。L2CAP资源管理器的另一个功能是实现通信策略控制，避免与邻居的 QoS 设置发生冲突。

(3) 设备管理器：负责控制设备的一般行为。这些功能与数据传输无关，例如发现临近的设备是否出现，以便连接到其他设备，或者控制本地设备的状态，使其可以与其他的设备建立连接。设备管理器可以向本地的基带资源管理器请求传输介质，以便实现自己的功能。设备管理器也要根据 HCI 命令控制本地设备的行为，并管理本地设备的名字，以及设备中存储的链路密钥。

(4) 链路管理器(LM)：负责生成、修改和释放逻辑链路及其相关的逻辑传输，并修改设备之间的物理链路参数。本地 LM 模块通过与远程设备的 LM 进行 LMP 通信来实现自己的功能。LMP 协议可以根据请求生成新的逻辑链路和逻辑传输，并对链路的传输属性进行配置，例如可以实现逻辑传输的加密，调整物理链路的发送强度以便节约能源，改变逻辑路的 QoS 配置等。

(5) 基带资源管理器：负责对物理层的访问。它有两个主要功能，其一是调度功能，即对发出访问请求的各方实体分配物理信道的访问时段；其二是与这些实体协商包含 QoS 承诺的访问合同。访问合同和调度功能涉及的因素很多，包括实现数据交换的各种正常行为，逻辑传输的特性的设置、轮询覆盖范围内的设备、建立连接、设备的可发现可连接状态管理以及在自动跳频模式下获取未经使用的载波等。

在某些情况下，逻辑链路调度的结果可能是改变了目前使用的物理链路，例如在由多个微微网构成的散射网(scatternet)中，使用轮询或呼叫过程扫描可用的物理信道时都可能出现这种情况。当物理信道的时槽错位时，资源管理器要把原来物理信道的时槽与新物理信道的时槽重新对准。

(6) 链路控制器：负责根据数据负载和物理信道、逻辑传输和逻辑链路的参数对分组进行编码和译码。链路控制器还执行 LCP 信令，实现流量控制，以及应答和重传功能。LCP 信令的解释体现了与基带分组相关的逻辑传输特性，这个功能与资源管理器的调度有关。

(7) RF(Radio frequency)：这个模块用于发送和接收物理信道上的数据分组。BB 与 RF 模块之间的控制通路用来控制载波定时和频率选择，RF 模块把物理信道和 BB 上的数据流转换成需要的格式。

3. 数据传输结构

核心系统提供各种标准的传输载体用于传送服务协议和应用数据。图 8-36 中的圆角方框表示核心载体，而应用则画在图的左边。通信类型与核心载体的特性要进行匹配，以便实现最有效率的数据传输。

L2CAP 服务对于异步的(asynchronous)和等时的(isochronous)用户数据提供面向帧的传输；面向连接的 L2CAP 信道用于传输点对点单播数据；无连接的 L2CAP 信道用于广播数据。

L2CAP 信道的 QoS 设置定义了帧传送的限制条件，例如可以说明数据是等时的，因而必须在其有限的生命期内提交；或者指示数据是可靠的，必须无差错地提交。

如果应用不要求按帧提交数据，也许是因为帧结构被包含着数据流内，或者是数据本身是纯流式的，这时不应使用 L2CAP 信道，而是直接使用 BB 逻辑链路来传送。非帧的流式数据使用 SCO 逻辑传输。

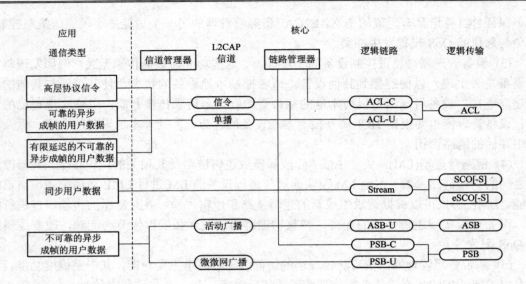

字母C表示承载LMP报文的控制链路
字母U表示承载用户数据的L2CAP链路
字母S表示承载无格式同步或等时数据的流式链路

图 8-36 通信载体

核心系统支持通过SCO(SCO-S)或扩展的SCO(eSCO-S)直接传输等时的和固定比特率的应用数据。这种逻辑链路保留了物理信道的带宽，提供了由微微网时钟锁定的固定速率。数据的分组大小、传输的时间间隔，这些参数都是在信道建立时协商好的。eSCO 链路可以更灵活地选择数据速率，而且通过有限的重传提供了更大的可靠性。

应用从 BB 层选择最适当的逻辑链路类型来传输它的数据流。通常，应用通过成帧的L2CAP 单播信道向远处的对等实体传输 C 平面信息。如果应用数据是可变速率的，则只能把数据组织成帧通过 L2CAP 信道传送。

RF 信道通常是不可靠的。为了克服这个缺陷，系统提供了多种级别的可靠性措施。BB分组头使用了纠错编码，并且配合头检查和来发现残余差错，某些 BB 分组类型对负载也进行纠错编码，还有的 BB 分组类型使用循环冗余校验码来发现错误。

在 ACL 逻辑传输中实现了 ARQ 协议，通过自动请求重发来纠正错误，对于延迟敏感的分组，不能成功发送时立即丢弃。eSCO 链路通过有限次数的重传方案来改进可靠性；L2CAP 提供了附加的差错控制功能，用于检测偶然出现的差错，这对于某些应用是有用的。

8.3.2 ZigBee 技术

ZigBee 是基于 IEEE 802.15.4 开发的一组关于组网、安全和应用软件的技术标准。802.15.4 与 Zigbee 的角色分工如同 802.11 与 Wi-Fi 的关系一样，802.15.4 定义了低速 WPAN的 MAC 和 PHY 标准；ZigBee 联盟对网络层协议、安全标准和应用架构(Profile)进行了标准化，并制定了不同制造商产品之间的互操作性和一致性测试规范。

1. IEEE 802.15.4 标准

802.15.4 定义的低速无线个人网(Low Rate-WPAN)包含两类设备：全功能设备

(Full-Function Device，FFD)和简单功能设备(Reduced-Function Device，RFD)。FFD 有 3 种工作模式，可以作为一般的设备、协调器(coordinator)或 PAN 协调器；而 RFD 功能简单，只能作为设备使用，例如电灯开关、被动式红外传感器等，这些设备不需要发送大量的信息，通常接受某个 FFD 的控制。FFD 可以与 RFD 或其他 FFD 通信，而 RFD 只能与 FFD 通信，RFD 之间不能互相通信。

　　LR-WPAN 网络的拓扑结构如图 8-37 所示。在星型拓扑中，只有在设备和 PAN 协调器之间才能通信，设备之间不能互相通信。当一个 FFD 被激活后，它就开始建立自己的网络，并成为该网络的 PAN 协调器。在无线信号可及的范围内，如果有多个星型网络，则各个星型网络用唯一的标识符互相区分，各自独立地工作，而与其他网络无关。

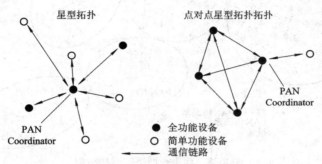

图 8-37　LR-PAN 拓扑结构

　　通常的设备都与某种应用有关，可以作为通信的发起者或接受者，PAN 协调器也可以运行某些应用，但它的主要角色是发起或接受通信，并管理网络路由。PAN 协调器是 PAN 的控制器，其他设备都接受它的控制，PAN 协调器通常是插电工作的，而一般的设备都是用电池供电的。星型网络可用于家庭自动化、PC 机外设管理、玩具和游戏，以及个人健康护理等网络环境。

　　点对点网络与星型网络不同，这种网络中的所有设备之间都可以互相通信，只要互相处于信号覆盖范围之内。点对点拓扑可以构成更复杂网络，工业控制和监控网络、无线传感器网络、库房管理和资产跟踪网络、智能农业网络和安全监控网络等都可以通过点对点拓扑来构建。点对点网络也可以构成自组织、自愈合的 Ad Hoc 网络。如果要构成多跳的路由网络，则需要高层协议的支持。

　　作为一个例子，可以举出用点对点拓扑构建的簇集树(cluster tree)网络。这种网络中的大部分设备都是 FFD，少数 RFD 可以连接到树枝上成为叶子结点。任何一个 FFD 都可以作为协调器来提供网络中的同步和路由服务，然而只有一个协调器是 PAN 协调器。PAN 协调器比其他设备拥有更多的计算资源，它建立了网络中的第一个簇，并把自己的 PAN 标识通过信标帧广播给邻近的设备，如果有两个或多个 FFD 竞争 PAN 协调器，则需要高层协议来对竞争过程进行仲裁。接受信令帧的候选设备可以请求加入 PAN 协调器建立的网络，如果得到 PAN 协调器的许可，则新设备就成为孩子设备，并将其加入的 PAN 协调器作为双亲设备添加到自己的邻居列表中；如果一个设备不能加入 PAN 协调器管理的网络，则它必须继续搜索其他的双亲设备。

　　单个簇是最简单的簇集树，大型网络可能由互相邻接的多个簇构成一个网状结构。网络中的第一个 PAN 协调器可以指导其他设备变成新簇的 PAN 协调器,当其他设备逐渐加入进来时, 网状结构就形成了, 如图 8-38 所示, 图中的线条表示孩子和双亲关系而不是通信流。多簇结构的优点是扩大了覆盖范围,其缺点是增加了通信延迟。

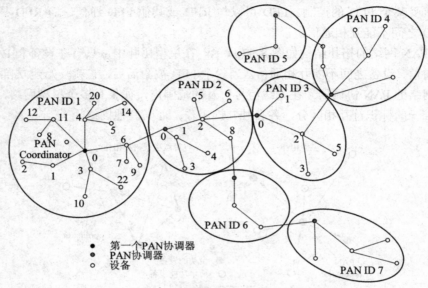

● 第一个PAN协调器
● PAN协调器
○ 设备

图 8-38 簇集树网络的网状结构

802.15.4 的体系结构如图 8-39 所示, 其中的深色部分是 802.15.4 定义的 PHY 和 MAC 规范,浅色部分则归 ZigBee 联盟管理。物理层(PHY) 包含 RF 收发器和底层管理功能,通过物理层管理实体服务访问点(PLME-SAP)和物理数据服务访问点 (PD-SAP)向上层提供服务。802.15.4-2006 标准定义了以下四种物理层。

(1) 868/915 MHz 直接序列扩频(DSSS),二进制相移键控(BPSK)调制,数据速率为 20 kb/s 和 40 kb/s。

(2) 868/915 MHz 直接序列扩频(DSSS),偏置正交相移键控(O-QPSK)调制,数据速率为 100 kb/s 和 250 kb/s。

(3) 868/915 MHz 并行序列扩频(PSSS),二进制相移键控(BPSK)调制和幅度键控(ASK)调制,数据速率为 250 kb/s。

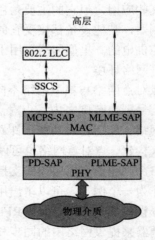

图 8-39 LR-WPAN 体系结构

(4) 2.450 GHz 直接序列扩频(DSSS),偏置正交相移键控(O-QPSK)调制,数据速率为 250 kb/s。

802.15.4-2006 标准中的两个 868/915 MHz 标准(O-QPSK PHY 和 ASK PHY)是该标准中新增加的。

MAC 子层提供 MAC 数据传输服务和 MAC 管理服务,通过 MAC 层管理实体服务访问点(MLME-SAP)和 MAC 公共部分子层服务访问点(MCPS-SAP)向上层提供服务。

MAC 子层提供两种信道访问方式:基于竞争的访问和无竞争的访问。对于低延迟的应用或者要求特别带宽的应用，PAN 协调器要为其分配保障时槽 GTS(Guaranteed Time Slots)，在保障时槽内可以进行无竞争的访问。

　　基于竞争的访问方式应用了 CSMA/CA 后退算法，而且划分为不分槽的和分时槽的两个不同版本。不分槽的 CSMA/CA 协议应用在未启用令牌的网络中，当一个设备要发送数据帧或 MAC 命令时：

　　(1) 等待一段随机时间；

　　(2) 如果信道闲，则随机后退一段时间，然后开始发送，否则转(3)；

　　(3) 如果信道忙，则转(1)。

　　在启用令牌的网络中必须使用 CSMA/CA 协议的分时槽版本，这个算法与前一算法的竞争过程基本一样，区别是后退时间要与令牌控制的时槽对准。当设备要发送数据帧时，首先定位到下一个后退时槽的界限，然后：

　　(1) 等待一段随机数量的时槽；

　　(2) 如果信道闲，则在下一个时槽开始时立即发送，否则转(3)；

　　(3) 如果信道忙，则转(1)。

　　MAC 数据帧和 PHY 分组的结构如图 8-40 所示，其中的各个字段解释如下：

　　● 帧控制：说明帧类型(000 表示令牌帧、001 表示数据帧、010 表示应答帧、011 表示 MAC 命令帧)、是否最后一帧、是否需要应答、地址模式、以及压缩的 PAN 标识等。

　　● 顺序号：数据帧的顺序号用于与应答帧匹配。

　　● 地址：可以使用 16 位的短地址或 64 位的长地址。

　　● 辅助安全头：说明了加密、认证和防止重放攻击的算法，以及 PAN 安全数据库中存放的密钥，该字段为可变长。

　　● FCS：16 位的 CRC 校验码。

　　● 前导序列：用于信号同步，根据调制方式的不同，可采用不同的符号和长度。

　　● 帧起始定界符：指示同步符号的结束和分组数据的开始，根据调制方式的不同，其长度和模式也不同。

　　● 帧长度：说明 PSDU 的总字节数。

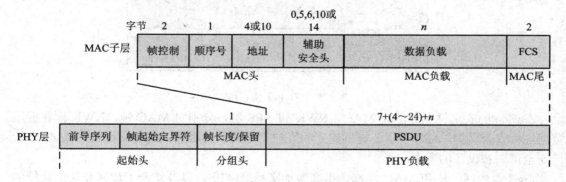

图 8-40　MAC 数据帧和 PHY 分组

2. ZigBee 网络

ZigBee 联盟由 Ember、Emerson、Freescale 等 12 家半导体器件和控制设备制造商发起，加盟的公司有 300 多家，其主要任务是：

(1) 定义 ZigBee 的网络层、安全层和应用层标准。

(2) 提供互操作性和一致性测试规范。

(3) 促进 ZigBee 品牌的全球化市场保证。

(4) 管理 ZigBee 技术的演变。

图 8-41 是 ZigBee 联盟指导委员会定义的 ZigBee 技术规范(2005)，描述了 ZigBee 网络的基础结构和可利用的服务。图 8-41 下面两块是 IEEE 802.15.4 定义的 MAC 和 PHY 标准，上面是 ZigBee 联盟定义的网络层和应用层，其中的应用对象由网络开发商定义，开发商可提供多种应用对象，以满足不同的应用需求。ZigBee 网络层(NWK)提供了建立多跳网络的路由功能。APL 层包含了应用支持子层(APS)和 ZigBee 设备对象(ZDO)，以及各种可能的应用，ZDO 的作用是提供全面的设备管理，而 APS 的功能是对 ZDO 和各种应用提供服务。

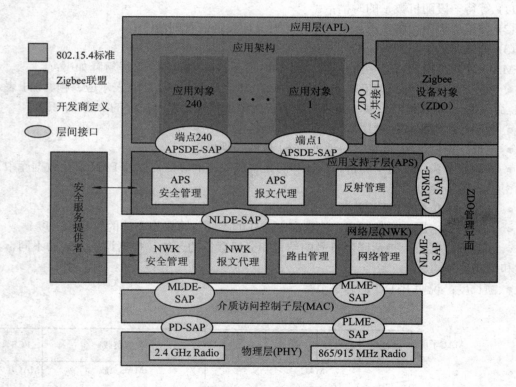

图 8-41 ZigBee 协议栈

ZigBee 的安全机制分散在 MAC、NWK 和 APS 层，分别对 MAC 帧、NWK 帧和应用数据进行安全保护。APS 子层还提供建立和维护安全关系的服务，ZigBee 设备对象 ZDO 管理安全策略和设备的安全配置。

ZigBee 的网络层和 MAC 层都使用高级加密标准 AES，以及结合了加密和认证功能的 CCM*分组加密算法。分组加密也称块加密(block cipher)，其操作方式是将明文按照分组算法划分为 128 比特的区块，对各个区块分别进行加密，整个密文形成一个密码块链。

ZigBee 协调器管理网络的路由功能，其路由表如图 8-42 所示，其中的地址字段采用 16 位的短地址，3 位状态位指示的状态如下：

     0x0   活动

     0x1   正在发现

     0x2   发现失败

     0x3   不活动

     0x4～0x7   保留

目标地址	状态	下一跳地址
...	...	...
...	...	...

图 8-42   路由表

     ZigBee 采用的路由算法是按需分配的距离矢量协议 AODV。当 NWK 数据实体要发送数据分组时，如果路由表中不存在有效的路由表项，则首先要进行路由发现，并对找到的各个路由计算其通路费用。

     假设长度为 L 的通路 P 由一系列设备$[D_1，D_2，\cdots，D_L]$组成，如果用$[D_i，D_{i+1}]$表示两个设备之间的链路，则通路费用可计算如下：

$$C\{P\} = \sum_{i=1}^{L-1} C\{[D_i, D_{i-1}]\}$$

     其中，$C\{[D_i，D_{i+1}]\}$表示链路费用。链路 l 的费用 $C\{l\}$ 用下面的函数计算

$$C\{l\} = \begin{cases} 7, \\ \min\left(7, \text{round}\left(\dfrac{1}{p_l^4}\right)\right) \end{cases}$$

其中，p_l 表示在链路 l 上可进行分组提交的概率。

     可见，链路的费用与链路上可提交分组的概率的 4 次方成反比，一条通路的费用的值位于区间[0，7]中。

8.4   无线城域网

     IEEE 802.16 工作组提出的无线接入系统空中接口标准是一种无线城域网技术。经过十多年的研发和试验，这个标准基本成熟，虽然还有一些问题需要解决，例如频率分配问题、与同类技术的竞争问题等，但是支持该标准的芯片已经开发出来，在北美、日本和东南亚已经建成了一些试验网，许多网络运营商都加入了支持这个标准的行列，所以是一种很有前途的无线宽带联网新技术。

     WiMAX(World Interoperability for Microwave Access)论坛是由 Intel 等芯片制造商于 2001 年发起成立的财团，其任务是对 IEEE 802.16 产品进行一致性认证，促进标准的互操作性，其成员囊括了超过 500 家通信行业的运营商和组件/设备制造商。

     目前已推出的比较成熟的标准有两个，一个是 2004 年颁布的 802.16d，这个标准支持

无线固定接入，也叫做固定 WiMAX；另一个是 2005 年颁布的 802.16e，是在前一标准的基础上增加了对移动性的支持，所以也称为移动 WiMAX。

WiMAX 技术主要有两个应用领域，一个是作为蜂窝网络、Wi-Fi 热点和 Wi-Fi Mesh 的回程链路；另一个是作为最后 1 km 的无线宽带接入链路。回程链路(backhaul)是指从接入网络到达交换中心的连接，例如，用户在网吧用 Wi-Fi 上网时，Wi-Fi 设备必须连接 ISP 端，这中间的连接就是回程链路。发达地区已有的微波或有线(T1/E1)回程链路需要升级，发展中地区随着 WLAN 应用和蜂窝网用户的增长，需要建立新的回程链路，固定 WiMAX 可以提供成本低、远距离、高带宽的回程传输。

在无线宽带接入方面，WiMAX 比 Wi-Fi 的覆盖范围更大，数据速率更高。同时，WiMax 较之 Wi-Fi 具有更好的可扩展性和安全性，从而能够实现电信级的多媒体通信服务。高带宽可以补偿 IP 网络的缺陷，从而使 VoIP 的服务质量大大提高。

移动 WiMAX(802.16e)向下兼容 802.16d，在移动性方面定位的目标速率为车速，可以支持 120 km/h 的移动速率。当移动速度较高时，由于多谱勒频移造成系统性能下降，所以必须在移动速率、带宽和覆盖范围之间进行权衡折中。3G 技术强调地域上的全覆盖和高速的移动性，强调"无所不在"的服务，而 802.16 则牺牲了全覆盖，仅保证在一定区域内实现连续覆盖，从而换取了数据传输速率的提高。

IEEE 802.16 的协议栈模型由物理层和 MAC 层组成，MAC 层又分成了三个子层：面向服务的汇聚子层(Service Specific Convergence Sublayer)、公共部分子层(Common Part Sublayer)和安全子层(Privacy Sublayer)，如图 8-43 所示。

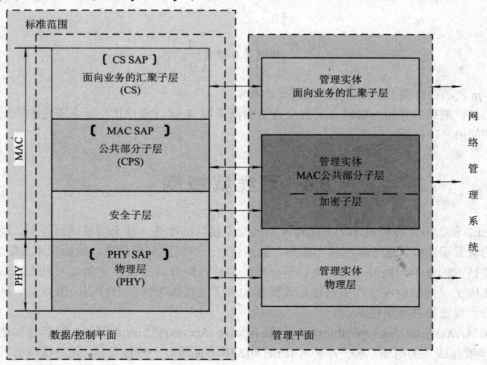

图 8-43　IEEE 802.16 协议栈模型

8.4.1 关键技术

802.16 系统采用两个工作频段。10～66 GHz 频段的工作波长较短，只能进行视距传输，这时可以忽略多径衰减的影响，802.16 规定，在这个频段可以采用单载波调制方式，例如 QPSK 或 16-QAM，甚至还可以支持 64-QAM。

在 2～11 GHz 频段可以进行非视距传输，但必须考虑多径衰减的影响，这时每个子载波的调制方式可以选用 B/SK、QPSK、16-QAM 或 64-QAM。

802.16 采用的多路复用方式 OFDM/OFDMA 被认为是下一代无线通信网的关键技术。OFDM 具有较高的频谱利用率，并且在抵抗多径效应、频率选择性衰减和窄带干扰上具有明显的优势。正交频分多址 OFDMA 是利用 OFDM 的概念实现上行多址接入，每个用户占用不同的子载波，通过子载波将用户分开，OFDMA 的引入是为了支持移动性。

为了进一步提高带宽利用率，802.16 还引入了多入多出技术 MIMO。MIMO 是通过多径无线信道实现的，传输的信息流经过空时编码形成 N 个子信息流，由 N 个天线发射出去，经过空间信道后由 M 个接收天线接收。多天线接收机利用空时编码处理能力对数据流进行分离和解码，从而实现最佳的处理。MIMO 系统可以抵抗多径衰减，OFDM 可以提高频谱利用率，两者适当结合，可以在不增加系统带宽的情况下提供更高的数据传输速率。

802.16 系统以频分双工(FDD)或时分双工(TDD)方式工作。FDD 需要成对的频率，TDD 则不需要，而且可以灵活地实现上下行带宽动态调整。802.16 还规定，终端可以采用频分半双工(H-FDD)方式工作，从而降低了终端收发器的成本。

8.4.2 MAC 子层

802.16MAC 层提供面向连接的服务，各个连接通过唯一的连接标识符(CID)区分，面向业务的汇聚子层将上层业务映射成连接。MAC 层定义了两种 CS 子层：ATM CS 和分组 CS，前者提供对 ATM 的业务支持，后者提供对 IEEE 802.3、IEEE 802.1Q、IPv4 和 IPv6 等基于分组的业务的映射。由于目前通信网络中主要是基于 IP 的分组业务，所以 WiMAX 论坛仅认证与 IP 相关的 IEEE 802.16 设备。

802.16 MAC 层定义了完整的 QoS 机制，针对每个连接可以分别设置不同的 QoS 参数，包括速率、延时等指标。为了更好地控制带宽分配，MAC 层定义了四种不同的业务：

(1) 非请求的带宽分配业务(Unsolicited Grant Service，UGS)：用于传输周期性的、包大小固定的实时数据，其典型应用是 VoIP 电话。这种业务一经申请成功，在传输过程中就不需要再去申请，以排除带宽请求引入的开销。

(2) 实时轮询业务(Real-time Polling Service，rtPS)：用于支持周期性的、包大小可变的实时业务，如 MPEG 视频业务。rtPS 周期性地轮询带宽请求，从而能够周期地改变业务带宽。这种服务引入了请求开销，但可以按需求动态分配带宽。

(3) 非实时轮询业务(Non-Real-time Polling Service，nrtPS)：用于支持非实时可变比特率业务，例如高带宽的 FTP 应用，需要保持最低数据速率。对这种业务提供的轮询间隔更长，或者进行不定期的轮询。

(4) 尽力而为业务(Best Effort Service，BE)：用于支持非实时性、无任何速率和时延要求的分组业务，业务流的稳定性由高层协议保证，典型业务是 Telnet 和 HTTP 服务。这种业务可以随时提出带宽申请，允许使用任何类型的竞争和捎带请求机制，但是不对它们进行轮询请求。

MAC 层还包含安全子层，支持认证、加密等安全功能，可以实现安全管理。

8.4.3　向 4G 迈进

1. 802.16e

802.16d 的 OFDM 调制方式采用 256 个子载波，OFDMA 调制方式采用 2048 个子载波，信号带宽从 1.25～20 MHz 可变。为了支持移动性，802.16e 对物理层进行了改进，使得 OFDMA 可支持 128、512、1024 和 2048 共 4 种不同的子载波数量，但子载波间隔不变，信号带宽与子载波数量成正比，这种技术被称为可扩展的 OFDMA(Scalable OFDMA)。采用这种技术，系统可以在移动环境中灵活适应信道带宽的变化，在采用 20 MHz 带宽、64-QAM 调制的情况下，传输速率可达到 74.81 Mb/s。

802.16e 对 MAC 层的改进是改变了各个功能层之间的消息传输机制，并实现了快速自动请求重传(ARQ)和资源预约功能，以降低信道时延的影响。另外还增加了针对上行链路的功率、频率和时隙的快速调整功能，以适应快速移动的要求。

2. WiMAX II

现在的 IEEE 802.16 标准是一种无线城域网技术，它与其他的无线接入技术的应用领域和服务范围不同。各种无线接入技术互相配合，共同提供了从个域网到广域网的各种无线宽带接入服务，如图 8-44 所示。

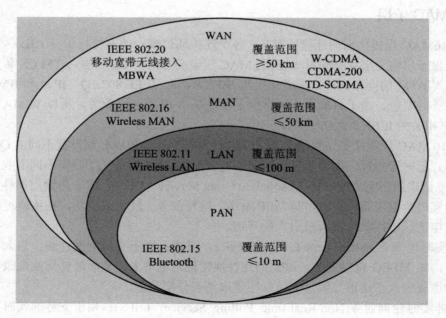

图 8-44　各种无线网的作用范围

WiMAX 的进一步发展是与其他 B3G(Beyond 3G)技术融合，成为 IMT-Advanced 家族的成员之一。ITU-R 对 4G 标准的要求是能够提供基于 IP 的高速声音、数据和流式多媒体服务，支持的数据速率至少是 100 Mb/s，选定的通信技术是正交频分多路接入技术 OFDMA。同时，4G 技术还必须是基于 IP 的分组交换网，而现在所有的 3G 标准都是针对语音通信优化设计的。

候选的 4G 标准有 3 个：即 UMB(Ultramobile Broadband)、LTE(Long Term Evolution)和 WiMAX II (IEEE 802.16m)。超级移动宽带 UMB 是由以高通公司为首的 3GPP2 组织推出的 CDMA-2000 的升级版。UMB 的最高下载速率可达到 288 Mb/s，最高上传速率可达到 75 Mb/s，支持的终端移动速率超过 300 km/h。

长期演进 LTE 是沿着 GSM—W-CDMA—4G 路线发展的技术，是由以欧洲电信为首的 3GPP 组织启动的新技术研发项目。同 UMB 一样，LTE 也采用了 OFDM/OFDMA 作为物理层的核心技术。

2006 年 12 月批准的 802.16m 是向 IMT-Advanced 迈进的研究项目。为了达到 4G 的技术要求，IEEE 802.16m 的下行峰值速率在低速移动、热点覆盖条件下可以达到 1 Gb/s，在高速移动、广域覆盖条件下可以达到 100 Mb/s。为了向前兼容，802.16m 准备对 802.16e 采用的 OFDMA 调制方式进行增补，进一步提高系统吞吐量和传输速率。

UMB、LTE 和移动 WiMAX 虽然各有差别，但是它们的共同之处是都采用 OFDM 和 MIMO 技术来提供更高的频谱利用率。在未来的发展过程中，哪一种技术将会胜出，哪一种技术将会被淘汰，尚很难预料。

我国早已对 WiMAX 进行了可行性测试，也建立了一些试验网，但是在 3G 牌照发放以后，由于频段冲突，而且事关知识产权和民族产业问题，所以后来很少讨论了。

习 题

1. IEEE 802.11 采用了类似于 CSMA/CD 的 CSMA/CA 协议，不采用 CSMA/CD 协议的原因是什么？

2. 码片速率是指每秒钟发送的码片数，简写为 chips/sec 或 c/s，带宽利用率定义为码片速率除以载波带宽，即 chips/sec/Hz。IS-95 标准的载波带宽为 1.25 MHz，支持的码片速率为 1.2288 Mc/s，其带宽利用率是多少？IEEE 802.11 采用 26 MHz 带宽支持 22 Mc/s 的码片速率，它的带宽利用率是多少？

3. 假定 801.11b 网络以 11 Mb/s 的速率连续发送 64 字节长的多个帧，无线信道的误码率为 10^{-7}，则平均每秒钟有多少帧出错？

4. IEEE 802.11 MAC 子层定义了三种访问控制机制：CSMA/CA、RTS/CTS 和点协调功能，它们各自适用于什么类型的应用？如果设想的各种应用同时发生，什么应用优先级最低？什么应用优先级最高？

5. 4 个 802.11 主机的地理位置如下图所示。A 要向 B 发送数据，采用 RTS/CTS 机制，C 和 D 利用网络分配矢量 NAV 来避免冲突。参照下图说明 A 与 B 的通信过程，C 和 D 各在什么时候启动 NAV 周期？NAV 在什么时候结束？

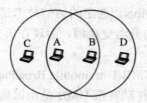

6. IP 网络中的距离矢量路由协议与移动 Ad Hoc 网络中的距离矢量路由协议对待路由环路问题的解决办法有什么区别？

7. 802.11n 采用了哪些先进的无线通信技术来提高传输速率和改进传输质量？

8. 下图是由两个微微网(piconet)构成的散射网(scatternet)，其间通过一个 Slave 桥建立连接。主设备 M 是 piconet 中的协调器，负责管理各自网络中的通信；从设备 S 运行某种应用并接受主设备的控制。主设备可以把一些从设备置于活动状态(Active Status)，而把另一些从设备置于停泊状态(Parked Status)。回答下列问题：

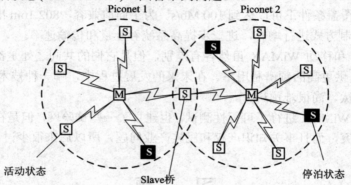

(1) 处于活动状态的从设备和处于停泊状态的从设备有什么区别？

(2) 为什么必须用一个 Slave 桥连接两个网络而不是直接构成一个更大的微微网？

9. IEEE 802.16 定义了四种不同的业务，如果传输未压缩的视频流，应该选择哪种业务？说明如此选择的理由。

10. 无线个人网 WPAN、无线局域网 WLAN、无线城域网 WMAN 和无线广域网 WWAN 各适用什么标准？它们各支持哪些业务？其数据速率、覆盖范围和移动性又有什么区别？

第9章 下一代互联网

美国的下一代互联网(Next Generation Internet，NGI)研究计划有三个目的：开发下一代光纤技术，把现有网络的连接速率提高 100 到 1000 倍；研发高级的网络服务技术，包括 QoS、网络管理新技术和新的网络服务体系结构；演示新的网络应用，例如远程医疗、远程教育、高性能全球通信等。该研究计划于 2002 年宣布基本完成，除了 1000G 的光纤通信没有实现之外。我国的下一代互联网计划 CNGI 从 2003 年开始启动，经过了 5 年研究终于取得了圆满成功，并在 2008 年北京奥运会期间向全世界展示了基于 IPv6 的官方网站 www.beijing2008.cn。本章讲述 NGI 关键技术，以及 IPv4 向 IPv6 的过渡技术，并介绍下一代互联网研究的进展情况。

9.1 IPv6

基于 IPv4 的因特网已运行多年，随着网络应用的普及和扩展，IPv4 协议逐渐暴露出一些缺陷，主要问题有：

(1) 网络地址短缺：IPv4 地址为 32 位，只能提供大约 43 亿个地址，其中 1/3 被美国占用。IPv4 的两级编址方案造成了很多无用的地址"空洞"，地址空间浪费很大。另一方面，随着 TCP/IP 应用的扩大，对网络地址的需求迅速增加，有的主机分别属于多个网络，需要多个 IP 地址，有些非主机设备，例如自动柜员机和有线电视接收机也要求分配 IP 地址。一系列新需求的出现都加剧了 IP 地址的紧缺，虽然采用了诸如 VLSM、CIDR 和 NAT 等辅助技术，但是并没有彻底解决问题。

(2) 路由速度慢：随着网络规模的扩大，路由表越来越庞大，路由处理速度越来越慢。这是因为 IPv4 头部多达 13 个字段，路由器处理的信息量很大，而且大部分处理操作都要用软件实现，这使得路由器已经成为因特网的瓶颈，设法简化路由处理成为提高网络传输速度的关键技术。

(3) 缺乏安全功能：随着互联网的广泛应用，网络安全成为迫切需要解决的问题。IPv4 没有提供安全功能，阻碍了互联网在电子商务等信息敏感领域的应用。近年来在 IPv4 基础上针对不同的应用领域研究出了一些安全成果，例如 IPsec、SLL 等，这些成果需要进一步的整合，以便为各种应用领域提供统一的安全解决方案。

(4) 不支持新的业务模式：IPv4 不支持许多新的业务模式，例如语音、视频等实时信息传输需要 QoS 支持，P2P 应用还需要端到端的 QoS 支持，移动通信需要灵活的接入控制，也需要更多的 IP 地址等。这些新业务的出现对互联网的应用提出了一些难以解决的问题，需要对现行的 IP 协议做出根本性的变革。

针对 IPv4 面临的问题，IETF 在 1992 年 7 月发出通知，征集对下一代 IP 协议(IPng)的建议。在对多个建议筛选的基础上，IETF 于 1995 年 1 月发表了 RFC 1752(The Recommendation of the IP Next Generation Protocol)，阐述了对下一代 IP 的需求，定义了新的协议数据单元，这是 IPv6 研究中的里程碑事件。随后的一些 RFC 文档给出了 IPv6 协议的补充定义，关于 IPv6 各种研究成果都包含在 1998 年 12 月发表的 RFC 2460 文档中。

9.1.1　IPv6 分组格式

IPv6 协议数据单元的格式表示在图 9-1(a)中，整个 IPv6 分组由一个固定头部和若干个扩展头部、以及上层协议的负载组成。扩展头部是任选的，转发路由器只处理与其有关的部分，这样就简化了路由器的转发操作，加速了路由处理的速度。IPv6 的固定头部如图 9-1(b)所示，其中的各个字段解释如下：

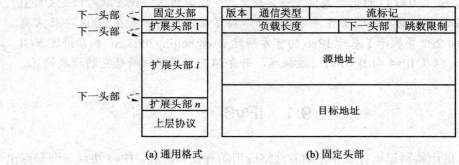

(a) 通用格式　　　　　　(b) 固定头部

图 9-1　IPv6 分组

- 版本(4 bit)：用 0110 指示 IP 第六版。
- 通信类型：(8 bit)：这个字段用于区分不同的 IP 分组，相当于 IPv4 中的服务类型字段，通信类型的详细定义还在研究和实验之中。
- 流标记(20 bit)：原发主机用该字段来标识某些需要特别处理的分组，例如特别的服务质量或者实时数据传输等，流标记的详细定义还在研究和实验之中。
- 负载长度(16 bit)：表示除过 IPv6 固定头部 40 个字节之外的负载长度，扩展头包含在负载长度之中。
- 下一头部(8 bit)：指明下一个头部的类型，可能是 IPv6 的扩展头部，也可能是高层协议的头部。
- 跳数限制(8 bit)：用于检测路由循环，每个转发路由器对这个字段减一，如果变成 0，分组被丢弃。
- 源地址(128 bit)：发送结点的地址。
- 目标地址(128 bit)：接收结点的地址。

IPv6 有 6 种扩展头部，如表 9-1 所示。这 6 种扩展头部都是任选的。扩展头部的作用是保留 IPv4 某些字段的功能，但只是由特定的网络设备来检查处理，而不是每个设备都要处理。

表 9-1　IPv6 的扩展头部

头部名称	解　　释	
逐跳选项(hop-by-hop option)	这些信息由沿途各个路由器处理	特大净负荷 Jumbograms
		路由器警戒 Router Alert
目标选项(Destination option)	选项中的信息由目标结点检查处理	
路由选择(routing)	给出一个路由器地址列表组成，类似于IPv4的松散源路由和路由记录	
分段(Fragmentation)	处理数据报的分段问题	
认证(Authentication)	由接收者进行身份认证	
封装安全负荷(Encrypted security payload)	对分组内容进行加密的有关信息	

　　扩展头部的第一个字节是下一头部(Next Header)选择符(图 9-2(a))，其值指明了下一个头部的类型，例如 60 表示目标选项，43 表示源路由，44 表示分段，51 表示认证，50 表示封装安全负荷，59 表示没有下一个头部了等(http://www.iana.org/assignments/ipv6-parameters)。由于逐跳选项没有指定相应的编码，所以它如果出现的话要放在所有扩展头部的最前面，在 IPv6 头部的"下一头部"字段中用 0 来指示逐跳选项的存在。扩展头部的第二个字节表示头部扩展长度(Hdr Ext Len)，以 8 个字节计数，其值不包含扩展头部的前 8 个字节，也就是说，如果扩展头部只有 8 个字节，则该字段为 0。

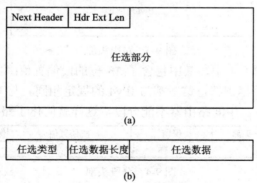

图 9-2　包含任选部分的扩展头部

　　逐跳选项是可变长字段，任选部分(Options)被编码成类型-长度-值(TLV)的形式，参见图 9-2(b)。类型(Type)为 1 字节长，其中前两个比特指示对于不认识的头部如何处理，其编码如下：

　　00：跳过该任选项，继续处理其他头部；

　　01：丢弃分组；

　　10：丢弃分组，并向源结点发送 ICMPv6 参数问题报文；

　　11：处理方法同前，但是对于组播地址不发送 ICMP 报文(防止出错的组播分组引起大量 ICMP 报文)。

　　长度(Length)是 8 位无符号整数，表示任选数据部分包含的字节数。值(Value)是相应类型的任选数据。

　　逐跳选项包含了通路上每个路由器都必须处理的信息，目前只定义了两个选项。"特大净负荷"选项适用于传送大于 64K 的特大分组，以便有效地利用传输介质的容量传送大量的视频数据；"路由器警戒"选项(RFC 2711)用于区分数据报封装的组播监听发现(MLD)报文、资源预约(RSVP)报文以及主动网络(Active Network)报文等，这些协议可以利用这个字段实现特定的功能。

目标选项包含由目标主机处理的信息，例如预留缓冲区等。目标选项的报文格式与逐跳选项相同。

路由选择扩展头的格式如图 9-3 所示，其中的路由类型字段是一个 8 位的标识符，最初只定义了一种类型 0，用于表示松散源路由。未用段表示在分组传送过程中尚未使用的路由段数量，这个字段在分组传送过程中逐渐减少，到达目标端时应为 0。路由类型 0 的分组格式表示在图 9-3 中，在第一个字之后保留一个字，其初始值为 0，到达接收端时被忽略。接下来就是 n 个 IPv6 地址，指示通路中要经过的路由器。

下一头部	扩展头部长度	路由类型＝0	未用段
保留的一个字			
IPv6地址 1			
⋮			
IPv6地址 n			

图 9-3　路由头部

分段扩展头表示在图 9-4 中，其中包含了 13 位的段偏置值(编号)，是否为最后一个分段的标志 M，以及数据报标识符，这些都与 IPv4 的规定相同。与 IPv4 不同是，在 IPv6 中只能由原发结点进行分段，中间路由器不能分段，这样就简化了路由过程中的分段处理。

下一头部	保留	段偏置值	保留	M
标　识　符				

图 9-4　分段头部

认证和封装安全负荷的详细介绍已经超出了本书的范围，读者可参考有关 IPsec 的资料。如果一个 IPv6 分组包含多个扩展头，建议采用下面的封装顺序：

(1) IPv6 头部；

(2) 逐跳选项头；

(3) 目标选项头(IPv6 头部目标地址字段中指明的第一个目标结点要处理的信息，以及路由选择头中列出的后续目标结点要处理的信息)；

(4) 路由选择头；

(5) 分段头；

(6) 认证头；

(7) 封装安全负荷头；

(8) 目标选项头(最后的目标结点要处理的信息)；

(9) 上层协议头部。

9.1.2　IPv6 地址

IPv6 地址扩展到 128 位，2^{128} 足够大，这个地址空间可能永远用不完。事实上，这个数大于阿伏加德罗常数，足够为地球上每个分子分配一个 IP 地址。用一个形象的说法，这样大的地址空间允许整个地球表面上每平方米配置 7×10^{23} 个 IP 地址！

IPv6 地址采用冒号分隔的十六进制数表示，例如下面是一个 IPv6 地址

   8000:0000:0000:0000:0123:4567:89AB:CDEF

为了便于书写，规定了一些简化写法：首先，每个字段前面的 0 可以省去，例如 0123 可以简写为 123；其次一个或多个全 0 字段 0000 可以用一对冒号代替。例如以上地址可简写为

   8000::123:4567:89AB:CDEF

另外，IPv4 地址仍然保留十进制表示法，只需在前面加上一对冒号，就成为 IPv6 地址，称为 IPv4 兼容地址(IPv4 Compatible)，例如

   ::192.168.10.1

1. 格式前缀

IPv6 地址的格式前缀(Format Prefix，FP)用于表示地址类型或子网地址，用类似于 IPv4 CIDR 的方法可表示为 "IPv6 地址/前缀长度" 的形式。例如 60 位的地址前缀 12AB00000000CD3 有下列几种合法的表示形式：

   12AB:0000:0000:CD30:0000:0000:0000:0000/60

   12AB::CD30:0:0:0:0/60

   12AB:0:0:CD30::/60

下面的表示形式是不合法的：

   12AB:0:0:CD3/60　(在 16 比特的字段中可以省掉前面的 0，但不能省掉后面的 0)

   12AB::CD30/60(这种表示可展开为 12AB:0000:0000:0000:0000:0000:0000:CD30)

   12AB::CD3/60(这种表示可展开为 12AB:0000:0000:0000:0000:0000:0000:0CD3)

一般来说，结点地址与其子网前缀组合起来可采用紧缩形式表示，例如结点地址

   12AB:0:0:CD30:123:4567:89AB:CDEF

若其子网号为

   12AB:0:0:CD30::/60

则等价的写法是

   12AB:0:0:CD30:123:4567:89AB:CDEF/60

2. 地址分类

IPv6 地址是一个或一组接口的标识符。IPv6 地址被分配到接口，而不是分配给结点。IPv6 地址有三种类型。

1) 单播(Unicast)地址

单播地址是单个网络接口的标识符。对于有多个接口的结点，其中任何一个单播地址都可以用作该结点的标识符。但是为了满足负载平衡的需要，在 RFC 2373 中规定，只要在实现中多个接口看起来形同一个接口就允许这些接口使用同一地址。IPv6 的单播地址是用一定长度的格式前缀汇聚的地址，类似于 IPv4 中的 CIDR 地址。单播地址中有下列两种特殊地址：

(1) 不确定地址：地址 0:0:0:0:0:0:0:0 称为不确定地址，不能分配给任何结点。不确定

地址可以在初始化主机时使用，在主机未取得地址之前，它发送的 IPv6 分组中的源地址字段可以使用这个地址。这种地址不能用作目标地址，也不能用在 IPv6 路由头中。

(2) 回环地址：地址 0:0:0:0:0:0:0:1 称为回环地址，结点用这种地址向自身发送 IPv6 分组。这种地址不能分配给任何物理接口。

2) 任意播(AnyCast)地址

这种地址表示一组接口(可属于不同结点的)的标识符。发往任意播地址的分组被送给该地址标识的接口之一，通常是路由距离最近的接口。对 IPv6 任意播地址存在下列限制：

(1) 任意播地址不能用作源地址，而只能作为目标地址；

(2) 任意播地址不能指定给 IPv6 主机，只能指定给 IPv6 路由器。

3) 组播(MultiCast)地址

组播地址是一组接口(一般属于不同结点)的标识符，发往组播地址的分组被传送给该地址标识的所有接口。IPv6 中没有广播地址，它的功能已被组播地址所代替。

在 IPv6 地址中，任何全"0"和全"1"字段都是合法的，除非特别排除的之外。特别是前缀可以包含"0"值字段，也可以用"0"作为终结字段。一个接口可以被赋予任何类型的多个地址(单播、任意播、组播)或地址范围。

3. 地址类型初始分配

IPv6 地址的具体类型是由格式前缀来区分的，这些前缀的初始分配如表 9-2 所示。

表 9-2 IPv6 地址的初始分配

分　　配	前缀(二进制)	占地址空间的比例
保留	0000 0000	1/256
未分配	0000 000	11/256
为NSAP地址保留	0000 001	1/128
为IPX地址保留	0000 010	1/128
未分配	0000 011	1/128
未分配	0000 1	1/32
未分配	0001	1/16
可聚合全球单播地址	001	1/8
未分配	010	1/8
未分配	011	1/8
未分配	100	1/8
未分配	101	1/8
未分配	110	1/8
未分配	1110	1/16
未分配	1111 0	1/32
未分配	1111 10	1/64
未分配	1111 110	1/128
未分配	1111 1110 0	1/512
链路本地单播地址	1111 1110 10	1/1024
站点本地单播地址	1111 1110 11	1/1024
组播地址	1111 1111	1/256

地址空间的 15%是初始分配的，其余 85%的地址空间留作将来使用。这种分配方案支持可聚合地址、本地地址和组播地址的直接分配，并保留了 SNAP 和 IPX 的地址空间，其余的地址空间留给将来的扩展或者新的用途。单播地址和组播地址都是由地址的高阶字节值来区分的：FF(1111 1111)标识一个组播地址，其他值则标识一个单播地址，任意播地址取自单播地址空间，与单播地址在语法上无法区分。

4. 单播地址

IPv6 单播地址包括可聚合全球单播地址、链路本地地址、站点本地地址和其他特殊单播地址。

(1) 可聚合全球单播地址：这种地址在全球范围内有效，相当于 IPv4 公用地址。全球地址的设计有助于构架一个基于层次的路由基础设施，可聚合全球单播地址结构如图 9-5 所示。

001	13	8	24	16	64
	TLA	保留	NLA	SLA	接口ID

图 9-5　可聚合全球单播地址

可聚合全球单播地址格式前缀为 001，随后的顶级聚合体 TLA(Top Level Aggregator)、下级聚合体 NLA(Next Level Aggregator)以及站点级聚合体 SLA(Site Level Aggregator)构成了自顶向下的 3 级路由层次结构(见图 9-6)。TLA 是远程服务供应商的骨干网接入点，TLA 向地区互联网注册机构 RIR(ARIN、RIPE NCC、APNIC 等)申请 IPv6 地址块，TLA 之下就是商业地址分配范围。NLA 是一般的 ISP，它们把从 TLA 申请的地址分配给 SLA，各个站点级聚合体再为机构用户或个人用户分配地址。分层结构的最底层是主机接口，通常是在主机的 48 位 MAC 地址前面填充 0xFFFE 构成的接口 ID。

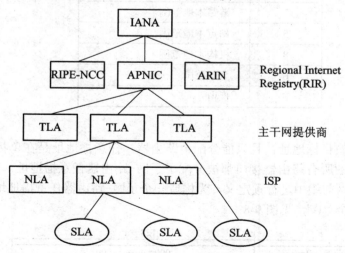

ARIN：American Registry for Internet Numbers；
RIPE－NCC：Réseau IP Européens - Network Coordination Centre in Europe；
APNIC：Asia Pacific Network Information Centre

图 9-6　可聚合全球单播地址层次结构

(2) 本地单播地址：这种地址的有效范围仅限于本地，又分为两类：

链路本地地址：其格式前缀为 1111 1110 10，用于同一链路的相邻结点间的通信。链路本地地址相当于 IPv4 中的自动专用 IP 地址(APIPA)，可用于邻居发现，并且总是自动配置的，包含链路本地地址的分组不会被路由器转发。

站点本地地址：其格式前缀为 1111 1110 11，相当于 IPv4 中的私网地址。如果企业内部网没有连接到 Internet 上， 则可以使用这种地址。站点本地地址不能被其他站点访问，包含这种地址的分组也不会被路由器转发到站点之外。

5. 组播地址

IPv6 组播可以将数据报传输给组内所有成员。IPv6 组播地址格式前缀为 1111 1111，此外还包括标志(Flags)、范围和组 ID 等字段，如图 9-7 所示。

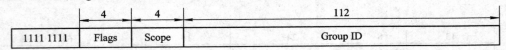

1111 1111	Flags	Scope	Group ID
	4	4	112

图 9-7　IPv6 组播地址

Flags 可表示为 000T，T = 0 表示被 IANA 永久分配的组播地址；T = 1 表示临时的组播地址。Scope 是组播范围字段，表 9-3 列出了在 RFC 2373 中定义的 Scope 的值。Group ID 标识了一个给定范围内的组播组，永久分配的组播组 ID 与范围字段无关，临时分配的组播组 ID 在特定的范围内有效。

表 9-3　Scope 字段值

值	范　　围
0	保留
1	结点本地范围
2	链路本地范围
5	站点本地范围
8	机构本地范围
E	全球范围
F	保留

6. 任意播地址

任意播地址仅用做目标地址，且只能分配给路由器。任意播地址是在单播地址空间中分配的，一个子网内的所有路由器接口都被分配了子网-路由器任意播地址。子网-路由器任意播地址必须在子网前缀中进行预定义，为构造一个子网-路由器任意播地址，子网前缀必须固定，其余位置全"0"，见图 9-8。

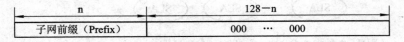

子网前缀（Prefix）	000 … 000
n	128－n

图 9-8　子网-路由器任意播地址

表 9-4 是 IPv4 与 IPv6 地址的比较。

表 9-4　IPv4 和 IPv6 地址比较

IPv4地址	IPv6地址
点分十进制表示	带冒号的十六进制表示，0压缩
分为A、B、C、D、E等5类	不分类
组播地址224.0.0.0/4	组播地址FF00::/8
广播地址(主机部分为全1)	任意播(限于子网内部)
默认地址0.0.0.0	不确定地址::
回环地址127.0.0.1	回环地址::1
公共地址	可聚合全球单播地址FP＝001
私网地址10.0.0.0/8；172.16.0.0/12；192.168.0.0/16	站点本地地址FECO::/48
自动专用IP地址169.254.0.0/16	链路本地地址FE8O::/48

7. IPv6 的地址配置

IPv6 把自动 IP 地址配置作为标准功能，只要计算机连接上网络便可自动分配 IP 地址。这样做有两个优点，一是最终用户无须花精力进行地址设置，二是可以大大减轻网络管理者的负担。IPv6 有两种自动配置功能，一种是"全状态自动配置"，另一种是"无状态自动配置"。

在 IPv4 中，动态主机配置协议(DHCP)实现了 IP 地址的自动设置，IPv6 继承了 IPv4 的这种自动配置服务，并将其称为全状态自动配置(Stateful Auto-Configuration)。

在无状态自动配置(Stateless Auto-Configuration)过程中，主机通过两个阶段分别获得链路本地地址和可聚合全球单播地址。首先主机将其网卡 MAC 地址附加在链路本地地址前缀 1111 1110 10 之后，产生一个链路本地地址，并发出一个 ICMPv6 邻居发现(Neighbor Discovery)请求，以验证其地址的唯一性。如果请求没有得到响应，则表明主机自我配置的链路本地地址是唯一的，否则，主机将使用一个随机产生的接口 ID 组成一个新的链路本地地址。获得链路本地地址后，主机以该地址为源地址，向本地链路中所有路由器组播 ICMPv6 路由器请求(Router Solicitation)报文，路由器以一个包含可聚合全球单播地址前缀的路由器公告(Router Advertisement)报文响应。主机用从路由器得到的地址前缀加上自己的接口 ID，自动配置一个全球单播地址，这样就可以与 Internet 中的任何主机进行通信了。使用无状态自动配置，无需手工干预就可以改变主机的 IPv6 地址。

9.1.3　IPv6 路由协议

IPv6 单播路由协议与 IPv4 类似，有些是在原有协议基础上进行了简单的扩展，有些则完全是新的版本。

1. RIPng

下一代 RIP 协议(RIPng)是对原来的 RIPv2 的扩展。大多数 RIP 的概念都可以用于 RIPng，为了在 IPv6 网络中应用，RIPng 对原有的 RIP 协议进行了如下修改：

(1) UDP 端口号：使用 UDP 的 521 端口发送和接收路由信息。

(2) 组播地址：使用 FF02::9 作为链路本地范围内的 RIPng 路由器组播地址。

(3) 路由前缀：使用 128 比特的 IPv6 地址作为路由前缀。

(4) 下一跳地址：使用 128 比特的 IPv6 地址。

2. OSPFv3

RFC 2740 定义 OSPFv3，用于支持 IPv6。OSPFv3 与 OSPFv2 的区别主要有：

(1) 修改了 LSA 的种类和格式，使其支持发布 IPv6 路由信息。

(2) 修改了部分协议流程。主要的修改包括用 Router-ID 来标识邻居，使用链路本地地址来发现邻居等，使得网络拓扑本身独立于网络协议，以便于将来扩展。

(3) 进一步理顺了拓扑与路由的关系。OSPFv3 在 LSA 中将拓扑与路由信息相分离，一、二类 LSA 中不再携带路由信息，而只是单纯的拓扑描述信息，另外增加了八、九类 LSA，结合原有的三、五、七类 LSA 来发布路由前缀信息。

(4) 提高了协议适应性。通过引入 LSA 扩散范围的概念进一步明确了对未知 LSA 的处理流程，使得协议可以在不识别 LSA 的情况下根据需要做出恰当处理，提高了协议的可扩展性。

3. BGP 4+

传统的 BGP 4 只能管理 IPv4 的路由信息，对于使用其他网络层协议(如 IPv6 等)的应用，在跨自治系统传播时就会受到一定的限制。为了提供对多种网络层协议的支持，IETF 发布的 RFC 2858 文档对 BGP 4 进行了多协议扩展，形成了 BGP 4+。

为了实现对 IPv6 协议的支持，BGP 4+ 必须将 IPv6 网络层协议的信息反映到 NLRI(Network Layer Reachable Information) 及 Next_Hop 属性中。为此，BGP 4+ 中引入了两个 NLRI 属性：

(1) MP_REACH_NLRI：多协议可到达 NLRI，用于发布可到达路由及下一跳信息。

(2) MP_UNREACH_NLRI：多协议不可达 NLRI，用于撤销不可达路由。

BGP 4+ 中的 Next_Hop 属性用 IPv6 地址来表示，可以是 IPv6 全球单播地址或者下一跳的链路本地地址，BGP 4 原有的消息机制和路由机制则没有改变。

4. ICMPv6 协议

ICMPv6 协议用于报告 IPv6 结点在数据包处理过程中出现的错误消息，并实现简单的网络诊断功能。ICMPv6 新增加的邻居发现功能代替了 ARP 协议的功能，所以在 IPv6 体系结构中已经没有 ARP 协议了。除过支持 IPv6 地址格式之外，ICMPv6 还为支持 IPv6 中的路由优化、IP 组播、移动 IP 等增加了一些新的报文类型，择其要者列举如下：

类型码	含 义	RFC 文档
127	Reserved for expansion of ICMPv6 error messages	[RFC 4443]
130	Multicast Listener Query	[RFC 2710]
131	Multicast Listener Report	[RFC 2710]
132	Multicast Listener Done	[RFC 2710]
133	Router Solicitation	[RFC 4861]
134	Router Advertisement	[RFC 4861]
135	Neighbor Solicitation	[RFC 4861]

136	Neighbor Advertisement	[RFC 4861]
139	ICMP Node Information Query	[RFC 4620]
140	ICMP Node Information Response	[RFC 4620]
141	Inverse Neighbor Discovery Solicitation Message	[RFC 3122]
142	Inverse Neighbor Discovery Advertisement Message	[RFC 3122]
144	Home Agent Address Discovery Request Message	[RFC 3775]
145	Home Agent Address Discovery Reply Message	[RFC 3775]
146	Mobile Prefix Solicitation	[RFC 3775]
147	Mobile Prefix Advertisement	[RFC 3775]
148	Certification Path Solicitation Message	[RFC 3971]
149	Certification Path Advertisement Message	[RFC 3971]
151	Multicast Router Advertisement	[RFC 4286]
152	Multicast Router Solicitation	[RFC 4286]
153	Multicast Router Termination	[RFC 4286]

9.1.4　IPv6 对 IPv4 的改进

与 IPv4 相比，IPv6 有下列改进：

(1) 寻址能力方面的扩展：IP 地址增加到 128 位，并且能够支持多级地址层次；地址自动配置功能简化了网络地址的管理工作；在组播地址中增加了范围字段，改进了组播路由的可伸缩性；增加的任意播地址比 IPv4 中的广播地址更加实用。

(2) 分组头格式得到简化：IPv4 头中的很多字段被丢弃，IPv6 头中字段的数量从 12 个降到了 8 个，中间路由器必须处理的字段从 6 个降到了 4 个，这样就简化了路由器的处理过程，提高了路由选择的效率。

(3) 改进了对分组头部选项的支持：与 IPv4 不同，路由选项不再集成在分组头中，而是把扩展头作为任选项处理，仅在需要时才插入到 IPv6 头与负载之间。这种方式使得分组头的处理更灵活，也更流畅，以后如果需要，还可以很方便地定义新的扩展功能。

(4) 提供了流标记能力：IPv6 增加了流标记，可以按照发送端的要求对某些分组进行特别的处理，从而提供了特别的服务质量支持，简化了对多媒体信息的处理，可以更好地传送具有实时需求的应用数据。

9.2　移　动　IP

当笔记本电脑迅速普及的时候，很多用户为了不能在异地联网而感到苦恼。在当前使用的系统中，IPv4 地址分为网络地址和主机地址两个部分。当用户主机配置了静态地址(例如 160.40.20.10/16)时，所有路由器中都记录了到达该网络(160.40)的路由，若用户不在自己的局域网中，就收不到发送给他的信息了。在新的联网地点配置一个新地址的方法缺乏吸引力，一般用户难于掌握重新配置地址的工作，即使重新配置后，也可能影响主机中的各种应用软件。

解决这个问题的另一种思路是在路由器中使用完整的 IP 地址进行路由选择，但这样就会大大增加了路由表项，使得路由设备的工作效率更低，所以也是行不通的。

能否在新的联网地点自动重新建立连接，从依赖于固定地点的连接过渡到灵活的移动连接是一个新的研究课题，为此，IETF 成立专门的工作组，并预设了下列研究目标：

(1) 移动主机能够在任何地方使用它的家乡地址进行连网；
(2) 不允许改变主机中的软件；
(3) 不允许改变路由器软件和路由表的结构；
(4) 发送给移动主机的大部分分组不需要重新路由；
(5) 移动主机在家乡网络中的上网活动无须增加任何开销。

IETF 给出的解决方案是 RFC 3344(IP Mobility Support for IPv4)和 RFC 3775(Mobility Support in IPv6)。这一节讲述这两个标准的主要内容。

9.2.1 移动 IP 的通信过程

RFC 3344 给出的解决方案是增强 IPv4 协议，使其能够把 IP 数据报路由到移动主机当前所在的连接站点。按照这个方案，每个移动主机配置了一个家乡地址(home address)作为永久标识，当移动主机离开家乡网络时，通过所在地点的外地代理，它被赋予了一个转交地址(care-of address)。协议提供了一种注册机制，使得移动主机可以通过家乡地址获得转交地址。家乡代理通过安全隧道可以把分组转发给外地代理，然后被提交给移动主机。

图 9-9 表示了一个连接局域网、城域网和无线通信网的广域网。在联网的计算机中，有一类主机用铜缆或光纤连接在局域网中，从来不会移动，我们认为这些主机是静止的。可以移动的主机有两类，一类基本上是静止的，只是有时候从一个地点移动到另一个地点，并且在任何地点都可以通过有线或无线连接进入 Internet；另一类是在运动中进行计算的主机，它通过在无线通信网中漫游来保持网络连接。我们所说的移动主机包括了这两类主机，也就是说，移动主机是指在离开家乡网络的远程站点可以联网工作的计算机。

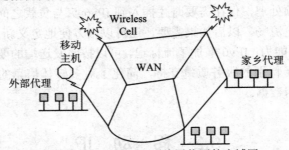

图 9-9　连接局域网和无线通信网的广域网

假定所有移动主机都有一个固定不变的家乡站点，同时也有一个固定不变的家乡地址来定位它的家乡网络。这种家乡地址就像固定电话号码一样，分别用国家代码、地区代码和座机号来定位电话机所在的地理位置。在图 9-8 所示的 WAN 中，每个局域网中都有一个家乡代理(home agent)进程，它们的任务是跟踪属于本地网络而又在外地联网的移动主机；同时还有一个外地代理(foreign agent)进程，其任务是监视所有进行异地访问的移动主机。当移动主机进入一个站点时，无论是插入当地的网络接口或是漫游到当地的蜂窝小区，主机都必须向附近的外地代理进行注册，注册过程如下：

(1) 外地代理周期性地广播一个公告报文，宣布自己的存在和自己的地址。新到达的主机等待这样的消息。如果没有及时得到这个消息，移动主机可以主动广播一个分组来寻找附近的外地代理。

(2) 移动主机在外地代理上进行注册，提供它的家乡地址，MAC 地址和必要的安全信息。

(3) 外地代理与移动主机的家乡代理进行联系，告诉外地代理的地址以及有关移动主机的安全信息，使得家乡代理可以进行验证，确保不被假冒者欺骗。

(4) 家乡代理检查安全信息正确后发回一个响应，通知外地代理(通信可以继续进行)。

(5) 当外地代理得到家乡代理的响应后就通知移动主机(注册成功)，移动主机这时被分配了一个转交地址。

以后的通信过程如图 9-10 所示。如果有另外一个主机向移动主机发送信息，则

(1) 第一个分组被发送到移动主机的家乡地址；

(2) 第一个分组通过隧道被转发到移动主机的转交地址；

(3) 家乡代理向发送结点返回外地代理的转交地址；

(4) 发送结点把后续分组通过隧道发送给移动主机的转交地址。

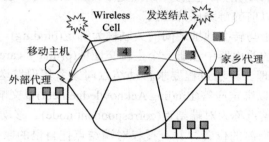

图 9-10　移动主机的通信过程

移动 IP 提供了两种获取转交地址的方式。一种是外地代理转交地址(Foreign Agent Care-of Address)，这种转交地址是外地代理在它的代理公告报文中提供的地址，也就是外地代理的 IP 地址，在这种情况下，外地代理是隧道的终点，接收到隧道中的数据后，外地代理要提取出封装的数据报并提交给移动主机。这种获取方式的好处是允许多个移动主机共享同一转交地址，因而不会对有限的 IP 地址空间提出过多的需求。

另外一种获取模式是配置转交地址(Collocated Care-of Address)，是暂时分配给移动结点的某个端口的 IP 地址，其网络前缀必须与移动结点当前所连接的外地链路的网络前缀相同。一个配置转交地址只能被一个移动结点使用，可以是通过 DHCP 服务器动态分配的地址，或是在地址缓冲池中选取的私网地址。这种获取方式的好处是移动主机成为隧道的终点，由移动主机自己从隧道中提取发送给它的分组。

使用配置转交地址还有一个好处，就是移动主机也可以在没有配置外地代理的网络中工作。但是这种方案对有限的 IPv4 地址空间增加了很大的负担，外部网络中需要配置一个地址缓冲池，以备移动主机来访问。

重要的是要认真区分转交地址和外地代理的功能。转交地址是隧道的终点，它可能是外地代理的地址(foreign agent care-of address)，也可能是移动主机获得的临时地址(co-located care-of address)，外地代理与家乡代理一样，都是为移动主机服务的移动代理。

9.2.2 移动 IPv6

RFC 3775 规范了 IPv6 对移动主机的支持功能，定义的协议称为移动 IPv6。在这个协议的支持下，当移动结点连接到一个新的链路时，仍然可以与其他静止的或移动的结点进行通信。移动结点离开其家乡链路对传输层和应用层协议、对应用程序来说都是透明的。

移动 IPv6 协议适合于同构型介质，也适合于异构型介质。例如，可以从一个以太网段移动到另一个以太网段，也可以从一个以太网段移动到一个无线局域网小区，移动结点的家乡地址都无须改变。

1. 移动 IPv6 的工作机制

在移动 IPv6 中，家乡地址是带有移动结点家乡子网前缀的 IP 地址。当移动结点连接在家乡网络中时，发送给家乡地址的分组通过常规的路由机制可以到达移动结点；当移动结点连接到外地链路时，可以通过(一个或多个)转交地址对其寻址。转交地址是具有外地链路子网前缀的 IP 地址，移动结点可以通过常规的 IPv6 机制获取转交地址，例如 10.1.2 小节提到的无状态或全状态自动配置过程。只要移动结点停留在外部某个位置，发送给转交地址的分组都可以被路由到移动结点；当移动结点处于漫游状态时，它可能从几个转交地址接收分组，只要它还能与以前的链路保持连接。

移动结点的家乡地址与转交地址之间的关联称为绑定(binding)。当移动结点离开家乡网络时，要在家乡链路上的路由器中注册一个主转交地址(primary care-of address)，并请求该路由器担任它的家乡代理。注册过程要求移动结点向家乡代理发送一个绑定更新(Binding Update)报文，家乡代理以绑定应答(Binding Acknowledgement)报文响应。

与移动结点通信的结点称为对端结点(correspondent node)。移动结点通过"对端注册"过程向对端结点提供它当前的位置，并且授权对端结点把自己的家乡地址与当前的转交地址进行绑定。

移动结点与对端结点之间的通信有两种方式。第一种方式是双向隧道(Bidirectional Tunneling)，在这种情况下不需要移动 IPv6 的支持，即使移动结点没有在对端结点上注册它当前的绑定也可以进行通信。与移动 IPv4 一样，对端结点发出的分组首先被路由到移动结点的家乡代理，然后通过隧道被转发到转交地址；移动结点发出的分组首先通过隧道发送给家乡代理，然后按照正常的路由过程转发到对端结点。在这种模式下，家乡代理可以利用"邻居发现"功能截取任何目标地址为移动结点家乡地址的 IPv6 分组，并通过隧道把截取到的分组传送到移动结点的主转交地址。

第二种方式是路由优化(route optimization)，要求移动结点把它当前的绑定信息注册到对端结点上，对端结点发出的分组就可以直接路由到移动结点的转交地址。当对端结点发送一个 IPv6 分组时，首先要检查它缓冲的有关目标地址的绑定项，如果发现该目标地址已经绑定了一个转交地址，则对端结点就可以使用一种新的 2 型路由头(见下面的解释)，以便把分组路由到移动结点的转交地址，指向移动结点转交地址的路由分组选择最短的路径到达目标。这种通信方式缓和了移动结点家乡代理和家乡链路上的通信拥塞，而且家乡代理或网络通路上的任何失效所产生的影响都被减至最小。

移动 IPv6 也支持多个家乡代理，并有限地支持家乡网络的重新配置。在这种情况下，移动结点也许不知道家乡代理的 IP 地址，甚至家乡子网前缀改变时它也不知道。有一种叫做"家乡代理地址发现"的机制(ICMPv6 144，145 报文)，允许移动结点动态地发现家乡代理的 IP 地址，即使移动结点离开其家乡网络时也可以工作。移动结点也可以学习新的信息，通过"移动前缀请求"机制(ICMPv6 146，147 报文)来了解家乡子网前缀的变化情况。这些功能都需要 ICMPv6 的支持。

移动 IPv6 的实现对 IPv6 的通信结点和路由器提出了一些特殊的要求：

(1) 对通信结点的要求：每个 IPv6 结点都可能成为某个移动主机的对端结点，所以每个 IPv6 结点都必须能够处理包含在 IPv6 数据包中的"家乡地址"选项。每个 IPv6 结点应能处理接收到的"绑定更新"选项，并能返回"绑定应答"选项，每个 IPv6 结点应能进行绑定管理。

(2) 对路由器的要求：IPv6 路由器应该支持相邻结点的搜索功能，支持 ICMPv6 路由器发现机制。每个 IPv6 路由器都应该能够以更快的速率发送"路由器广播"消息，在移动主机的家乡链路上至少应该有一个路由器作为它的家乡代理。

2. 路由扩展头

图 9-3 中的路由选择扩展头称为 0 型路由头，用于一般的松散源路由。为了支持移动 IPv6，RFC 3775 中又定义了一种新的 2 型路由头，如图 9-11 所示，其中提供的路由地址只有一个——移动结点的家乡地址。

下一头部	Hdr Ext Len＝2	路由类型＝2	未用段＝1
保留			
家乡地址			

图 9-11　2 型路由扩展头

当一个 2 型路由分组指向移动结点时，对端结点应把 IPv6 头中的目标地址设置为移动结点的转交地址，路由头用来承载移动结点的家乡地址。分组到达转交地址后，移动结点要在路由头中检查自己的家乡地址，排除转发来的错误分组；类似地，移动结点发送给对端结点的分组中的源地址也是它当前的转交地址，并在 2 型路由头中说明自己的家乡地址。采用这种路由头，把家乡地址加入到路由头中，使得转交地址对网络层之上成为透明的。

3. 移动扩展头

移动头是一种新的、支持移动 IPv6 的扩展头，移动结点、对端结点和家乡代理在生成和管理绑定的过程中都要使用移动头来传输信息。图 9-12 画出了移动头的格式。

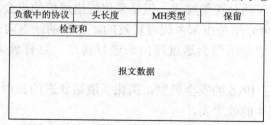

负载中的协议	头长度	MH类型	保留
检查和			
报文数据			

图 9-12　IPv6 的目标选项头

为移动头指定的代码是 135，所以在前面的扩展头中要用 135 来指向移动头，其中的字段解释如下：

(1) 负载的协议(Payload Proto)：是 8 bit 的选择符，用于标识紧跟着的扩展头。

(2) 头长度(Header Len)：8 字节的倍数，除过前 8 个字节。

(3) MH 类型：8 bit 的选择符，说明移动报文的类型。

● MH=0：绑定刷新请求报文(Binding Refresh Request Message，BRR)，由对端结点发送给移动结点，请求更新它的移动绑定。

● MH=1：家乡测试初始化报文(Home Test Init Message，HoTI)，由移动结点发送给对端结点，用于测试可达性，并对家乡地址进行验证。

● MH=2：转交测试初始化报文(Care-of Test Init Message，CoTI)，由移动结点发送给对端结点，用于测试可达性，并对转交地址进行验证。

● MH=3：家乡测试报文(Home Test Message，HoT)，由对端结点发送给移动结点的报文，是对 HoTI 的响应。

● MH=4：转交测试报文(Care-of Test Message，CoT)，由对端结点发送给移动结点的报文，是对 CoTI 的响应。

● MH=5：绑定更新报文(Binding Update Message，BU)，由移动结点发出，通知其他结点绑定一个新的转交地址。

● MH=6：绑定应答报文(Binding Acknowledgement Message，BA)，对绑定更新报文的应答。

● MH=7：绑定出错报文(Binding Error Message，BE)，由对端结点发出的移动性出错报文，例如失去绑定信息等。

(4) 报文数据：指以上 8 种类型的报文数据。

4. 移动 IPv6 和移动 IPv4 的比较

移动 IPv6 的设计吸取了移动 IPv4 开发过程中积累的经验，同时也得益于 IPv6 网络提供的许多新功能。下面对移动 IPv6 与移动 IPv4 作一比较(参见表 9-5)。

(1) 移动结点通过常规的 IPv6 地址分配机制(无状态或全状态自动配置过程)获取转交地址，与移动 IPv4 相比，简化了转交地址的分配过程。

(2) 在运行移动 IPv6 的系统中，移动结点在家乡网络之外的任何网络中操作都不需要本地路由器的支持，因而排除了移动 IPv4 中增加的外地代理功能。

(3) 每个 IPv6 主机都具备对端结点的功能。当与运行移动 IPv6 的主机通信时，每个 IPv6 主机都可以执行路由优化功能，从而避免了移动 IPv4 中的三角路由问题。

(4) 移动 IPv6 定义了两种通信模式，但是采用隧道通信的机会很少。事实上，通常只有对端结点发送的第一个分组是由家乡代理转发的，当移动结点向家乡代理发送"绑定更新"消息后，其他的后续分组都会通过路由头进行传送，这样就大大减少了网络的通信开销。

(5) 移动 IPv6 利用了 IPv6 的安全机制，简化了隧道状态的管理，即使是利用隧道方式进行通信，也比移动 IPv4 的效率高。

(6) 移动 IPv6 改进了 IPv6 的邻居发现机制，用来查找本地路由器，这样就避免了 IPv4

中使用的 ARP 协议，改进了系统的健壮性。

表 9-5 移动 IPv4 和 IPv6 的比较

移动IPv4的概念	移动IPv6的概念
移动结点、家乡代理、家乡链路、外地链路	相同
移动结点的家乡地址	全球可路由的家乡地址或链路本地地址
外地代理	外地链路上的IPv6路由器(不再有外地代理)
两种转交地址(外地代理转交地址和配置转交地址)	所有转交地址都是配置转交地址
通过代理搜索、DHCP或手工配置得到转交地址	通过无状态自动配置 DHCP或手工配置得到转交地址
代理搜索	路由器搜索
向家乡代理进行认证注册	向家乡代理和其他通信伙伴进行认证绑定
到移动节点的数据采用隧道传送	到移动节点的数据传送可采用隧道或路由优化
由其他协议完成路由优化	集成了路由优化

9.3 从 IPv4 向 IPv6 的过渡

一种新的协议从诞生到广泛应用需要一个过程。在 IPv6 网络全球普遍部署之前，一些首先运行 IPv6 的网络希望能够与当前运行 IPv4 的互联网进行通信。为了这一目的，IETF 成立了专门的工作组 NGTRANS 来研究从 IPv4 向 IPv6 过渡的问题，提出了一系列的过渡技术和互连方案，这些技术各有特点，用于解决不同过渡时期不同网络环境中的通信问题。

在过渡初期，互联网由运行 IPv4 的"海洋"和运行 IPv6 的"孤岛"组成，随着时间的推移，海洋会逐渐变小，孤岛将越来越多，最终 IPv6 会完全取代 IPv4。过渡初期要解决的问题可以分成两类：第一类是解决 IPv6 孤岛之间互相通信的问题；第二类是解决 IPv6 孤岛与 IPv4 海洋之间的通信问题。目前提出的过渡技术可以归纳为以下三种：

(1) 隧道技术：用于解决 IPv6 结点之间通过 IPv4 网络进行通信的问题。

(2) 双协议栈技术：使得 IPv4 和 IPv6 可以共存于同一设备和同一网络中。

(3) 翻译技术：使得纯 IPv6 结点与纯 IPv4 结点之间可以进行通信。

9.3.1 隧道技术

所谓隧道就是把 IPv6 分组封装到 IPv4 分组中，通过 IPv4 网络进行转发的技术。这种隧道就像一条虚拟的 IPv6 链路一样，可以把 IPv6 分组从 IPv4 网络的一端传送到另一端，传送期间对原始 IPv6 分组不做任何改变。在隧道两端进行封装和解封的网络结点可以是主机，也可以是路由器。根据隧道端结点的不同，可以分为四种不同的隧道：

(1) 主机到主机的隧道。

(2) 主机到路由器的隧道。

（3）路由器到路由器的隧道。

（4）路由器到主机的隧道。

建立隧道可以采用手工配置的方法，也可以采用自动配置的方法。手工配置的方法管理不方便，对大的网络更是如此，下面主要分析 IETF 提出的各种自动隧道技术。

1. 隧道中介技术

图 9-13 画出了 IPv6 分组通过 IPv4 隧道传送的方法。隧道端点的 IPv4 地址由隧道封装结点中的配置信息确定。这种配置方式要求隧道端点必须运行双协议栈，两个端点之间不能使用 NAT 技术，因为 IPv4 地址必须是全局可路由的。

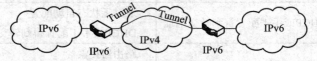

图 9-13　人工配置的隧道

对于 IPv4/IPv6 双栈主机，可以配置一条默认的隧道，以便把不能连接到任何 IPv6 路由器的分组发送出去。双栈边界路由器的 IPv4 地址必须是已知的，这是隧道端点的地址，这种默认隧道建立后，所有 IPv6 目标地址都可以通过隧道传送。

对于小型的网络，人工配置隧道是容易的，但是对于大型网络，这个方法就很困难了。有一种叫做隧道中介(Tunnel Broker)的技术可以解决这个难题，图 9-14 表示通过隧道服务器配置隧道端点的方法。隧道服务器是一种即插即用的 IPv6 技术，通过 IPv4 网络可以进行 IPv6 分组的传送。在客户机请求的前提下，来自隧道服务器的配置脚本被发送给客户机，客户机利用收到的配置数据来建立隧道端点，从而建立了一条通向 IPv6 网络的连接。这种技术要求客户机结点必须配置成双协议栈，客户机的 IPv4 地址必须是全局地址，不能使用 NAT 进行地址转换。

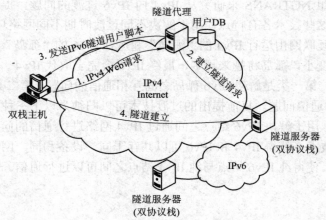

图 9-14　隧道中介

2. 自动隧道

两个双栈主机可以通过自动隧道在 IPv4 网络中进行通信，图 9-15 显示了自动隧道的网络拓扑。实现自动隧道的结点必须采用 IPv4 兼容的 IPv6 地址。

当分组进入双栈路由器时，如果目标地址是 IPv4 兼容的地址，分组就被重定向，并自动建立一条隧道；如果目标地址是当地的 IPv6 地址(Native Address)，则不会建立自动隧道。被传送的分组决定了隧道的端点，目标 IPv4 地址取自 IPv6 地址的低 32 位，源地址是发送分组的接口的 IPv4 地址。自动隧道不需要改变主机配置，但缺点是对两个主机不透明，因为目标结点必须对收到的分组进行解封。

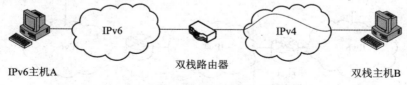

IPv6主机A　　　　　　　　　　　　双栈路由器　　　　　　　　　双栈主机B

图 9-15　自动隧道

在图 9-14 中，地址分配如下：

从主机 A 到主机 B 的分组：	源地址=IPv6	目标地址=0::IPv4(B)
从路由器到主机 B 的隧道：	源地址=IPv4	目标地址=IPv4
从主机 B 到路由器的隧道：	源地址=IPv4	目标地址=IPv4
从主机 B 到主机 A 的分组：	源地址=0::IPv4(B)	目标地址=IPv6

实现自动隧道要根据不同的网络配置和不同的通信环境采用不同的具体技术，下面分别叙述之。

3. 6to4 隧道

6to4 是一种支持 IPv6 站点通过 IPv4 网络进行通信的技术，这种技术不需要显式地建立隧道，可以使得一个原生的 IPv6 站点通过中继路由器连接到 IPv6 网络中。

IANA 在可聚合全球单播地址范围内指定了一个格式前缀 0x2002 来表示 6to4 地址。例如全局 IPv4 地址 192.0.2.42 对应的 6to4 前缀就是 2002:c000:022a::/48，其中 c000:022a 是 192.0.2.42 的十六进制表示。除过 48 前缀位之外，后面还有 16 位的子网地址和 64 位的主机接口 ID，通常把带有 16 位前缀"2002"的 IPv6 地址称为 6to4 地址，而把不使用这个前缀的 IPv6 地址称为原生地址(Native Address)。

中继路由器是一种经过特别配置的路由器，用于在原生 IPv6 地址与 6to4 地址之间进行转换。6to4 技术都是在边界路由器中实现的，不需要对主机的路由配置做任何改变。地址选择方案应该保证在任何复杂的拓扑中都能进行正确的 6to4 操作，这意味着如果一个主机只有 6to4 地址，而另一个主机有 6to4 地址和原生 IPv6 地址，则两个主机必须用 6to4 地址进行通信；如果两个主机都有 6to4 地址和原生 IPv6 地址，则两者都要使用原生 IPv6 地址进行通信。

6to4 路由器应该配置双协议栈，应该具有全局 IPv4 地址，并能实现 6to4 地址转换。这种方法对 IPv4 路由表不增加任何选项，只是在 IPv6 路由表中引入了一个新的选项。

6to4 路由器应该向本地网络公告它的 6to4 前缀 2002:IPv4::/48，其中 IPv4 是路由器的全局 IPv4 地址。在本地 IPv6 网络中的 6to4 主机要使用这个前缀，可以用作自动的地址赋值，或用作 IPv6 路由，或用在 6over4 机制中。

用 6to4 技术连接的两个主机如图 9-16 所示。在 6to4 主机 A 发出的分组经过各个网络到达主机 B 的过程中，地址变化情况如图 9-17 所示，这些地址转换都是在 6to4 路由器中自动进行的。

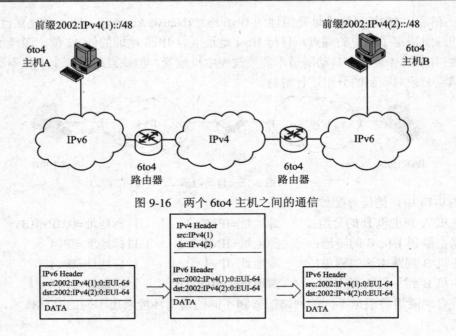

图 9-16 两个 6to4 主机之间的通信

注: EUI-64 (Extended Unique Identifier)是IEEE定义的64位标识符，前24位OUI
（Organizationally Unique Identifier）由机构向IEEE购买，后40位由机构自行分配

图 9-17 两个 6to4 主机通信时的分组头

6to4 技术也支持原生 IPv6 站点到 6to4 站点的通信，如图 9-18 所示，其通信过程如下：

(1) 原生 IPv6 主机 A 的地址为 IPv6 (A)；

(2) 6to4 中继路由器 1 向原生 IPv6 网络公告它的地址前缀 2002::/16，这个地址前缀被保存在主机 A 的路由表中；

(3) 6to4 路由器 2 对 6to4 网络公告它的地址前缀 2002:IPv4(2)::/48，于是 6to4 主机 B 获得地址 2002:IPv4(2)::EUI-64 (B)；

(4) 当主机 A 向主机 B 发送分组时，6to4 中继路由器 1 对分组进行封装：源地址=IPv4(1)，目标地址=IPv4(2)；

(5) 当分组到达 6to4 路由器 2 时分组被解封，并转发到主机 B。

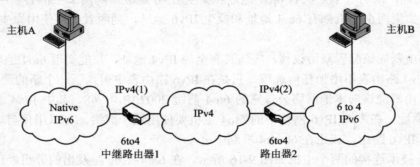

图 9-18 原生 IPv6 主机到 6to4 主机的通信

6to4 技术还可以支持 6to4 站点到原生 IPv6 站点的通信，如图 9-19 所示，其通信过程如下：

(1) 主机 A 的地址为 IPv6(A)；

(2) 主机 B 的地址为 2002:IPv4(2)::EUI-64(B)；

(3) 6to4 路由器 2 有一条到达 6to4 中继路由器 3 的默认路由，这个路由项可以是静态配置的，或是动态获得的；

(4) 当主机 B 向主机 A 发送分组时，6to4 路由器 2 对分组进行封装源地址=IPv4(2)，目标地址=IPv4(3)；

(5) 6to4 中继路由器 3 对分组解封，并转发到主机 A。

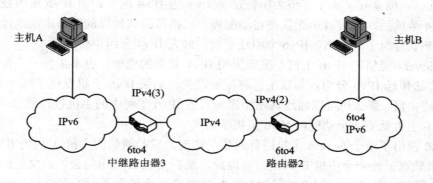

图 9-19　6to4 主机到原生 IPv6 主机的通信

6to4 技术对于两个 6to4 网络之间的通信是很有效的，但是对于原生 IPv6 网络与 6to4 网络之间的通信效率不高。由于 6to4 技术不需要改变主机的配置，只需在路由器中进行很少的配置，所以这种方法的主要优点是简单可行。

4. 6over4 隧道

(1) 链路本地地址的自动生成。

RFC 2529 定义的 6over4 是一种由 IPv4 地址生成 IPv6 链路本地地址的方法。IPv4 主机的接口标识符是在该接口的 IPv4 地址前面加 32 个 "0" 形成的 64 位标识符。IPv6 链路本地地址的格式前缀为 FE80::/64，在其后面加上 64 位的 IPv4 接口标识符就形成了完整的 IPv6 链路本地地址。例如对于主机地址 192.0.2.142，对应的 IPv6 链路本地地址为 FE80::C000:028E(C000028E 是 192.0.2.142 的十六进制表示)，这种由 IPv4 地址生成 IPv6 地址的方法就是本章前面提到的无状态自动配置方式。

(2) 组播地址映像。

一个孤立在 IPv4 网络中的 IPv6 主机为了发现它的 IPv6 邻居(主机或路由器)，通常采用的方法就是组播 ICMPv6 邻居邀请(Neighbor Solicitation)报文，并期望接收到对方的邻居公告(Neighbor Advertisement)报文，以便从中获取邻居的链路层地址。但是在 IPv4 网络中，承载 ICMPv6 报文的 IPv6 分组必须封装在 IPv4 报文中传送，所以作为基础通信网络的 IPv4 网络必须配置组播功能。

RFC 2529 规定，IPv6 组播分组要封装在目标地址为 239.192.x.y 的 IPv4 分组中发送，其中 x 和 y 是 IPv6 组播地址的最后两个字节。值得注意的是，239.192.0.0/16 是 IPv4 机构本地范围(Organization-Local Scope)内的组播地址块，所以实现 6over4 主机都要位于同一 IPv4 组播区域内。

(3) 邻居发现。

IPv6 邻居发现的过程如下：首先是 IPv6 主机组播 ICMPv6 邻居邀请报文，然后是收到对方的邻居公告报文，其中包含了 64 位的链路层地址。当链路层属于 IPv4 网络时，邻居公告报文返回的链路层地址形式如下：

类型	长度	0	0	w	x	y	z

以上每个字段的长度都是 8 bit，其中，类型 = 1 表示源链路层地址，类型 = 2 表示目标链路层地址；长度 = 1(以 8 个字节为单位)；w.x.y.z 为 IPv4 地址。当 IPv6 主机获得了对方主机的 IPv4 地址后，就可以用无状态自动配置方式构造源和目标的链路本地地址，向通信对方发送 IPv6 分组了。当然，IPv6 分组还是要封装在 IPv4 分组中传送。

采用 6over4 通信的 IPv6 主机不需要采用 IPv4 兼容的地址，也不需要手工配置隧道，按照这种方法传送 IPv6 分组，与底层链路配置无关。如果 IPv6 主机发现了同一 IPv4 子网内的 IPv6 路由器，那么还可以通过该路由器与其他 IPv6 子网中的主机进行通信，这时原来孤立的 IPv6 主机就变成全功能的 IPv6 主机了。

图 9-20 画出了两个 6over4 主机进行通信的情况，发起通信的主机 A 利用 IPv6 的邻居发现机制来获取另外一个主机 B 的链路层地址，然后主机 B 发出的公告报文返回了自己的 IPv4 地址。通过无状态自动配置过程，主机 A 和主机 B 就建立了一条虚拟的 IPv6 连接，就可以进行 IPv6 通信了。

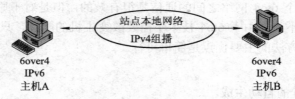

图 9-20 两个 IPv6 主机之间的 6over4 通信

6over4 依赖于 IPv4 组播功能，但是在很多 IPv4 网络环境中并不支持组播，所以 6over4 技术在实践中受到一定的限制，在有些操作系统中无法实现。另外一个限制条件是，IPv6 主机连接路由器的链路应该处于 IPv4 组播路由范围之内。

5. ISATAP

RFC 4214(Intra-Site Automatic Tunneling Addressing Protocol，ISATAP)定义了一种自动隧道技术，这种隧道可以穿透 NAT 设备，与私网之外的主机建立 IPv6 连接。

正如该协议的名字所暗示的那样，ISATAP 意味着通过 IPv4 地址自动生成 IPv6 站点本地地址或链路本地地址，IPv4 地址作为隧道的端点地址，把 IPv6 分组被封装在 IPv4 分组中进行传送。

图 9-21 表示两个 ISATAP 主机通过本地网络进行通信的例子。假定主机 A 的格式前缀为 FE80::/48(链路本地地址)，加上 64 位的接口标识符::0:5EFE:w.x.y.z(w.x.y.z 是主机 A 的 IPv4 单播地址)，这样就构成了 IPv6 链路本地地址，就可以与同一子网内的其他 ISATAP 主机进行 IPv6 通信了。具体地说，主机 A 向主机 B 发送分组时采用的地址如下：

目标 IPv4 地址： 192.168.41.30

源 IPv4 地址： 10.40.1.29

目标 IPv6 地址：　　　FE80::5EFE:192.168.41.30

源 IPv6 地址：　　　　FE80::5EFE:10.40.1.29

10.40.1.29
192.168.41.30
FE80::5EFE:10.40.1.29
FE80::5EFE:192.168.41.30

图 9-21　在 IPv4 网络中 ISATAP 主机之间的通信

图 9-22 表示两个 ISATAP 主机通过 Internet 进行通信的例子。在这种情况下，ISATAP 路由器要公告自己的地址前缀，以便与其连接的 ISATAP 主机可以自动配置自己的站点本地地址。站点本地地址的格式前缀为 FEC0::/48，加上 64 位的接口标识符::0:5EFE:w.x.y.z，就构成了主机 A 的站点本地地址。

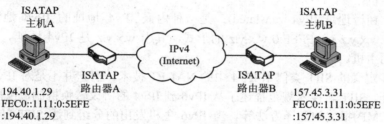

194.40.1.29
FEC0::1111:0:5EFE
:194.40.1.29

157.45.3.31
FEC0::1111:0:5EFE
:157.45.3.31

图 9-22　ISATAP 主机通过 Internet 通信

一般来说，ISATAP 地址有 64 位的格式前缀，FEC0::/64 表示站点本地地址，FE80::/64 表示链路本地地址。格式前缀之后要加上修改的 EUI-64 地址(Modified EUI-64 addresses)，其形式为：

24 位的 IANA OUI + 40 位的扩展标识符

如果 40 位扩展标识符的前 16 位是 0xFFFE，则后面是 24 位的制造商标识符，如下图所示：

24位OUI	16位0xFFFE	24位制造商标识符
000000ug00000000001011110	11111111 11111110	xxxxxxxx xxxxxxxx xxxxxxxx

如果 40 位扩展标识符的前 8 位是 0xFE，则后面是 32 位的 IPv4 地址，如下图所示：

24位OUI	8位0xFE	32位IPv4地址
000000ug00000000001011110	11111110	x x x x x x x x x x x x x x x x x x x x x x x x x x x x x x x x

OUI 表示机构唯一标识符(Organizationally Unique Identifier)，IANA 分配的 OUI 为 00-00-5E，如上图所示，其中的 u 位表示 universal/local，u = 1 表示全球唯一的 IPv4 地址，u = 0 表示本地的 IPv4 地址；g 位是 individual/group 位，g=1 表示单播地址，g=0 表示组播地址。

9.3.2　协议翻译技术

协议翻译技术用于纯 IPv6 主机与纯 IPv4 主机之间的通信。已经提出的翻译方法有下面几种。

(1) SIIT：无状态的 IP/ICMP 翻译(Stateless IP/ICMP Translation)。

(2) NAT-PT：网络地址翻译-协议翻译(Network Address Translator - Protocol Translator)。

(3) SOCKS64：基于 SOCKS 的 IPv6/IPv4 机制(SOCKS-based IPv6/IPv4 Gateway Mechanism)。

(4) TRT：IPv6 到 IPv4 的传输中继翻译器(IPv6-to-IPv4 Transport Relay Translator)。

这里我们只介绍前两种方法。

1. SIIT

首先介绍两种特殊的 IPv6 地址：

(1) IPv4 映射地址(IPv4-mapped)：是一种内嵌 IPv4 地址的 IPv6 地址，可表示为 0:0:0:0:0:FFFF:w.x.y.z 或::FFFF:w.x.y.z 的形式，其中 w.x.y.z 是 IPv4 地址。这种地址用于仅支持 IPv4 的主机。

(2) IPv4 翻译地址(IPv4-translated)：是一种内嵌 IPv4 地址的 IPv6 地址，可表示为 0:0:0:0:FFFF:0:w.x.y.z 或::FFFF:0:w.x.y.z 的形式，其中 w.x.y.z 是 IPv4 地址。这种地址可用于支持 IPv6 的主机。

RFC 2765 定义的 SIIT 类似于 IPv4 中的 NAT-PT 技术，但它并不是对 IPv6 主机动态地分配 IPv4 地址。SIIT 转换器规范描述了从 IPv6 到 IPv4 的协议转换机制，包括 IP 头的翻译方法，以及 ICMP 报文的翻译方法等。当 IPv6 主机发出的分组到达 SIIT 转换器时，IPv6 分组头被翻译为 IPv4 分组头，分组的源地址采用 IPv4 翻译地址，目标地址采用 IPv4 映射地址，然后这个分组就可以在 IPv4 网络中传送了。

图 9-23 表示一个 IPv6 主机与 IPv4 主机进行 SIIT 通信的例子，图中的 SIIT 转换器负责提供临时的 IPv4 地址，以便 IPv6 主机构建自己的 IPv4 翻译地址(源地址)，通信对方的目标地址则要使用 IPv4 映射地址，SIIT 转换器看到这种类型的分组则要进行分组头的翻译。

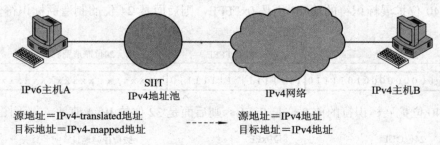

图 9-23　单个纯 IPv6 主机通过 SIIT 进行通信

图 9-24 表示双栈网络中的纯 IP 主机和通过 SIIT 与 IPv4 主机进行通信的例子。双栈网络中既包含 IPv6 主机，也包含 IPv4 主机。在这种情况下，SIIT 转换器可能收到纯 IPv6 主机发出的分组，也可能收到纯 IPv4 主机发出的分组，SIIT 转换器要适应两种主机的需要，要保证所有进出双栈网络的分组都是可路由的。

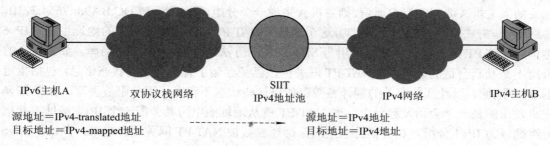

图 9-24　双栈网络通过 SIIT 进行通信

RFC 2765 没有说明 IPv6 结点如何获得临时的 IPv4 地址，也没有说明获得的 IPv4 地址怎样注册到 DNS 服务器中，也许可以对 DHCP 协议进行少许扩展，用以提供短期租赁的临时地址。SIIT 转换器只是尽可能地对 IP 头进行翻译，并不是对 IPv6 头与 IPv4 中的每一项都能一一对应地进行翻译。因为两种协议在有些方面差别很大，例如 IPv4 头中的任选项部分，IPv6 的路由头、逐跳扩展头和目标选项头都无法准确地与另一个协议中的有关机制进行对应的翻译，可能要采用其他技术来解决这些问题，很难用同一模型来提供统一的解决方案。事实上，SIIT 可以与下面将要讲到的 NAT-PT 技术结合使用，才能提供一种实用的解决方案。

2. NAT-PT

NAT-PT(Network Address Translator – Protocol Translator)是 RFC 2766 定义的协议翻译方法，用于纯 IPv6 主机与纯 IPv4 主机之间的通信。实现 NAT-PT 技术必须指定一个服务器作为 NAT-PT 网关，并且要准备一个 IPv4 地址块作为地址翻译之用，要为每个站点至少预留一个 IPv4 地址。

与 SIIT 不同，RFC 2766 定义的是有状态的翻译技术，即要记录和保持会话状态，按照会话状态参数对分组进行翻译，包括对 IP 地址及其相关的字段(例如 IP、TCP、UDP、ICMP 头检查和等)进行翻译。

NAT-PT 操作有三个变种：基本 NAT-PT、NAPT-PT 和双向 NAT-PT。基本 NAT-PT 是单向的，这意味着只允许 IPv6 主机访问 IPv4 主机，如图 9-25 所示，假设各个主机使用的 IP 地址如下：

主机 A 的 IPv6 地址：FEDC:BA98::7654:3210
主机 B 的 IPv6 地址：FEDC:BA98::7654:3211
主机 C 的 IPv4 地址：132.146.243.30

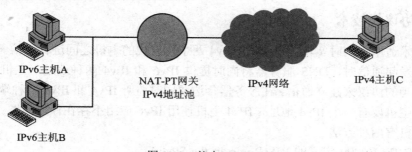

图 9-25　基本 NAT-PT

如果主机 A 要与主机 C 通信,则主机 A 生成一个分组,源地址= FEDC:BA98::7654:3210,目标地址=格式前缀::132.146.243.30,这个地址是 NAT-PT 网关根据主机 C 的地址生成的 IPv6 地址,NAT-PT 网关对这个分组采用与 SIIT 同样的方法进行 IP 分组头的翻译。如果发出的分组不是发起会话的分组,则 NAT-PT 网关应该已经存储了有关会话的状态信息,包括指定的 IPv4 地址,以及其他有关的翻译参数。如果这些状态不存在,则分组被丢弃。如果 IPv6 主机发出的是一个会话发起分组,则 NAT-PT 就从地址池中为其分配一个 IPv4 地址,并把分组翻译为 IPv4 分组。在会话持续期间,翻译参数被 NAT-PT 网关缓存起来,并维持 IPv6 到 IPv4 的映射。

NAT-PT 网关还要对返回的分组进行识别,要判断是否属于同一会话。NAT-PT 网关使用状态信息来翻译分组,产生的返回分组源地址=格式前缀::132.146.243.30,目标地址= FEDC:BA98::7654:3210,这个分组可以在 IPv6 子网中进行路由。

第二个变种是 NAPT-PT,其中的 NAPT 表示网络地址-端口翻译,仍然是单向通信,但是扩展到了 TCP/UDP 端口的翻译,也包括 ICMP 询问标识符的翻译。这种技术可以实现 IPv6 主机的传输标识符到指定 IPv4 地址传输标识符的多路复用,即让一组 IPv6 主机共享同一 IPv4 地址。

第三个变种是双向 NAT-PT,这意味着双向通信,无论是 IPv6 主机或是 IPv4 主机,都可以向对方发起会话。当主机 C 要发起对主机 A 的会话时,因为它不能直接使用目标 IPv6 地址,这时是要借助于 DNS-ALG(Application Level Gateway)来获取主机 A 的 IPv4 地址。假设主机 A 的域名为 www.A.com,则主机 C 首先向 IPv4 网络中的 DNS 服务器发出请求,要求对域名 www.A.com 进行解析。请求到达 NAT-PT 网关后,网关将该请求转发给 IPv6 网络中的 DNS 服务器,这个过程包括了对报文地址类型的转换。IPv6 中的 DNS 服务器回应 NAT-PT 网关,说明该域名对应的 IPv6 地址为 FEDC:BA98::7654:3210。网关收到这个响应后在 IPv4 地址池中选择一个地址(例如 130.117.222.3)来替换 FEDC:BA98::7654:3210,并将该地址与 www.A.com 的对应关系告诉主机 C。于是,主机 C 知道了 www.A.com 对应的 IPv4 地址,就可以向主机 A 发送分组了。

协议翻译技术适用于 IPv6 孤岛与 IPv4 海洋之间的通信,这种技术要求一次会话中的双向数据包都在同一个路由器上完成转换,所以它只能适用于同一路由器连接的网络。这种技术的优点是不需要进行 IPv4 和 IPv6 终端的升级改造,只要求在 IPv4 和 IPv6 之间的网络转换设备上启用 NAT-PT 功能就可以了。但是实现这种技术时,一些协议字段在转换时仍不能完全保持原有的含义,并且缺乏端到端的安全性。

9.3.3　双协议栈技术

双栈技术适用于同时实现了 IPv6 和 IPv4 两个协议栈的主机之间进行通信。在这种情况下,当主机发起通信时,DNS 服务器将同时提供 IPv6 和 IPv4 两种地址,主机将根据具体情况使用适当的协议来建立通信。在服务器一边要同时监听 IPv4 和 IPv6 两种端口。这种技术要求每个主机要有一个 IPv4 地址,IPv4 主机使用 IPv6 应用不存在任何问题。

双栈主机有两种方法:

(1) RFC 2767(2000)定义的 BIS(Bump-In-the-Stack)。

(2) RFC 3338(2002)定义的 BIA(Bump-In-the-API)。

1. BIS

在 IPv4 向 IPv6 过渡的初始阶段，网络中只有很少的 IPv6 应用。BIS 是应用于 IP 安全域内的一种机制，适用于开始过渡阶段利用现有的 IPv4 应用进行 IPv6 通信。

BIS 技术是在主机的 TCP/IPv4 模块与网卡驱动模块之间插入一些模块来实现 IPv4 与 IPv6 分组之间的转换，使得主机自己成为一个协议转换器。从外界看来，这样的主机就像是同时实现了 IPv6 和 IPv4 两个协议栈的主机一样，既可以与其他的 IPv4 主机通信，也可以与其他的 IPv6 主机通信，但这些通信都是基于现有的 IPv4 应用进行的。

BIS 用三个模块来代替 IPv6 应用，这些模块是转换器、扩展名解析器和地址映射器，如图 9-26 所示。三个模块的作用介绍如下。

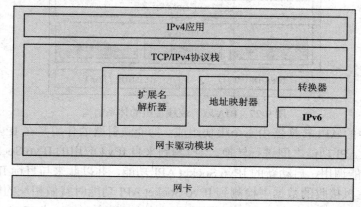

图 9-26 双协议栈主机的结构

转换器的作用是在 IPv4 地址与 IPv6 地址之间进行转换，转换的机制与 SIIT 定义的一样。当从 IPv4 应用接收到一个 IPv4 分组时，转换器把 IPv4 头转换为 IPv6 头，然后对 IPv6 分组进行分段(因为 IPv6 头比 IPv4 头长 20 个字节)，并发送到 IPv6 网络中去；当接收到一个 IPv6 分组时，转换器进行相反的转换，但是不需要对生成的 IPv4 分组进行分段。

扩展名解析器对 IPv4 应用发出的请求返回一个"适当的"答案。应用通常向名字服务器发送请求，要求解析目标主机名的 A 记录。扩展名解析器根据这个请求生成另外一个查询请求，发往名字服务器，要求解析主机名的 A 记录和 AAAA 记录，如果 A 记录被解析，它向应用返回 A 记录，这时不需要进行地址转换；如果只有 AAAA 记录被解析，则它向地址映射器发出请求，要求为 IPv6 地址指定一个对应的 IPv4 地址，然后对指定的 IPv4 地址生成一个 A 记录，并将其返回给应用。

地址映射器维护一个 IPv4 地址池，同时维护一个由 IPv4 地址与 IPv6 地址对组成的表。当解析器或转换器要求为一个 IPv6 地址指定一个 IPv4 地址时，它从地址池中选择一个 IPv4 地址，并动态地注册一个新的表项。出现下面两种情况时启动注册过程：

(1) 解析器只得到目标主机名的 AAAA 记录，并且表中不存在 IPv6 地址的映射表项。

(2) 转换器接收到 IPv6 分组，并且表中不存在 IPv6 地址的映射表项。

在映射表初始化时，地址映射器注册它自己的一对 IPv4 地址与 IPv6 地址。

2. BIA

BIA 是在 IPv4 Socket 应用与 IPv6 Socket 应用之间进行翻译的技术。BIA 要求在 Socket

应用模块与 TCP/IP 模块之间插入 API 转换器，这样建立的双栈主机不需要在 IP 头之间进行翻译，使得转换过程得到简化。

当双栈主机中的 IPv4 应用要与另外一个 IPv6 主机进行通信时，API 转换器检测到 IPv4 应用中的 Socket API 功能，于是就启动 IPv6 Socket API 功能与目标 IPv6 主机进行通信。相反的通信过程是类似的。为了支持 IPv4 应用与目标 IPv6 主机进行通信，API 转换器中的名字解析器将从缓存中选择一个 IPv4 地址并赋予目标 IPv6 主机。图 9-27 表示安装 BIA 的双栈主机的体系结构。

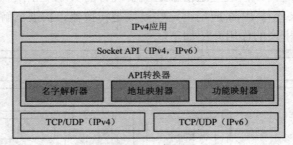

图 9-27　BIA 双协议栈主机的体系结构

在图 9-27 中的 API 转换器由三个模块组成。功能映射器的作用是在 IPv4 Socket API 功能与 IPv6 Socket API 功能之间进行转换。当检测到来自 IPv4 应用的 IPv6 Socket API 功能时，它就解释这个功能调用，启动新的 IPv6 Socket API 功能，并以此来与目标 IPv6 主机进行通信；当从 IPv6 主机接收的数据中检测到 IPv6 Socket API 功能时就做相反的解释和转换。

名字解析器的作用是在收到 IPv4 应用请求时给出适当的响应。当 IPv4 应用试图通过解析器来进行名字解析时，BIA 就截取这个功能调用，转向调用 IPv6 的等价功能，以便解析目标主机的 A 记录或 AAAA 记录。

地址映射器与 BIS 中的地址映射器相同。

9.4　下一代互联网的发展

下一代互联网协议 IPv6 最主要的特征是采用 128 位的地址空间替代了 IPv4 的 32 位地址空间，提高了互联网的地址容量。另外 IPv6 在安全性、服务质量、移动性等方面都具有更好的特性，采用 IPv6 的下一代互联网比现在的互联网更具有扩展性、更加安全，也更容易提供新的服务。IPv6 也是三网融合的纽带，建设基于 IPv6 的下一代网络(NGN)是通信产业发展的战略方向。

推动下一代互联网研究的主要因素有三个：一是大幅度地增加 IP 地址供给，二是开发新的网络应用，三是抢占 IT 产业竞争优势。IP 地址资源分配极为不公，对本来就很缺少的 IPv4 地址造成了很大的浪费，亚太地区和欧洲地区日益感到 IP 地址短缺的压力，迫切需要增加地址资源的供给。另一方面，随着电子和通信产业的发展，新的智能设备和移动通信终端都需要联网运行，需要建立新的网络服务，而 IPv4 在体系结构方面的先天缺陷妨碍了对新业务的支持，在此基础上修修补补的改进使得网络设备的功能差别很大，网络的可扩展性和可伸缩性都受到很大限制。最后，如果说过去 20 年来全球发展的技术引擎是互联网技术的突破，那么开发下一代互联网新技术就是攀登未来信息社会的，制高点，谁抢占了这一制高点，谁就能在未来的经济发展中占据主动权，所以各个国家都不遗余力地投入了这一场技术竞赛之中。

通过各国十几年的研发和试验，目前的 IPv6 技术标准已相对成熟，多个国家已经组建了规模不等的 IPv6 试验网，支持 IPv6 的联网设备基本成熟，开发新的 IPv6 业务也取得了一些进展。从全球 IPv6 网络的发展情况看，亚太地区和欧洲地区应用较多，日本、韩国和欧盟在 IPv6 产品研发和产业化方面走在了前面，而美国则相对滞后。中国在 IPv6 领域略有建树，但在国家战略、产业化和新技术研发等方面与日韩、欧盟还存在不小的差距。

9.4.1 IP 地址的分配

IP 地址和 AS 号码的分配主要由美国掌控。在互联网出现的早期，美国一些大学和公司占用了大量的 IPv4 地址，例如 MIT、IBM 和 AT&T 分别占用了大约 1600 万、1700 万和 1900 万个 IP 地址。现在中国获得的 IP 地址只相当于美国两三个大学的 IP 地址。这样就导致了一方面大量的 IP 地址被浪费，另一方面美国之外的国家和地区深感 IP 地址紧缺的压力。

ICANN(The Internet Corporation for Assigned Names and Numbers)是负责互联网国际域名、地址和号码管理的非营利性机构。ICANN 将部分 IP 地址和 AS 号码分配给地区级的互联网注册机构 RIR(Regional Internet Registry)，RIR 再将地址分配给区域内的本地互联网注册机构(Local Internet Registries，LIR)和互联网服务提供商(ISP)，然后由他们向用户分配。

现有的 5 个地区级互联网注册机构分布如下：APNIC(Asia and Pacific Network Information Center)是亚太地区互联网络信息中心；ARIN(American Registry for Internet Numbers)是美国网络地址注册管理组织，负责北美地区的 IP 地址和 AS 号码的分配；LACNIC(Latin American and Caribbean Network Information Center)是拉丁美洲及加勒比地区的互联网络信息中心；RIPE NCC(Réseaux IP Européens Network Coordination Centre)负责欧洲地区 IP 地址和 AS 号码的管理；AfriNIC 是非洲的网络信息中心，2005 年 4 月才从 RIPE NCC 分离出来。

图 9-28 是各个 RIR 分得的 IPv4 地址的比例，数据来源于号码资源组织(Number Resource Organization，NRO)2009 年 3 月的报告(http://www.nro.org/statistics/index.html)。ICANN 以地址块 256/8 来分配 IPv4 地址，5 个 RIR 已经获得的地址块总共 98 个，其他地址块或者是 IANA 保留的，或者是专门用途的(例如用作组播、实验等)，还有一些是美国自己使用的。早在 2008 年就有专家预计，IPv4 地址将在 2010 年耗尽，参见图 9-29。

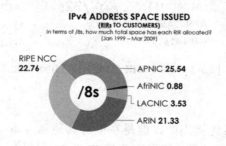

图 9-28　RIR 获得的 IPv4 地址的比例

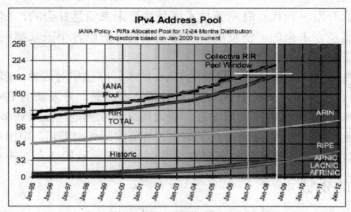

图 9-29　IPv4 地址资源消耗的预测

应对 IPv4 地址的耗尽已成为全球性的战略问题，目前许多国家都鼓励在 IPv6 网络上进行地址注册。2006 年，IANA 已经为 5 大洲的 RIR 分配了全球单播地址格式前缀，如图 9-30 所示。图 9-31 表示各个 RIR 已经获得的 IPv6 地址资源，从 IPv6 地址的分配情况可以看出下一代互联网在各个地区的发展程度。

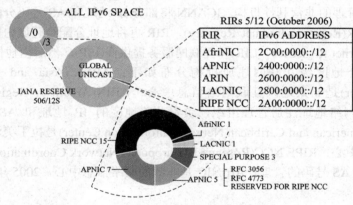

图 9-30　IPv6 地址分配状态

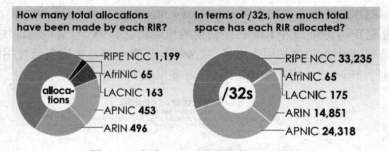

图 9-31　各个 RIR 已经分配的 IPv6 地址

9.4.2　IPv6 在亚洲

下一代互联网是美国首先提出的，但是在世界其他地方下一代互联网却发展得更快。促进 IPv6 网络研究的因素有很多，但最主要是 IPv4 地址短缺。亚太地区是 IP 地址短缺的主要受害者，所以亚太国家对 IPv6 网络的研究和开发走在了世界的前头。

在亚洲国家中，对 IPv6 报以最大热情的是日本，日本政府把 IPv6 网络确立为使日本重新成为信息化强国的国策之一，并投入了巨资支持 IPv6 网络的建设。由于政府重视、企业积极，目前日本在 IPv6 的商业化进程、产品开发以及网络应用方面均走在世界前列。韩国信息通信部从 2000 年开始对 IPv4/IPv6 过渡技术进行投资，促使在 IPv6 试验网方面进行了广泛的研究和试验。韩国在 2001 年提出了"下一代互联网基础计划"，制定了从建立 IPv6 试验网、开展验证、运行和宣传，到建成单纯完整的 IPv6 网络的演化进程。我国台湾地区于 2002 年 8 月起开始启动"e-Taiwan 计划"，明确制定了互联网从 IPv4 过渡到 IPv6 的日程表，并实现在 2007 年全部过渡到了 IPv6 网络。

1. 日本

早在 2000 年 9 月，日本政府就把 IPv6 技术的确立、普及与国际贡献作为政府的基本政策公布。日本政府认为，IPv6 技术开发是引领亚洲地区的 Internet 和电子商务发展，从而带动日本经济走出长期低迷困境的契机。2001 年 3 月，日本政府在《e-Japan 重点计划》中明确设定 2005 年完成互联网向 IPv6 过渡，为此成立了 IPv6 推进协议会(IPv6 Promotion Council)来执行该计划。

由于政府重视，企业积极，所以日本在 IPv6 的研究和应用方面走在了亚太各国乃至世界的前列。由于 IPv6 是网络基础技术，制造商和运营商不可能从最初的研究与开发中立即获益，所以日本政府在 IPv6 发展的初期起到了积极引导、扶植和推动的作用。

日本政府还专款投入、重点支持了一些项目，包括下一代网络标准 IPv6 的制定，互联网信息家电产品的研发，建立日本千兆网络(JGN)等。日本政府除了投入大量资金用于支持 IPv6 产业的发展外，还对导入 IPv6 的企业在税收上实行优惠措施。

早在 1999 年，日本的一些网络运营商和互联网服务提供商就开始启动 IPv6 的试验业务。目前日本已经有 10 多个 IPv6 商用业务和实验服务提供商，其中 NTT 公司的 IPv6 全球发展策略取得的成就最为引人注目。

NTT 启动 IPv6 商业服务时就意识到，对于互联网的普通用户来说，要促使他们从 IPv4 向 IPv6 转变是非常困难的，推广 IPv6 的光明前景必须建立在拥有持续的网络服务的基础之上。NTT 还认为，单纯的 IPv6 也不可能给运营商立刻带来商业上的收益，IPv6 是网络上的第三层协议，运营商不可能仅仅通过提供这种新的协议就获取利润，能够为运营商赢得收益的是建立在 IPv6 基础之上的各种应用，与 IPv4 相比，IPv6 更适用于较新的应用，如端到端应用、非 PC 网络、传感器网络、建筑自动化和汽车互联等。

NTT 通过在全球推出商业 IPv6 业务的策略为 IPv6 的应用奠定了基础，并达到了抢占 IPv6 发展先机的目标。NTT 在全球很多国家和地区推出了商用 IPv6 业务，包括亚太地区的日本、韩国、马来西亚等国，以及欧洲的英国、荷兰、法国、德国、西班牙等。

NTT 向日本客户提供两类 IPv6 业务：一类是 IPv6 原生业务，通过 IPv6 协议直接连接到全球 IP 骨干网上，提供 IPv6 网络传输业务；另一类是 IPv6/IPv4 双栈业务，使用一个接入电路同时提供全球 IP 骨干网上的 IPv6 和 IPv4 连接。

NTT 在 ADSL 业务中也推出了 IPv6 双栈服务，这是最早使用 ADSL、具有即插即用功能 IPv6/IPv4 双栈业务，可以提供数量庞大的 IPv6 地址，下行速率可达 12 Mb/s，上行速率可达 1 Mb/s，而且资费水平令客户相当满意。

在 2009 全球 IPv6 新一代互联网暨移动互联网高峰会议上，日本 IPv6 高度化推进委员会主席 Hiroshi Esaki 在演讲中介绍说，日本正结合 IPv6 技术、将传统应用和信息通信(ICT)新技术相结合，进行节省能源的试验。他们利用 IPv6 技术，将楼宇中的空调系统、电力供电系统整合起来，部署到新网络中，以减少能源的消耗；他们还将 IPv6 技术应用到各种行业中，形成新型的架构和生态环境，以 IPv6 为驱动和升级引擎，减少基础设施的能源消耗，提升生产和运作的效能。

全世界最早实现 IPv6 硬件支持的是日本的网络设备厂商，如日立、NEC、富士通等。日本的主要信息终端厂商如索尼、日立、松下等的产品也最早支持 IPv6 协议。

2. 韩国

由于日本的带动作用，2001 年 2 月，韩国宣布了推进 IPv6 的计划，韩国对于 IPv6 在战略、政策、立法、项目资助、国际合作等方面都制定了相应的措施。韩国制订的 IPv6 的演化进程共分四个阶段：

第一阶段(2001 年以前)建立 IPv6 试验网，开展验证、运行和宣传工作；

第二阶段(2002 年～2005 年)建立 IPv6 孤岛，与现有 IPv4 大网互通，在 IMT 2000 上提供 IPv6 服务。IMT 2000(International Mobile Telecommunications-2000)是国际电联定义的第三代无线通信标准；

第三阶段(2006 年～2010 年)建立 IPv6 大网，原 IPv4 大网退化为 IPv4 孤岛，与 IPv6 大网互通，提供有线和无线的 IPv6 商用服务；

第四阶段(2011 年以后)演变成单一完整的 IPv6 网。

图 9-32 是韩国建立的高级研究网络 KOREN(Korea Advanced Research Network)，其主要目的是建立一个千兆的纯 IPv6 网络架构，在此基础上开发 IPv6 千兆应用，并且参与亚太地区高级网络(APAN)的研究活动。目前这个网络已经与美国和欧洲连通，进行了各种网络协议和网络应用的实验研究。

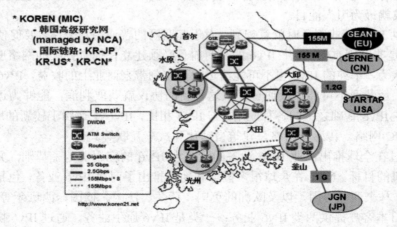

图 9-32 韩国的高级研究网 KOREN(2005)

3. 中国台湾

台湾省于 2002 年 8 月起开始启动"e-Taiwan 计划"，其目标是运用资讯和通信科技，建立高效能的政府，提升产业竞争力，建构高品质的资讯社会与创造智慧运输环境，以加速带领台湾迈向知识新经济。2003 年底台湾省的宽频用户数已达 304 万人，应用 PKI 安全机制的企业超过 2000 家，并正式开放了 IPv6 影音平台。2004 年 8 月台湾省又推出"M-Taiwan

计划",旨在将台湾打造成全球最大的 WiMAX 商业试验厂,2007 年正式兴建 WiMAX 基站,预计 2012 年达 2 万座。WiMAX 是台湾企业参与制定的第四代移动通信标准,需要 IPv6 的支持,这个计划的实现将使台湾地区率先建成普及全岛的 IPv6 移动网络。

9.4.3 IPv6 在欧美

1. 欧洲

为了推动 IPv6 的发展,欧洲设立了许多 IPv6 研究项目,欧洲各大厂商和运营商都对 IPv6 寄予了厚望,并全力以赴地进行研究和开发。

欧洲的移动通信相当发达,因此欧洲采取了"先移动,后固定"的 IPv6 发展战略。欧洲的运营商(英国电信、法国电信等)和设备制造商(诺基亚、爱立信等)一直是 IPv6 研究及商业实施的主要引导者,在第三代移动通信网中率先引入了 IPv6。全球移动通信系统 UMTS(Universal Mobile Telecommunications System)是采用 WCDMA 3G 标准的移动通信技术,欧洲运营商采用 IPv6 的真正动力在于通过 UMTSv5 来使用 IPv6。

GÉANT2 是第七代泛欧教育和科研网络,该项目于 2004 年的 9 月启动,由欧盟委员会和欧洲国家教育科研网络联合资助。GÉANT2 计划的参与者包括 30 多个欧洲国家的教育科研网络,由两个学术组织 DANTE(Delivery of Advanced Network Technology to Europe) 和 TERENA(Trans-European Research and Education Networking Association)进行管理,参见图 9-33。

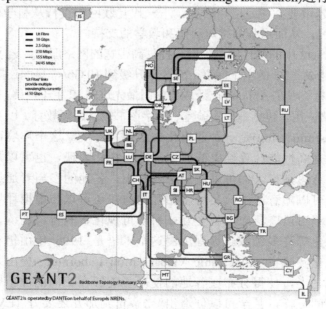

图 9-33   GÉANT2

教育科研网络必须能够满足研究人员对最先进的网络设备的要求,必须给学术界提供先进的网络服务,类似服务的商业应用往往需要推后几年时间,先进的网络基础设施将帮助研究员进行学术前沿课题的研究,提高和促进整个欧洲的竞争能力。GÉANT2 致力于将新网络技术由概念转变为服务产品,项目的目的在于促进欧洲各个国家教育科研网络间的合作与交流。以往的泛欧科研网络已经证明了高质量、高带宽的网络对科研活动的巨大推动作用,如今的研究网络使得许多以往无法实现的科研活动成为可能,并大大提高了许多科研活动的效率。

GÉANT2 正在加强国际合作与交流。为了实现跨大西洋的合作，加拿大研究与教育促进网络 CANARIE、美国能源部的能源科学网络 ESnet、美国下一代互联网络 Internet2 已经与 GÉANT2 建立了合作关系。

GÉANT2 的科研活动和服务产业化整合计划为客户提供端到端的服务，保证这些服务在教育网络中具有最好的服务质量和最广泛的适用范围。GÉANT2 还通过向欠发达的地区提供专款、知识与技术支持，致力于消除欧洲一直存在的"数字鸿沟"问题。

2. 美国

美国政府启动的下一代互联网研究计划现在由先进网络财团 Internet2 管理和协调，其目的是在学术界、商业应用及政府之间建立沟通交流的桥梁，开发先进的网络技术，研究高级的网络应用。2009 年，Internet2 的成员已经扩展到 200 多所大学，40 多个企业，30 多个网络服务提供商，以及 50 个联盟成员。

Internet2 主要研究的项目有三大类。一是光路分组综合网络计划 HOPI(Hybrid Optical Packet Infrastructure)，主要是研究光路分组综合网络基础设施，及适用于下一代网络的可扩展、可连通的光网络体系结构；二是中间件研究，中间件是提供基本的网络服务，例如授权、验证、目录服务及安全管理等的软件层，介于网络与应用之间，中间件的作用对于高性能网络变得越来越重要；三是应用研究，下一代互联网将支持从科学研究到人文艺术的各个领域的应用研究，从而增强网络对科研和教学的支持。

Abilene 是 Internet2 中的高性能主干网，提供高带宽的网络服务。该项目于 1998 年 4 月启动，1999 年年底建成 2.5G 的主干网络，2003 年升级到 10 Gb/s，桌面连接速度为 100 Mb/s，并提供对 IPv6 的支持。现在 Abilene 已经成为美国最先进的 IP 主干网络，提供先进的网络服务，支持丰富的网络应用，包括虚拟实验室、数字图书馆、远程教育、以及远程沉浸应用等。

远程沉浸(Tele-immersion)是一种网络化虚拟现实环境。这个环境可以是现实或历史的逼真反映，可以是高性能计算结果或数据库的可视化表现，也可以是一个纯粹虚构的数字空间。沉浸的意思是指人们可以完全融入其中，各地的参与者通过网络聚会在同一个虚拟空间中，既可以随意漫游，又可以相互沟通，还可以与虚拟环境交互作用，使之产生改变。远程沉浸可以广泛应用于交互式科研可视化、教育、训练、艺术、娱乐、工业设计、信息可视化等许多领域。远程沉浸这个术语是 1996 年由伊利诺州立大学芝加哥分校的电子可视化实验室 (Electronic Visualization Laboratory)提出来的。远程沉浸建立在高速网络基础之上，使得分布在各地的使用者能够在相同的虚拟空间中协同工作，就像是在同一个房间一样，甚至可以创造出"比亲自到那儿还要好"(EVL 负责人 Tom De Fanti 语)的交互环境。

Internet2 在中间件方面的研究主要包含两个方面，一方面是核心中间件的开发，另一方面是中间件整合计划。在教育中间件体系结构委员会 MACE(Middleware Architecture Committee for Education)的指导下，Internet2 的中间件项目主要研究组织之间的验证和授权问题，这方面最主要的研究项目是 shibboleth，它是一个应用于服务和资源共享的开放源代码软件包，提供对个人隐私的保护，可以替代其他基于用户身份的访问控制系统。

　　Internet2 应用研究项目的主要目的是提高网络对科研和教学的支持。与通常的网络应用不同，Internet2 应用研究项目需要高带宽、低延迟等先进的网络特性，Internet2 支持从科学到艺术等各个领域的应用研究。目前研究人员在 Internet2 上开发的应用有交互式协作、远程资源的实时访问、协同式虚拟现实、大规模分布式计算、以及数据挖掘等。

　　Internet2 的医疗卫生科学应用使得学生、研究人员和医生可以协同工作，交互地访问信息资源，医疗卫生方面的应用涵盖了包括医学教育、虚拟现实和远程病理学等。增强外科计划(Enhanced Surgical Planning)可以用于外科医疗的训练、预诊、交互式诊治、脑切面分析等。高级医疗训练(Improved Medical Training)提供高带宽的人机交互环境，同时采用低延迟的虚拟现实技术，支持可靠、安全的计算资源和医疗影像数据的访问。

　　在科学与工程方面，Internet2 成员采用了多种先进的计算机技术，包括高性能网络交互和协作技术、分布式数据存储和数据挖掘技术、大规模分布式计算技术、实时远程资源访问技术、科学数据可视化技术、以及协同式虚拟现实技术等。

　　在人文艺术方面，Internet2 提供了实时的交互和协同手段，并在改变着人文教育技术的思维方式。基于 Abilene 网络的远程舞蹈(Telematic Choreography)使教师可以通过远程视频交互系统了解学生的舞蹈学习情况。网格上的艺术(Art on the Grid)采用了 Internet2 中的 Access 网格系统，集中了网络上的音乐艺术家、媒体艺术家共同进行艺术交流。

　　未来办公室项目是使地理上距离遥远的人们能够在一种真实的、远程合作的环境中协同工作。利用实时电脑图像技术，可以远程抓取同事办公室的动态三维图像，传送到本地办公室，通过 Internet2 的高级网络，这些三维数据流的传输使得天各一方的参与者可以进行互动，在同一时间处理共享的虚拟对象。

　　从 2008 年 1 月开始，Internet2 的动态电路网络(DCN)使得美国的研究人员可以根据需求配置每秒 10 GB 的专用带宽。Internet2 首席执行官 Doug Van Houweling 宣称，这个里程碑标志着成倍增加网络容量的工作已经完成，这将为 Internet2 社区迅速变化的需求提供服务。DCN 网络的每一个网段可设置 10 个 10 Gb/s 的线路，并且可以根据需要把专用带宽升级到 20、40 或者 100 Gb/s。Internet2 正在与 Level 3、Ciena 和 Juniper 等公司合作开发每秒 100 Gb/s 的技术，网络互连情况参见图 9-34。

图 9-34　Internet 2

9.4.4 我国的下一代互联网研究

中国下一代互联网示范工程(CNGI)项目是 2003 年酝酿并启动的。截至目前，CNGI 已经建成了由六个主干网、两个国际交换中心及相应的传输链路组成核心网络。CERNET2、中国电信、中国网通/中科院、中国移动、中国联通和中国铁通这六个主干网以及国际交换中心已全部完成验收。

1. CERNET2

CERNET2(图 9-35)是 CNGI 中规模最大的主干网，也是目前世界上规模最大的采用纯 IPv6 技术的下一代互联网。它以 2.5～10G 速率连接全国 20 个城市的 25 个主干网核心结点，为全国高校和科研单位提供高速 IPv6 接入服务，在此基础上，实现了全国 160 所大学的高速接入，已经有 40 余项下一代互联网技术试验、应用示范和产业化项目连接到 CERNET2 主干网上进行项目研究和成果测试。该项目还建成了 CNGI 国际/国内互联中心，实现了 6 个 CNGI 主干网的互联，并与北美、欧洲、亚太等地区的国际下一代互联网实现了高速互联，使 CNGI 成为国际下一代互联网的重要组成部分。

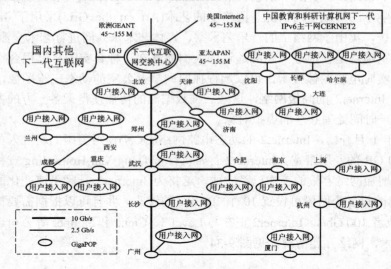

图 9-35 CERNET2 示意图

2. GLORIAD

2002 年 2 月，美国国家科学基金会资助的美俄科教网络(NaukaNet)项目提出与中国建立战略伙伴关系，并在北半球建立环形科教网络的设想。2004 年 1 月 12 日，中美俄环球科教网络(GLORIAD)正式开通。

GLORIAD 是在美俄之间 5 年期科学网项目的基础上增加中美和中俄的连接而建成的闭环网络，以支持科研、教育方面的国际合作。这条新的连接使美国的科研机构能够通过中国科学院院网与俄罗斯远东地区的科学团体进行交流。GLORIAD 计划包括四方面的内容：

(1) 网络传输基础设施的研究和建设。利用先进的光传输/交换技术，建设一个横跨中国、美国、俄罗斯以及太平洋和大西洋的环形光网络，设计传输速率为 10 Gb/s。相应的光交换节点分别设在芝加哥、阿姆斯特丹、莫斯科、新西伯利亚、北京和香港。该环形网络的拓扑结构充分利用了光网络的自愈保护功能，可以提供高可靠的、无缝的环球网络连接，参见图 9-36。

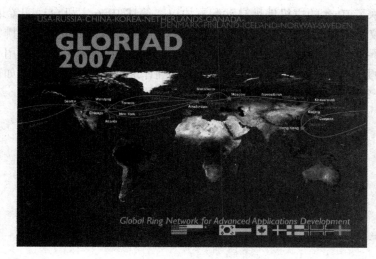

图 9-36　GLORIAD

(2) 网络重要支撑技术的研究、运行和试验。为了更好地适应先进科学应用的需要，提供更高的性能，在网络层将采用 IPv6 协议实现互连，提供端到端的资源分配和调度能力，提供能够自动更新网络设备的软件系统，通过在核心网络使用 MPLS 等技术提供改进的网络服务质量，同时要研发各种网络监控和管理工具，以最大限度地满足网络管理和终端用户的需求。

(3) 网络应用服务软件和中间件的研究、运行和试验。通过采用基于网格的软件技术实现网络资源、数据资源、计算资源、科学仪器资源和用户团体资源的整合和协同工作。

(4) 建立强大的科学教育应用联盟。GLORIAD 计划主要面向科学家、教育工作者、政策制定者、公共组织等，确定这些团体的应用需求，然后使他们逐步了解这个网络潜在的服务和功能，最后给这些团体提供更多的机会进行协作与资源共享。

习　　题

1. IPv6 对 IPv4 有哪些改进？

2. 在一个运行在 802.3 LAN 上的 IP 网络中，当移动主机离开家乡网络时，如何接收发送给它的分组？

3. IPv6 的单播地址有哪几种类型？各采用什么格式前缀？其地址结构是怎样的？

4. IPv6 地址 0:0:0:0:0:0:0:0 和 0:0:0:0:0:0:0:1 表示什么意思？与 IPv4 的什么地址相当？

5. IPv6 地址 12AB:0000:0000:CD30:0000:0000:0000:0000/60 可以表示成各种简写形式，下面的简写形式中哪些是正确的？哪些是错误的？为什么？

(1) 12AB:0:0:CD30::/60；

(2) 12AB:0:0:CD3/60；

(3) 12AB::CD30/60;

(4) 12AB::CD3/60。

6. IPv6 继承了 IPv4 的主机地址自动配置协议，简述 IPv6 主机自动配置地址的过程。

7. IPv6 协议数据单元的扩展头部有哪些？这些扩展头部的顺序如何安排？

8. 协议翻译技术用于纯 IPv6 主机与纯 IPv4 主机之间的通信，其中使用了两种特殊的 IPv6 地址，一种是 IPv4 映射地址，另一种是 IPv4 翻译地址，这两种地址是如何构造的？各适用于什么场合？

第10章

网络安全与网络管理

互联网正在迅速地改变着人们的生活方式和工作效率。个人和商业机构都将越来越多地通过互联网处理银行帐务，纳税和购物。这无疑给社会生活带来了前所未有地便利，同时也不可避免地要求互联网运行得更加便捷和安全。本章介绍网络安全方面存在的问题及其相应的解决方案，同时也介绍了网络管理系统的体系结构和一些实用的网络管理方法。

10.1 网络安全的基本概念

10.1.1 网络安全威胁

网络安全威胁是对网络安全缺陷的潜在利用，这些缺陷可能导致非授权访问、信息泄露、资源耗尽、资源被窃取或者破坏。具体地说，网络安全面临的威胁有：

(1) 窃听：在广播网络中，每个节点都可以读取网上传输的数据，例如搭线窃听或者安装通信监视器获取网上传播的信息。

(2) 假冒：一个实体假扮成另一个合法实体访问网络资源。

(3) 重放：重复发送一份报文或报文的一部分，以便产生一个期望的结果。

(4) 流量分析：通过对网上信息流的观察和分析，可以推断出有关网络活动的情况，诸如有无信息传输、传输的时间、数量、方向、频率等。

(5) 破坏数据完整性：有意或无意地修改或破坏信息系统，或者在非授权的方式下对网络信息进行修改。

(6) 拒绝服务：授权实体无法进行正常的网络访问或者正常的网络操作被延迟。

(7) 资源的非授权访问：违反安全策略非法地使用网络资源。

10.1.2 网络攻击的类型

任何非授权的行为都可能构成对网络的安全攻击，攻击的程度从使系统无法提供正常服务到完全控制或破坏网络系统。在网络上成功实施攻击的可能性依赖于用户采取的安全措施的完善程度。网络攻击可以分为以下几类：

(1) 被动攻击：攻击者通过监视所有信息流以获得某些机密数据，这种攻击可以是基于网络的(监视网络通信链路)，或者是基于系统的(用特洛伊木马代替系统功能部件)。被动攻击很难被检测，对付这种攻击的基本方法是预防，例如采用数据加密措施等。

(2) 主动攻击：攻击者试图突破网络的安全防线，这种攻击涉及到数据流的修改或者创建错误的数据流，主要攻击形式有假冒、重放、欺骗、消息篡改、拒绝服务等。这种攻击无法预防但却易于检测，对付的重点是测而不是防，主要手段有防火墙、入侵检测技术等。

(3) 物理临近攻击：在物理临近攻击中未经授权者可在物理上接近网络系统，并实现对网络资源的修改或者收集网络中的机密信息。

(4) 内部人员攻击：这种攻击的实施者处于网络信息系统的物理范围之内，并且获得了网络信息系统的访问权限。这种攻击可能是出于恶意的，也可能是非恶意的(不小心的操作或无知的用户)。

(5) 病毒：所有的恶意程序都可以看作是一种病毒，这种病毒程序能够在网络中自行传播，潜入用户电脑，对网络资源进行窃取和破坏。

(6) 特洛伊木马：通过替换系统中的合法程序，或者在合法程序中插入恶意代码，与外界的恶意程序里应外合，实现对网络资源的非授权访问，或者利用用户电脑实施网络攻击。

10.1.3 网络安全技术分类

任何形式的互联网络服务都会导致安全方面的风险，问题是如何将风险降低到最低程度，目前的网络安全措施主要有：

(1) 访问控制：确保网络访问者(人或计算机)具有合法的访问权限。

(2) 数据加密：加密是通过对信息的重新组合，使得只有收发双方才能解码并还原信息的一种手段。随着网络技术的发展，加密功能正在逐步被集成到系统和网络中。

(3) 身份认证：确保会话对方(人或计算机)身份的真实性。有多种方法来认证一个用户的有效身份，例如密码技术、人体生物特征(如指纹)识别、智能 IC 卡和专用的 USB 盘等。

(4) 数据完整性认证：确保接受到的信息与发送的信息一致，防止在信息传输过程中被恶意篡改。

(5) 数字签名：数字签名可以用来证明消息确实是由发送者签发的，也可以用来验证数据或程序的完整性。

(6) 安全审计：这是一种事后验证手段，以确保任何发生过的交易都可以被证实，发信者和收信者都不可抵赖曾经发生过的交易。

(7) 防火墙：它是建立在内部网络(可信赖的网络)和外部网络(不可信赖的网络)之间的由软硬件构成的屏障，按照预先定义好的规则控制数据包的通过。

(8) 内容过滤：这是防火墙的一种功能，通过对网络内容的过滤实现家长控制功能，对不同用户的访问权限进行不同的管理。

10.2 数 据 加 密

数据加密是防止未经授权的用户访问敏感信息的手段，是人们通常理解的安全措施，也是其他安全方法的基础。研究数据加密的科学叫做密码学(Cryptography)，它又分为设计密码体制的密码编码学和破译密码的密码分析学。密码学有着悠久而光辉的历史，古代的军事家已经用密码传递军事情报了，而现代计算机的应用和计算机科学的发展又为这一古老的科学注入了新的活力。现代密码学是经典密码学的进一步发展和完善，由于加密和解密此消彼长的斗争永远不会停止，这门科学还在发展之中。

10.2.1　经典加密技术

所谓经典加密方法主要是使用了三种加密技术：

(1) 替换加密(substitution)：用一个字母替换另一个字母，例如凯撒(Caesar)密码是用 D 替换 a，用 E 替换 b……。这种方法保留了明文的顺序，可根据自然语言的统计特性(例如字母出现的频率)进行破译。

(2) 换位加密(transposition)：按照一定的规律重排字母顺序。例如以 CIPHER 作为密钥(仅表示顺序)，对明文 attackbeginsatfour 加密，得到密文 abacnuaiotettgfksr，如图 10-1 所示。偷听者得到密文后检查字母出现的频率即可确定加密方法是换位密码，然后若能根据其他情况猜测出一段明文，就可确定密钥的列数，再重排密文的顺序来进行破译。

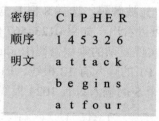

密钥	C I P H E R
顺序	1 4 5 3 2 6
明文	a t t a c k
	b e g i n s
	a t f o u r

密文　　abacnuaiotettgfksr

图 10-1　换位加密的例

(3) 一次性填充(one-time pad)：把明文变为比特串(例如用 ASCII 编码)，选择一个等长的随机比特串作为密钥，对二者进行按位异或，得到密文。这样的密码理论上是不可破解的，但是这种密码有实际的缺陷。首先是密钥无法记忆，必须写在纸上，这在实践上是最不可取的；其次是密钥长度有限，有时可能不够使用；最后是这个方法对插入或丢失字符的敏感性，如果发送者与接收者在某一点上失去同步，以后的报文全都无用了。

10.2.2　信息加密原理

现代加密技术主要依赖于加密算法和密钥这两个要素。一般的保密通信模型如图 10-2 所示。

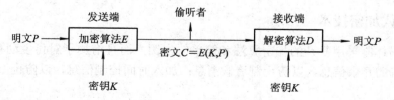

图 10-2　保密通信模型

在发送端，把明文 *P* 用加密算法 *E* 和密钥 *K* 加密，变换成密文 *C*，即

$$C = E(K, P)$$

在接收端利用解密算法 D 和密钥 K 对 C 解密得到明文 P，即

$$P = D(K, C)$$

这里加/解密函数 E 和 D 是公开的，而密钥 K(加解密函数的参数)是秘密的。在传送过程中偷听者得到的是无法理解的密文，而他/她又得不到密钥，这就达到了对第三者保密的目的。

如果不论偷听者获取了多少密文，但是密文中没有足够的信息，使得可以确定对应的明文，则这种密码体制是无条件安全的，或称为是理论上不可破解的。在无任何限制的条件下，几乎目前所有的密码体制都不是理论上不可破解的。能否破解给定的密码，取决于可使用的计算资源和其他非技术手段，所以密码专家们研究的核心问题就是要设计出在给定计算费用的条件下，计算上(而不是理论上)安全的密码体制。

各种加密方法的核心思想都是利用替换和换位机制把原来表示信息的明文充分弄乱，使得第三者无法理解。替换和换位机制可以用简单的电路来实现。图 10-3(a)所示的设备称为 P 盒(Permutation box)，用于改变 8 位输入线的排列顺序，可以看出，左边输入端经 P 盒变换后的输出顺序为 36071245。图 10-3(b)所示的设备称为 S 盒(Substitution box)，起到了置换的作用，从左边输入的 3 bit 首先被解码，选择 8 根 P 盒输入中的 1 根，将其置 1，其他线置 0，经编码后在右边输出，可以看出，如果 01234567 依次输入，其输出为 24506713。

把一串盒子连接起来，可以实现复杂的乘积密码(Priduct cipher)，如图 10-3(c)所示，它可以对 12 比特进行有效的置换。P1 的输入有 12 根线，P1 的输出有 $2^{12} = 4096$ 根线，由于第二级使用了 4 个 S 盒，所以每个 S 的输入只有 1024 根线，这就简化了 S 盒的复杂性。

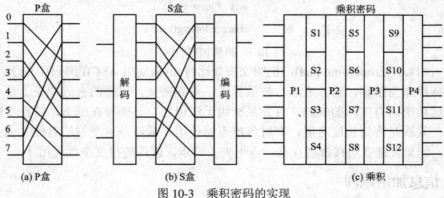

图 10-3 乘积密码的实现

在乘积密码中配置足够多的设备，可以实现非常复杂的置换函数，下面介绍的 DES 算法就是用类似的方法实现的。

10.2.3 现代加密技术

现代密码体制采用复杂的加密算法和简单的密钥，而且增加了对付主动攻击的手段，例如加入随机的冗余信息，以防止制造假消息；加入时间控制信息，以防止旧消息重放。

1. DES

1977 年 1 月 NSA(National Security Agency)根据 IBM 的专利技术 Lucifer 制定了数据加

密标准 DES(Data Encryption Standard)。明文被分成 64 位的块，对每个块进行 19 次变换(替代和换位)，其中 16 次变换由 56 位的密钥的不同排列形式控制(IBM 使用的是 128 位的密钥)，最后产生 64 位的密文块。如图 10-4 所示。

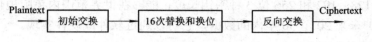

图 10-4 DES 加密算法

由于 NSA 减少了密钥，而且对 DES 的制定过程保密，甚至为此取消了 IEEE 计划的一次密码学会议，人们怀疑 NSA 的目的是保护自己的解密技术。因而对 DES 从一开始就充满了怀疑和争论。

1977 年 Diffie 和 Hellman 设计了 DES 解密机。只要知道一小段明文和对应的密文，该机器可以在一天之内穷试 2^{56} 种不同的密钥(这叫做穷举攻击)，这个机器估计当时的造价为 2 千万美元，同样的机器今天的造价是 1 百万美元，4 个小时就可完成同样的工作。

2. 三重 DES

这种方法是 DES 的改进算法，它使用两把密钥对报文作三次 DES 加密，其效果相当于将 DES 密钥的长度加倍，克服了 DES 密钥长度较短的缺点。本来应该使用三个不同的密钥进行三次加密，这样就可以把密钥的长度加长到 $3 \times 56 = 168$ 位。但许多密码设计者认为 168 位的密钥已经超过实际需要了，所以在第一层和第三层中使用相同的密钥，产生一个有效长度为 112 位的密钥。之所以没有采用两重 DES，是因为第二层 DES 不是十分安全，它对"中间可遇"的密码分析攻击极为脆弱，所以最终采用了通过两个密钥进行三重 DES 加密操作的方案。

假设两个密钥分别是 $K1$ 和 $K2$，其算法的步骤如下：

(1) 用密钥 $K1$ 进行 DES 加密；

(2) 用 $K2$ 对步骤(1)的结果进行 DES 解密；

(3) 对步骤(2)的结果使用密钥 $K1$ 进行 DES 加密。

这种方法的缺点是要花费原来三倍的时间，但从另一方面来看，三重 DES 的 112 位密钥长度是足够"强壮"的加密方式。

3. IDEA

1990 年瑞士联邦技术学院的来学嘉和 Massey 建议了一种新的加密算法 IDEA(International Data Encryption Algorithm)，这种算法使用 128 位的密钥，把明文分成 64 位的块，进行 8 轮迭代加密。IDEA 可以用硬件或软件实现，并且比 DES 快，在苏黎世技术学院用 25 MHz 的 VLSI 芯片，加密速率是 177 Mb/s。

IDEA 经历了大量的详细审查，对密码分析具有很强的抵抗能力，在多种商业产品中得到应用，已经成为全球通用的加密标准。

4. 高级加密标准 AES

1997 年 1 月，美国国家标准与技术局(NIST)为高级加密标准(Advanced Encryption Standard，AES)征集新算法。最初从许多响应者中挑选了 15 个候选算法，经过了世界密码共同体的分析，选出了其中的 5 个。经过用 ANSI C 和 Java 语言对 5 个算法的加/解密速度、密钥和算法的安装时间以及对各种攻击的拦截程度等进行了广泛的测试后，2000 年 10 月，NIST 宣布 Rijndael 算法为 AES 的最佳候选算法，并于 2002 年 5 月 26 日发布了正式的 AES 加密标准。

AES 支持 128、192 和 256 位 3 种密钥长度，能够在世界范围内免版税使用，提供的安全级别足以保护未来 20 至 30 年内的数据，它可以通过软件或硬件实现。

5. 流加密算法和 RC4

所谓流加密就是将数据流与密钥生成的二进制比特流进行异或运算的加密过程。这种算法采用两个步骤：

(1) 利用密钥 K 生成一个密钥流 KS(伪随机序列)；

(2) 用密钥流 KS 与明文 P 进行"异或"运算，产生密文 C

$$C = P \oplus KS(K)$$

解密过程则是用密钥流与密文 C 进行"异或"运算，产生明文 P

$$P = C \oplus KS(K)$$

为了安全起见，对不同的明文必须使用不同的密钥流，否则容易被破解。

Ronald L. Rivest 是 MIT 的教授，用他的名字命名的流加密算法有 RC2～RC6 系列算法，其中 RC4 是最常用的。RC 代表"Rivest Cipher"或"Ron's Cipher"，RC4 是 Rivest 在 1987 年设计的，其密钥长度可选择 64 位或 128 位。

RC4 是 RSA 公司的商业机密，1994 年 9 月，被人匿名发布在互联网上，从此得以公开。这个算法非常简单，就是 256 内的加法、置换和异或运算。由于简单，所以速度极快，其加密的速度可达到 DES 的 10 倍。

6. 公钥加密算法

以上加密算法中使用的加密密钥和解密密钥是相同的。1976 年斯坦福大学的 Diffie 和 Hellman 提出了使用不同的密钥进行加密和解密的公钥加密算法。设 P 为明文，C 为密文，E 为公钥控制的加密算法，D 为私钥控制的解密算法，这些参数满足下列三个条件：

(1) $D(E(P))=P$；

(2) 不能由 E 导出 D；

(3) 选择明文攻击不能破解 E。

加密时计算 $C = E(P)$，解密时计算 $P = D(C)$。加密和解密是互逆的，用公钥加密，私钥解密，可实现保密通信；用私钥加密，公钥解密，可实现数字签名。

RSA 算法是由 Rivest、Shamir 和 Adleman 在 1978 年提出的公钥加密算法，并以 3 人的名字命名。这种方法是按照下面的要求选择公钥和密钥：

(1) 选择两个大素数 p 和 q(大于 10^{100})；

(2) 令 $n = p*q$ 和 $z = (p - 1)*(q - 1)$；

(3) 选择 d 与 z 互质；

(4) 选择 e，使 $e*d = 1(\bmod z)$。

明文 P 被分成 k 位的块，k 是满足 $2^k < n$ 的最大的整数，于是有 $0 \leqslant P < n$。加密时计算

$$C = P^e(\bmod n),$$

这样公钥为 $(e，n)$。解密时计算

$$P = C^d (\mathrm{mod}\ n),$$

即私钥为$(d,\ n)$。

我们用例子说明这个算法。设 $p = 3$，$q = 11$，$n = 33$，$z = 20$，$d = 7$，$e = 3$，$C = P^3(\mathrm{mod}\ 33)$，$P = C^7(\mathrm{mod}\ 33)$，则有

$$C = 2^3(\mathrm{mod}\ 33) = 8(\mathrm{mod}\ 33) = 8$$
$$P = 8^7(\mathrm{mod}\ 33) = 2097152(\mathrm{mod}\ 33) = 2$$

RSA 算法的安全性是基于大素数分解的困难性。攻击者可以分解已知的 n，得到 p 和 q，然后可得到 z；最后用 Euclid 算法，由 e 和 z 得到 d。然而要分解 200 位的数，需要 40 亿年；分解 500 位的数则需要 10^{25} 年。

10.3 认 证 技 术

认证又分为实体认证和报文认证。实体认证是识别通信对方的身份，防止假冒，可以使用基于共享密钥或基于公钥的认证方法，也可以使用数字签名的方法。报文认证是验证消息在传送或存储过程中有没有被篡改，通常使用报文摘要的方法。

10.3.1 基于共享密钥的认证

如果通信双方有一个共享的密钥，则可以确认对方的真实身份。这种算法采用了密钥分发中心 KDC，如图 10-5 所示。其中的 A 和 B 分别代表发送着和接收者，K_A 和 K_B 分别表示 A 和 B 与 KDC 之间的共享密钥。

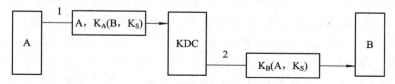

图 10-5 基于共享密钥的认证

认证过程是这样的，A 向 KDC 发出消息 $\{A,K_A(B,K_S)\}$，说明自己要和 B 通信，并指定了与 B 会话的密钥 K_S。注意这个消息中的一部分$(B,\ K_S)$是用 K_A 加密了的，所以第三者不能了解消息的内容。KDC 解密后知道了 A 的意图，然后就构造了一个消息 $\{K_B(A,K_S)\}$ 发给 B，B 用 K_B 解密后就得到了 A 和 K_S，然后就可以与 A 用 K_S 进行会话了。

然而，主动攻击者对这种认证方式可能进行重放攻击。例如 A 代表顾主，B 代表银行，第三者 C 为 A 工作，通过银行转帐取得报酬。如果 C 为 A 工作了一次，得到了一次报酬，并偷听和拷贝了 A 和 B 之间就转帐问题交换的报文，那么贪婪的 C 就可以按照原来的次序向银行重发报文 2，冒充 A 与 B 之间的会话，以便得到第二次、第三次……报酬。在重放攻击中攻击者不需要知道会话密钥 K_S，只要能猜测密文的内容对自己有利或是无利就可以达到攻击的目的。

10.3.2 基于公钥算法的认证

这种认证协议如图 10-6 所示。A 给 B 发出 $E_B(A,\ R_A)$，该报文用 B 的公钥加密；B 返

回 $E_A(R_A,\ R_B,\ K_S)$，用 A 的公钥加密。这两个报文中分别有 A 和 B 指定的随机数 R_A 和 R_B，因此能排除重放的可能性。通信双方都用对方的公钥加密，用各自的私钥解密，所以应答比较简单，其中的 K_S 是 B 指定的会话键。这个协议的缺陷是假定了双方都知道对方的公钥，但如果这个条件不成立呢？如果有一方的公钥是假的呢？

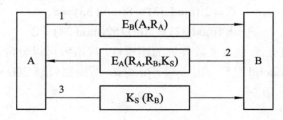

图 10-6　基于公钥算法的认证

10.3.3　数字签名

与人们手写签名的作用一样，数字签名系统向通信双方提供服务，使得 A 向 B 发送签名的消息 P，以便

(1) B 可以验证消息 P 确实来源于 A；

(2) A 以后不能否认发送过 P；

(3) B 不能编造或改变消息 P。

下面介绍两种数字签名系统。

1. 基于密钥的数字签名

这种系统如图 10-7 所示。设 BB 是 A 和 B 共同信赖的仲裁人，K_A 和 K_B 分别是 A 和 B 与 BB 之间的密钥，而 K_{BB} 是只有 BB 掌握的密钥，P 是 A 发给 B 的消息，t 是时间戳。BB 解读了 A 的报文 $\{A,\ K_A(B,\ R_A,\ t,\ P)\}$ 以后产生了一个签名的消息 $K_{BB}(A,\ t,\ P)$，并装配成发给 B 的报文 $\{K_B(A,\ R_A,\ t,\ P,\ K_{BB}(A,\ t,\ P))\}$。B 可以解密该报文，阅读消息 P，并保留证据 $K_{BB}(A,\ t,\ P)$。由于 A 和 B 之间的通信是通过中间人 BB 的，所以不必怀疑对方的身份。又由于证据 $K_{BB}(A,\ t,\ P)$ 的存在，A 不能否认发送过消息 P，B 也不能改变得到的消息 P，因为 BB 仲裁时可能会当场解密 $K_{BB}(A,\ t,\ P)$，得到发送人、发送时间和原来的消息 P。

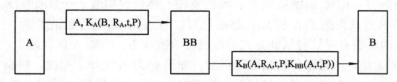

图 10-7　基于密钥的数字签名

2. 基于公钥的数字签名

利用公钥加密算法的数字签名系统如图 10-8 所示。如果 A 方否认了，B 可以拿出 $D_A(P)$，并用 A 的公钥 E_A 解密得到 P，从而证明 P 是 A 发送的；如果 B 把消息 P 篡改了，当 A 要求 B 出示原来的 $D_A(P)$ 时，B 拿不出来。

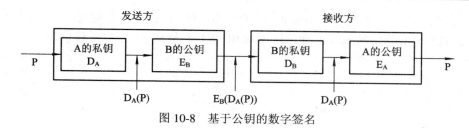

图 10-8 基于公钥的数字签名

10.3.4 报文摘要

用于差错控制的报文校验码是根据冗余位检查报文是否受到信道干扰的影响，与之类似的报文摘要方案是计算密码检查和，即固定长度的认证码，附加在消息后面发送，根据认证码检查报文是否被篡改。

设 M 是可变长的报文，K 是发送者和接收者共享的密钥，令 $MD = C_K(M)$，这就是算出的报文摘要(Message Digest)，如图 10-9 所示。

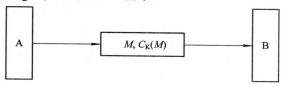

图 10-9 报文摘要方案

通常的实现方案是对任意长的明文 M 进行单向 Hash 变换，计算固定长度的比特串，作为报文摘要。对 Hash 函数 $h = H(M)$的要求如下：

(1) 可用于任意大小的数据块；

(2) 能产生固定大小的输出；

(3) 软/硬件容易实现；

(4) 对于任意 m，找出 x，满足 $H(x) = m$，是不可计算的；

(5) 对于任意 x，找出 $y \neq x$，使得 $H(x) = H(y)$，是不可计算的；

(6) 找出$(x，y)$，使得 $H(x) = H(y)$，是不可计算的。

前 3 项要求显而易见是实际应用和实现的需要。第 4 项要求就是所谓的单向性，这个条件使得攻击者不能由偷听到的 m 得到原来的 x。第 5 项要求是为了防止伪造攻击，使得攻击者不能用自己制造的假消息 y 冒充原来的消息 x。第 6 项要求是为了对付生日攻击的。

1. MD5 算法

使用最广的报文摘要算法是 MD5，这是 Ron Rivest 设计的一系列 Hash 函数中的第 5 个。其基本思想就是用足够复杂的方法把报文比特充分"弄乱"，使得每一个输出比特都受到每一个输入比特的影响。具体的操作分成下列步骤：

(1) 分组和填充：把明文报文按 512 位分组，最后要填充一定长度的 1000…，使得

报文长度 = 448 (mod 512)

(2) 附加：最后加上 64bit 的报文长度字段，整个明文恰好为 512 的整数倍

(3) 初始化：置 4 个 32 bit 长的缓冲区 ABCD 分别为

A = 01234567   B = 89ABCDEF   C = FEDCBA98   D = 76543210

(4) 处理：用 4 个不同的基本逻辑函数(F，G，H，I)进行 4 轮处理，每一轮以 ABCD 和当前的 512 位的块为输入，处理后送入 ABCD(128 位)。产生 128 位的报文摘要，参见图 10-10。

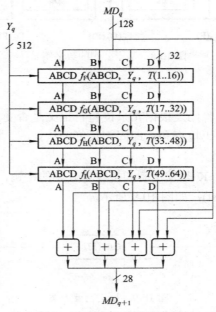

图 10-10 MD5 的处理过程

关于 MD5 的安全性可以解释如下。由于算法的单向性，所以求具有相同 Hush 值的两个不同报文是不可计算的。如果采用强力攻击，寻找具有给定 Hush 值的报文的计算复杂性为 2^{128}，若每秒试验 10 亿个报文，需要 $1.07*10^{22}$ 年；采用生日攻击法(见生日悖论)，寻找有相同 Hush 值两个报文的计算复杂性为 2^{64}，用同样的计算机，需要 585 年。从实用性考虑，MD5 用 32 位软件可高速实现，所以有广泛应用。

2. 安全散列算法

安全散列算法(The Secure Hash Algorithm，SHA)由美国国家标准和技术协会(National Institute of Standards and Technology，NIST)于 1993 年提出，并被定义为安全散列标准(Secure Hash Standard，SHS)。SHA-1 是 1994 年修订的版本，纠正了 SHA 一个未公布的缺陷。这种算法接受的输入报文小于 2^{64} 位，产生 160 位的报文摘要。该算法设计的目标是使得找出一个能够匹配给定的散列值的文本实际是不可能计算的。也就是说，如果对文档 A 已经计算出了散列值 H(A)，那么很难到一个文档 B，使其散列值 H(B) = H(A)，尤其困难的是无法找到满足上述条件的、而且又是指定内容的文档 B。SHA 算法的缺点是速度比 MD5 慢，但是 SHA 的报文摘要更长，更有利于对抗野蛮攻击。

10.4 数字证书与密钥管理

10.4.1 X.509 数字证书

数字证书是各类终端实体和最终用户在网上进行信息交流及商务活动的身份证明，在电子交易的各个环节，交易的各方都需验证对方数字证书的有效性，从而取得互相信任。

数字证书采用公钥体制，每个用户具有一个仅为本人所知的私钥，用它进行解密和签名，同时具有一个公钥，并通过数字证书公开发布，为一组用户所共享，用于加密和认证。数字证书中还包括密钥的有效时间、发证机构的名称、证书的序列号等信息。数字证书的格式遵循 ITU-T X.509 国际标准。

用户的数字证书由某个可信的的证书发放机构(Certification Authority，CA)建立，并由 CA 或用户将其放入公共目录中，供其他用户访问。目录服务器(LDAP)本身并不负责为用户创建数字证书，其作用仅仅是为用户访问数字证书提供方便。

在 X.509 标准中，数字证书包含的数据域有：

(1) 版本号：用于区分 X.509 的不同版本。

(2) 序列号：由同一发行者(CA)发放的每个证书的序列号是唯一的。

(3) 签名算法：签署证书所用的算法及其参数。

(4) 发行者：指建立和签署证书的 CA 的名字。

(5) 有效期：包含证书有效期限的起止时间。

(6) 主体名：指证书持有者的名称及有关信息。

(7) 公钥：有效的公钥以及其使用方法。

(8) 发行者 ID：任选的名字唯一地标识证书的发行者。

(9) 主体 ID：任选的名字唯一地标识证书的持有者。

(10) 扩展域：添加的扩充信息。

(11) 认证机构的签名：用 CA 私钥对证书进行签名。

10.4.2　数字证书的获取

CA 为用户产生的证书应有以下特性：

(1) 只要得到 CA 的公钥，就能由此得到 CA 为用户签署的公钥。

(2) 除 CA 外，其他人不能以不被察觉的方式修改证书的内容。
因为证书是不可伪造的，因此无需对存放证书的目录施加特别的保护。

如果所有用户都由同一 CA 签署证书，则这一 CA 就必须取得所有用户的信任。用户证书除了能放在公共目录中供他人访问外，还可以由用户直接把证书转发给其他用户。用户 B 得到 A 的证书后，可相信用 A 的公钥加密的消息不会被他人获悉，也可信任用 A 的私钥签署的消息不是伪造的。如果用户数量很多，仅一个 CA 负责为所有用户签署证书就是不可能的，通常应有多个 CA，每个 CA 为一部分用户发行和签署证书。

设用户 A 从证书发放机构 X_1 处获取了证书，用户 B 从 X_2 处获取了证书。如果 A 不知 X_2 的公钥，他虽然能读取 B 的证书，但却无法验证用户 B 证书中 X_2 的签名，因此 B 的证书对 A 是没有用处的。然而，如果两个证书发放机构 X_1 和 X_2 彼此间已经安全地交换了公开密钥，则 A 可通过以下过程获取 B 的公开密钥：

(1) A 从目录中获取由 X_1 签署的 X_2 的证书 $X_1《X_2》$，因为 A 知道 X_1 的公开密钥，所以能验证 X_2 的证书，并从中得到 X_2 的公开密钥。

(2) A 再从目录中获取由 X_2 签署的 B 的证书 $X_2《B》$，并通过 X_2 的公开密钥对此加以验证，然后从中得到 B 的公开密钥。

以上过程中，A 是通过一个证书链来获取 B 的公开密钥的，该证书链可表示为
$$X_1《X_2》 X_2《B》$$
类似地，B 能通过相反的证书链获取 A 的公开密钥，可表示为
$$X_2《X_1》 X_1《A》$$
以上证书链中只涉及两个证书。同样，N 个证书的链可表示为
$$X_1《X_2》 X_2《X_3》……X_N《B》$$
这时，任意两个相邻的 CA X_i 和 X_{i+1} 已彼此为对方建立了证书，对每一 CA 来说，由其他 CA 为其建立的所有证书都应存放于目录中，并使得用户知道所有证书相互之间的连接关系，从而可获取另一用户的公钥证书。X.509 建议将所有 CA 以层次结构组织起来，用户 A 可从目录中得到相应的证书以建立到 B 的以下证书链：
$$X《W》 W《V》 V《U》 U《Y》 Y《Z》 Z《B》$$
并通过该证书链获取 B 的公开密钥。类似地，B 可建立以下证书链以获取 A 的公开密钥：
$$X《W》 W《V》 V《U》 U《Y》 Y《Z》 Z《A》$$

10.4.3 数字证书的吊销

从证书格式上可以看到，每一证书都有一个有效期，然而有些证书还未到截至日期就会被发放该证书的 CA 吊销，这可能是由于用户的私钥已被泄漏，或者该用户不再由该 CA 来认证，或者 CA 为该用户签署证书的私钥已经泄漏。为此，每个 CA 还必须维护一个证书吊销列表 CRL(Certificate Revocation List)，其中存放所有未到期而被提前吊销的证书，CRL 必须由该 CA 签字，然后存放于目录中以供查询。

CRL 中的数据域包括发行者 CA 的名称、建立 CRL 的日期、计划公布下一 CRL 的日期以及每一个被吊销的证书数据域(该证书的序列号和被吊销的日期)。

每个用户收到他人消息中的证书时，必须通过目录检查这一证书是否已经被吊销。为避免搜索目录引起的延迟以及因此而增加的费用，用户自己也可维护一个有效证书和被吊销证书的局部缓存区。

10.4.4 密钥管理

密钥是加密算法中的可变部分，在采用加密技术保护的信息系统中，其安全性取决于对密钥的保护，而不是对算法或硬件的保护。密码体制可以公开，密码设备可能丢失，但同一型号的密码机仍可继续使用。然而密钥一旦丢失或出错，不但合法用户不能提取信息，而且还可能使非法用户窃取机密信息。对密钥的威胁有：
(1) 私钥的泄露；
(2) 私钥或公钥的真实性(Authenticity)丧失；
(3) 私钥或公钥未经授权使用，例如使用失效的密钥或违例使用密钥。

因此，密钥的管理是信息安全中的关键问题。密钥管理涉及从密钥的产生到最终销毁的整个过程中的各种有关问题，包括系统的初始化，密钥的产生、存储、备份、恢复、装入、分配、保护、更新、控制、丢失、吊销和销毁等。

美国信息保障技术框架(Information Assurance Technical Framework，IATF)定义的密钥管理体制主要有以下两种。

1. 密钥管理基础结构

在密钥管理基础结构(Key Management Infrastructure，KMI)中，假定有一个密钥分发中心(KDC)，由其负责向用户发放密钥。这种结构经历了从静态分发到动态分发的发展过程，目前仍然是密钥管理的主要手段。无论是静态分发或是动态分发，都是基于秘密的物理通道进行的。

1) 静态分发

静态分发就是预分配技术，大致有以下几种。

(1) 点对点配置：可实现单钥或双钥的分发。单钥分发就是通过秘密的物理通道分配密钥，是最简单而有效的密钥管理技术。秘密分配的单钥可用于身份认证，但无法提供不可否认服务，有数字签名需求时则用双钥实现。

(2) 一对多配置：可用于实现单钥或双钥的分发，是点对点分发的扩展，在密钥分发中心保留所有的密钥，而各个用户只保留自己的密钥。一对多的密钥分发在银行清算、军事指挥、数据库系统中仍为主流技术，是建立秘密通道的主要方法。

(3) 格状网配置：可以用单钥实现，也可以用双钥实现。格状网的密钥配置量为全网 n 个终端用户中选 2 的组合数。Kerberos 曾安排过 25 万个用户的密钥。格状网一般都要求提供数字签名服务，因此多数用双钥实现，各端保留自己的私钥和所有终端的公钥，如果用户量为 25 万个，则每个终端用户要保留 25 万个公钥。

2) 动态分发

动态分发采用"请求—分发"机制，是与物理分发相对应的电子分发，在秘密通道的基础上进行，一般用于建立实时通信中的会话密钥，在一定意义上缓解了密钥管理规模化的矛盾。动态分发有以下几种形式：

(1) 基于单钥的单钥分发：在用单密钥实现时，首先在静态分发方式下建立星状密钥配置，在此基础上解决会话密钥的分发。这种密钥分发方式简单易行。

(2) 基于单钥的双钥分发：在双钥体制下，可以将公私钥都当作秘密变量，也可以将公、私钥分开，只把私钥当作秘密变量，公钥当作公开变量。尽管将公钥当作公开变量，但仍然存在被假冒或篡改的可能性，因此需要有一种公钥传递协议，以证明其真实性。基于单钥的公钥分发的前提是密钥分发中心(C)和各终端用户(A、B)之间已存在单钥的星状配置，分发过程如下：

① A→C：申请 B 的公钥，包含 A 的时间戳；
② C→A：将 B 的公钥用单密钥加密发送，包含 A 的时间戳；
③ A→B：用 B 的公钥加密 A 的身份标识和会话序号 N_1；
④ B→C：申请 A 的公钥，包含 B 的时间戳；
⑤ C→B：将 A 的公钥用单密钥加密发送，包含 B 的时间戳；
⑥ B→A：用 A 的公钥加密 A 的会话序号 N_1 和 B 的会话序号 N_2；
⑦ A→B：用 B 的公钥加密 N_2，以确认会话建立。

2. 公钥基础结构

在密钥管理中，不依赖秘密信道的密钥分发技术一直是个难题。1976 年，Deffie 和 Hellman 提出了双钥密码体制和 D-H 密钥交换协议，大大促进了这一领域的发展进程。但

是，在双钥体制中只是有了公私钥的概念，私钥的分发仍然依赖于秘密通道。1991 年，PGP
首先提出了"Web of Trust"的信任模型和密钥由个人产生的思路，避免了私钥的传递，从
而避开了秘密通道，推动了 PKI 技术的发展。

公钥基础结构(Public Key Infrastructure，PKI)是运用公钥的概念和技术来提供安全服务
的基础设施，包括由 PKI 策略、软硬件系统、认证中心、注册机构、证书签发系统和 PKI
应用等构成的安全体系，如图 10-11 所示。

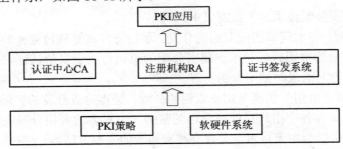

图 10-11　PKI 的组成

PKI 策略定义了信息安全的指导方针和密码系统的使用规则，具体内容包括 CA 之间的
信任关系、遵循的技术标准、安全策略、服务对象、管理框架、认证规则、运作制度及涉
及的法律关系等；软硬件系统是 PKI 运行的平台，包括认证服务器、目录服务器(LDAP)等；
CA 负责密钥的生成和分配；注册机构 RA(Registration Authority)是用户(subscriber)与 CA 之
间的接口，负责对用户的认证；证书签发系统负责数字证书的分发，可以由用户自己或通
过目录服务器进行发放。PKI 的应用非常广泛，包括 Web 通信、电子邮件、电子数据交换、
电子商务、网上信用卡交易、虚拟专用网等都是 PKI 潜在的应用领域。

3. KMI 和 PKI 的应用

1990 年代以来，PKI 技术逐渐得到了各国政府和许多企业的重视，由理论研究进入商
业应用阶段。IETF 和 ISO 等国际组织陆续颁布了 X.509、PKIX、PKCS、S/MIME、SSL、
SET、IPsec、LDAP 等一系列与 PKI 应用有关的标准，RSA 和 VeriSign 等网络安全公司纷
纷推出了 PKI 产品和服务，网络设备制造商和软件公司开始在网络产品中增加 PKI 功能，
美国、加拿大、韩国、日本和欧盟等国家相继建立了 PKI 体系，银行、证券、保险和电信
等行业的用户开始接受和使用 PKI 技术。

PKI 解决了不依赖秘密信道进行密钥管理的重大课题，但这只是概念的转变，并没有多
少新的技术含量。美国国防部(DoD)定义的 KMI/PKI 标准规定了用于管理公钥证书和对称
密钥的技术、服务和过程，KMI 是提供信息保障能力的基础架构，而 PKI 是 KMI 的主要组
成部分，提供了生成、生产、分发、控制和跟踪公钥证书的服务框架。

KMI 和 PKI 两种密钥管理体制各有其适用范围。KMI 的密钥管理机制可形成各种封闭
环境，可作为网络隔离的逻辑手段，而 PKI 则适用于各种开放业务，但却不适应封闭的专
用业务和保密性业务；KMI 采用集中管理模式，为身份认证提供直接信任和一级推理信任，
但密钥更换不灵活，PKI 是依靠第三方的管理模式，只能提供一级以下推理信任，但密钥更
换非常灵活；KMI 适用于保密网和专用网，而 PKI 则适用于安全责任完全由个人或组织自

行承担，安全风险不涉及他方利益的场合。

目前流行的 PKI 公钥设施解决了密钥的规模化，但仍没有彻底解决不依赖秘密通道的问题，身份认证过程(注册)还是通过面对面的物理通道来实现。一旦存在秘密的物理通道，就可以减少很多不必要的麻烦，但 PKI 没有这样做，将很多麻烦留给后面的应用中，这是逻辑上的矛盾。

CA 以离线方式分配密钥，将公钥与证书绑定在一起。由于证书必须经过 CA 验证，因此 LDAP 目录库必须一直在线运行，维护工作量很大，运营费用很高，并且成为网络攻击的对象，增加了网络安全的隐患。

在 PKI 体制下 CA 必须采用多层结构，这就要求信任是可传递的：若 A 信任 B，B 信任 C，那么 A 就可以信任 C。然而，这种传递的信任关系在现实世界中是不可靠的，这是多层信任模型具有的先天性缺陷。

随着应用的推广，PKI 的缺陷越发突出。PKI 不仅建设成本高，而且维护费用也高，同时 CA 的权威性也开始受到越来越多的质疑。

10.5　虚拟专用网

10.5.1　虚拟专用网工作原理

所谓虚拟专用网(Virtual Private Network，VPN)就是建立在公用网络上的、由某一组织或某一群用户专用的通信网络，其虚拟性表现在任意一对 VPN 用户之间没有专用的物理连接，而是通过 ISP 提供的公用网络进行通信的；其专用性表现在 VPN 之外的用户无法访问 VPN 内部的网络资源，VPN 内部用户之间可以实现安全通信；我们这里讲的 VPN 是指在 Internet 上建立的、由用户(组织或个人)自行管理的 VPN，而不涉及一般电信网中的 VPN，后者一般是指 X.25、帧中继或 ATM 虚拟专用线路。

Internet 本质上是一个开放的网络，没有任何安全措施可言。随着 Internet 应用的扩展，很多要求安全和保密的业务需要通过 Internet 实现，这一需求促进了 VPN 技术的发展，各个国际组织和企业都在研究和开发 VPN 的理论、技术、协议、系统和服务。实际应用中要根据具体情况选用适当的 VPN 技术。

实现 VPN 的关键技术主要有：

(1) 隧道技术(Tunneling)：隧道技术是一种通过使用互联网基础设施在网络之间秘密传递数据的方式。隧道协议将其他协议的数据包重新封装在新的包头中发送，新的包头提供了路由信息，从而使封装的负载能够通过互联网秘密传递。在 Internet 上建立隧道可以在不同的协议层实现，例如数据链路层、网络层或传输层，这是 VPN 特有的技术。

(2) 加解密技术(Encryption & Decryption)：VPN 可以利用已有的加解密技术实现保密通信，保证公司业务和个人通信的安全。

(3) 密钥管理技术(Key Management)：建立隧道和保密通信都需要密钥管理技术的支撑，密钥管理负责密钥的生成、分发、控制和跟踪，以及验证密钥的真实性等。

(4) 身份认证技术(Authentication)：加入 VPN 的用户都要通过身份认证，通常使用用户名和密码，或者智能卡来实现用户的身份认证。

10.5.2 VPN 解决方案

VPN 的解决方案有以下三种，可以根据具体情况选择使用。

(1) 内联网 VPN(Intranet VPN)：企业内部虚拟专用网也叫内联网 VPN，用于实现企业内部各个 LAN 之间的安全互联。传统的 LAN 互联采用租用专线的方式，这种实现方式费用昂贵，只有大型企业才能负担得起。如果企业内部各分支机构之间要实现互联，可以在 Internet 上组建世界范围内的 Intranet VPN，利用 Internet 的通信线路保证网络的互联互通，利用隧道、加密和认证等技术保证信息在 Intranet 内安全传输，参见图 10-12。

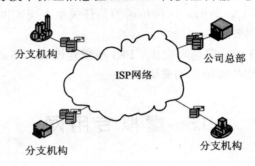

图 10-12　Intranet VPN

(2) 外联网 VPN(Extranet VPN)：企业外部虚拟专用网也叫外联网 VPN，用于实现企业与客户、供应商和其他相关团体之间的互联互通。当然，客户也可以通过 Web 访问企业的客户资源，但是外联网 VPN 方式可以方便地提供接入控制和身份认证机制，动态地提供公司业务和数据的访问权限。一般来说，如果公司提供 B2B 之间的安全访问服务，则可以考虑与相关企业建立 Extranet VPN 连接，参见图 10-13。

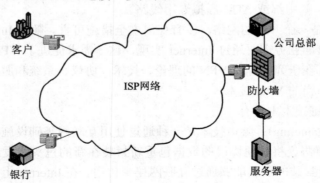

图 10-13　Extranet VPN

(3) 远程接入 VPN(Access VPN)：解决远程用户访问企业内部网络的传统方法是采用长途拨号方式接入企业的网络访问服务器(NAS)。NAS 访问方式的缺点是通信成本高，必须支付价格不菲的长途电话费，而且 NAS 和调制解调器的设备费用，以及租用接入线路的费用也是一笔很大的开销，采用远程接入 VPN 就可以省去这些费用。如果企业内部人员有移动或远程办公的需要，或者商家要提供 B2C 的安全访问服务，可以采用 Access VPN。

Access VPN 通过一个拥有与专用网络相同策略的共享基础设施，提供对企业内部网或外部网的远程访问。Access VPN 能使用户随时随地以其所需的方式访问企业内部的网络资源，最适用于公司内部经常有流动人员远程办公的情况，出差员工利用当地 ISP 提供的 VPN 服务，就可以和公司的 VPN 网关建立私有的隧道连接，参见图 10-14。

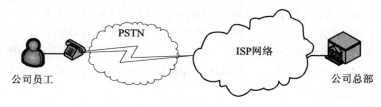

图 10-14　Access VPN

10.5.3　第二层安全协议

虚拟专用网可以通过第二层隧道协议实现，这些隧道协议(例如 PPTP 和 L2TP)都是把数据封装在点对点协议(PPP)的帧中在互联网上传输的，创建隧道的过程类似于在通信双方之间建立会话的过程，需要就地址分配、加密、认证和压缩参数等进行协商，隧道建立后才能进行数据传输。下面介绍有关的第二层隧道协议。

1．点对点隧道协议(PPTP)

PPTP(Point-to-Point Tunneling Protocol)是由 Microsoft、Ascend、3Com 和 ECI 等公司组成的 PPTP 论坛在 1996 年定义的第二层隧道协议。PPTP 定义了由 PAC 和 PNS 组成的客户机/服务器结构，从而把 NAS 的功能分解给这两个逻辑设备，以支持虚拟专用网。

传统网络接入服务器(NAS)根据用户的需要提供 PSTN 或 ISDN 的点对点拨号接入服务，它具有下列功能：

(1) 通过本地物理接口连接 PSTN 或 ISDN，控制外部 Modem 或终端适配器的拨号操作。

(2) 作为 PPP 链路控制协议的会话终端。

(3) 参与 PPP 认证过程。

(4) 对多个 PPP 信道进行集中管理。

(5) 作为 PPP 网络控制协议的会话终端。

(6) 在各接口之间进行多协议的路由和桥接。

PPTP 论坛定义了以下两种逻辑设备：

(1) PPTP 接入集中器(PPTP Access Concentrator，PAC)：它可以连接一条或多条 PSTN 或 ISDN 拨号线路，能够进行 PPP 操作，并且能处理 PPTP 协议。PAC 可以与一个或多个 PNS 实现 TCP/IP 通信，或者通过隧道传送其他协议的数据；

(2) PPTP 网络服务器(PPTP Network Server，PNS)：它建立在通用服务器平台上的 PPTP 服务器，运行 TCP/IP 协议，可以使用任何 LAN 和 WAN 接口硬件实现。

PAC 是负责接入的客户端设备，必须实现 NAS 的第 1、2 两项功能，也可能实现第 3 项功能；PNS 是 ISP 提供的接入服务器，可以实现 NAS 的第 3 项功能，但必须实现第 4、5、6 项功能，而 PPTP 则是在 PAC 和 PNS 之间对拨入的电路交换呼叫进行控制和管理、并传送 PPP 数据的协议。

PPTP 协议只是在 PAC 和 PNS 之间实现，与其他任何设备无关，连接到 PAC 的拨号网络也与 PPTP 无关，标准的 PPP 客户端软件仍然可以在 PPP 链路上进行操作。

在一对 PAC 和 PNS 之间必须建立两条并行的 PPTP 连接，一条是运行在 TCP 协议上的控制连接，一条是传输 PPP 协议数据单元的 IP 隧道。控制连接可以由 PNS 或 PAC 发起建立。PNS 和 PAC 在建立 TCP 连接之后就通过 Start-Control-Connection-Request 和 Start-Control- Connection-Reply 报文来建立控制连接，这些报文也用来交换有关 PAC 和 PNS 操作能力的数据。控制连接的管理、维护和释放也是通过交换类似的控制报文实现的。

控制连接必须在 PPP 隧道之前建立。在每一对 PAC-PNS 之间，隧道连接和控制连接同时存在。控制连接的功能是建立、管理和释放 PPP 隧道，同时控制连接也是 PAC 和 PNS 之间交换呼叫信息的通路。

PPP 分组必须先经过 GRE 封装后才能在 PAC-PNS 之间的隧道中传送。GRE(Generic Routing Encapsulation)是在一种网络层协议上封装另外一种网络层协议的协议，GRE 封装的协议经过了加密处理，所以 VPN 之外的设备无法探测其中的内容。对 PPP 分组封装和传送的过程表现在图 10-15 中，其中的 RRAS 相当于 PAC 或 PNS，PPP 桩是经过加密的 PPP 头。可以看出，负载数据在本地和远程 LAN 中都是通过 IP 协议明文传送的，只有在 VPN 中进行了加密和封装。

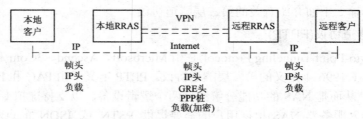

注RRAS: Routing and Remote Access Server

图 10-15　GRE 封装和隧道传送

2. 第二层隧道协议(L2TP)

第二层隧道协议(Layer 2 Tunneling Protocol，L2TP)用于把各种拨号服务集成到 ISP 的服务提供点。PPP 定义了一种封装机制，可以在点对点链路上传输多种协议的分组。通常用户利用各种拨号方式(例如 POTS、ISDN 或 ADSL)接入 NAS，然后通过第二层连接运行 PPP 协议，这样第二层连接端点和 PPP 会话端点都在同一个 NAS 设备中。

L2TP 扩展了 PPP 模型，允许第二层连接端点和 PPP 会话端点驻在由分组交换网连接的不同的设备中。在 L2TP 模型中，用户通过第二层连接访问集中器(例如 Modem，ADSL 等设备)，而集中器则把 PPP 帧通过隧道传送给 NAS，这样就可以把 PPP 分组的处理与第二层端点的功能分离开来。这样做的好处是 NAS 不再具有第二层端点的功能，第二层连接在本地集中器终止，从而把逻辑的 PPP 会话扩展到了帧中继或 Internet 这样的公共网络上。从用户的观点看，使用 L2TP 与通过第二层接入 NAS 并没有区别。

L2TP 报文分为控制报文和数据报文。控制报文用于建立、维护和释放隧道和呼叫。数据报文用于封装 PPP 帧，以便在隧道中传送。控制报文使用了可靠的控制信道以保证提交，数据报文被丢失后不再重传。

在 IP 网上使用 UDP 和一系列的 L2TP 消息对隧道进行维护，同时使用 UDP 将 L2TP 封装的 PPP 帧通过隧道发送，可以对封装的 PPP 帧中的负载数据进行加密或压缩。图 10-16

表示如何在传输之前组装一个 L2TP 数据包。

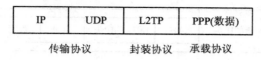

图 10-16　L2TP 数据包在 IP 网中的封装

10.5.4　网络层安全协议

IPsec(IP Security)是 IETF 定义的网络层安全协议，用于增强 IP 网络的安全性。IPsec 协议集提供了下面的安全服务：

(1) 数据完整性(Data Integrity)：保持数据的一致性，防止未授权地生成、修改或删除数据。

(2) 认证(Authentication)：保证接收的数据与发送的相同，保证实际发送者就是声称的发送者。

(3) 保密性(Confidentiality)：传输的数据是经过加密的，只有预定的接收者知道发送的内容。

(4) 应用透明的安全性(Application-transparent Security)：IPsec 的安全头插入在标准的 IP 头和上层协议(例如 TCP)之间，任何网络服务和网络应用可以不经修改地从标准 IP 转向 IPsec，同时 IPsec 通信也可以透明地通过现有的 IP 路由器。

IPsec 的功能可以划分为下面三类：

(1) 认证头(Authentication Header，AH)：用于数据完整性认证和数据源认证。

(2) 封装安全负荷(Encapsulating Security Payload，ESP)：提供数据保密性和数据完整性认证，ESP 也包括了防止重放攻击的顺序号。

(3) Internet 密钥交换协议(Internet Key Exchange，IKE)：用于生成和分发在 ESP 和 AH 中使用的密钥，IKE 也对远程系统进行初始认证。

1. 认证头(AH)

IPsec 认证头提供了数据完整性和数据源认证，但是不提供保密服务。AH 包含了对称密钥的散列函数，使得第三方无法修改传输中的数据。IPsec 支持下面的认证算法：

(1) HMAC-SHA1(Hashed Message Authentication Code-Secure Hash Algorithm 1)128 位密钥。

(2) HMAC-MD5(HMAC-Message Digest 5)160 位密钥。

IPsec 有两种模式：传输模式和隧道模式。在传输模式中，IPsec 认证头插入原来的 IP 头之后(参见图 10-17)，IP 数据和 IP 头用来计算 AH 认证值。IP 头中的变化字段(例如跳步计数和 TTL 字段)在计算之前置为 "0"，所以变化字段实际上并没有被认证。

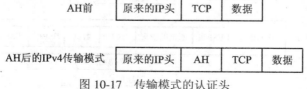

图 10-17　传输模式的认证头

在隧道模式中，IPsec 用新的 IP 头封装了原来的 IP 数据报(包括原来的 IP 头)，原来 IP

数据报的所有字段都经过了认证，参见图 10-18。

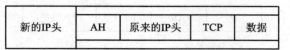

图 10-18　隧道模式的认证头

2. 封装安全负荷(ESP)

IPsec 封装安全负荷(ESP)提供了数据加密功能。ESP 利用对称密钥对 IP 数据(例如 TCP 包)进行加密，支持的加密算法有：

(1) DES-CBC(Data Encryption Standard Cipher Block Chaining Mode)56 位密钥。

(2) 3DES-CBC(3 重 DES CBC)56 位密钥。

(3) AES128-CBC(Advanced Encryption Standard CBC)128 位密钥。

在传输模式，IP 头没有加密，只对 IP 数据进行了加密，参见图 10-19。

图 10-19　传输模式的 ESP

在隧道模式，IPsec 对原来的 IP 数据报进行了封装和加密，再加上了新的 IP 头，参见图 10-20。如果 ESP 用在网关中，外层的未加密的 IP 头包含网关的 IP 地址，而内层加密了的 IP 头则包含真实的源和目标地址，这样可以防止偷听者分析源和目标之间的通信量。

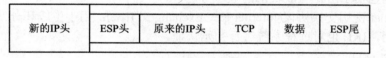

图 10-20　隧道模式的 ESP

3. 带认证的封装安全负荷(ESP)

ESP 加密算法本身没有提供认证功能，不能保证数据的完整性，但是带认证的 ESP 可以提供数据完整性服务。有两种方法可提供认证功能：

(1) 带认证的 ESP：IPsec 使用第一个对称密钥对负荷进行加密，然后使用第二个对称密钥对经过加密的数据计算认证值，并将其附加在分组之后，参见图 10-21。

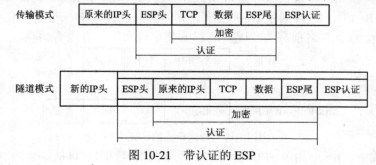

图 10-21　带认证的 ESP

（2）在 AH 中嵌套 ESP：ESP 分组可以嵌套在 AH 分组中，例如一个 3DES-CBC ESP 分组可以嵌套在 HMAC-MD5 分组中，参见图 10-22。

图 10-22　在 AH 中嵌套 ESP

4. Internet 密钥交换协议(IKE)

IPsec 传送认证或加密的数据之前，必须就协议、加密算法和使用的密钥进行协商。密钥交换协议 IKE 提供这个功能，并且在密钥交换之前还要对远程系统进行初始的认证。IKE 实际上是三个协议 ISAKMP(Internet Security Association and Key Management Protocol)、Oakley 和 SKEME(Versatile Secure Key Exchange Mechanism for Internet protocol)的混合体。ISAKMP 提供了认证和密钥交换的框架，但是没有给出具体的定义，Oakley 描述了密钥交换的模式，而 SKEME 定义了密钥交换技术。

密钥交换之前先要建立安全关联(Security Association，SA)，SA 是由一系列参数(例如加密算法、密钥和生命期等)定义的安全信道。在 ISAKMP 中，通过两个协商阶段来建立 SA，这种方法被称为 Oakley 模式。建立 SA 的过程是：

1）ISAKMP第一阶段(Main Mode, MM)

（1）协商和建立 ISAKMP SA：两个系统根据 D-H 算法生成对称密钥，后续的 IKE 通信都使用该密钥加密；

（2）验证远程系统的标识(初始认证)。

2）ISAKMP第二阶段(Quick Mode, QM)

使用由 ISAKMP/MM SA 提供的安全信道协商一个或多个用于 IPsec 通信(AH 或 ESP)的 SA。通常在第二阶段至少要建立两条 SA，一条用于发送数据，一条用于接收数据。参见图 10-23。

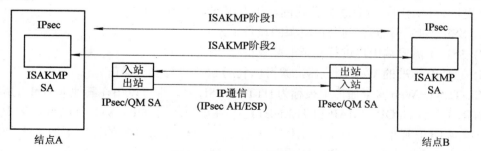

图 10-23　安全关联的建立

10.5.5　安全套接层(SSL)

安全套接层(Secure Socket Layer，SSL)是 Netscape 于 1994 年开发的传输层安全协议，用于实现 Web 安全通信。1996 年发布的 SSL 3.0 协议草案已经成为一个事实上的 Web 安全标准，1999 年 IETF 推出了传输层安全标准(Transport Layer Security，TLS)[RFC2246]，对 SSL 进行了改进，希望成为正式标准。SSL/TLS 已经在 Netscape Navigator 和 Internet Explorer 中得到了广泛应用，下面介绍 SSL3.0 的主要内容。

SSL 的基本目标是实现两个应用实体之间安全可靠的通信。SSL 协议分为两层，底层 是 SSL 记录协议，运行在传输层协议 TCP 之上，用于封装各种上层协议。一种被封装的上 层协议是 SSL 握手协议，由服务器和客户机用来进行身份认证，并且协商通信中使用的加 密算法和密钥。SSL 协议栈如图 10-24 所示。

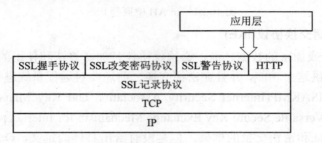

图 10-24 SSL 协议栈

SSL 对应用层是独立的，这是它的优点，高层协议都可以透明地运行在 SSL 协议之上。 SSL 提供的安全连接具有以下特性：

(1) 连接是保密的。用握手协议定义了对称密钥(例如 DES、RC4 等)之后，所有通信都 被加密传送。

(2) 对等实体可以利用对称密钥算法(例如 RSA、DSS 等)相互认证。

(3) 连接是可靠的。报文传输期间利用安全散列函数(例如 SHA、MD5 等)进行数据完 整性检验。

SSL 和 IPsec 各有特点。SSL VPN 与 IPsec VPN 一样，都使用 RSA 或 D-H 握手协议来 建立秘密隧道。SSL 和 IPsec 都使用了预加密、数据完整性和身份认证技术，例如 3-DES、 128 位的 RC4、ASE、MD5 和 SHA-1 等。两种协议的区别是，IPsec VPN 是在网络层建立 安全隧道，适用于建立固定的虚拟专用网，而 SSL 的安全连接是通过应用层的 Web 连接建 立的，更适合移动用户远程访问公司的虚拟专用网，原因如下：

(1) SSL 不必下载到访问公司资源的设备上；

(2) SSL 不需要端用户进行复杂的配置；

(3) 只要有标准的 Web 浏览器，就可以利用 SSL 进行安全通信。

SSL/TLS 在 Web 安全通信中被称为 HTTPS，SSL/TLS 也可以用在其他非 Web 的应用(例 如 SMTP、LDAP、POP、IMAP 和 TELNET)中。在虚拟专用网中，SSL 可以承载 TCP 通信， 也可以承载 UDP 通信。由于 SSL 工作在传输层，所以 SSL VPN 的控制更加灵活，既可以 对传输层进行访问控制，也可以对应用层进行访问控制。

10.6 防 火 墙

随着 Internet 的广泛应用，人们在扩展了信息获取和发布能力的同时也带来信息被污染和被破坏的危险。网络安全问题主要是由网络的开放性造成的，出于对安全的考虑，我们应该把被保护的网络从开放的、无边界的网络环境中孤立出来，成为可管理、可控制的的内部网络，实现网络隔离的基本手段就是防火墙。防火墙作为网络安全的第一道门户，可以实现内部网(信任网络)与外部网络(不可信任)之间，或者是不同网络安全区域之间的隔离与访问控制，保证网络系统及服务的可用性，有效阻挡来自 Internet 的外部攻击。

10.6.1　防火墙的基本概念

防火墙一词来自建筑物中的同名设施，从字面意思理解，防火墙可以防止 Internet 上的不安全因素蔓延到企业或组织的内部网络。早在 1994 年防火墙技术就被 RFC 1636 列为信息系统不可或缺的安全机制之一。从狭义上说，防火墙是指安装了防火墙软件的主机或路由器系统；从广义上说，防火墙还包括整个网络的安全策略和安全行为。

AT&T 的两位工程师 William Cheswich 和 Steven Bellovin 给出了防火墙的明确定义：

- 所有从外部到内部或从内部到外部的通信都必须经过它；
- 只有内部访问策略授权的通信流才允许通过；
- 系统本身具有很强的高可靠性。

总而言之，防火墙是一种网络安全防护手段，其主要目标就是通过控制入/出一个网络的权限，并迫使所有连接都经过这样的检查，防止需要保护的网络受到外界因素的干扰和破坏。在逻辑上，防火墙是一个分离器，一个限制器，也是一个分析器，能有效地监视内部网络和 Internet 之间的任何活动，保证内部网络的安全；在物理实现上，防火墙是位于网络特殊位置的一组硬件设备——路由器、计算机或其他特别配置的硬件设备。防火墙可以是一个独立的系统，也可以在一个经过特别配置的路由器上实现防火墙。

从内部网络的安全角度，对防火墙应提出下列安全需求：

(1) 防火墙应该由多个部件组成，形成一个充分冗余的安全系统，避免成为网络中的"单失效点"(即这一点突破，则无安全可言)。

(2) 防火墙的失效模式应该是"失效—安全"型，即一旦防火墙失效、崩溃或重启，则必须安全地阻断内部网络与外部网络的联系，以免入侵者乘机闯入。实现这种安全模式的简单方法是由防火墙来控制网络接口的开通和阻断。

(3) 理想的防火墙应该是网络中唯一的安全控制点，网络的安全机制全部存在于防火墙系统之中，这样就可以简化网络的安全管理，还可以通过防火墙对网络通信进行安全监控和审计。

(4) 由于防火墙是网络的安全屏障，所以就成为网络黑客的主要攻击对象，这就要求防火墙的主机操作系统十分安全可靠。作为网关服务器的主机应该选用增强型安全核心的堡垒主机，以增加其抗攻击性，同时在网关服务器中应禁止运行应用程序，严格杜绝非法访问。

(5) 防火墙应提供认证服务，外部用户对内部网络的访问应经过防火墙的认证检查。TCP/IP 网络的任何用户都可以产生一个假冒报文，这种欺骗攻击已经屡见不鲜，安全协议和身份认证是对付网络欺骗的有效手段。

(6) 防火墙对内部网络应该起到屏蔽作用，即隐藏内部网络地址和拓扑结构，所以域名服务器也应该包括在防火墙的保护范围之内。

 另外，防火墙应支持通常的 Internet 应用(电子邮件、FTP、WWW 等)，以及企业需要的特殊应用，为这些网络应用分别提供适当的安全控制措施，使得企业内部网络既有充分的开放性，又有严密的安全性。

10.6.2　防火墙的体系结构

 从实现的功能和构成部件来划分，防火墙可以分为以下类型。

1. 过滤路由器

 在传统路由器中增加分组过滤功能就形成了最简单的防火墙。这种防火墙的好处是完全透明、成本低、速度快、效率高，但是这种防火墙会成为网络中的单失效点。而且由于路由器的基本功能是转发分组，一旦过滤机制失效(例如遭遇 IP 欺骗)，就会使得非法访问者进入内部网络，所以这种防火墙不是"失效—安全"模式的。另外，这种防火墙也违反了唯一安全控制点的原理，仅仅选择性地转发分组并不能完全排除非法访问，所以内部网络中各个潜在的访问点都必须实现其他安全措施。总之，这种防火墙还不能提供有效的安全性能。

2. 双宿主网关

 这种防火墙由具有两个网络接口的双宿主网关(Dual-Homed Gateway)组成。用户必须在网关服务器上注册，通过网关才能访问另一边的网络，但是代理服务器简化了用户的访问过程，如果应用了 SOCKS 服务，甚至可以做到对用户完全透明。从失效模式上看，双宿主网关是失效—安全型，因为运行网关软件的主机在没有显式配置的情况下是不会转发分组的。然而，这类防火墙仍然是由单个主机组成的，没有安全冗余机制，仍是网络中的单失效点，而且有些安全功能(例如认证)单独利用代理服务器也不易实现，所以还是不够安全的防火墙。

3. 过滤式主机网关

 这种防火墙由过滤路由器和运行网关软件的主机(代理服务器)组成，如图 10-25 所示。

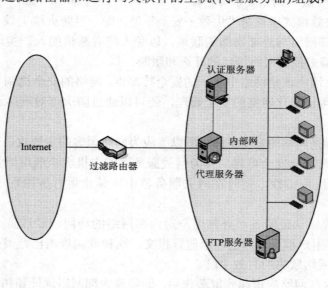

图 10-25　过滤式主机网关

在这种结构中，路由器是内部网络的第一道防线，主要起分组过滤作用。根据配置情况，代理服务器可以完成以下功能：

- 作为内部网络的域名服务器；
- 作为信息服务器提供公共信息服务，例如 WWW 服务或 FTP 服务；
- 作为与外部通信的公共网关服务器。

主机可以完成多种代理功能，例如区分普通的 FTP 和匿名的 FTP，区分外向的或内向的 Telnet 请求，还可以与认证服务器交互作用实现认证功能。这种防火墙能够提供比较完善的 Internet 访问控制，但是也有两个缺点，一是主机要实现多种功能，因而配置复杂；二是主机仍是网络的单失效点，也会成为网络黑客集中攻击的目标。所以这种防火墙仍然不能提供理想的安全保障。

4. 过滤式子网

这种防火墙把前一种的主机功能分散到由多个主机组成的子网中实现，如图 10-26 所示。有的主机作为 Web 服务器，有的作为 FTP 服务器，还有的主机可以作为代理服务器，以维持所有内外网之间的连接。

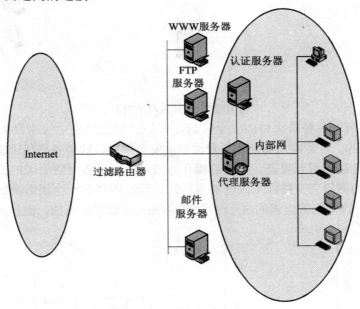

图 10-26　过滤式子网结构

从功能特性看，这种防火墙与过滤式主机网关类似，但由于子网中的每个主机只运行一种业务，因而容易配置，而且也减少了闯入者突破的机会。

对于子网中的服务器，内部用户和外部用户都可以访问。这种处于内部网络与外部网络之间的子网被称为周边网络，也叫做非军事区(Demilitarized Zone，DMZ)，这个名称反映了这种子网的特殊作用。

5. 悬挂式结构

这种防火墙的结构如图 10-27 所示，与过滤式子网的主要区别是作为代理服务器的主机网关位于周边网络中，另外还增加了内部过滤路由器进一步保障内部网络的安全。这个改进从安全角度看是很重要的，代理服务器成为内部网络的第一道防线，而内部路由器是第二道防线，把企业网络提供的公共服务前置到周边网络中，减少了内部网络的风险。这种结构符合前面提到的各种需求(各种必要的应用，充分冗余的安全机制，隐蔽内部网络的细节等)，因而是理想的安全防火墙。现代商用防火墙虽然表现为单一的部件级产品，但具有类似的配置，都能提供类似的功能。

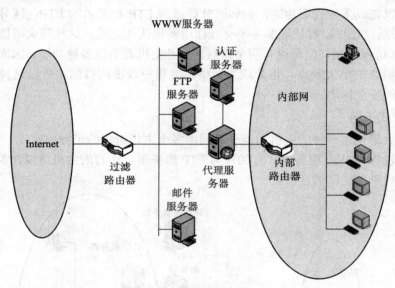

图 10-27　悬挂式网结构

图 10-28 表示出各种防火墙的安全等级。开放式网络的安全级别最低，因为目前的 Internet 是不安全的。过滤路由器能提供最简单的安全措施，随着各种代理服务器的加入，内部网络的安全性逐步得到提高。安全的操作系统和认证服务对防火墙的安全至关重要。不允许外部访问的网络完全排除了入侵的可能性，但是内部的安全还需要特别的管理措施来保障，事实上，许多机密组织的内部网络与 Internet 是物理隔离的，但是需要付出高昂的代价。

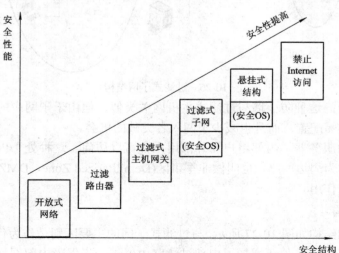

图 10-28　各种防火墙的安全性能

10.7　网络管理系统

10.7.1　网络管理的基本概念

对于不同的网络，管理的难度不同。局域网的管理是相对简单的，因为局域网运行统一的操作系统，只要熟悉网络操作系统的管理功能和操作命令就可以管好一个局域网，尽管有的局域网的规模也比较大。但是对于由异构型设备组成的、运行多种操作系统的互联网的管理就不是那么简单了，这需要跨平台的网络管理技术。

由于 TCP/IP 协议的开放性，20 世纪 90 年代以来逐渐得到各局域网厂商的支持，获得了广泛的应用。在这种情况下出现了用于 TCP/IP 网络管理的标准——简单网络管理协议 SNMP。这个网络管理标准适用于任何支持 TCP/IP 的系统，无论是哪个厂商生产的联网设备，或是运行哪种网络操作系统的主机。

与此同时国际标准化组织也推出了 OSI 系统管理标准 CMIS/CMIP。从长远看，OSI 系统管理更适合结构复杂规模庞大的异构型网络，而且由于功能强管理严密而得到各国政府部门的支持，一直在进行深入研究和开发。

网络管理国际标准的推出，刺激了制造商的开发活动，市场上陆续出现了符合国际标准的商用网络管理系统，这些系统有的是主机厂家开发的通用网络管理系统开发软件(例如 IBM NetView, HP OpenView)，有的则是网络产品制造商推出的与硬件结合的网管工具(例如 Cisco View, Cabletron Spectrum)，这些产品都可以称之为网络管理平台，在此基础上开发适合用户网络环境的网络管理应用软件，才能实施有效的网络管理。

有了统一的网络管理标准和适用的网络管理工具，对网络实施有效的管理，就可以减少停机时间，改进响应时间，提高设备的利用率，同时还可以减少运行费用；管理工具可以很快地发现并消灭网络通信瓶颈，提高运行效率；为及时采用新技术(例如多媒体通信技术)，我们也需要有方便适用的网络配置工具，以便及时修改和优化网络的配置，使网络更容易使用，可以提供多种多样的网络业务；在商业活动日益依赖于互联网的情况下，人们还要求网络工作得更安全，对网上传输的信息要保密，对网络资源的访问要有严格的控制，以及防止计算机病毒和非法入侵者的破坏等。这些需求必将进一步促进网络管理工具的研究和开发。

10.7.2　网络管理系统体系结构

网络管理系统的组成如图10-29所示的层次结构。在网络管理站中最下层是操作系统(OS)和硬件，OS 既可以是一般的主机操作系统(例如 DOS、UNIX、Windows98 等)，也可以是专门的网络操作系统(例如 Novell NetWare 或 OS/2 LAN Server)。操作系统之上是支持网络管理的协议簇，例如 OSI，TCP/IP 等通信协议，以及专用于网络管理的 SNMP、CMIP 协议等。协议栈上面是网络管理框架(Network Management Framework)，这是各种网络管理应用工作的基础结构。各种网络管理框架的共同特点如下：

(1) 管理功能分为管理站(Manager)和代理(Agent)两部分。

(2) 为存储管理信息提供数据库支持，例如关系数据库或面向对象的数据库。

(3) 提供用户接口和用户视图(View)功能，例如 GUI 和管理信息浏览器。

(4) 提供基本的管理操作，例如获取管理信息，配置设备参数等操作过程。

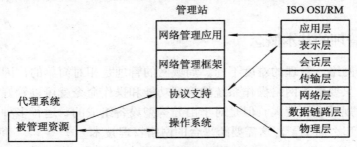

图 10-29　网络管理系统的层次结构

网络管理应用是用户根据需要开发的软件，这种软件运行在具体的网络上，实现特定的管理目标，例如故障诊断和性能优化，或者业务管理和安全控制等。网络管理应用的开发是目前最活跃的领域。

图 10-29 把被管理资源画在单独的框中，表明被管理资源可能与管理站处于不同的系统中。网络管理涉及到监视和控制网络中的各种硬件、固件和软件元素，例如网卡、集线器、中继器、处理机、外围设备、通信软件、应用软件和实现网络互连的软件等。有关资源的管理信息由代理进程控制，代理进程通过网络管理协议与管理站对话。

网络管理系统的配置如图 10-30 所示。每一个网络结点都包含一组与管理有关的软件，叫做网络管理实体(NME)。网络管理实体完成下面的任务：

(1) 收集有关网络通信的统计信息。

(2) 对本地设备进行测试，记录设备状态信息。

(3) 在本地存储有关信息。

(4) 响应网络控制中心的请求，发送管理信息。

(5) 根据网络控制中心的指令，设置或改变设备参数。

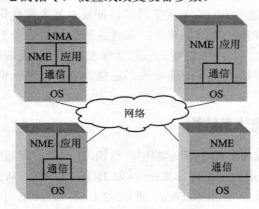

图 10-30　网络管理系统配置

网络中至少有一个结点(主机或路由器)担当管理站的角色(Manager)，除过 NME 之外，管理站中还有一组软件，叫做网络管理应用(NMA)。NMA 提供用户接口，根据用户的命令显示管理信息，通过网络向 NME 发出请求或指令，以便获取有关设备的管理信息，或者改变设备配置。

　　网络中的其他结点在 **NME** 的控制下与管理站通信,交换管理信息。这些结点中的 **NME** 模块叫做代理模块,网络中任何被管理的设备(主机、网桥、路由器或集线器等)都必需实现代理模块。所有代理在管理站监视和控制下协同工作,实现集成的网络管理。这种集中式网络管理策略的好处是管理人员可以有效地控制整个网络资源,根据需要平衡网络负载,优化网络性能。

　　然而对于大型网络,集中式的管理往往显得力不从心,正在让位于分布式的管理策略。这种向分布式管理演化的趋势与集中式计算模型由向分布式计算模型演化的总趋势是一致的,图 10-31 提出一种可能的分布式网络管理配置方案。

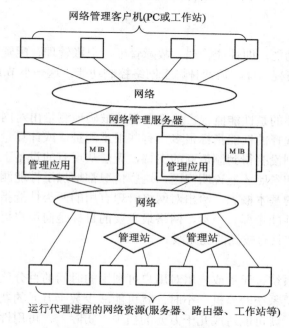

图 10-31　分布式网络管理系统

　　在这种配置中,分布式管理系统代替了单独的网络控制主机,地理上分布的网络管理客户机与一组网络管理服务器交互作用,共同完成网络管理功能。这种管理策略可以实现分部门管理:即限制每个客户机只能访问和管理本部门的部分网络资源,而由一个中心管理站实施全局管理,同时中心管理站还能对管理功能较弱的客户机发出指令,实现更高级的管理,分布式网络管理的灵活性(Flexibility)和可伸缩性(Scalability)带来的好处日益为网络管理工作者所青睐,这方面的研究和开发是目前网络管理中最活跃的领域。

　　如果要求每个被管理的设备都能运行代理程序,并且所有管理站和代理都支持相同的管理协议。这种要求有时是无法实现的,例如有的老设备可能不支持当前的网络管理标准;小的系统可能无法完整实现 NME 的全部功能;甚至还有一些设备(例如 Modem 和多路器等)根本不能运行附加的软件,我们把这些设备叫做非标准设备。在这种情况下,通常的处理方法是用一个叫做委托代理的设备(Proxy)来管理一个或多个非标准设备。委托代理和非标准设备之间运行制造商专用的协议,而委托代理和管理站之间运行标准的网络管理协议,这样,管理站就可以用标准的方式通过委托代理得到非标准设备的信息,委托代理起到了协议转换的作用，如图 10-32 所示。

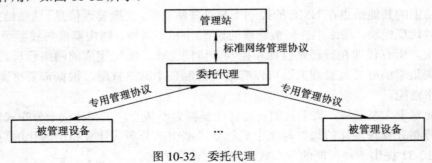

图 10-32　委托代理

10.7.3　网络监视

网络管理有五大功能：即性能管理、故障管理、记账管理、配置管理和安全管理。传统上前三种属于网络监视功能，后两种属于网络控制功能，这一小节介绍网络监视功能。

1. 性能监视

网络监视中最重要的是性能监视，然而要能够准确地测量出对网络管理有用的性能参数却是不容易的。可选择的性能指标很多，有些很难测量，或计算量很大，但不一定很有用；有些有用的指标则没有得到制造商的支持，无法从现有的设备上检测到；还有些性能指标互相关联，要互相参照才能说明问题，这些情况都增加了性能测量的复杂性。这一小节我们介绍性能管理的基本概念，给出对网络管理有用的两类性能指标，即面向服务的性能指标和面向效率的性能指标。当然，网络最主要的目标是向用户提供满意的服务，因而面向服务的性能指标应具有较高的优先级。

1) 可用性

可用性是指网络系统、元素或应用对用户可利用的时间的百分比。有些应用对可用性很敏感，例如飞机订票系统若停机一小时，就可能减少数十万元的票款；而股票交易系统如果中断运行一小时，就可能造成几千万元的损失。实际上，可用性是网络元素可靠性的表现，而可靠性是指网络元素在具体条件下完成特定功能的概率。如果用平均无故障时间 MTBF(Mean Time Between Failure)来度量网络元素的故障率，则可用性 A 可表示为 MTBF 的函数：

$$A = \frac{MTBE}{MTBF + MTTR}$$

其中 MTTR 为发生失效后的平均维修时间。由于网络系统由许多网络元素组成，所以系统的可靠性不但与各个元素的可靠性有关，而且还与网络元素的组织形式有关。根据一般可靠性理论，由元素串并联组成的系统的可用性与网络元素的可用性之间的关系如图 10-33 所示。由图 (a) 可以看出，若两个元素串联，则可用性减少，例如两个 Modem 串联在链路的两端，若单个 Modem 的可用性 $A = 0.98$，并假定链路其他部分的可用性为 1，则整个链路的可用性 $A = 0.98 \times 0.98 = 0.9604$。由图 (b) 可以看出，若两个元素并联，则可用性增加，例如终端通过两条链路连接到主机，若一条链路失效，另外一条链路自动备份，假定单个链路的可用性 $A = 0.98$，则双链路的可用性 $A = 2 \times 0.98 - 0.98 \times 0.98 = 1.96 - 0.9604 = 0.9996$。

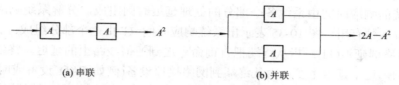

(a) 串联   (b) 并联

图 10-33　串行和并行连接的可用性

例　计算双链路并联系统的处理能力。假定一个多路器通过两条链路连接到主机(参见图 10-33(b))，在主机业务的峰值时段，一条链路只能处理总业务量的 80%，因而需要两条链路同时工作，才能处理主机的全部传送请求，非峰值时段大约占整个工作时间的 40%，只需要一条链路工作就可以处理全部业务。这样，整个系统的可用性 A_f 可表示如下：

$$A_f = (一条链路的处理能力) \times (一条链路工作的概率) + (两条链路的处理能力)$$
$$\times (两条链路工作的概率)$$

假定一条链路的可用性为 $A = 0.9$，则两条链路同时工作的概率为 $A^2 = 0.81$，而恰好有一条链路工作的概率为 $A(1 - A) + (1 - A)A = 2A - 2A^2 = 0.18$。则有

$$A_f(非峰值时段) = 1.0 \times 0.18 + 1.0 \times 0.81 = 0.99$$
$$A_f(峰值时段) = 0.8 \times 0.18 + 1.0 \times 0.81 = 0.954$$

于是系统的平均可用性为

$$A_f = 0.6 \times A_f(峰值时段) + 0.4 \times A_f(非峰值时段) = 0.9684$$

2) 响应时间

响应时间是指从用户输入请求到系统在终端上返回计算结果的时间间隔。从用户角度看，这个时间要和人们的思考时间(等于两次输入之间的最小间隔时间)配合，越是简单的工作(例如数据录入)要求响应时间越短；然而从实现角度看，响应时间越短，实现的代价越大。研究表明，系统响应时间对人的生产率影响是很大的，在交互式应用中，响应时间大于 15 s，对大多数人是不能容忍的；响应时间大于 4 s 时，人们的短期记忆会受到影响，工作的连续性会被破坏，尤其是对数据录入来说，这种情况下击键的速度将会严重受挫，只是在输入完一个段落后，才可以有比较大的延迟(辟如 4 s 以上)。越是注意力高度集中的工作，要求响应时间越短，特别对于需要记住以前的响应、根据前边的响应决定下一步的输入时，延迟时间应该小于 2 s。在用鼠标器点击图形或进行键盘输入时，要求的响应时间更小，可能达到 0.1 s 以下，这样人们会感到计算机是同步工作的，几乎没有等待时间。图 10-34 表示应用 CAD 进行集成电路设计时生产率(每小时完成的事务处理数)与响应时间的关系。可以看出，当响应时间小于一秒时事务处理的速率明显加快，这和人的短期记忆以及注意力集中的程度有关。

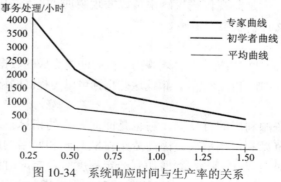

图 10-34　系统响应时间与生产率的关系

　　网络系统的响应时间由系统各个部分的处理延迟时间组成，分解系统响应时间的成分对于确定系统瓶颈有用。图 10-35 表示出系统响应时间 RT 由七个部分组成：

　　(1) 入口终端延迟(TI)：指从终端把查询命令送到通信线路上的延迟。终端本身的处理时间是很短的，这个延迟主要是由从终端到网络接口设备(例如 PAD 设备或网桥)的通信线路引起的传输延迟。假若线路数据速率为 2400b/s = 300 字符/s，则每个字符的时延为 3.33 μs。又假如平均每个命令含 100 个字符，则输入命令的延迟时间为 0.33 s。

　　(2) 入口排队时间(WI)：即网络接口设备的处理时间。接口设备要处理多个终端输入，还要处理提交给终端的输出，所以输入的命令通常要进入缓冲区排队等待，接口设备越忙，排队时间越长。

　　(3) 入口服务时间(SI)：指从网络接口设备通过传输网络到达主机前端的时间，对于不同的网络，这个传输时间的差别是很大的。如果是公共交换网，这个时延是无法控制的；如果是专用网、租用专线或用户可配置的设备，则这个时延还可以进一步分解，以便按照需要规划和控制网络。

　　(4) CPU 处理延迟(CPU)：前端处理机、主机和磁盘等设备处理用户命令、做出回答需要的时间。这个时间通常是管理人员无法控制的。

　　(5) 出口排队时间(WO)：在前端处理机端口等待发送到网络上去的排队时间。这个时间与入口排队时间类似，其长短取决于前端处理机繁忙的程度。

　　(6) 出口服务时间(SO)：通过网络把响应报文传送到网络接口设备的处理时间。

　　(7) 出口终端延迟(TO)：终端接收响应报文的时间，主要是由通信延迟引起的。

响应时间是比较容易测量的，是网络管理中重要的管理信息。

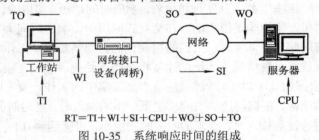

$$RT = TI + WI + SI + CPU + WO + SO + TO$$

图 10-35　系统响应时间的组成

3) 正确性

　　正确性是指网络传输的正确性。由于网络中有内置的纠错机制，所以通常用户不必考虑数据传输是否正确。但是监视传输误码率可以发现瞬时的线路故障，以及是否存在噪声源和通信干扰，以便及时采取维护措施。

4) 吞吐率

　　吞吐率是面向效率的性能指标，具体表现为一段时间内完成的数据处理的数量，或接受用户会话的数量，或处理的呼叫的数量等。跟踪这些指标可以为提高网络传输效率提供依据。

5) 利用率

　　利用率是指网络资源利用的百分率，它也是面向效率的指标。这个参数与网络负载有关，当负载增加时，资源利用率增大，因而分组排队时间和网络响应时间变长，甚至会引起吞吐率降低。当相对负载(负载/容量)增加到一定程度时，响应时间迅速增长，从而引发传输瓶颈和网络拥挤。图 10-36 表示响应时间随相对负载呈指数上升的情况，特别值得注意的是实际情况往往与理论计算结果相左，造成失去控制的通信阻塞，这是应该设法避免的，所以需要更精致的分析技术。

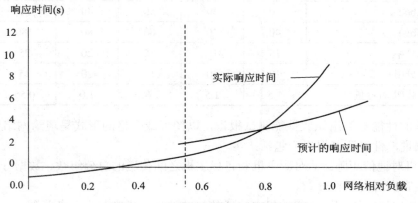

图 10-36　网络响应时间与负载的关系

　　我们介绍一种简单而有效的分析方法，可以正确地评价网络资源的利用情况。基本的思想是观察链路的实际通信量(负载)，并且与规划的链路容量(数据速率)比较，从而发现哪些链路使用过度，而哪些链路利用不足。分析方法使用了会计工作中常用的成本分析技术，即计算实际的费用占计划成本的比例，从而发现实际情况与理想情况的偏差。对于网络分析来说，就是计算出各个链路的负载占网络总负载的百分率(相对负载)，以及各个链路的容量占网络总容量的百分率(相对容量)，最后得到相对负载与相对容量的比值。这个比值反映了网络资源的相对利用率。

　　假定有图 10-37(a)的简单网络，由 5 段链路组成。表 10-1 中列出了各段链路的负载和各段链路的容量，并且计算出了各段链路的负载百分率和容量百分率，图 10-37(b)是对应的图形表示。可以看出，网络规划的容量(400 kb/s)比实际的通信量(200 kb/s)大得多，而且没有一条链路的负载大于它的容量。但是各个链路的相对利用率(相对负载/相对容量)不同，有的链路使用得太过分(例如链路 3，25/15 = 1.67)，而有的链路利用不足(例如链路 5，25/45 = 0.55)。这个差别是有用的管理信息，它可以指导我们如何调整各段链路的容量，获得更合理的负载分布和链路利用率，从而减少资源浪费，提高性能价格比。

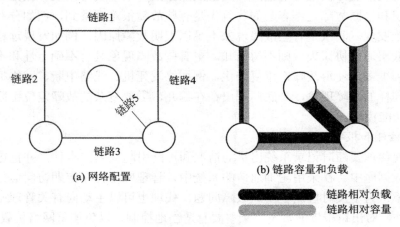

图 10-37　网络利用率分析

表 10-1　网络负载和容量分析

	链路 1	链路 2	链路 3	链路 4	链路 5	合计
负载(Kb/s)	30	30	50	40	50	200
容量(Kb/s)	40	40	60	80	180	400
负载百分率	15	15	25	20	25	100
容量百分率	10	10	15	20	45	100
相对负载/相对容量	1.5	1.5	1.67	1.0	0.55	

收集到的性能参数组织成性能测试报告，以图形或表格的形式呈现给网络管理员。对于局域网来说，性能测试报告应包括：

(1) 主机对通信矩阵：一对源主机和目标主机之间传送的总分组数、数据分组数、数据字节数以及它们所占的百分数。

(2) 主机组通信矩阵：一组主机之间通信量的统计，内容与上一条类似。

(3) 分组类型直方图：各种类型的原始分组(例如广播分组、组播分组等)的统计信息，用直方图表示(下同)。

(4) 数据分组长度直方图：不同长度(字节数)的数据分组的统计。

(5) 吞吐率—利用率分布：各个网络结点发送/接收的总字节数和数据字节数的统计。

(6) 分组到达时间直方图：不同时间到达的分组数的统计。

(7) 信道获取时间直方图：在网络接口单元(NIU)排队等待发送、经过不同延迟时间的分组数的统计。

(8) 通信延迟直方图：从发出原始分组到分组到达目标的延迟时间的统计。

(9) 冲突计数直方图：经受不同冲突次数的分组数的统计。

(10) 传输计数直方图：经过不同试发送次数的分组数的统计。

另外，还应包括功能全面的性能评价程序(对网络当前的运行状态进行分析)和人工负载生成程序(产生性能测试数据)，帮助管理人员进行管理决策。

2. 故障监视

故障监视就是要尽快地发现故障，找出故障原因，以便及时采取补救措施。在复杂的系统中，发现和诊断故障是不容易的。首先是有些故障很难观察到，例如分布处理中出现的死锁就很难发现。其次是有些故障现象不足以表明故障原因，例如发现远程结点没有响应，但是否低层通信协议失效则不得而知。更有些故障现象具有不确定性和不一致性，引起故障的原因很多，使得故障定位复杂化，例如终端死机、线路中断、网络拥挤或主机故障都会引起同样的故障现象，到底问题出在在哪儿，需要复杂的故障定位手段。故障管理可分为 3 个功能模块。

1) 故障检测和报警功能

故障监视代理要随时记录系统出错的情况和可能引起故障的事件，并把这些信息存储在运行日志数据库中。在采用轮询通信的系统中，管理应用程序定期访问运行日志记录，以便发现故障；为了及时检测重要的故障问题，代理也可以主动向有关管理站发送出错事件报告。另外，对出错报告的数量、频率要有适当地控制，以免加重网络负载。

2) 故障预测功能

对各种可以引起故障的参数建立门限值，并随时监视参数值变化，一旦超过门限值，就发送警报。例如，由于出错产生的分组碎片数超过一定值时发出警报，表示线路通信恶化，出错率上升。

3) 故障诊断和定位功能

该功能是对设备和通信线路进行测试，找出故障原因和故障地点，例如可以进行下列测试：

- 连接测试；
- 数据完整性测试；
- 协议完整性测试；
- 数据饱和测试；
- 连接饱和测试；
- 环路测试；
- 功能测试；
- 诊断测试。

故障监视还需要有效的用户接口软件，使得故障发现、诊断、定位和排除等一系列操作都可以交互地进行。

3. 记账监视

记账监视主要是跟踪和控制用户对网络资源的使用，并把有关信息存储在运行日志数据库中，为收费提供依据。不同的系统，对记账功能要求的详尽程度也不一样。在有些提供公共服务的网络中，要求收集的记账信息很详细很准确，例如要求对每一种网络资源、每一分钟的使用、传送的每一个字节数都要计费，或者要求把费用分摊给每一个账号、每一个项目、甚至每一个用户。而有的内部网络就不一定要求这样细了，只要求把总的运行费用按一定比例分配给各个部门就可以了。需要记账的网络资源包括：

(1) 通信设施：LAN、WAN、租用线路或 PBX 的使用时间。

(2) 计算机硬件：工作站和服务器机时数。

(3) 软件系统：下载的应用软件和实用程序的费用。

(4) 服务：包括商业通信服务和信息提供服务(发送/接收的字节数)。

记账数据组成记账日志，其记录格式应包括下列信息：

- 用户标识符；
- 连接目标的标识符；
- 传送的分组数/字节数；
- 安全级别；
- 时间戳；
- 指示网络出错情况的状态码；
- 使用的网络资源。

10.7.4　网络控制

网络控制是指设置和修改网络设备的参数，使设备、系统或子网改变运行状态、按照需要配置网络资源、或者重新初始化等。这一节介绍两种网络控制功能：配置控制和安全控制。

1. 配置控制

配置管理是指初始化、维护和关闭网络设备或子系统，被管理的网络资源包括物理设备(例如服务器、路由器)和底层的逻辑对象(例如传输层定时器)。配置管理功能可以设置网络参数的初始值/默认值，使网络设备初始化时自动形成预定的互联关系。当网络运行时，配置管理监视设备的工作状态，并根据用户的配置命令或其他管理功能的请求改变网络配置参数。例如，若性能管理检测到响应时间延长，并分析出性能降级的原因是由于负载失衡，则配置管理将通过重新配置(例如改变路由表)改善系统响应时间。又例如故障管理检测到一个故障，并确定了故障点，则配置管理可以改变配置参数，把故障点隔离，恢复网络正常工作。配置管理应包含下列功能模块：

(1) 定义配置信息；
(2) 设置和修改设备属性；
(3) 定义和修改网络元素间的互联关系；
(4) 启动和终止网络运行；
(5) 发行软件；
(6) 检查参数值和互联关系；
(7) 报告配置现状。

最后两项属于配置监视功能：即管理站通过轮询随时访问代理保存的配置信息，或者代理通过事件报告及时向管理站通知配置参数改变的情况。下面解释配置控制的其他功能。

1) 定义配置信息

配置信息描述网络资源的特征和属性，这些信息对其他管理功能是有用的。网络资源包括物理资源(例如主机、路由器、网桥、通信链路和 Modem 等)和逻辑资源(例如定时器、计数器和虚电路等)。设备的属性包括名称、标识符、地址、状态、操作特点和软件版本，配置信息可以有多种组织方式。简单的配置信息组织成由标量组成的表，每一个标量值表示一种属性值，SNMP 采用这种方法。在 OSI 系统管理中，管理信息定义为面向对象的数据库。对象的值表示被管理设备的特性，对象的行为(例如通知)代表了管理操作，对象之间的包含关系和继承关系则规范了它们之间的互相作用。另外还有一些系统用关系数据库表示管理信息。

管理信息存储在与被管理设备最接近的代理或委托代理中，管理站通过轮询或事件报告访问这些信息。网络管理员可以在管理站提供的用户界面上说明管理信息值的范围和类型，用以设置被管理资源的属性。网络控制功能还允许定义新的管理对象，在指定的代理中生成需要的管理对象或数据元素，产生新数据的过程可以是联机的、动态的，或是脱机的、静态的。

2) 设置和修改属性

配置管理允许管理站远程设置和修改代理中的管理信息值，但是修改操作要受到两种限制：

(1) 只有授权的管理站才可以施行修改操作，这是网络安全所要求的。

(2) 有些属性值反映了硬件配置的实际情况，是不可改变的，例如主机 CPU 类型、路由器的端口数等。

对配置信息的修改可以分为三种类型：

(1) 只修改数据库：管理站向代理发送修改命令，代理修改配置数据库中的一个或多个数据值。如果修改操作成功，则向管理站返回肯定应答，否则返回否定应答，这个交互过程中不发生其他作用，例如管理站通过修改命令改变网络设备的负责人(姓名、地址、电话等)。

(2) 修改数据库，也改变设备的状态：除过修改数据值之外还改变了设备的运行状态，例如把路由器端口的状态值置为 "disabled"，则所有网络通信不再访问该端口。

(3) 修改数据库，同时引起设备的动作：由于现行网络管理标准中没有直接指挥设备动作的命令，所以通常用管理数据库中的变量值控制被管理设备的动作。当这些变量被设置成不同的值时，设备随即执行对应的操作过程。例如路由器数据库中有一个初始化参数，可取值为 TRUE 或 FALSE，若设置此参数值为 TRUE，则路由器开始初始化，过程结束时重置该参数为 FALSE。

3) 定义和修改关系

关系是指网络资源之间的联系、连接以及网络资源之间相互依存的条件，例如拓扑结构、物理连接、逻辑连接、继承层次和管理域等。继承层次是管理对象之间的继承关系，而管理域是被管理资源的集合，这些网络资源具有共同的管理属性或者受同一管理站控制。

配置管理应该提供联机修改关系的操作，即用户在不关闭网络的情况下可以增加、删除或修改网络资源之间的关系，例如在 LAN 中，结点之间逻辑链路控制子层(LLC)的连接可以由管理站来修改。一种 LLC 连接叫做交换连接，即结点的 LLC 实体接受上层软件的请求或者响应终端用户的命令与其他结点建立的 SAP 之间的连接；另外管理站还可以建立固定(或永久)连接，管理软件也可以按照管理命令的要求释放已建立的固定连接或交换连接，或者为一个已有的连接指定备份连接，以便在主连接失效时替换它。

4) 启动和终止网络运行

配置管理给用户提供启动和关闭网络和子网的操作。启动操作包括验证所有可设置的资源属性是否已正确设置，如果有设置不当的资源，则要通知用户；如果所有的设置都正确无误，则向用户发回肯定应答。同时，关闭操作完成之前应允许用户检索设备的统计信息或状态信息。

5) 发行软件

配置管理还提供向端系统(主机、服务器和工作站等)和中间系统(网桥、路由器和应用网关等)发行软件的功能，即给系统装载指定的软件，更新软件版本和配置软件参数等功能。除过装载可执行的软件之外，这个功能还包括下载驱动设备工作的数据表，例如路由器和网桥中使用的路由表。如果出于记账、安全或性能管理的需要，路由决策中的某些特殊情况不能仅根据数学计算的结果处理，可能需要人工干预，所以还应提供人工修改路由表的用户接口。

2. 安全控制

早期的计算机信息安全主要由物理的和行政的手段控制，例如不许未经授权的用户进入终端室(物理的)，或者对可以接近计算机的人员进行严格的审查等(行政的)。然而自从有了网络，特别是有了开放的互联网，情况就完全不同了，我们迫切需要自动的管理工具，以控制存储在计算机中的信息和在网络传输中的信息的安全。安全管理提供这种安全控制工具，同时也要保护网络管理系统本身的安全。下面首先分析计算机网络面临的安全威胁。

1) 安全威胁的类型

为了理解对计算机网络的安全威胁，我们首先定义安全需求。计算机和网络需要以下三方面的安全性：

(1) 保密性(secrecy)：计算机网络中的信息只能由授予访问权限的用户读取(包括显示、打印等，也包含暴露"信息存在"这样的事实)。

(2) 数据完整性(integrity)：计算机网络中的信息资源只能被授予权限的用户修改。

(3) 可用性(availability)：具有访问权限的用户在需要时可以利用计算机网络资源。

所谓对计算机网络的安全威胁就是破坏了这三方面的安全性要求。通常从源到目标的信息流动的各个阶段都可能受到威胁，信息流可能被中断、窃取、篡改或者假冒，从而破坏了信息流的保密性、完整性和可用性。

2) 对计算机网络的安全威胁

图 10-38 画出了对计算机网络的各种安全威胁，分别解释如下：

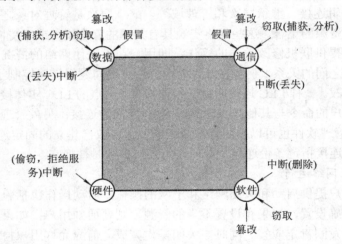

图 10-38　对计算机网络资源的安全威胁

(1) 对硬件的威胁：主要是破坏系统硬件的可用性，例如有意或无意的损坏、甚至盗窃网络器材等。小型的 PC、工作站和局域网的广泛使用增加了这种威胁的可能性。

(2) 对软件的威胁：操作系统、实用程序和应用软件可能被改变、被损坏，甚至被恶意删除，从而不能工作，失去可用性。特别是有些修改使得程序看起来似乎可用，但是做了其他的工作，这正是各种计算机病毒的特长。另外软件的非法拷贝还是一个至今没有解决的问题，所以软件本身也不安全。

(3) 对数据的威胁：主要有四个方面的威胁：数据可能被非法访问，破坏了保密性；数据可能被恶意修改或者假冒，破坏了完整性；数据文件可能被恶意删除，从而破坏了可用性；甚至在无法直接读取数据文件的情况下(例如文件被加密)，还可以通过分析文件大小或者文件目录中的有关信息推测出数据的特点。这种分析技术是一种更隐蔽的计算机犯罪手段，被网络黑客们乐而为之。

(4) 对网络通信的威胁：可分为被动威胁和主动威胁两类，如图 10-39 所示。被动威胁并不改变数据流，而是采用各种手段窃取通信线路上传输的信息，从而破坏了保密性。例如偷听或监视网络通信，从而获知电话谈话、电子邮件和文件的内容；还可以通过分析网络通信的特点(通信的频率、报文的长度等)猜测出传输中的信息。由于被动威胁不改变信息的内容，所以是很难检测的，数据加密是防止这种威胁的主要手段。与其相反，主动威胁则可能改变信息流，或者生成伪造的信息流，从而破坏了数据的完整性和可用性。主动攻击者不必知道信息的内容，但可以改变信息流的方向，或者使传输的信息被延迟、重放、重新排序，则可能产生不同的效果，这些都是对网络通信的篡改。主动攻击还可能影响网络的正常使用，例如改变信息流传输的目标、关闭或破坏通信设施或者以垃圾报文阻塞信道，这种手段叫拒绝服务。假冒(或伪造)者则可能利用前两种攻击手段之一，冒充合法用户以获取非法利益，例如攻击者捕获了合法用户的认证报文，不必知道认证码的内容，只需重放认证报文就可以冒充合法用户使用计算机资源。要完全防止主动攻击是不可能的，只能及时地检测它，在它还没有造成危害或没有造成大的危害时挫败它。

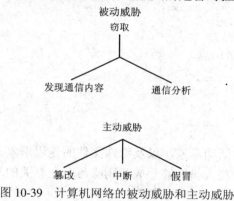

图 10-39　计算机网络的被动威胁和主动威胁

3) 对网络管理的安全威胁

由于网络管理是分布在网络上的应用程序和数据库的集合，以上讨论的各种威胁都可能影响网络管理系统，造成管理系统失灵，甚至发出错误的管理指令，破坏计算机网络的正常运行。对于网络管理特别有三方面的安全威胁值得提出：

(1) 伪装的用户：没有得到授权的一般用户企图访问网络管理应用和管理信息。

(2) 假冒的管理程序：无关的计算机系统可能伪装成网络管理站实施管理功能。

(3) 侵入管理站和代理间的信息交换过程：网络入侵者通过观察网络活动窃取敏感的管理信息，更严重的危害是可能篡改管理信息，或中断管理站和代理之间的通信。

系统或网络的安全设施由一系列安全服务和安全机制的集合组成，下面分三个方面讨论安全设施的管理问题。

1) 安全信息的维护

网络管理中的安全管理是指保护管理站和代理之间信息交换的安全，安全管理使用的操作与其他管理使用的操作相同，差别在于使用的管理信息的特点。有关安全的管理对象包括密钥、认证信息、访问权限信息以及有关安全服务和安全机制的操作参数信息等。安全管理要跟踪进行中的网络活动和试图发动的网络活动，以便检测未遂的或成功的攻击，并挫败这些攻击，恢复网络的正常运行。细分一下，对于安全信息的维护可以列出以下功能：

(1) 记录系统中出现的各类事件(例如用户登录、退出系统、文件拷贝等)。

(2) 追踪安全审计试验，自动记录有关安全的重要事件，例如非法用户持续试验不同口令字企图登录等。

(3) 报告和接收侵犯安全的警示信号，在怀疑出现威胁安全的活动时采取防范措施，例如封锁被入侵的用户账号，或强行停止恶意程序的执行等。

(4) 经常维护和检查安全记录，进行安全风险分析，编制安全评价报告。

(5) 备份和保护敏感的文件。

(6) 研究每个正常用户的活动形象，预先设定敏感资源的使用形象，以便检测授权用户的异常活动和对敏感资源的滥用行为。

2) 资源访问控制

一种重要的安全服务就是访问控制服务，这包括认证服务和授权服务，以及对敏感资源访问授权的决策过程。访问控制服务的目的是保护各种网络资源，这些资源中与网络管理有关的是：

(1) 安全编码。

(2) 源路由和路由记录信息。

(3) 路由表。

(4) 目录表。

(5) 报警门限。

(6) 记账信息。

安全管理记录用户的活动形象，以及特殊文件的使用形象，检查可能出现的异常访问活动。安全管理功能使管理人员能够生成和删除与安全有关的对象，改变它们的属性或状态，影响它们之间的关系。

3) 加密过程控制

安全管理能够在必要时对管理站和代理之间交换的报文进行加密。安全管理也能够使用其他网络实体的加密方法。此外，这个功能也可以改变加密算法，具有密钥分配能力。

10.8 网络管理标准

20 世纪 80 年代末，随着对网络管理系统的迫切需求和网络管理技术的日臻成熟，国际标准化组织(ISO)开始制定关于网络管理的国际标准。ISO 首先 1989 年颁布了 ISO DIS 7498-4(X.700)文件，定义了网络管理的基本概念和总体框架，后来在 1991 年发布的两个文件中规定了网络管理提供的服务和网络管理协议，即 ISO 9595 公共管理信息服务定义 CMIS(Common Management Information Service) 和 ISO 9596 公共管理信息协议规范 CMIP(Common Management Information Protocol)。在 1992 年公布的 ISO 10164 文件中规定了系统管理功能 SMFs(System Management Functions)，而 ISO 10165 文件则定义了管理信息结构 SMI (Structure of Management Information)。这些文件共同组成了 ISO 的网络管理标准。这是一个非常复杂的协议体系，管理信息采用了面向对象的模型，管理功能包罗万象，另外还有一些附加的功能和一致性测试方面的说明。由于其复杂性，有关 ISO 管理的实现进展缓慢，至今还少有适用的网管产品。

另一方面，随着 20 世纪 90 年代初 Internet 的迅猛发展，有关 TCP/IP 网络管理的研究活动十分活跃。TCP/IP 网络管理最初使用的是 1987 年 11 月提出的简单网关监控协议 SGMP(Simple Gateway Monitoring Protocol)，在此基础上改进成简单网络管理协议第一版 SNMPv1(Simple Network Management Protocol)，陆续公布在 1990 年和 1991 年的几个 RFC(Request For Comments)文件中，即 RFC 1155(SMI)、RFC1157(SNMP)、RFC1212(MIB 定义)和 RFC1213(MIB-2 规范)。由于其简单性和易于实现，SNMPv1 得到了许多制造商的支持和广泛的应用。几年以后在第一版的基础上改进功能和安全性，又产生了第二版 SNMPv2(RFC1902-1908, 1996)。最新的标准 SNMPv3(RFC2570-2575)已于 1999 公布了，现在市场上的产品大都支持 SNMPv3。

在同一时期用于监控局域网通信的标准——远程网络监控 RMON(Remote Monitoring)也出现了，这就是 RMON-1(1991)和 RMON-2(1995)。这一组标准定义了监视网络通信的管理信息库，是 SNMP 管理信息库的扩充，与 SNMP 协议配合可以提供更有效的管理性能，也得到了广泛应用。

另外，IEEE 定义了局域网的管理标准，即 IEEE 802.1b LAN/MAN 管理，这个标准用于管理物理层和数据链路层的 OSI 设备，因而叫做 CMOL(CMIP over LLC)。为了适应电信网络的管理需要，ITU-T 在 1989 年定义了 电信网络管理标准 TMN(Telecommunications Management Network)，即 M.30 建议(蓝皮书)。

10.8.1 简单网络管理协议

1988 年 8 月，简单网络管理协议(Simple Network Management Protocol，SNMP)出台，并以其简单性和容易实现而得到了很多厂商的支持。一些硬件制造商生产出了基于 SNMP 的网络管理工作站，一些软件厂家则推出了 SNMP 软件包，SNMP 迅速成为主导的网络管理标准。随着 SNMP 的广泛应用，也暴露出了一些缺陷和问题，主要是操作效率不高和缺乏安全功能，这就导致出现了 1993 年的 SNMPv2(RFC 1441～1452)。新标准对 SNMPv1 的功能进行了扩充，纠正了一些不合理的规定，重新定义了完善的安全机制，得到了更多的关注和支持。第二版的安全性能在 1998 年发布的 SNMPv3(RFC 2271～2275)中进一步得到了完善和确认，已经成为事实上的网络管理标准。

实际上，SNMP 并不能直接对网络进行管理，但它可以支持网络管理应用程序的开发和运行。也就是说，SNMP 提供了网络管理的基础架构(Infrastructure for Network Management)，这种架构由四部分组成：

(1) 被管理结点；

(2) 管理站；

(3) 管理信息库；

(4) 管理协议。

这四个组成部分表示在图 10-40 中，下面给出简要的解释。

被管理结点可以是主机、路由器、交换机、打印机或其他能向外界提供操作状态的设备。被管理结点中运行一个叫做代理(Agent)的管理进程。为了满足管理的需要，SNMP 要求所有的联网设备都要有一定的智能，无论其硬件/软件实现如何，都要向管理站提供状态信息，并可以按照管理站给出的命令设置和改变状态，代理进程就起这个作用。

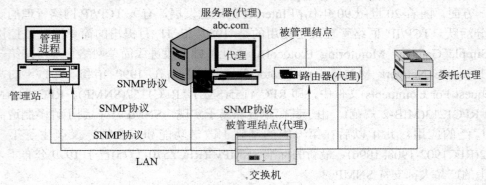

图 10-40 SNMP 管理模型

管理站是运行管理员程序(Manager)的主机。管理员程序的基本功能是与分布在网络中的代理程序通信，向代理程序询问设备的状态，或向代理程序发出改变设备状态的指示。管理应用程序、管理员程序和代理程序起的作用不同：管理应用程序是用户开发的，体现了用户设定的管理目标；管理员程序支持管理应用程序的运行，提供基本的通信和管理功能；代理程序只具有简单的记录状态和通信功能，它的存在和运行对网络设备的影响很小。

SNMP 定义了设备之间交换的管理信息的结构和网络管理的数据类型，这些定义组成了管理信息结构 SMI(Structure of Management Information)。SMI 可以看成是定义管理信息的形式语言，SNMP 用这种形式语言说明应该提供什么信息和怎样利用这些信息进行管理，限于篇幅，我们不能介绍 SMI 的详细内容，但必须指出 SMI 的两个特点。首先，SMI 中表示管理信息的基本单位是对象(object)，这里的对象与面向对象系统中的对象不同，只有表示状态的数据，没有操作方法，因而只能被动地接受外界的访问，一些对象的集合组成了管理信息库 MIB(Management Information Base)，每个被管理结点中都有一个 MIB，分布在网络中所有 MIB 组成了网络管理的分布式数据库。另外，SMI 描述对象、模块和 MIB 结构的语言是抽象句法表示 ASN.1，采用这种标准的表示方法及其传送语法消除了设备异构性的影响，使得在多制造商环境下能实现全面的网络管理。

管理员程序与代理程序之间用 SNMP 协议通信。SNMP 定义了管理员程序询问被管理结点状态的 Get 操作，也定义了改变被管理结点状态的 Set 操作。在异常事件(例如设备重启动、线路故障、网络拥塞等)出现时，代理程序可以用陷入(Trap)报文通知管理站，然后由管理员程序根据情况采取适当的措施。同时，管理员程序还可以根据异常事件报告发出进一步的询问报文，以获取更详细的状态信息，这叫做陷入制导的轮询。

SNMP 报文封装在 UDP 数据报中传送，所以必须有 TCP/IP 协议的支持。老式的不支持 TCP/IP 的设备可能没有代理功能，为此 SNMP 定义了委托代理程序(proxy agent)，这种代理程序监视一个或多个非 SNMP 设备，并代表这些设备与管理员程序通信。委托代理与非 SNMP 设备之间使用特殊的专用协议交换管理信息。

SNMPv3 增加了安全和认证机制。因为管理站具有全面的管理功能，甚至可能把一个设备完全关闭，所以管理站发出的信息要值得信赖。在 SNMPv1 中，管理站用明码发送自己的身份标识(称为团体名)，很可能被假冒；在 SNMPv3 中则采用了严谨的加密、认证和访问控制技术。加密技术保证重要的管理信息在传送过程中不会被泄漏，认证技术可以确认发送者的合法身份，也能保证信息不会被篡改，而访问控制技术则管理着对网络管理信息的访问权限。

10.8.2　管理信息库

SNMP 环境中的所有被管理对象组织成树结构，如图 10-41 和图 10-42 所示。这种层次树结构有三个作用：

(1) 表示管理和控制关系。从图 10-41 可看出，上层的中间结点是某些组织机构的名字，说明这些机构负责它下面的子树的管理。有些中间结点虽然不是组织机构名，但已委托给某个组织机构代管，例如 org(3)由 ISO 代管，而 internet(1)由 IAB(Internet Architecture Board)代管等。树根没有名字，默认为抽象语法表示 ASN.1。

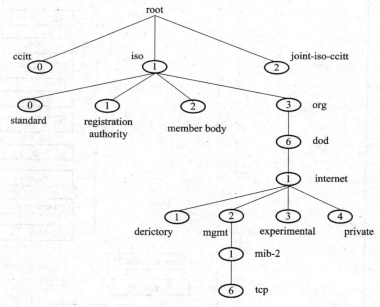

图 10-41　注册层次

(2) 提供了结构化的信息组织技术。从图 10-42 可看出，下层的中间结点代表的子树是与每个网络资源或网络协议相关的信息集合，例如，有关 IP 协议的管理信息都放置在 ip(4)子树中，这样，沿着树层次访问相关信息很方便。

(3) 提供了对象命名机制。树中每个结点都有一个分层的编号。叶子结点代表实际的管理对象，从树根到树叶的编号串联起来，用圆点隔开，就形成了管理对象的全局标识。例如 internet 的标识符是 1.3.6.1 或者写为{iso(1) org(3) dod(6) 1}。

internet 下面的 4 个结点需要解释。directory(1)是 OSI 的目录服务(X.500)；mgmt(2)包括由 IAB 批准的所有管理对象，而 mib-2 是 mgmt(2)的第一个孩子结点；experimental(3)子树用来标识在互联网上实验的所有管理对象；最后，private(4)子树是为私有企业管理信息准备的，目前这个子树只有一个孩子结点 enterprises(1)。如果一个私有企业(例如 ABC 公司)向 Internet 编码机构申请注册，并得到一个代码 100，该公司为它的令牌环适配器赋予代码为 25，这样，令牌环适配器的对象标识符就是 1.3.6.1.4.1.100.25，把 internet 结点划分为四个子树，为 SNMP 的实验和改进提供了非常灵活的管理机制。

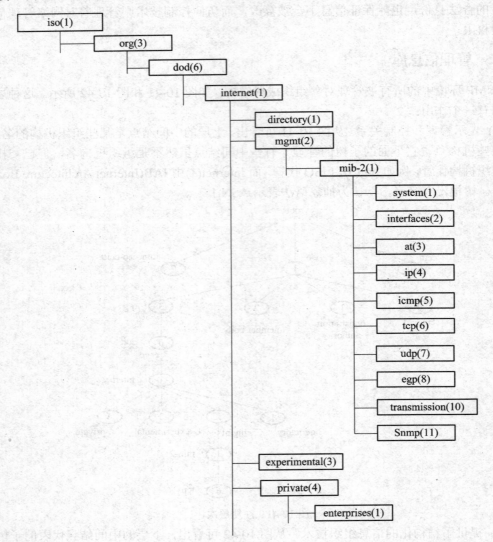

图 10-42 MIB-2 的分组结构

RFC 1213 定义了管理信息库第 2 版，即 MIB-2，这个文件包含 11 个功能组，共 171 个对象。MIB-2 的第 9 组是 cmot 组，因为企图用 CMIP 来管理 TCP/IP 网络的 CMOT(CMIP over TCP/IP)的开发而陷于停顿状态，所以这个组已经不用了。下面介绍其他功能组的内容。

1. 系统组

系统组(system group)提供了本地系统的一般信息，例如系统名字、系统启动时间、系统提供的 OSI/RM 服务、以及联系人的有关信息等。

2. 接口组

接口组(interface group)说明主机接口的配置信息和统计信息。对应每一个接口有一个表，其中包含接口的类型、物理地址、接口工作状态、数据速率、以及输入/输出的分组数、字节数、出错和丢弃的分组数等统计信息。

接口组提供的数据可用于故障管理和性能管理。例如可以通过检查进出接口的字节数或队列长度检测网络拥塞的情况，可以通过接口状态获知网络接口的工作情况，还可以统计输入/输出的错误率。最后，通过接口组提供的发送字节数和分组数可以作为计费的依据。

3. 地址转换组

地址转换组(address translation group)包含一个表，该表的每一行对应系统的一个物理接口，表示网络地址到接口物理地址的映像关系。MIB-2 地址转换组中的对象已被收编到各个网络协议组中，保留地址转换组仅仅是为了与 MIB-1 兼容。

4. IP 组

IP 组提供了与 IP 协议有关的信息。IP 组包含有关性能和故障监控的标量对象(例如输入/输出的 IP 分组数和各种类型的出错统计数据)，以及三个表对象。

IP 地址表包含与本地 IP 地址有关的信息，IP 地址对应的网络接口、地址掩码、广播地址和重装配的分组数限制等。在配置管理中，可以利用这个表中的信息检查网络接口的配置情况。

IP 路由表包含有关转发路由的一般信息，表中的每一行对应于一个已知路由，由目标 IP 地址作为索引。路由表中的信息可用于配置管理，因为这个表中的对象是可读可写的，所以可以用 SNMP 设置路由信息。这个表也可以用于故障管理，如果用户不能与远程主机建立连接，可检查路由表中的信息是否出错。

IP 地址转换表提供了物理地址和 IP 地址的对应关系，每个接口对应表中的一项。这个表与地址转换组语义相同。

5. ICMP 组

ICMP 组包含有关 ICMP 协议实现和操作的有关信息，这一组是有关各种接收/发送的 ICMP 报文的计数器。

6. TCP 组

TCP 组包含与 TCP 协议的实现和操作有关的信息。当一个 TCP 实体发送数据段后就等待应答并开始计时，如果超时后没有得到应答，就认为数据段丢失了，因而要重新发送。TCP 组说明了计算重传时间的算法，例如重传超时值为常数的算法以及美国军用 TCP 标准 MIL-STD-1778 定义的动态地计算超时值的算法等。TCP 组还包含一个连接表，说明了 TCP 的连接状态(根据 MIL-STD-1778 标准的 TCP 连接状态图)。

7. UDP 组

UDP 组类似于 TCP 组，提供了关于 UDP 数据报和本地接收端点的详细信息。UDP 表相当简单，只有本地地址和本地端口两项。

8. EGP 组

EGP 组提供了关于 EGP 路由器发送和接收的 EGP 报文的信息，以及关于 EGP 邻居的详细信息。

9. 传输组

设置这一组的目的是针对各种传输介质提供详细的管理信息。事实上这不是一个组，而是一个联系各种接口专用信息的特殊结点。前面的接口组包含各种接口通用的信息，而传输组则提供与子网类型有关的专用信息。

10. SNMP 组

SNMP 组包含的信息关系到 SNMP 协议的实现和操作。这一组共有 30 个对象，大部分对象都是只读计数器，用来统计 SNMP 实体接收和处理的各种报文数。

10.9 网络管理工具

常用的网络操作系统，无论是 Windows 或 Linux 都提供了一组实用程序来实现简单的网络配置和管理功能。许多软件/硬件制造商则开发了大型的网络管理平台，也提供一些免费的网络管理小工具，根据具体的网络配置和管理目标选择适当的网管工具，不但可以优化网络的配置，还可以提高网络管理的效率。这一节介绍常用的网络管理命令和网络管理工具的使用方法。

10.9.1 网络配置和诊断命令

Windows 提供了一组实用程序来实现简单的网络配置和管理功能，这些实用程序通常以 DOS 命令的形式出现。用键盘命令来显示和改变网络配置，感觉就像直接操控硬件一样，不但操作简单方便，而且效果立即显现；不但能详细了解网络的配置参数，而且提高了网络管理的效率。所以掌握常用的网络管理命令是网络管理人员的基本技能，必须坚持使用，才能驾轻就熟。

Windows 的网络管理命令通常以 .exe 文件的形式存储在 system32 目录中，在开始菜单中运行命令解释程序"Cmd.exe"就进入 DOS 命令窗口，可以执行任何实用程序。下面的一些例子都是在 DOS 窗口中截图的。

1. ipconfig

ipconfig 命令相当于 Windows 9x 中的图形化命令 winipcfg，是最常用的 Windows 实用程序，可以显示所有网卡的 TCP/IP 配置参数，可以刷新动态主机配置协议 (DHCP) 和域名系统 (DNS) 的设置。Ipconfig 的语法如下：

ipconfig [/all] [/renew[*Adapter*]] [/release[*Adapter*]] [/flushdns] [/displaydns]
[/registerdns] [/showclassid *Adapter*] [/setclassid *Adapter* [*ClassID*]]

ipconfig 命令最适合于自动分配 IP 地址的计算机，使用户可以明确区分 DHCP 或自动专用 IP 地址(APIPA)配置的参数。举例如下：

(1) 如果要显示所有网卡的基本 TCP/IP 配置参数，键入：ipconfig。

(2) 如果要显示所有网卡的完整 TCP/IP 配置参数，键入：ipconfig/all。

(3) 如果仅更新本地连接的网卡由 DHCP 分配的 IP 地址，键入：ipconfig/renew "Local Area Connection"。

(4) 在排除 DNS 名称解析故障时，如果要刷新 DNS 解析器缓存，键入：ipconfig /flushdns。

(5) 如果要显示名称以 Local 开头的所有网卡的 DHCP 类别 ID，键入：ipconfig /showclassid Local*。

(6) 如果要将"本地连接"网卡的 DHCP 类别 ID 设置为 TEST，请键入：ipconfig /setclassid "Local Area Connection" TEST。

图 10-43 是用 ipconfig/all 命令显示的网络配置参数，其中列出了主机名，网卡物理地址，DHCP 租约期，由 DHCP 分配的 IP 地址、子网掩码、默认网关和 DNS 服务器的 IP 地址等配置参数。

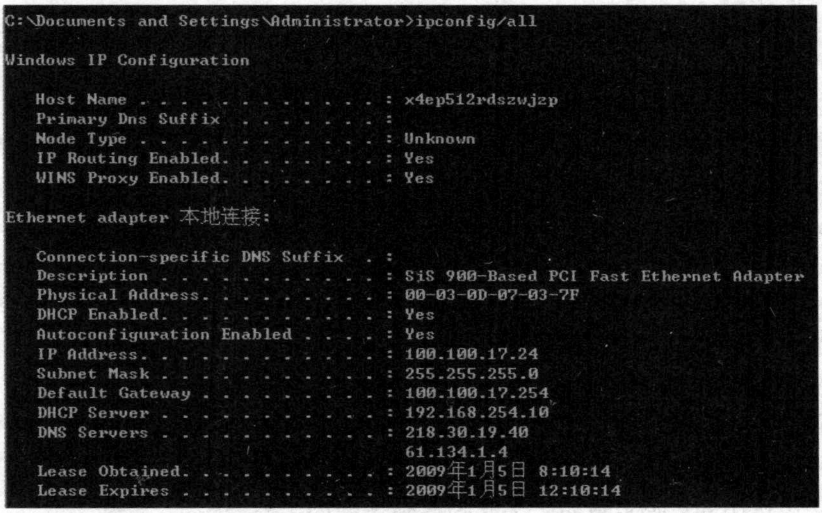

```
C:\Documents and Settings\Administrator>ipconfig/all

Windows IP Configuration

        Host Name . . . . . . . . . . . . : x4ep512rdszwjzp
        Primary Dns Suffix  . . . . . . . :
        Node Type . . . . . . . . . . . . : Unknown
        IP Routing Enabled. . . . . . . . : Yes
        WINS Proxy Enabled. . . . . . . . : Yes

Ethernet adapter 本地连接:

        Connection-specific DNS Suffix  . :
        Description . . . . . . . . . . . : SiS 900-Based PCI Fast Ethernet Adapter
        Physical Address. . . . . . . . . : 00-03-0D-07-03-7F
        DHCP Enabled. . . . . . . . . . . : Yes
        Autoconfiguration Enabled . . . . : Yes
        IP Address. . . . . . . . . . . . : 100.100.17.24
        Subnet Mask . . . . . . . . . . . : 255.255.255.0
        Default Gateway . . . . . . . . . : 100.100.17.254
        DHCP Server . . . . . . . . . . . : 192.168.254.10
        DNS Servers . . . . . . . . . . . : 218.30.19.40
                                            61.134.1.4
        Lease Obtained. . . . . . . . . . : 2009年1月5日 8:10:14
        Lease Expires . . . . . . . . . . : 2009年1月5日 12:10:14
```

图 10-43　ipconfig 命令显示的结果

2. ping

ping 命令通过发送 ICMP 回声请求报文来检验与另外一个计算机的连接。这是一个用于排除连接故障的测试命令，如果不带参数则显示帮助信息。ping 命令的语法如下：

ping [-t]　[-a]　[-n *Count*]　[-l　*Size*]　[-f]　[-i *TTL*]　[-v *TOS*]　[-r *Count*]　[-s *Count*] [{-j *HostList* | -k *HostList*}] [-w *Timeout*] [*TargetName*]

使用 ping 命令必须安装并运行 TCP/IP 协议，可以使用 IP 地址或主机名来表示目标设备。如果 ping 一个 IP 地址成功，而 ping 对应的主机名失败，则可以断定名字解析有问题。无论名字解析是通过 DNS、NetBIOS 或是本地主机文件，都可以用这个方法进行故障诊断。举例如下：

(1) 如果要测试目标 10.0.99.221 并进行名字解析，键入：ping -a 10.0.99.221

(2) 如果要测试目标 10.0.99.221，发送 10 次请求，每个响应为 1000 字节，则键入：ping -n 10 -l 1000 10.0.99.221。

(3) 如果要测试目标 10.0.99.221，并记录 4 个跃点的路由，则键入：ping -r 4 10.0.99.221。

(4) 如果要测试目标 10.0.99.221，并说明松散源路由，则键入：ping -j 10.12.0.1 10.29.3.1 10.1.44.1 10.0.99.221。

图 10-44 显示 ping www.163.com.cn 的结果。

```
C:\Documents and Settings\Administrator>ping www.163.com.cn

Pinging www.163.com.cn [219.137.167.157] with 32 bytes of data:

Reply from 219.137.167.157: bytes=32 time=29ms TTL=54
Reply from 219.137.167.157: bytes=32 time=29ms TTL=54
Reply from 219.137.167.157: bytes=32 time=29ms TTL=54
Reply from 219.137.167.157: bytes=32 time=29ms TTL=54

Ping statistics for 219.137.167.157:
    Packets: Sent = 4, Received = 4, Lost = 0 (0% loss),
Approximate round trip times in milli-seconds:
    Minimum = 29ms, Maximum = 29ms, Average = 29ms
```

图 10-44　ping 命令的显示结果

3. arp

arp 命令用于显示和修改地址解析协议(ARP)缓存表的内容，缓存表项是 IP 地址与网卡地址对，计算机上安装的每个网卡各有一个缓存表。如果使用不含参数的 arp 命令，则显示帮助信息，arp 命令的语法如下：

arp [-a [*InetAddr*] [-N *IfaceAddr*]] [-g [*InetAddr*] [-N *IfaceAddr*]] [-d *InetAddr* [*IfaceAddr*]] [-s *InetAddr EtherAddr* [*IfaceAddr*]]

这个命令的使用举例如下：

(1) 要显示 ARP 缓存表的内容，键入：arp –a。

(2) 要显示 IP 地址为 10.0.0.99 的接口的 ARP 缓存表，键入：arp -a -N 10.0.0.99。

(3) 要添加一个静态表项，把 IP 地址 10.0.0.80 解析为物理地址 00-AA-00-4F-2A-9C，则键入：arp -s 10.0.0.80 00-AA-00-4F-2A-9C。

图 10-45 是使用 arp 命令添加一个静态发表项的例子。

```
C:\Documents and Settings\Administrator>arp -a

Interface: 100.100.17.17 --- 0x10003
  Internet Address      Physical Address      Type
  100.100.17.254        00-0f-e2-29-31-c1     dynamic

C:\Documents and Settings\Administrator>arp -s 202.117.17.254 00-1c-4f-52-2a-8c

C:\Documents and Settings\Administrator>arp -a

Interface: 100.100.17.17 --- 0x10003
  Internet Address      Physical Address      Type
  100.100.17.72         00-1e-8c-ad-f9-ce     dynamic
  100.100.17.75         00-40-d0-53-bf-86     dynamic
  100.100.17.254        00-0f-e2-29-31-c1     dynamic
  202.117.17.254        00-1c-4f-52-2a-8c     static
```

图 10-45　使用 arp 命令的例

4. netstat

netstat 命令用于显示 TCP 连接、计算机正在监听的端口、以太网统计信息、IP 路由表、IPv4 统计信息(包括 IP、ICMP、TCP 和 UDP 等协议)、IPv6 统计信息(包括 IPv6、ICMPv6、TCP over IPv6、UDP over IPv6 等协议)等。如果不使用参数，则显示活动的 TCP 连接。netstat 命令的语法如下：

netstat [-a] [-e] [-n] [-o] [-p *Protocol*] [-r] [-s] [*Interval*]

这个命令的使用举例如下：

(1) 要显示以太网的统计信息和所有协议的统计信息，则键入：netstat -e -s。

(2) 要显示 TCP 和 UDP 协议的统计信息，则键入：netstat -s -p tcp udp。

(3) 要显示 TCP 连接及其对应的进程 ID，每 4 s 显示一次，则键入：nbtstat -o 4。

(4) 要以数字形式显示 TCP 连接及其对应的进程 ID，则键入：nbtstat -n -o。

图 10-46 是命令 netstat-o 4 显示的统计信息，每 4 s 显示一次，直到键入 Ctrl-C 结束。

```
C:\Documents and Settings\Administrator>netstat  -o 4

Active Connections

  Proto  Local Address          Foreign Address        State           PID
  TCP    x4ep512rdszwjzp:1172   121.11.159.208:http    SYN_SENT        1572

Active Connections

  Proto  Local Address          Foreign Address        State           PID
  TCP    x4ep512rdszwjzp:1173   121.11.159.208:http    SYN_SENT        1572

Active Connections

  Proto  Local Address          Foreign Address        State           PID
  TCP    x4ep512rdszwjzp:1173   121.11.159.208:http    SYN_SENT        1572

Active Connections

  Proto  Local Address          Foreign Address        State           PID
  TCP    x4ep512rdszwjzp:1176   124.115.3.126:http     ESTABLISHED     3096
  TCP    x4ep512rdszwjzp:1178   124.115.6.52:http      ESTABLISHED     3096
  TCP    x4ep512rdszwjzp:1179   124.115.6.52:http      ESTABLISHED     3096
  TCP    x4ep512rdszwjzp:1180   124.115.6.52:http      ESTABLISHED     3096
  TCP    x4ep512rdszwjzp:1182   124.115.3.126:http     ESTABLISHED     3096
  TCP    x4ep512rdszwjzp:1183   124.115.6.52:http      ESTABLISHED     3096
  TCP    x4ep512rdszwjzp:1184   124.115.6.52:http      ESTABLISHED     3096
  TCP    x4ep512rdszwjzp:1185   222.73.73.173:http     ESTABLISHED     3096
  TCP    x4ep512rdszwjzp:1186   222.73.78.14:http      SYN_SENT        3096
```

图 10-46　命令 netstat – o 4 显示的统计信息

5. tracert

tracert 命令的功能是确定到达目标的路径，并显示通路上每一个中间路由器的 IP 地址。通过多次向目标发送 ICMP 回声(echo)请求报文，每次增加 IP 头中 TTL 字段的值，就可以确定到达各个路由器的时间。显示的地址是路由器接近源的这一边的端口地址。Tracert 命令的语法如下：

tracert [-d] [-h *MaximumHops*] [-j *HostList*] [-w *Timeout*] [*TargetName*]

这个诊断工具通过多次发送 ICMP 回声请求报文来确定到达目标的路径，每个报文中的 TTL 字段的值都是不同的。通路上的路由器在转发 IP 数据报之前先要对 TTL 字段减 1，如果 TTL 为 0，则路由器就向源端返回一个超时(Time Exceeded)报文，并丢弃原来要转发的报文。在 tracert 第一次发送的回声请求报文中置 TTL=1，然后每次加 1，这样就能收到沿途各个路由器返回的超时报文，直至收到目标返回的 ICMP 回声响应报文。如果有的路由器不返回超时报文，那么这个路由器就是不可见的，显示列表中用星号“*”表示之。

这个命令的使用举例如下：

(1) 要跟踪到达主机 corp7.microsoft.com 的路径，则键入：tracert corp7.microsoft.com。

(2) 要跟踪到达主机 corp7.microsoft.com 的路径，并且不进行名字解析，只显示中间结点的 IP 地址，则键入：tracert -d corp7.microsoft.com。

(3) 要跟踪到达主机 corp7.microsoft.com 的路径，并使用松散源路由，则键入：tracert -j 10.12.0.1 10.29.3.1 10.1.44.1 corp7.microsoft.com。

图 10-47 是利用命令 tracert www.163.com.cn 显示的路由跟踪列表。

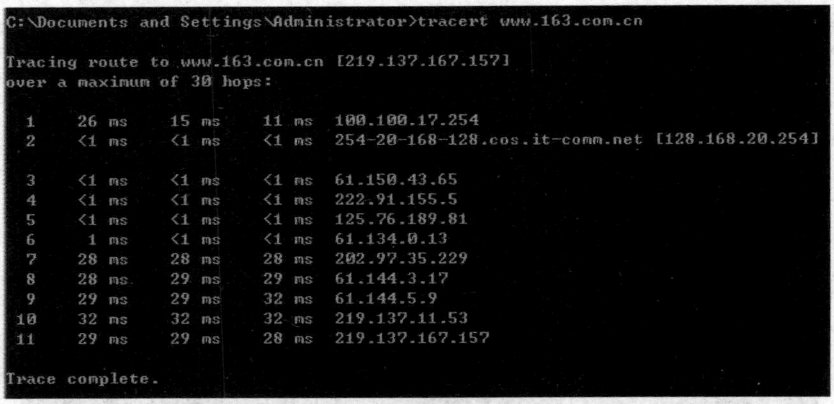

```
C:\Documents and Settings\Administrator>tracert www.163.com.cn

Tracing route to www.163.com.cn [219.137.167.157]
over a maximum of 30 hops:

  1     26 ms     15 ms     11 ms   100.100.17.254
  2     <1 ms     <1 ms     <1 ms   254-20-168-128.cos.it-comm.net [128.168.20.254]

  3     <1 ms     <1 ms     <1 ms   61.150.43.65
  4     <1 ms     <1 ms     <1 ms   222.91.155.5
  5     <1 ms     <1 ms     <1 ms   125.76.189.81
  6      1 ms     <1 ms     <1 ms   61.134.0.13
  7     28 ms     28 ms     28 ms   202.97.35.229
  8     28 ms     29 ms     29 ms   61.144.3.17
  9     29 ms     29 ms     32 ms   61.144.5.9
 10     32 ms     32 ms     32 ms   219.137.11.53
 11     29 ms     29 ms     28 ms   219.137.167.157

Trace complete.
```

图 10-47   tracert 的显示结果

6. route

这个命令的功能是显示和修改本地的 IP 路由表，如果不带参数，则给出帮助信息。route 命令的语法如下：

route [-f] [-p] [*Command* [*Destination*] [mask *Netmask*] [*Gateway*] [metric *Metric*]] [if *Interface*]]

这个命令的使用举例如下：

(1) 要显示整个路由器的内容，键入：route print。

(2) 要显示路由表中以 10.开头的表项，键入：route print 10.*。

(3) 对网关地址 192.168.12.1 要添加一条默认路由，则键入：route add 0.0.0.0 mask 0.0.0.0 192.168.12.1。

(4) 要添加一条到达目标 10.41.0.0(子网掩码为 255.255.0.0)的路由，下一跃点地址为 10.27.0.1，则键入：route add 10.41.0.0 mask 255.255.0.0 10.27.0.1。

(5) 要添加一条到达目标 10.41.0.0(子网掩码为 255.255.0.0)的持久路由，下一跃点地址为 10.27.0.1，则键入：route -p add 10.41.0.0 mask 255.255.0.0 10.27.0.1。

(6) 要添加一条到达目标 10.41.0.0 255.255.0.0 的路由，下一跃点地址为 10.27.0.1，度量值为 7，则键入：route add 10.41.0.0 mask 255.255.0.0 10.27.0.1 metric 7。

(7) 要添加一条到达目标 10.41.0.0 255.255.0.0 的路由，下一跃点地址为 10.27.0.1，接口索引为 0x3，则键入：route add 10.41.0.0 mask 255.255.0.0 10.27.0.1 if 0x3。

(8) 要删除到达目标 10.41.0.0 255.255.0.0 的路由，键入：route delete 10.41.0.0 mask 255.255.0.0。

(9) 要删除路由表中所有以 10.开头的表项，则键入：route delete 10.*。

(10) 要把目标 10.41.0.0 255.255.0.0 的下一跃点地址由 10.27.0.1 改为 10.27.0.25，则键入：route change 10.41.0.0 mask 255.255.0.0 10.27.0.25。

7. nslookup

nslookup 命令用于显示 DNS 查询信息，诊断和排除 DNS 故障，使用这个工具必须熟悉 DNS 服务器的工作原理，nslookup 有交互式和非交互式两种工作方式。nslookup 的语法

如下:

nslookup [-option ...]	#使用默认服务器,进入交互方式。
nslookup [-option ...] – server	#使用指定服务器 server,进入交互方式。
nslookup [-option ...] host	#使用默认服务器,查询主机信息。
nslookup [-option ...] host server	#使用指定服务器 Server,查询主机信息。
?	/?	/help	#显示帮助信息。

1) 非交互式工作

所谓非交互式工作就是只使用一次 nslookup 命令后又返回到 Cmd.exe 提示符下,如果只查询一项信息,可以进入这种工作方式。nslookup 命令后面可以跟随一个或多个命令行选项(option),用于设置查询参数,每命令行个选项由一个连字符"-"后跟选项的名字,有时还要加一个等号"="和一个数值。

在非交互方式中,第一个参数是要查询的计算机(host)的名字或 IP 地址,第二个参数是 DNS 服务器(server)的名字或 IP 地址,整个命令行的长度必须小于 256 个字符。如果忽略了第二个参数,则使用默认的 DNS 服务器;如果指定的 host 是 IP 地址,则返回计算机的名字;如果指定的 host 是名字,并且没有尾随的句点,则默认的 DNS 域名被附加在后面(设置了 defname),查询结果给出目标计算机的 IP 地址;如果要查找不在当前 DNS 域中计算机,在其名字后面要添加一个句点"."(称为尾随点)。下面举例说明非交互方式的用法。

(1) 应用默认的 DNS 服务器根据域名查找 IP 地址。

```
C:\>nslookup ns1.isi.edu
Server: ns1.domain.com
Address: 202.30.19.1

Non-authoritative answer:      #给出应答的服务器不是该域的权威服务器
Name: ns1.isi.edu
Address: 128.9.0.107      #查出的 IP 地址
```

(2) 应用默认的 DNS 服务器根据 IP 地址查找域名。

```
C:\>nslookup 128.9.0.107
Server: ns1.domain.com
Address: 202.30.19.1

Name: ns1.isi.edu      #查出的 IP 地址
Address: 128.9.0.107
```

(3) nslookup 命令后面可以跟随一个或多个命令行选项(option)。例如,要把默认的查询类型改为主机信息,把超时间隔改为 5 秒,查询的域名为 ns1.isi.edu,则使用下面的命令:

```
C:\>nslookup -type=hinfo -timeout=5 ns1.isi.edu
Server: ns1.domain.com
Address: 202.30.19.1
```

```
    isi.edu                                        #给出了 SOA 记录
            primary name server = isi.edu          #主服务器
            responsible mail addr = action.isi.edu #邮件服务器
            serial   = 2009010800                  #查询请求的序列号
            refresh  = 7200 <2 hours>              #刷新时间间隔
            retry    = 1800 <30 mins>              #重试时间间隔
            expire   = 604800 <7 days>            #辅助服务器更新有效期
            default TTL = 86400 <1 days>          #资源记录在 DNS 缓存中的有效期
    C:\>
```

2) 交互式工作

如果需要查找多项数据，可以使用 nslookup 的交互工作方式。在 Cmd.exe 提示符下键入 nslookup 后回车，就进入了交互工作方式，命令提示符变成"＞"。在命令提示符"＞"下键入 help 或?，会显示可用的命令列表，如果键入 exit，则返回 Cmd.exe 提示符。

在交互方式下，可以用 set 命令设置选项，满足指定的查询需要。下面举出几个常用子命令的应用实例。

(1) ＞set all：列出当前设置的默认选项。

```
    >set all
    Server: ns1.domain.com
    Address: 202.30.19.1


    Set options:
        nodebug                         #不打印排错信息
        defname                         #对每一个查询附加本地域名
        search                          #使用域名搜索列表
        ..........................(省略)..........................
        MSxfr                           #使用 MS 快速区域传输
        IXFRversion=1                   #当前的 IXFR(渐增式区域传输)版本号
        srchlist=                       #查询搜索列表
```

(2) set type=mx：这个命令查询本地域的邮件交换器信息。

```
    C:\> nslookup
    Default Server: ns1.domain.com
    Address: 202.30.19.1
    > set type=mx
    > 163.com.cn
    Server: ns1.domain.com
    Address: 202.30.19.1


    Non-authoritative answer:
    163.com.cn          MX preference = 10, mail exchanger =mx1.163.com.cn
```

163.com.cn　　　　　　MX preference = 20, mail exchanger =mx2.163.com.cn

mx1.163.com.cn　　　internet address = 61.145.126.68

mx2.163.com.cn　　　internet address = 61.145.126.30

>

(3) server NAME：由当前默认服务器切换到指定的名字服务器 NAME。类似的命令 lserver 是由本地服务器切换到指定的名字服务器。

C:\> nslookup

Default Server: ns1.domain.com

Address: 202.30.19.1

> server 202.30.19.2

Default Server: ns2.domain.com

Address: 202.30.19.2

(4) ls：这个命令用于区域传输，罗列出本地区域中的所有主机信息。ls 命令的语法如下：

ls [- a |-d | -t type] domain [> filename]

不带参数使用 ls 命令将显示指定域(domain)中所有主机的 IP 地址。-a 参数返回正式名称和别名，-d 参数返回所有数据资源记录，而-t 参数将列出指定类型(type)的资源记录，任选的 filename 是存储显示信息的文件，参见图 10-48。

```
> ls xidian.edu.cn
[ns1.xidian.edu.cn]
xidian.edu.cn.          NS      server = ns1.xidian.edu.cn
xidian.edu.cn.          NS      server = ns2.xidian.edu.cn
408net                  A       202.117.118.25
acc                     A       202.117.121.5
ai                      A       202.117.121.146
antanna                 A       219.245.110.146
apweb2k                 A       202.117.116.19
bbs                     A       202.117.112.11
cce                     A       210.27.3.95
cese                    A       219.245.118.199
cnc                     A       210.27.5.123
cnis                    A       202.117.112.16
www.cnis                A       202.117.112.16
con                     A       202.117.112.6
cpi                     A       219.245.78.155
cs                      A       202.117.112.23
csti                    A       202.117.114.31
cwc                     A       210.27.1.33
cxjh                    A       202.117.112.27
Dec586                  A       202.117.112.15
dingzhg                 A       202.117.117.8
djzx                    A       202.117.121.87
dp                      A       210.27.12.227
dtg                     A       202.117.114.35
dttrdc                  A       219.245.79.48
ecard                   A       202.117.112.199
ecm                     A       202.117.116.79
ecr                     A       202.117.115.9
ee                      A       210.27.6.158
```

图 10-48　ls 命令的输出

如果安全设置禁止区域传输，将返回下面的错误信息：

*** Can't list domain example.com ：Server failed

(5) set type：该命令的作用是设置查询的资源记录类型。DNS 服务器中主要的资源记录有 A(域名到 IP 地址的映射)、PTR(IP 地址到域名的映射)、MX(邮件服务器及其优先级)、CNAM(别名)和 NS(区域的授权服务器)等类型。通过 A 记录可以由域名查地址，也可以由地址查域名。在图 10-49 中，用 set all 命令显示默认设置，可以看出 type = A + AAAA，这时可以进行正向查询，也可以进行反向查询，参见图 10-50。

```
> server 61.134.1.4              # 设置默认服务器
默认服务器: [61.134.1.4]
Address: 61.134.1.4

> set all
默认服务器: [61.134.1.4]
Address: 61.134.1.4

设置选项:
  nodebug
  defname
  search
  recurse
  nod2
  novc
  noignoretc
  port=53
  type=A+AAAA                    # 查询A记录和AAAA记录
  class=IN                          可以给出IPv4和IPv6地址
  timeout=2
  retry=1
  root=A.ROOT-SERVERS.NET.
  domain=
  MSxfr
  IXFRversion=1
  srchlist=
```

图 10-49 set all 显示默认设置

```
> www.tsinghua.edu.cn           #由域名查地址
服务器: [61.134.1.4]
Address: 61.134.1.4

非权威应答:
名称:    www.d.tsinghua.edu.cn
Addresses: 2001:da8:200:200::4:100
          211.151.91.165        #得到IPv6和IPv4地址
Aliases: www.tsinghua.edu.cn

> 211.151.91.165                #由地址查域名
服务器: [61.134.1.4]
Address: 61.134.1.4

名称:    165.tsinghua.edu.cn    #得到域名
Address: 211.151.91.165
```

图 10-50 查询 A 记录和 AAAA 记录

当查询 PTR 记录时,可以由地址查到域名,但是没有从域名查到地址,而是给出了 SOA 记录,参见图 10-51。

```
> set type=ptr                                  # 查询PTR记录
> 211.151.91.165                                # 由地址查域名
服务器: [61.134.1.4]
Address: 61.134.1.4

非权威应答:
165.91.151.211.in-addr.arpa    name = 165.tsinghua.edu.cn   # 查询成功,得到域名
> www.tsinghua.edu.cn                           # 由域名查地址
服务器: [61.134.1.4]
Address: 61.134.1.4

DNS request timed out.
    timeout was 2 seconds.
非权威应答:
www.tsinghua.edu.cn    canonical name = www.d.tsinghua.edu.cn

d.tsinghua.edu.cn
        primary name server = dns.d.tsinghua.edu.cn    # 没有查出地址
        responsible mail addr = szhu.dns.edu.cn          但给出了 SOA 记录
        serial  = 2007042815
        refresh = 3600 (1 hour)
        retry   = 1800 (30 mins)
        expire  = 604800 (7 days)
        default TTL = 86400 (1 day)
```

图 10-51 查询 PTR 记录

重新查询 A 记录,可以进行双向查询,参见图 10-52。

```
> set type=a                    # 查询A记录
> www.tsinghua.edu.cn           # 由域名查地址
服务器: [61.134.1.4]
Address: 61.134.1.4

非权威应答:
名称:    www.d.tsinghua.edu.cn
Address: 211.151.91.165
Aliases: www.tsinghua.edu.cn    # 查出地址,并给出别名

> 211.151.91.165                # 由地址查域名
服务器: [61.134.1.4]
Address: 61.134.1.4

名称:    165.tsinghua.edu.cn    # 查询成功,得到域名
Address: 211.151.91.165

> _
```

图 10-52 查询 A 记录

(6) set type=any:对查询的域名显示各种可用的信息资源记录(A、CNAME、MX、NS、

PTR、SOA、SRV 等),参见图 10-53。

```
> set type=any
> baidu.com
服务器: [218.30.19.40]
Address:  218.30.19.40

非权威应答:
baidu.com         internet address = 202.108.23.59
baidu.com         internet address = 220.181.5.97
baidu.com         nameserver = dns.baidu.com
baidu.com         nameserver = ns2.baidu.com
baidu.com         nameserver = ns3.baidu.com
baidu.com         nameserver = ns4.baidu.com
baidu.com         MX preference = 10, mail exchanger = mx1.baidu.com
>
```

图 10-53 显示各种可用的资源记录

(7) set degug:这个命令与 set d2 的作用类似,都是显示查询过程的详细信息,set d2 显示的信息更多,有查询请求报文的内容和应答报文的内容。图 10-54 是利用 set d2 显示的查询过程。这些信息可用于对 DNS 服务器进行排错。

```
> set d2
> 163.com.cn
服务器:  UnKnown
Address:  218.30.19.40

------------
SendRequest(), len 28
    HEADER:
        opcode = QUERY, id = 2, rcode = NOERROR
        header flags:  query, want recursion
        questions = 1,  answers = 0,  authority records = 0,  additional = 0

    QUESTIONS:
        163.com.cn, type = A, class = IN

------------
------------
Got answer (44 bytes):
    HEADER:
        opcode = QUERY, id = 2, rcode = NOERROR
        header flags:  response, want recursion, recursion avail.
        questions = 1,  answers = 1,  authority records = 0,  additional = 0

    QUESTIONS:
        163.com.cn, type = A, class = IN
    ANSWERS:
    -> 163.com.cn
        type = A, class = IN, dlen = 4
        internet address = 219.137.167.157
        ttl = 86400 (1 day)

------------
非权威应答:
------------
SendRequest(), len 28
    HEADER:
        opcode = QUERY, id = 3, rcode = NOERROR
        header flags:  query, want recursion
        questions = 1,  answers = 0,  authority records = 0,  additional = 0

    QUESTIONS:
        163.com.cn, type = AAAA, class = IN

------------
------------
Got answer (28 bytes):
    HEADER:
        opcode = QUERY, id = 3, rcode = NOERROR
        header flags:  response, want recursion, recursion avail.
        questions = 1,  answers = 0,  authority records = 0,  additional = 0

    QUESTIONS:
        163.com.cn, type = AAAA, class = IN

------------
名称:    163.com.cn
Address:  219.137.167.157
>
```

图 10-54 显示查询过程

10.9.2 网络监视工具

用于采集网络数据流并提供数据分析能力的工具称为网络监视器，监视网络的目的是对数据流进行分析，发现网络通信中的问题。网络监视器能提供利用率和数据流量方面的统计数据，还能从网络通信流中捕获数据帧，并筛选、解释、分析这些数据帧的内容，判断其来源和去向。目前大多数网络都是基于以太网构建的，广播通信方式决定了在一台计算机上可以采集到子网内的全部通信流，因此网络监视器的有效范围遍及路由器以内的全部通信主机。

目前最常用的网络监视工具有 Sniffer、NetXray 和 Ethereal 等，其中 Sniffer 的功能最强，使用最为普遍。下面介绍 Sniffer 的功能和使用方法。

1. 网络监听原理

由于以太网采用广播通信方式，所以在网络中传送的分组可以出现在同一冲突域中的所有端口上。在常规状态下，网卡控制程序只接收发送给自己的数据包和广播包，对目标地址不是自己的数据包则丢弃之。如果把网卡配置成混杂模式(Promiscuous Mode)，它就能接收所有分组，无论是否是发送给自己的。

采用混杂模式的程序可以把网络连接上传输的所有分组都显示在屏幕上。有些协议(例如 FTP 和 Telnet)在传输数据和口令字时不进行加密，采用混杂模式的网络扫描器就可以解读和提取有用的信息，这给网络黑客造成了可乘之机。利用网络监听技术，既可以进行网络监控，解决网络管理中的问题，也可以进行网络窃听，实现网络入侵的目的。

当一个主机采用混杂模式进行网络监听时，它是可以被检查出来的。这里主要有两种方法：一种是根据时延来判断，由于采用混杂模式的主机要处理大量的分组，所以它的负载必定很重，如果发现某个计算机的响应很慢，就可以怀疑它是工作于混杂模式；另外一种方法是使用错误的 MAC 地址和正确的 IP 地址向它发送 ping 数据包，如果它接收并应答了这个数据包，那一定是采用混杂模式进行通信的。

混杂模式通信被广泛地使用在恶意软件中，最初是为了获取根用户权限(Root Compromise)，继而进行 ARP 欺骗(ARP Spoofing)。凡是进行 ARP 欺骗的计算机必定把网卡设置成了混杂模式，所以检测那些滥用混杂模式的计算机是很重要的。

2. 网络嗅探器

嗅探器(Sniffer)就是采用混杂模式工作的协议分析器，可以用纯软件实现，运行在普通的计算机上，也可以做成硬件，用独立设备实现高效率的网络监控。"Sniffer Network Analyzer" 是美国网络联盟公司(Network Associates INC，NAI)的注册商标，然而许多采用类似技术的网络协议分析产品也可以叫做嗅探器。NAI 是电子商务和网络安全解决方案的主要供应商，它的产品除了 Sniffer Pro 之外，还有著名的防毒软件 McAfee。

常用的 Sniffer Pro 网络分析器可以运行在各种 Windows 平台上。Sniffer 软件安装完成后在文件菜单中选择"Select Settings"，就会出现如图 10-55 所示的界面，在这里可以选择用于监控的网卡，使其置于混杂模式。

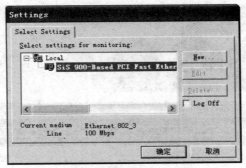

图 10-55　设置网卡

3．Sniffer 软件的功能和使用方法

Sniffer Pro 主要包含四种功能组件：

(1) 监视：实时解码并显示网络通信流中的数据。

(2) 捕获：抓取网络中传输的数据包并保存在缓冲区或指定的文件中，供以后使用。

(3) 分析：利用专家系统分析网络通信中潜在的问题，给出故障症状和诊断报告。

(4) 显示：对捕获的数据包进行解码并以统计表或各种图形方式显示在桌面上。

网络监控是 Sniffer 的主要功能，其他功能都是为监控功能服务的。网络监控可以提供下列信息：

(1) 负载统计数据，包括一段时间内传输的帧数、字节数、网络利用率、广播和组播分组计数等。

(2) 出错统计数据，包括 CRC 错误、冲突碎片、超长帧、对准出错、冲突计数等。

(3) 按照不同的底层协议进行统计的数据。

(4) 应用程序的响应时间和有关统计数据。

(5) 单个工作站或会话组通信量的统计数据。

(6) 不同大小数据包的统计数据。

图 10-56 所示是 Sniffer 的系统界面，并且给出了监视菜单(Monitor)及其工具栏的解释。当 Sniffer 工作时，单击"主控板"按钮，可以显示网络利用率、数据包数/秒和错误数/秒等三个计量表，这个窗口下面有三个选项(参见图 10-57)：

(1) Network：显示网络利用率等统计信息。

(2) Detail Errors：显示出错统计信息。

(3) Size Distribution：显示各种不同大小分组数的统计信息。

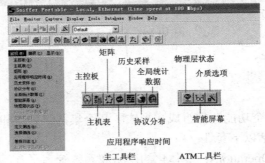

图 10-56　Sniffer 主菜单

图 10-57　Sniffer 主控板

　　单击"主机表"按钮，可以显示通信最多的前 10 个主机的统计数据，如图 10-58 所示。
单击"矩阵"按钮，可以显示主机之间进行会话的情况，如图 10-59 所示。其他按钮的使用
是类似的，由于 GUI 界面直观易用，读者可以利用帮助信息熟悉 Sniffer 的使用方法。

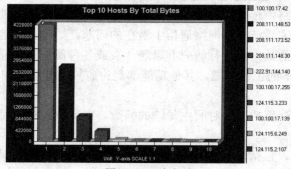

图 10-58　主机表

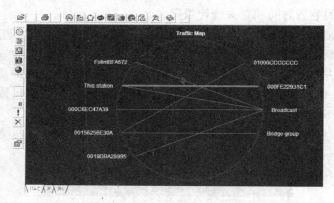

图 10-59　矩阵显示

10.9.3　网络管理平台

1．HP OpenView

　　HP OpenView 由多个功能套件组成，形成了一个集网络管理和系统管理为一体的完整
系统。HP OpenView 包括以下套件：

　　(1) HP OpenView Operations：一体化的网络和系统管理平台，能支持数百个受控结点

和数千个事件。

(2) HP OpenView Reporter：报告管理软件。为分布式 IT 环境提供灵活易用的报告管理解决方案，通过 Web 浏览器可以发布和访问各种管理报告。

(3) HP OpenView Performance：端到端的资源和性能管理软件。能收集、统计和记录来自应用、数据库、网络和操作系统的资源和性能测量数据。

(4) HP OpenView GlancePlus：实时诊断和监控软件。可以显示系统级、应用级和进程级的性能视图，诊断和识别系统运行中的问题和性能瓶颈。

(5) HP OpenView GlancePlus Pak 2000：全面管理系统可用性的综合性产品。在 GlancePlus Pak 的基础上增加了单一系统事件与可用性管理，可监控系统中的关键事件，使系统处于最佳性能状态。

(6) HP OpenView Database Pak 2000：服务器与数据库的性能管理软件。它提供强大的系统性能诊断功能，可以检测关键事件并采取修复措施，可提供 200 多种测量数据和 300 多种日志文件。

以上模块既相对独立，又可集成在一起，为企业提供高可用性的系统管理解决方案。

2. Cisco Works for Windows

Cisco Works for Windows 是基于 Web 的网络管理解决方案，主要应用于中小型企业网络，提供了一套功能强大、价格低廉且易于使用的监控和配置工具，用于管理 Cisco 的交换机、路由器、集线器、防火墙和访问服务器等设备。使用 Ipswitch 公司的 WhatsUp Gold 工具，还可管理网络打印机、工作站、服务器和其他网络设备。CiscoWorks for Windows 中包含下列组件。

1) CiscoView

CiscoView 可以提供设备前后面板的视图，能够以不同颜色动态地显示设备状态，并提供对特定设备组件的诊断和配置功能。CiscoView 启动后可以从设备列表中选择要监视的设备，如果要监视的设备不在设备列表中，则直接键入设备 IP 地址，选择了一个设备之后，将出现有关该设备信息的页面，如图 10-60 所示。

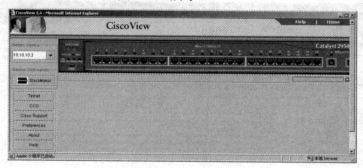

图 10-60　Cisco View 界面

2) WhatsUp Gold

WhatsUp Gold 是一种基于 SNMP 的图形化网络管理工具，可以通过自动或手工创建网络拓扑结构图，管理整个企业网络，支持监视多个设备，具有网络搜索、拓扑发现、性能监测和警报追踪等功能。

3) 门限管理

门限管理器 Threshold Manager 能够在支持 RMON 的 Cisco 设备上设置门限值并提取事件信息，以增强排除网络故障的能力。使用 Threshold Manager 之前，必须建立门限模板，Cisco 公司提供了一些预定义的模板，用户也可以定义自己的模板。Threshold Manager 管理界面如图 10-61 所示。

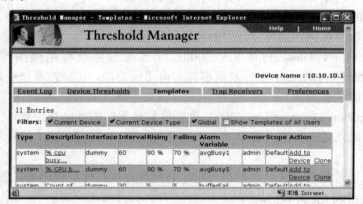

图 10-61　Threshold Manager 管理界面

在图 10-61 中，Event Log 窗口以表格的方式显示越界事件信息，并把 RMON 日志记录保存在被管理设备上；Device Threshold 窗口用来设置和显示阈值；Templates 窗口用来显示所有默认的或用户定制的模板，也可以建立新的模板；Trap Receivers 窗口可以添加或删除接收陷入事件的管理站点；Preferences 窗口则用来设置 Threshold Manager 的属性。

4) Show Commands

Show Commands 使得用户不必记住各个设备的命令行语法，使用 Web 浏览器进行简单操作就可以获取设备的系统信息和协议信息。Show Commands 在 Web 页面的左边以树形结构显示了设备所支持的命令列表，如图 10-62 所示。当用户选择了一个命令后，Show Commands 将执行所选择的命令，并显示命令行的输出信息。

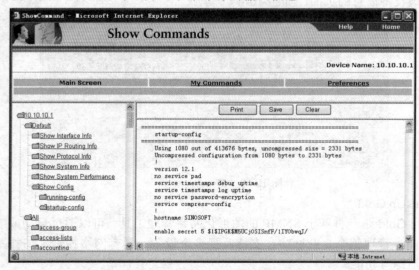

图 10-62　Show Comands 操作界面

习　题

1. 对网络系统的安全威胁有哪些？

2. 按照 RSA 算法，若选择两个素数 $p = 11$，$q = 7$，公钥为 $n = 77$，$e = 7$，则私钥 d 是多少？

3. 用公钥加密算法 RSA 进行加密，若明文 $M = 17$，公钥为 $n = 143$，$e = 5$，则密文 C 是多少？

4. 在图 10-7 中，BB 发给 B 的报文中报文 P 实际上出现了两次，一次是明文，一次是密文，这显然增加了传送的数据量，利用报文摘要是否可以改进这种数字签名方法？如果可能，请给出改进的数字签名方案。

5. 某网站向 CA 申请了数字证书，则用户如何来验证网站的真伪？在用户与网站进行安全通信时，用户如何进行加密和验证？而网站怎样进行解密和签名？

6. 安全网站应用 SSL 协议来支持客户端浏览器和 Web 服务器之间的安全通信，下图给出了 IIS Web 服务器软件中启用 HTTPS 服务之后的默认配置。如果管理员希望 Web 服务器既可以接收 http 请求，也可以接收 https 请求，并且要求客户端提供数字证书，在下图中如何进行配置？

7. 网络的性能指标有哪些？影响网络响应时间的因素是什么？

8. 网络管理标准有哪些？为什么 SNMP 会成为事实上的标准？

参 考 文 献

[1] William Stallings. 数据与计算机通信. 7 版. 影印版. 北京：高等教育出版社，2006.

[2] Andrew S Tanenbaum. 计算机网络. 4 版. 北京：清华大学出版社，2004.

[3] 雷震甲. 网络工程师教程. 3 版. 北京：清华大学出版社，2009.

[4] 雷震甲. 组网实训教程. 西安：西安交通大学出版社，2008.

[5] 雷震甲. 网络工程师考试辅导. 3 版. 西安：西安电子科技大学出版社，2010.